ASSOCIATION FRANÇAISE

POUR

L'AVANCEMENT DES SCIENCES

ASSOCIATION FRANÇAISE
POUR
L'AVANCEMENT DES SCIENCES

FUSIONNÉE AVEC

L'ASSOCIATION SCIENTIFIQUE DE FRANCE

(Fondée par Le Verrier, en 1864)

Reconnues d'utilité publique

CONFÉRENCES FAITES EN 1919-1920

PARIS
AU SECRÉTARIAT DE L'ASSOCIATION
Rue Serpente, 28
ET CHEZ MM. MASSON ET Cie, LIBRAIRES DE L'ACADÉMIE DE MÉDECINE
Boulevard Saint-Germain, 120

1919

LISTE DES CONGRÈS ET DE LEURS PRÉSIDENTS

— VOLUMES —

ANNÉES		VILLES		PRÉSIDENTS	
1872	1re Session.	Bordeaux.	1 volume.	Claude BERNARD.	(Décédé.)
1873	2e —	Lyon.	1 —	DE QUATREFAGES	(Décédé.)
1874	3e —	Lille	1 —	Adolphe WURTZ.	(Décédé.)
1875	4e —	Nantes	1 —	Adolphe D'EICHTHAL	(Décédé.)
1876	5e —	Clermont-Ferrand.	1 —	J.-B. DUMAS.	(Décédé.)
1877	6e —	Le Havre.	1 —	Paul BROCA	(Décédé.)
1878	7e —	Paris	1 —	Edmond FRÉMY	(Décédé.)
1879	8e —	Montpellier . . .	1 —	Agénor BARDOUX.	(Décédé.)
1880	9e —	Reims	1 —	J.-B. KRANTZ	(Décédé.)
1881	10e —	Alger	1 —	Auguste CHAUVEAU.	(Décédé.)
1882	11e —	La Rochelle . . .	1 —	Jules JANSSEN.	(Décédé.)
1883	12e —	Rouen	1 —	Frédéric PASSY	(Décédé.)
1884	13e —	Blois.	2 volumes (1).	Anatole BOUQUET DE LA GRYE	(Décédé.)
1885	14e —	Grenoble.	2 — »	Aristide VERNEUIL	(Décédé.)
1886	15e —	Nancy	2 — »	Charles FRIEDEL.	(Décédé.)
1887	16e —	Toulouse.	2 — »	Jules ROCHARD.	(Décédé.)
1888	17e —	Oran.	2 — »	Aimé LAUSSEDAT	(Décédé.)
1889	18e —	Paris	2 — »	Henri DE LACAZE-DUTHIERS .	(Décédé.)
1890	19e —	Limoges	2 — »	Alfred CORNU	(Décédé.)
1891	20e —	Marseille.	2 — »	P.-P. DEHÉRAIN	(Décédé.)
1892	21e —	Pau	2 — »	Édouard COLLIGNON	(Décédé.)
1893	22e —	Besançon.	2 — »	Charles BOUCHARD	(Décédé.)
1894	23e —	Caen.	2 — »	É. MASCART	(Décédé.)
1895	24e —	Bordeaux	2 — »	Émile TRÉLAT.	(Décédé.)
1896	25e —	Tunis	2 — »	Paul DISLÈRE	
1897	26e —	Saint-Étienne . .	2 — »	J.-E. MAREY.	(Décédé.)
1898	27e —	Nantes.	2 — »	Édouard GRIMAUX	(Décédé.)
1899	28e —	Boulogne-sur-Mer.	2 — »	Paul BROUARDEL.	(Décédé.)
1900	29e —	Paris	2 — »	Hippolyte SEBERT.	
1901	30e —	Ajaccio.	2 — »	E.-T. HAMY.	(Décédé.)
1902	31e —	Montauban. . . .	2 — »	Jules CARPENTIER	
1903	32e —	Angers.	2 — »	Émile LEVASSEUR	(Décédé.)
1904	33e —	Grenoble.	1 volume (2).	C.-A. LAISANT.	(Décédé.)
1905	34e —	Cherbourg	1 — (2).	Alfred GIARD	(Décédé.)
1906	35e —	Lyon.	2 volumes (1).	Gabriel LIPPMANN	
1907	36e —	Reims	2 — (1).	Henri HENROT.	(Décédé.)
1908	37e —	Clermont-Ferrand	1 volume (3).	Paul APPELL.	
1909	38e —	Lille.	1 — (4).	Louis LANDOUZY	(Décédé.)
1910	39e —	Toulouse.	1 — (5).	C.-M. GARIEL.	
1911	40e —	Dijon	1 — (5).	S. ARLOING	(Décédé.)
1912	41e —	Nimes	1 — (4).	Charles LALLEMAND.	
1913	42e —	Tunis	1 — (4).	Émile HAUG.	
1914	43e —	Le Havre.	1 — (6).	Armand GAUTIER.	
1915-1916	(Conférences)	. . . .	1 — (7).	Albert CALMETTE.	
1916-1917	—	. . . .	1 — »		
1918-1919	—	. . . .	1 — »		
1919-1920	—	. . . .	1 — »		

(1) Les Tomes I et II sont reliés séparément.

(2) Pour la 33e Session, Grenoble 1904, et la 34e Session, Cherbourg 1905, le Tome I a été remplacé par un Bulletin mensuel dont les numéros 8 et 9 de chaque année ont été consacrés aux comptes rendus des séances générales et aux procès-verbaux des Sections ;

(3) Le Tome I a été remplacé par deux brochures parues en 1908.

(4) Le Tome I a été remplacé par une brochure parue dans l'année où a eu lieu le Congrès.

(5) Le Tome I a été remplacé par une brochure parue dans l'année où a eu lieu le Congrès. Le volume des Notes et Mémoires existe, divisé en quatre Tomes, dont chacun comprend sa Table des matières et sa Table analytique par ordre alphabétique.

(6) Le Tome I a été remplacé par une brochure parue en mai 1915.

(7) En 1915, 1916, 1917, 1918 et 1919, il n'y a pas eu de Congrès.

AVANT-PROPOS

Nos Collègues trouveront, dans ce volume comme dans les précédents, des Conférences variées et intéressantes. Ils seront surtout très heureux d'apprendre que deux d'entre elles ont été faites en Alsace-Lorraine, à Strasbourg et à Metz, et que, dans ces deux villes, nos Délégués ont reçu un accueil flatteur pour notre œuvre et riche de promesses pour son avenir. Une autre de nos réunions, tenue à Luxembourg, nous à conquis, dans le Grand-Duché, des sympathies auxquelles nous attachons le plus grand prix.

Aux organisateurs de ces nouvelles Conférences, aux Municipalités, aux Universités, de même qu'aux grands industriels qui nous ont témoigné la plus active bienveillance, le Conseil de l'Association adresse l'expression de toute sa reconnaissance.

ASSOCIATION FRANÇAISE

POUR

L'AVANCEMENT DES SCIENCES

ASSEMBLÉE GÉNÉRALE DES MEMBRES DE L'ASSOCIATION

TENUE A PARIS LE 31 OCTOBRE 1918

ALLOCUTION DE M. C.-A. LAISANT,

Ancien Examinateur d'admission à l'École Polytechnique,
ancien Président de l'Association.

CHERS COLLÈGUES,

Mon premier mot sera l'expression d'un profond regret. C'est à notre collègue M. Carpentier qu'appartenait l'honneur de présider cette séance de notre Assemblée générale. Son état de santé l'en empêche. Tous, avec moi, vous affirmerez la déception que nous cause son absence, les vœux sincères que nous formons pour le rétablissement de sa santé ; et vous y joindrez la confirmation de la sympathie unanime et bien méritée dont il est l'objet de la part de l'Association française pour l'Avancement des Sciences.

* * *

Lors de nos trois Assemblées générales de 1915, 1916 et 1917, mes prédécesseurs à ce fauteuil ont eu pour premier devoir d'adresser notre salut cordial et nos vœux de délivrance à notre président, le docteur Calmette, retenu à Lille par l'invasion.

Plus heureux, nous pouvons acclamer aujourd'hui son retour prochain, imminent peut-être, car l'heure de la libération a sonné. Le droit l'emporte sur les forces aveugles et brutales, l'humanité va pouvoir respirer enfin librement et reprendre sa marche vers l'avenir.

Que l'assurance de l'enthousiasme qui saluera sa rentrée soit un réconfort pour notre éminent président, après la longue et douloureuse épreuve qu'il vient de subir !

Il a pu voir de près le fonctionnement de cette « Kultur » germanique ayant pour base la raison d'État, comme le disait si justement mon vieil ami Dislère en 1915, et que M. Émile Picard, l'année suivante, définissait excellemment « une marchandise qu'une organisation puissante sans scrupules cherche à placer dans toutes les parties du monde ».

L'illusion a été grande, même chez beaucoup de bons esprits parmi les plus sincères; elle est en grande partie dissipée désormais. Cependant le dommage moral fut tel, que la protestation permanente s'impose, et que nous ne devons cesser de proclamer hautement : non, la Kultur allemande n'est pas la science; à certains égards, elle en est l'antipode.

La science ne vit que de vérité; la Kultur ne recule pas devant le mensonge. La science est désintéressée; la Kultur est un moyen de domination et de tromperie, au service des puissances les plus méprisables. L'idée de science ne peut être séparée de l'idée morale. « La conscience, — disait Victor-Hugo, — c'est la quantité de science innée que nous avons en nous. » La science n'obéit qu'à la raison; la Kultur exécute des ordres et sert des intérêts. Or, la raison conduit à bien faire; et Franklin proclamait la plus haute des vérités morales par cette parole : « Si les coquins connaissaient les avantages de l'honnêteté, ils deviendraient honnêtes gens par coquinerie. » Les colporteurs de la Kultur ne comprendront jamais cela et se refuseront à proclamer que science sans conscience ne vaut.

Un autre abîme, qui sépare la Kultur de la science, est l'incapacité synthétique totale des représentants de la Kultur; ils peuvent parfois poursuivre l'analyse jusqu'aux limites les plus extrêmes; par la patience inlassable et l'application de la division du travail poussée au dernier degré, ils ont pu accumuler des résultats, mais non pas les regrouper en une théorie d'ensemble.

Incapables de comprendre même ce qu'est la morale, incapables de reconstruction, les artisans de la Kultur ont donné souvent des preuves d'une patience et d'une puissance de travail extrêmes. Bien dirigés, ils pourront, nous devons l'espérer, devenir d'utiles auxiliaires de la science. Mais ils doivent définitivement renoncer à la suprématie et leurs prétentions orgueilleuses injustifiées.

Au lieu de servir des puissances de proie sans scrupules, sans loyauté, sans pudeur, qu'ils essaient de servir la science, d'en comprendre le rôle et les devoirs. Peut-être alors trouveront-ils encore place au soleil; mais seulement la place modeste qu'ils méritent.

***

La science, la science française notamment, au sortir de l'horrible cauchemar, aura de grands devoirs. Après avoir apporté son concours à la lutte nécessaire contre le crime, elle est appelée à la plus haute mission dans l'œuvre de réparation, de reconstruction qui s'impose.

L'Association française pour l'Avancement des Sciences ne saurait rester indifférente à ce mouvement, à cette préparation de l'avenir. Elle y peut apporter une importante contribution ; elle en a conscience et elle n'y manquera pas. Il lui suffira pour cela de s'inspirer de ses traditions constantes, en multipliant, développant et perfectionnant les moyens qu'elle a déjà mis en œuvre, notamment au cours de ces dernières années. Le rêve du temps de paix doit devenir la réalité de l'après-guerre. Ce qui était désirable hier va devenir indispensable demain.

L'impossibilité matérielle où nous nous sommes trouvés de tenir nos Congrès annuels nous a conduits à donner plus de développement aux conférences, et surtout aux conférences faites dans les départements et se rapportant aux intérêts des régions. Les efforts de nombreux collègues, et principalement de notre si dévoué secrétaire le docteur Desgrez, n'ont pas médiocrement contribué au succès de ce nouveau mode de propagande scientifique, et il convient de leur en témoigner notre sincère et cordiale reconnaissance.

Je n'ai pas à insister sur ce sujet en ce qui concerne le principe. Tout a été dit, et mieux que je ne saurais le dire. Mais ce que je voudrais signaler, c'est la nécessité de poursuivre cette tâche d'expansion scientifique avec méthode, avec continuité, avec ténacité. Nous le devons, non pas seulement dans l'intérêt de notre Association, si chère nous soit-elle, mais parce qu'il faut rester fidèles à notre devise, mettre la science au service de la patrie, et, comme conséquence à l'heure actuelle, au service de l'humanité, si cruellement meurtrie de toutes parts.

Des ruines sont à réparer, la vie doit reprendre, des moyens nouveaux s'imposent ; et la science seule peut les fournir. Il y aurait là matière à des développements dans lesquels je ne saurais entrer aujourd'hui, car je veux me borner à des indications d'ordre général.

Rien que dans le domaine de l'agriculture, il est déjà visible qu'une rénovation totale est inévitable et indispensable. L'atteinte cruelle qui a frappé la main-d'œuvre nécessitera une énorme extension de la mise en œuvre des forces naturelles. Les machines agricoles se multiplieront, l'emploi des engrais chimiques se généralisera. De vieilles méthodes routinières, qui avaient résisté aux siècles, devront être abandonnées. Comme conséquence, l'idée de coopération apparaîtra sous une forme généralisée que l'on ne pouvait pas soupçonner hier, aussi bien dans la production que dans la consommation. Ce qui la veille semblait rigoureusement individuel deviendra collectif. Bref, un esprit nouveau régnera, parce qu'il sera impossible d'en contester la nécessité, non moins que les bienfaits ; et cet esprit, c'est l'esprit scientifique, dans son acception la plus haute, la plus noble et la plus humaine. Il aura sa répercussion dans le domaine moral et social, montrant que la solidarité humaine n'est pas une formule vaine, que le bonheur individuel ne saurait être fondé sur le malheur d'autrui, que chacun a des devoirs envers tous, et qu'à ces devoirs on ne peut faillir sans se nuire à soi-même. Ainsi, nous pouvons l'espérer, la catastrophe qui vient de bouleverser, de désoler le monde, aura été une cruelle, mais féconde, leçon de choses.

Vous voyez quel champ d'activité est ouvert à nos sections, à toutes nos sections, puis-je dire; car si pour produire nous sommes contraints de nous spécialiser, notre but est unique. C'est la recherche de la vérité, et l'application de cette vérité, guidée par l'usage de la raison, à tous les actes de la vie individuelle et collective. L'agronomie ne peut se passer du concours des sciences physico-mathématiques et des sciences naturelles; l'hygiène et les sciences médicales lui sont non moins indispensables; il en est de même des recherches d'ordre économique et social.

En résumé, dans ce problème de la renaissance agricole que j'ai simplement indiqué, il y a place à prendre et bon travail à faire sous mille formes. On peut sans crainte faire appel à l'activité et à la bonne volonté de toutes nos sections, et de chacun des membres qui les composent. Si modeste soit-il, aucun concours ne sera inutile.

***

En entrant dans cette voie, en poursuivant l'œuvre entreprise, j'ai la conviction que nous verrons s'accroître dans une proportion considérable l'importance et l'influence de notre Association, ce que nous pouvons et devons légitimement désirer. Mais cependant cette satisfaction n'est que peu de chose, en regard de la joie du devoir accompli, de la conscience d'avoir fait le bien dans toute la mesure où nous pouvions le faire.

L'Association française pour l'Avancement des Sciences, on ne saurait trop souvent le rappeler, a pris naissance au lendemain de nos désastres de 1870-1871, sous l'inspiration d'une haute et noble pensée de relèvement national. Elle peut célébrer aujourd'hui, non pas seulement la revanche, au sens étroit du mot, mais une renaissance de l'humanité; les nations, menacées de mort par la force brutale, ont refusé de se soumettre au crime; elles se sont associées aux destinées de la France. Elles ont ainsi empêché le monde d'être conduit à la plus ignominieuse des servitudes, aux derniers degrés de l'abaissement intellectuel et de l'avilissement moral.

Aussi me permettrez-vous en terminant, et en reproduisant notre belle devise, que nous ne devons jamais oublier, de l'élargir d'un mot, enfin de rendre le plus juste des hommages aux défenseurs du droit et de la conscience humaine, et de proclamer que nous travaillons et que nous ne cesserons de travailler.

Par la Science, pour la Patrie et pour l'Humanité.

CONFÉRENCE FAITE A PARIS

LUNDI 25 FÉVRIER 1919

par M. PAUL OTLET,

Secrétaire général de l'Union des Associations internationales scientifiques, Bruxelles.

ALLOCUTION DE M. LE GÉNÉRAL SEBERT,

Président de la Séance.

MESDAMES ET MESSIEURS,

Je ne crois pas avoir besoin de vous présenter longuement M. Paul Otlet, notre conférencier de ce soir.

Vous savez qu'il est secrétaire général de l'Institut international de Bibliographie de Bruxelles et aussi l'un des secrétaires de l'Union des Associations internationales, dont le siège est également établi dans cette ville.

Ces deux œuvres vous sont connues et notre Association a pris part à leur création et à leur développement.

Les membres anciens de notre Association doivent se rappeler qu'il y a déjà près de vingt-cinq ans, M. Paul Otlet, avec l'un de ses amis, M. La Fontaine, comme lui avocat à la cour d'appel de Bruxelles et devenu depuis sénateur de Belgique, avait entrepris de constituer un Répertoire de documents juridiques et avaient cherché la meilleure méthode à adopter pour le classement de ces documents.

Ils avaient été ainsi conduits à adopter le système de la classification décimale universelle qu'avait imaginé et appliqué, depuis plusieurs années déjà, un Américain, Mr. Melvil Dewey, Bibliothécaire de l'État de New-York, mais qui était resté jusque-là inconnu en Europe.

Séduits par les avantages de ce système et après en avoir fait l'application à leur répertoire spécial, ils entreprirent de faire la traduction complète des Tables de Melvil Dewey, qui étaient déjà parvenues à leur quatrième édition et d'en faire l'application à la création, à Bruxelles, d'un Répertoire bibliographique universel, s'étendant à toutes les branches des connaissances humaines.

Ils soumirent leur projet à l'examen et à la discussion de conférences internationales auxquelles prirent part des représentants de différents pays et notamment, pour la France, des représentants de notre Association.

Ces conférences amenèrent la création, à Bruxelles, d'un Institut international de Bibliographie qui obtint immédiatement l'appui du Gouvernement belge et chercha à établir des sections dans les différents pays.

La Section française fut tout d'abord installée dans nos propres locaux, puis transférée dans l'Hôtel de la Société d'encouragement pour l'Industrie nationale; mais au lieu d'entreprendre, comme l'Institut de Bruxelles, la préparation d'un Répertoire, embrassant l'ensemble des connaissances humaines, elle limita ce Répertoire aux documents concernant les sciences pures et appliquées et prit le nom de Bureau bibliographique de Paris.

Par suite de circonstances spéciales à notre pays, l'œuvre de ce Bureau est restée relativement limitée et ce n'est que tout récemment, comme conséquence des enseignements de la guerre qui se termine, que les projets de ses fondateurs semblent devoir enfin recevoir leur consécration.

L'Institut international de Bruxelles a pris, au contraire, un grand développement. Son rôle ne s'est pas borné à la préparation du grand Répertoire dont le prototype, conservé dans une dépendance de la Bibliothèque royale de Belgique, renfermait déjà plus de onze millions de fiches, au moment de la déclaration de guerre.

Il avait entrepris encore la réunion, à Bruxelles, d'une Bibliothèque collective des Sociétés savantes belges et même internationales et organisé des services de documentation et d'information, dont la conception se rattachait à celle du projet grandiose qui avait été conçu, sous l'inspiration du roi Léopold, de créer dans la partie haute de la ville de Bruxelles, devenue le « Mont des Arts », un ensemble de palais réunissant tous les trésors scientifiques et artistiques du pays.

En mettant à profit les Expositions universelles successives qui avaient pu être tenues en Belgique, l'Institut international de Bibliographie avait provoqué, avec le concours de l'Union des Associations internationale, pour l'étude de toutes ces questions, la réunion de grands « Congrès mondiaux » dont le premier fut tenu à Mons, en 1906, sous la présidence du roi Léopold en personne.

Les travaux de ces Congrès, qui réunirent un grand nombre d'adhérents, s'étendirent vite au delà des limites qu'avaient pu, au début, envisager leurs promoteurs, car toutes les questions internationales qui devaient, au cours de la guerre actuelle, se concrétiser dans la conception de la Société des Nations se présentaient déjà d'elles-mêmes à l'esprit des membres de ces congrès spéciaux.

Aussi le second congrès mondial, tenu à Bruxelles en 1910, aboutit à la création d'une « Union des Associations internationale » dont le siège resta rattaché à l'Institut international de Bibliographie et dont M. Paul Otlet fut nommé secrétaire général. Le troisième Congrès mondial, tenu à Gand en 1913, était venu assurer l'existence de cette Union qui réunissait déjà plus de 170 Associations internationales.

La liste et les statuts de ces Associations suffisaient pour constituer l'énorme volume, dont vous voyez ici un exemplaire. Une grande revue, *La Vie Internationale*, avait été créée pour servir d'organe à cette Union et celle-ci semblait appelée à un brillant avenir lorsque la guerre de 1914 est venue brutalement interrompre toute vie intellectuelle en Belgique et l'on peut dire dans le monde entier.

Les directeurs de l'Institut international de Bibliographie, qui avaient réussi à le faire placer sous la protection du Gouvernement espagnol, avaient espéré d'abord pouvoir continuer à en assurer le fonctionnement, à peu près normal, malgré la guerre et M. Paul Otlet avait pu rester, pendant quelque temps, à Bruxelles, après l'arrivée des Allemands et même y continuer ses publications; mais il fut bientôt contraint de quitter et put seulement laisser l'Institut sous la garde de collaborateurs dévoués qui avec l'appui de la légation espagnole, ont pu heureusement assurer la sauvegarde des collections jusqu'au départ des Allemands.

Quant à M. Paul Otlet, réfugié en Hollande, puis successivement en Angleterre, en France et en Suisse, il a pu, malgré les difficultés créées par cet exil et par les conditions pénibles de son existence tourmentée, compliquée par la disparition de ses fils, servant dans l'armée belge, continuer à travailler activement aux questions qui font toujours le sujet de ses préoccupations.

Indépendamment de celles qui concernent les Associations internationales, auxquelles la création projetée de la Société des Nations est venue donner un caractère d'actualité et d'urgence, il a pu aussi poursuivre la préparation des documents destinés à donner suite à l'organisation des Offices de Documentation dont la création et le développement sont à l'ordre du jour, dans les différents pays alliés et plus spécialement en France.

Il a pu ainsi s'occuper de la mise à jour et de la refonte du volumineux « Manuel du Répertoire bibliographique universel » dont vous voyez un exemplaire sur le Bureau et qui vous représente le gigantesque travail que l'Institut international de Bibliographie de Bruxelles, aidé du Bureau bibliographique de Paris, avait réalisé, en 1905, comme traduction et développement des Tables de Classification décimale de Melvil Dewey. Il avait ainsi donné, à ces tables, l'extension nécessaire pour comprendre les rubriques de classement applicables aux sciences industrielles, qui avaient été trop sommairement traitées dans les éditions américaines.

Ainsi développé, ce Manuel se prêtera à l'organisation des Offices de Documentation, dans les conditions admises et précisées dans les vœux formulés par le Congrès du Génie civil qui a été tenu à Paris au mois de mars 1918. Ces vœux se trouvent indiqués à la fin du volume consacré au rapport que j'ai présenté au Congrès à ce sujet. Ce rapport peut interesser quelques-uns d'entre vous et j'en ai fait mettre des exemplaires à votre disposition. Vous pourrez ainsi tirer, si vous le désirez, un meilleur profit de la conférence que M. Paul Otlet veut bien nous faire et dans laquelle il traitera de ces questions bibliographiques qui présentent, pour notre pays, un intérêt d'actualité, ainsi que j'ai eu l'occasion de vous le signaler déjà dans l'allocution que j'ai prononcée ici, l'an dernier, à l'Assemblée générale de notre Association.

Mais je ne dois pas m'étendre davantage personnellement sur ce sujet et je laisse la parole à M. Otlet, qui saura vous exposer, mieux que je ne puis le faire, le côté philosophique et élevé de la question et pourra vous donner des nouvelles récentes de Bruxelles d'où il arrive à l'instant.

CONFÉRENCE DE M. OTLET.

L'ORGANISATION DES TRAVAUX SCIENTIFIQUES

MESDAMES, MESSIEURS,

A mesure que la guerre approchait de sa fin, tous les domaines de l'activité ont fait à nouveau l'objet de considération. De grands congrès ont eu lieu à Paris pour les Problèmes Coloniaux, pour ceux du Génie civil et des Industries, pour ceux du Travail et pour d'autres. Le Livre a eu son congrès accomplissant un travail qui portera ses fruits. Mais ce congrès n'a abordé qu'une partie de questions qui touchent aux publications et dans les solutions qu'il a proposées, il s'est placé à un point de vue exclusivement national. Il ne s'est guère préoccupé de ce qui a été fait ailleurs et n'a pas cherché à établir des connexions entre certaines activités et certains travaux de France et d'autres similaires existant en pays amis, avec qui la coopération pourrait cependant produire d'heureux résultats.

A l'heure où va se développer la grande Société des Nations, il semble bien que le point de vue international doive aussi s'imposer à la réflexion. Ce point de vue avait élargi peu à peu l'horizon durant les décades qui ont précédé la guerre. Après les événements d'août 1914, on put croire un moment qu'il n'y aurait plus place dans le monde que pour les faits du nationalisme le plus étroit. Mais voici que dans la fournaise des batailles l'ancien internationalisme, loin de se consumer, s'est au contraire fortifié et épuré. Entre alliés il est devenu réalité vivante, actuelle, fraternelle. Il entend ne plus faire appel qu'à des neutres amis, et quant aux ennemis il réserve son attitude pour le jour où ils auront fait amende honorable, abjuré leur culte de la force et de l'hégémonie mondiale, et consenti aux conditions d'une organisation internationale à base de droit et de solides sanctions.

Nous nous proposons ici de rappeler succinctement ce qu'était avant la guerre le mouvement international pour l'organisation du Livre, signaler quelques faits produits depuis et présenter les conclusions auxquelles il semble utile de se rallier maintenant pour agir rationnellement en ce domaine.

*
* *

Avant la guerre, trois grands congrès internationaux concentraient tout le mouvement : les Conférences internationales de Bibliographie et de

Documentation, le Congrès international des Bibliothécaires et des Archivistes, le Congrès international des Éditeurs. Des congrès et conférences spécialisés avaient aussi traité de la question des échanges internationaux, de celle des manuscrits, reproduction et prêt. Des sections de congrès consacrées à d'autres matières avaient envisagé des questions connexes à elles et au Livre, tels les congrès internationaux de Photographie (Photos et films), de Géographie (cartes et plans), de la Presse périodique et quotidienne (rédaction, diffusion, conservation et catalogage des journaux et revues), des Sciences administratives (publications officielles, documentation administrative et rôle du papier dans les administrations), de la Propriété industrielle (brevets d'invention et littérature industrielle), de la Propriété littéraire (droit d'auteur et dépôt légal). Un grand nombre de congrès scientifiques avaient discuté de l'amélioration à apporter dans la publication et les moyens d'information : Congrès de Zoologie, Botanique, Physiologie, Médecine, Avocats, Ingénieurs, etc. Enfin le Congrès mondial des Associations internationales, véritable Congrès des Congrès, auquel en 1910 adhéraient 136 associations internationales et 230 en 1913, consacrait une de ses six sections à la Documentation, aux Publications et à la Bibliographie. Il votait un remarquable ensemble de conclusions où était rappelée l'œuvre de la plupart des Congrès scientifiques particuliers et que lui présentait l'Institut International de Bibliographie.

*
* *

Créé en 1895 par la première Conférence Bibliographique internationale, cet Institut a été l'organe d'exécution et de préparation des Conférences qui se sont réunies ensuite en 1897, 1900, 1907 et 1910. Il s'est attaché à prendre part à tous les mouvements particuliers, à les susciter au besoin.

Son œuvre a été triple : théorie et méthodes, organisation, travaux d'exécution.

L'œuvre théorique a consisté à dégager et définir un ensemble d'idées, mettant en lumière le rôle du Livre et de la Documentation, à montrer des objectifs communs désirables, des modes de coopération possibles, à arrêter et à élaborer en détail des méthodes unitaires. Les *Actes* de quatre conférences internationales et vingt années de *Bulletin* relatent les étapes du développement de l'idée primitive. Deux publications les ont condensés : le *Manuel* de l'Institut qui a été publié en 1904 et le *Code d'organisation* publié en 1910. Ils comprennent, avec un corps de principes, de règles et de recommandations, et des notes sur les œuvres existantes ou les décisions des congrès, les tables d'une classification bibliographique universelle par matière (classification décimale) étendue jusqu'à 33.000 divisions avec 40.000 mots dans l'index alphabétique.

L'œuvre d'organisation a consisté à faire admettre ces buts et ces méthodes, à former un premier groupe d'adhérents et de coopérateurs.

Grâce à une propagande incessante, un millier d'établissements, collectivités et individualités de tous pays et de toutes spécialités ont reconnu l'opportunité des fins et l'appropiation des moyens proposés. Avec les membres des sociétés adhérentes c'est là un noyau de plusieurs dizaines de mille personnes, auquel il faut ajouter tout le public initié aux nouvelles méthodes par les Bibliothèques et les Offices qui en ont fait application, particulièrement nombreux aux États-Unis. Le mouvement qui a conduit en 1910 les grands organismes internationaux à se grouper en une Union des Associations internationales a été particulièrement favorable. Cette Union a accepté le programme de l'Institut international de Bibliographie, tandis que l'Institut assumait d'organiser les services documentaires de l'Union et de ses membres et devenait une partie constituante du Centre mondial créé à Bruxelles.

Quant à l'œuvre d'exécution de l'Institut, mentionnons ces données : le Répertoire bibliographique universel comprenait, à la veille de la guerre, onze millions de fiches classées par matières et auteurs; la Bibliothèque collective se composait d'une soixantaine de Bibliothèques spécialisées appartenant pour la plupart aux associations internationales. Les Archives documentaires étaient formées d'une dizaine de mille dossiers alimentés au jour le jour de documents publiés sur les grandes questions contemporaines de sciences, de technique et de sociologie; elles comprenaient entre autres cent cinquante mille documents photographiques. L'Institut coopérait aussi au Musée international où les Associations internationales, en une représentation objective et graphique, se sont efforcées d'offrir une vision d'ensemble du monde au XXe siècle.

*
* *

Avant d'exposer avec quelques détails le plan d'organisation de la Documentation proposé par l'Institut, et qui se dégage de son œuvre, il est utile de rencontrer une objection souvent faite. Tandis qu'avec insistance il posait au premier plan le problème d'une organisation d'ensemble du Livre et de toutes ses fonctions, on lui reprochait de ne point vouloir se spécialiser ; jugeant d'un chêne à faire croître par son gland à peine mis en terre, on lui refusait l'indispensable crédit du temps.

A la vérité tout plan dépassant la portée d'un travail routinier est immédiatement traité d'utopique. Et pourtant quelles énormes institutions, quels travaux immenses, auxquels nul ne songeait même il y a cent ans, sont venus nous apprendre ce qui peut être tenté dans notre domaine. Ce sont eux qu'il faut constamment opposer aux vues étroites et à l'inertie. Énumérons quelques faits. Production de 150.000 unités-livres et 500.000 articles de périodiques venant s'ajouter annuellement avant la guerre à une production antérieure évaluée au total à plus de 25 millions d'unités, dont moitié de livres. Production accrue en trente ans de 74 0/0 en sciences et 215 0/0 en médecine; 4.000 travaux publiés depuis le XVIe siècle sur les seules sciences zoologiques et plus de 70.000 périodiques et journaux de toute espèce constamment imprimés. Plus d'un million d'universités et 4.000 sociétés scientifiques œuvrant dans le monde et formant le personnel qui publiera : Perfectionnement atteint par la collaboration dans les grands ouvrages, les journaux, les revues. Œuvre d'une étendue de 25.000 pages, comme la *Grande Encyclopédie Larousse* ou pouvant réaliser constamment des éditions nouvelles comme l'*Encyclopédia Britanica*, œuvre à son onzième édition et plaçant sous une direction unique plus de 2.000 auteurs et collaborateurs. — Les imprimeries à grande masse, comme le Printing office du gouvernement à Washington où fonctionne une batterie de 150 monotypes, composant 12.000 lettres à l'heure, et les imprimeries à marche rapide comme celle du *Petit Journal* tirant à un million et demi d'exemplaires, avec des Marinoni pouvant plier, classer et compter 50.000 feuilles par heure en six couleurs, ou celle du *Times* où quelques hommes effectuent un travail qui eût nécessité 300.000 copistes dans un scriptorium du moyen âge. — Le nombre des lecteurs triplé en un demi-siècle; le budget moyen de lecture évalué par tête d'habitant en France à 5 francs, à 11 en Angleterre. — Des instituts puissants faisant progresser les méthodes par l'élaboration et la mise en œuvre des masses considérables de données incorporées dans les documents, tels que l'Institut international d'Agriculture de Rome, le Patentant de Berlin, le Census office Américain. — La Bourse du Livre de Leipzig à laquelle sont affiliés plus de 20.000 éditeurs, commissionnaires et libraires détaillants, et qui vient de décider la création dans ses sous-sols d'une gare spéciale de chemin de fer pour l'expédition des colis de livres! — Les Bibliothèques géantes, la Nationale de Paris, le British Museum de Londres, la Konigliche Bibliothek de Berlin, la Library of Congress de Washington, la New-York Public Library comprenant chacune plus de deux millions de volumes, dont les bâtiments ont coûté jusqu'à 40 millions et même 70 millions de francs (Washington et New-York), dont les catalogues imprimés sont des monuments (Paris, Londres, Washington).

Le service international des échanges de la Smithsonian institution qui a aidé à répandre gratuitement dans tous les pays les publications officielles et savantes. — Le Catalogue international de la littérature scientifique, dont les 250 volumes, imprimés depuis 1900, contiennent plus de trois millions de références.

Quel ensemble de gigantesques entreprises bibliographiques menées à bonne fin! Quelle puissance dans le labeur! Quel formidable outillage mis dès maintenant à la disposition du travail intellectuel! Mais aussi quels exemples pour obtenir mieux encore, et plus grand et plus coordonné en associant à l'avenir toutes ces forces, toutes ces institutions, toutes ces collections.

*
* *

Ce ne sont pas seulement de tels faits qui amenuisent l'objection de plans trop vastes faite à l'Institut International de Bibliographie. Ce sont aussi les progrès généraux accomplis en vue de constituer toutes nos connaissances relatives aux livres et aux documents en un véritable corps de science, les *Sciences bibliographiques*. Sous le nom de Technologie on possède depuis longtemps pour l'ensemble des productions industrielles une discipline générale qui relie toutes les connaissances propres à chacune. Sous le nom de Philologie et Linguistique on a créé aussi les sciences de la langue, sciences devenues immenses à raison de leur multiples ramifications. Pour le livre, les documents, le texte et l'image on a trop tardé à faire le même effort de systématisation et de synthèse.

Il est nécessaire cependant. Les sciences du Livre ont suivi le processus historique de toutes les autres. Dans une première phase elles ont été purement descriptives : c'est celle au cours de laquelle a été constituée la *Bibliographie* proprement dite. Dans une deuxième phase elles doivent tendre à tirer des faits les principes, les lois et les théories, à créer aussi la *Bibliologie*. Enfin elles ont à déduire de celle-ci les règles pratiques à substituer à l'ancien empirisme et à se développer en *Bibliotechnie*. Des sciences ainsi formées embrasseraient tout le vaste champ du Livre : sa conception, les éléments matériels, graphiques et intellectuels qui le composent, ses diverses grandes classes et espèces ; son évolution et ses transformations. Elle traiterait de l'ensemble des livres aux diverses époques, dans les divers pays, dans les diverses sciences pour mieux déterminer la corrélation des formes, des structures, des tendances. La théorie de toutes les opérations et fonctions du livre en ferait partie : travail de composition des auteurs, travail des imprimeurs, des éditeurs, travail accompli dans les bibliothèques, et tout ce qui se rapporte à l'emploi des imprimés et à la lecture. Nous avons besoin d'une théorie générale du livre et du document. Elle doit être basée sur l'observation et la comparaison des types existants, à la manière de l'histoire naturelle, qui décrit et classe les espèces. Elle doit ouvrir le champ à l'invention de types nouveaux d'outils intellectuels, comme la technique industrielle pousse à la création des nouvelles machines destinées à transformer la matière. En mettant en évidence les buts ultimes du livre, ses fonctions individuelles et sociales, cette théorie doit aussi servir de support et de justification à une organisation générale.

Dès maintenant la Bibliologie théorique a ouvert quatre chapitres à des recherches dont l'énoncé dit tout l'intérêt (1) :

(1) Conférences suivies de discussions organisées à ce sujet en 1916 à Genève par l'Institut International de Bibliographie et par l'Institut Rousseau. Elles ont mis en lumière les travaux remarquables accomplis en Russie par M. Nicolas Roubakine dans le domaine de la bibliologie psychologique. (Voir *Annales de Psychologie* de Genève, 1917).

Bibliologie scientifique. — Amélioration dont est susceptible le livre considéré comme expression et cristallisation de plus en plus adéquate de la pensée et de la science. Conditions du livre de science.

Bibliologie psychologique. — Processus de création, circulation, utilisation et influence du Livre et de la Presse. Recherches des relations entre les auteurs et les lecteurs par le moyen des imprimés. Recherches sur la correspondance entre le type mental de celui qui écrit et de celui qui lit; conditions *optima* de la lecture individuelle; rôle propre au texte et à l'image.

Bibliologie sociologique. — Diffusion du Livre dans les diverses couches de la société; son rôle dans la formation de l'idéologie populaire; comment les données fondamentales de la vie et de la conduite des sociétés devraient constamment être répandues dans le corps social, en vue du progrès. La fonction dévolue à ce point de vue aux publications de corps officiels, à celles des associations et aux journaux.

Bibliologie pédagogique. — Préparation des esprits à la lecture et à la critique; enseignement dès la jeunesse, et continué parmi les adultes, des meilleures méthodes pour lire avec fruit, initiation dans l'enseignement supérieur aux sources écrites du savoir. Théorie générale de la vulgarisation des sciences, de la propagande en faveur des idées et de la formation des courants d'opinion publique à l'intermédiaire des imprimés.

* * *

Le plan général d'organisation proposé par l'Institut International de Bibliographie trouve une nouvelle justification dans les faits qui se sont passés depuis la guerre. Les uns sont le prolongement du mouvement que cet Institut a créé. Les autres, nés spontanément des événements, ouvrent des perspectives qui confirment les vues antérieures. Voici quelques-uns de ces faits.

En France, un Congrès national du Livre s'est tenu à Paris en 1917, nous en avons déjà parlé (1). Le Congrès général du Génie civil (Paris, mars 1918) a traité de la question de la documentation technique sous ses divers aspects et s'est rallié à des conclusions s'inspirant de celles de l'Institut International de Bibliographie (2).

La Bibliothèque de la ville de Lyon a créé un fonds de la guerre qui comprend déjà plus de vingt mille volumes et elle en publie la bibliographie selon le système décimal. — Les Bibliothèques municipales de Paris, sous l'active impulsion de leur nouveau Directeur, se transforment

(1) Voir les actes de ce Congrès, et les Comptes rendus du Comité du Livre chargé d'en poursuivre l'exécution des vœux, parus dans la *Bibliographie de la France*.

(2) Voir les rapports du général Sebert, de M. Guillet et de M. de Fréminville. La revue *Le Génie Civil* a publié des analyses étendues de ces rapports.

d'organismes administratifs et bureaucratiques en organes très vivants de la lecture publique; leurs catalogues et listes d'acquisitions doivent retenir l'attention. L'Académie des Sciences a commencé en 1916 un inventaire de Périodiques des Bibliothèques de Paris. La réforme du dépôt légal a été agitée.

En Angleterre, au début de la guerre, un fonds dit : Imperial trust a été créé par le gouvernement pour des recherches scientifiques et industrielles. Les revenus en sont dépensés pour aider les recherches expérimentales faites par les associations et les particuliers. En connexion avec l'Imperial trust, on cherche en ce moment à créer des offices de documentation pour chaque association particulière, coton, verres, automobiles, etc. Un premier projet conclut à la création d'un Office central de documentation (Central Bureau of information for scientific and industrial research) qui alimenterait tous les bureaux des associations et des villes et organiserait une bibliothèque centrale d'ouvrages scientifiques et techniques. Cette bibliothèque prêterait les livres à domicile dans toute l'Angleterre, à l'intermédiaire des bibliothèques publiques. Quant à la Bibliographie, elle ferait l'objet d'une publication sur fiches et une entente interviendrait à ce sujet avec le Catalogue de littérature scientifique. Le mouvement en faveur de ce projet a été appuyé notamment par l'Institution of Automobile Engineers. (London, février 1915) et par la Society of chemical industry (1).

La Faraday Society a mis en discussion ce sujet : la coordination de la publication scientifique. Des représentants d'un grand nombre d'associations ont pris part à une séance tenue à Londres en mai 1918. On y a demandé la création d'un office central auquel seraient remis les travaux avant leur publication, afin de les distribuer aux périodiques les mieux qualifiés, l'établissement d'un catalogue des sciences appliquées, la systématisation des analyses et résumés (abstracts), la publication de fiches de renseignement distribuées régulièrement aux intéressés, l'application de la classification décimale, l'unification des formats, des mesures pour la réimpression des travaux intéressant plusieurs sociétés, l'invitation aux séances de discussion des membres de toutes les sociétés qu'intéresse la question, la création de bureaux d'information. Le Conjoint Board of scientific Society, s'est aussi occupé de cette question de coordination à réaliser dans les publications des sociétés savantes et techniques. — La *Library Association* a posé à nouveau le problème ancien de l'organisation des bibliothèques. Elle a créé un mouvement en faveur de la création dans les bibliothèques d'un département de littérature technique en se

(1) Voir *Journal soc. chem. Ind.* V. 34,765 (1915). — Voir aussi les rapports sur la première année du travail Department of Research of the Board of trade, dont un résumé a paru dans le *Daily Telegraph*, 31 août 1917. — Voir aussi Ernest A. Savage. *The utilisation of the data of the automobile industry through bureaux of information.* (Publication of the Institution of automobile Engineers, London.)

fondant sur la nécessité d'aider les industries anglaises dans leur de guerre et de lutte économique après elle. — Depuis 1915 la Librar Association publie dans l'*Athaenaeum* de Londres une bibliographie ana lytique classée décimalement. Une propagande est faite auprès des asso ciations industrielles en vue de les voir constituer des offices de documen tation dont les principes aussi sont directement inspirés de l'Institu International. — Le Technical Department of Air Craft production (servic de l'aviation), l'une des organisations anglaises les plus progressives de guerre, est récemment entré dans la même voie, espérant y entraîner le autres services de l'armée. L'Université de Londres a organisé une Facult de Bibliographie à King's College.

Aux États-Unis, l'Association américaine des Bibliothécaires *America Library Association* s'est mobilisée elle-même. Elle a établi 42 Biblio thèques centrales dans autant de grands camps militaires ; ces biblioth ques possèdent de cinq à trente mille livres d'histoire, de biographi science, poésie et des milliers de magazines et de journaux. Les livr sont distribués dans les hôpitaux, cantines, dortoirs et partout où les homm se rassemblent : c'est la démonstration que le livre conserve toujou ses droits au milieu de tous les cataclysmes ; celle aussi qu'il impor d'agir désormais vite et en grand. L'œuvre de diffusion des livres réalis parallèlement dans les armées par la Y. M. C. A. (Young men Christia Association) est remarquable. Tous les foyers militaires qu'elle a créés o leur département de lecture. A la conférence de juillet 1918 de l'America Library Association, Melvil Dewey, le champion de l'organisation, exposé la nécessité pour l'Amérique de se mettre en avant du mouveme interallié et c'est le programme de l'Institut International de Bibliograph dont il s'est fait le défenseur. Dans ce qui restait de la Belgique libre mouvement bibliographique a pris comme champ d'action l'armée. *Livre pour les soldats* a distribué plus de 200.000 volumes ; une bibli thèque a été organisée au cercle militaire de La Panne ; grâce à la Croi Rouge américaine et au « British gifts for belgian soldiers », on a créé tout u réseau de petites bibliothèques de compagnies et de batteries. La récen manifestation interalliée au Havre en faveur de la reconstruction de Bibliothèque de Louvain témoigne de nouveaux liens de solidarité cré par la guerre.

En Suisse, mesures récentes prises pour réaliser le Catalogue central d Bibliothèques, œuvre à laquelle s'est attachée l'Association des Biblioth caires suisses : unification réalisée en 1914 des règles catalographiques ; cré tion en 1915 d'un Office suisse de l'Institut international de Bibliographie application récente de la classification décimale par des bureaux d'info mation de grandes usines ; application de cette classification à la Bibli thèque nationale de Berne, à celle de la ville de Berne. Par une conventio de 1916, les éditeurs suisses se sont engagés à déposer gratuitement u exemplaire de chacune de leurs publications à la Bibliothèque de Bern

Déjà 115 éditeurs se sont inscrits (1). En Hollande, la Bibliothèque Royale de La Haye a poursuivi et développé pendant la guerre ses travaux basés sur la classification décimale. Le Nederlansche Registratur Bureau a organisé les archives modernes d'un grand nombre de grandes communes et de trois provinces selon les méthodes documentaires de l'Institut International de Bibliographie. De grandes usines les ont aussi appliquées et le « Normalisatie Bureau », organe de la standardisation créé par les industriels, se propose de les adopter.

En Italie la Bibliothèque universitaire de Bologne s'est attachée à recueillir toutes les publications de la guerre.

En Allemagne, la *Deutsche Bucherei*, fondée comme Bibliothèque nationale allemande à Leipzig par le cercle allemand de la librairie, n'a cessé de se développer pendant la guerre. Elle réunit toute la littérature de l'Empire et toutes les publications parues ailleurs en langue allemande depuis le 1er janvier 1913 (à l'exclusion toutefois des journaux proprement dits), qu'elles soient destinées à être mises en vente ou non. Depuis 1917 elle s'est substituée à la maison Hinrichs pour l'élaboration de la *Bibliographie nationale* qui s'opère sous forme de listes journalières, hebdomadaires, bisannuelles de publications et facilite l'alimentation de la Bibliothèque par dépôt volontaire : En 1916 il y avait 2.570 éditeurs engagés à faire ce dépôt ; plus de 5.000 membres forment la Société des Amis de la Bibliothèque nationale, créée pour soutenir cette vaste entreprise et, avec les imprimés d'ordre administratif ou d'ordre privé, parus hors commerce, les entrées de l'année avaient été de 55.866 pièces dont 8.461 pièces officielles. Cette Bibliothèque a recueilli toutes les publication de la guerre. — Les jeunes nationalités, dont la libération est un des buts de la guerre, se préoccupent grandement du Livre national. L'attention a été attirée sur cette question par l'Office des nationalités (Lausanne) et dans cette ville se sont organisées une bibliothèque et des archives touchant l'Ukraine, rattachée à la Revue ukrainienne. La Bibliothèque de Prague a commencé en pleine guerre la publication d'un nouveau catalogue qui est décimal et imprimé sur fiches universelles (véritable manifestation de sympathie des Tchèques envers ce côté-ci des belligérants. — Après l'Orient l'Extrême-Orient se réveille. L'Association chinoise des sciences sociales et politiques, que préside le ministre des Affaires étrangère, a décidé en 1918 de fonder une grande bibliothèque, destinée aux études, à l'enseignement et au public tout entier ; elle devra contenir les œuvres occidentales.

Dans l'ordre international la réorganisation du « Catalogue International de la Littérature scientifique » a été mise sur le tapis ; les Académies alliées s'en sont occupées, les anciens desiderata ayant pour objet de la rattacher

(1) Seizième rapport de cette Bibliothèque (1916).

directement à la Bibliographie universelle ont été présentés à nouveau (1). A ce propos le vœu a été exprimé à nouveau que les sciences appliquées et les sciences sociales soient elles-mêmes dotées d'une pareille publication et que « l'Index medicus » soit traité selon les mêmes principes. — A Rome, l'Institut International d'agriculture a pu continuer ses travaux malgré la guerre. Par sa bibliographie (elle est décimale), par sa bibliothèque internationale et ses publications de résumés et d'analyses, basé sur un dépouillement de 2.600 périodiques, cet Institut réalise un type d'office international de documentation dans un domaine spécial. — La question a été examinée récemment : comment organiser les comptes rendus scientifiques et enlever aux Allemands le monopole qu'ils exerçaient avec partialité par leur Centralblätter et leur Jahresberichte (2). — Malgré la guerre, la Convention internationale d'Union de 1908 pour la Protection de la propriété littéraire a été maintenue en vigueur et le Bureau de Berne a préparé et en partie publié d'importants travaux de droit comparé et de coordination législative (3). Une évolution s'est manifestée en divers pays dans le sens d'un droit à accorder au domaine public. — La Conférence parlementaire interalliée du Commerce (1916-1917-1918) a traité de la question du brevet international qui est liée à celle de la classification et de la documentation des inventions.

Voici que la question des Documents photographiques, dont l'organisation avait été traitée en 1907 par un congrès spécial tenu à Marseille, a pris subitement une grande importance. Des services y ont été consacrés dans toutes les armées, réunissant d'immenses collections de vues et de films. Le statut donné en France au Service photographique et cinématographique de l'armée lui assigne comme objet de procurer des moyens de documentation militaire, historique, artistique et de propagande. Un service opérant aux armées est rattaché au ministère de la Guerre, un autre service administratif et technique, placé à l'intérieur, est rattaché au ministère de l'Instruction publique. Le collectionnement et la classification de ces vastes collections photographiques nécessitent des méthodes nouvelles. Des musées de la guerre ont été constitués à Paris, à Londres, à Rome, et Washington va suivre. Ils renfermeront sur les événements la documentation la plus étendue et sous les formes les plus diverses. Nul doute qu'ils ne soient amenés à s'associer pour fournir demain les matériaux à une histoire générale de la guerre que les Alliés, après l'avoir faite ensemble, voudraient écrire en commun. L'ancien système bureaucratique a été vivement secoué; on a voulu de nouvelles méthodes. Et comme il n'y a d'administration possible sans papiers écrits, c'est la question de son organisation rationnelle qui s'est

(1) *Revue générale des Sciences*, avril 1918.

(2) Voir D. Marie, *Revue générale des Sciences*, 1917.

(3) Voir les études parues à ce sujet dans le *Droit d'auteur*, notamment le numéro du 15 août 1918.

posée. (Documentation administrative opposée à paperasserie administrative.) Les gouvernements alliés ont mis en contact un grand nombre de leurs administrations. Dès lors l'échange des lois, des règlements et des publications officielles a pris une recrudescence d'intérêt. Enfin tous les gouvernements ont été amenés à créer trois nouveaux services de guerre : pour le contrôle des imprimés chez eux (censure) ; pour l'observation de ce qui est imprimé au dehors, notamment chez l'ennemi ; pour la propagande à l'intérieur et à l'extérieur. Nous avons appris par ces services qu'il est possible désormais d'organiser la lecture systématique et complète de tout ce qui se publie et cela a fait naître l'espoir qu'au moment de la paix ces services pourraient être transformés en vue d'aider à la reconstruction et au développement de la vie normale. Recueillir par la lecture les faits, les idées, les inventions, dignes de retenir l'attention ; les signaler par la voie officielle, sera la tâche qui s'imposera demain sur une échelle qu'on n'aurait jamais osé proposer hier.

*
* *

Tous ces faits et beaucoup d'autres qu'on pourrait citer montrent bien que la guerre, loin d'avoir plongé en léthargie les problème du Livre et de la Documentation, les a au contraire posés avec plus d'ampleur et plus d'urgence que jamais. Ils donnent confiance dans l'action à entreprendre.

Il faudrait maintenant que se rapprochent et s'entendent les grandes organisations qui se sont attachées jusqu'ici à la solution de ces problèmes. *a*) Les Congrès internationaux de Bibliographie et l'Institut International de Bibliographie créé par eux ; *b*) Le Congrès International des Bibliothécaires avec les grandes associations nationales qui le composent et qui ont été partout des agents actifs du progrès dans les bibliothèques : aux États-Unis, en Angleterre, dans les Dominions, en France, en Italie, etc. *c*) La Royal Society de Londres qui, après avoir publié le Catalogue of scientific papers, a provoqué la création du Catalogue international de la littérature scientifique, placé lui-même sous le patronage de l'Association Internationale des Académies. *d*) La Smithsonian Institution, qui a aussi largement contribué à l'œuvre de ce catalogue, tout en restant attachée à celle des échanges internationaux qu'elle créa il y a un demi-siècle. *e*) L'Union des Associations internationales, aux congrès mondiaux de laquelle ont été représentées la plupart des grandes associations internationales existantes et qui a créé dans son sein une section pour l'étude de ces questions. *f*) La Library of Congress qui a réalisé à Washington des organisations modèles, comme son catalogue imprimé sur fiches, et coopère au bon ordre des publications officielles avec le Superintendant of documents. *g*) Le Concilium Bibliographicum qui, en connexion avec l'Institut International de Bibliographie, a publié sur fiches depuis 1896 la Bibliographie analytique de plusieurs sciences biologiques. *h*) Toutes autres institutions, enfin, qui dans un but d'utilité générale ont réalisé des travaux ou organisé des services d'ordre documentaire et en premier lieu les grandes bibliothèques nationales et les fédérations nationales de sociétés scientifiques (British Association, Association française pour l'avancement des sciences, etc.) — Toutes ces institutions, faisant à leur manière acte d'union sacrée, se mettent d'accord pour coopérer.

Les mesures d'ensemble qu'a proposées à cet égard l'Institut International de Bibliographie devraient servir de base aux accords. Nous les présentons ci-après, en un exposé nouveau. Il est fondé sur les publications mêmes de l'Institut. Mais il tient compte des conclusions dont allait être saisi le cinquième Congrès, prêt à être convoqué en 1915, à l'occasion du vingtième anniversaire de la fondation de l'Institut. Il utilise aussi l'expérience de ces quatre années de guerre.

L'exposé comprend dans une première partie les faits, les desiderata et les buts à atteindre et dans une seconde partie le plan général de l'organisation proposée. Il comporte naturellement des vérités élémentaires, des truismes mêmes, mais il a paru indispensable de les rappeler pour justifier les conséquences qui en ont été tirées. Ce plan au demeurant est la synthèse des vœux et des idées exprimés dans les grandes réunions internationales ; il propose la coordination entre tous les organismes existants, l'unification des pratiques les plus recommandables, la généralisation des meilleures expériences faites (1).

L'ORGANISATION GÉNÉRALE DE LA DOCUMENTATION

A. — **Les faits, les desiderata, les buts.**

I

Le Livre. — L'Information. — La Documentation.

Il faut entendre par *livre* tout assemblage de signes sur une surface pour fixer et cristalliser les résultats des investigations en vue de les faire comprendre, de les répandre et de les conserver. Il faut entendre par *information* et donnée scientifique les éléments de toute nature, fait, idée, théorie, qui constituent des notions et des éclaircissements pour l'esprit, des directives pour la conduite et l'action. Par *documentation* il faut entendre l'ensemble

(1) Pour certains développements, voir Paul Otlet : Les Problèmes internationaux et la guerre, Paris, Rousseau, 1916 (2ᵉ partie, 3ᵉ chapitre : La vie intellectuelle). — Transformations dans l'appareil bibliographique des sciences, (*Revue scientifique*, Paris, avril 1918. — L'Information et la Documentation au service de l'Industrie, *Bulletin de la Société d'Encouragement à l'Industrie nationale*, Paris, 1ᵉʳ juin 1917. — Le traitement de la littérature scientifique, *Revue générale des sciences*, Paris, sept. 1918. — La Société intellectuelle des Nations, *Scientia*, Milan, janvier 1919. — L'avenir du Livre et de la Bibliographie, *Bulletin de l'Institut International de Bibliographie*, 1911, pp. 275-297. Les Associations internationales et la Reconstitution, *Revue générale des sciences*, 28 février 1919.

des moyens propres à transmettre, à communiquer, à répandre les informations et les données scientifiques (livres, périodiques, journaux, circulaires, catalogues, etc.) : en un mot les documents de toute espèce, composés de textes ou d'images. L'homme est sorti de la barbarie primitive en s'aidant de signes pour abstraire et généraliser sa pensée. Quand son langage fut perfectionné, il inventa les écritures et les alphabets et fixa ses idées dans des textes. Le livre naquit et, avec lui toute la variété des documents prit forme au fur et à mesure que se développa la civilisation. Il fut pour le cerveau ce que l'outil, la machine furent pour la main, un véritable prolongement de la personne humaine; il intensifia le pouvoir intellectuel de l'homme dans des proportions aussi grandes que la machine, dérivée de l'outil primitif, l'a fait pour son pouvoir matériel. Sans l'aide des documents graphiques pour les retenir et les fixer, les connaissances et les impressions n'auraient qu'une durée éphémère, car la seule *mémoire* est insuffisante pour en conserver le souvenir. Elles n'auraient aussi qu'une portée restreinte, puisque la *parole* n'est qu'un moyen de communication, limité à un cercle très étroit. Aussi, d'une manière générale, peut-on dire que les documents de toute nature, établis depuis des siècles, et qui continuent incessamment à être produits dans tous les pays ont enregistré et enregistrent, au jour le jour, tout ce qui a été découvert, pensé, imaginé, projeté. Ils constituent les moyens par lesquels tout cela nous a été transmis de génération en génération et de lieu en lieu. Dans leur ensemble, les Livres et les Documents forment la « mémoire graphique de l'humanité », le « corps matériel de nos connaissances » l'expression écrite de la civilisation.

II

Rôle du Livre et de la Documentation.

Le rôle du Livre et de la Documentation est considérable. Il s'exerce dans les sciences, dans leurs applications pratiques, dans l'éducation et la culture générale.

Les sciences. — L'avancement des sciences est dû à une immense collaboration. Des travailleurs de tous pays et de toutes spécialités s'y emploient. La science, est une à travers les générations ; elle grandit en se développant sans cesse; elle est un patrimoine, qui appartient à la collectivité tout entière, car elle est l'œuvre commune. A l'instar du travail économique, le travail scientifique a besoin maintenant d'être plus socialisé et accru dans son rendement (*efficiency*). Pour avoir socialement une valeur et être incorporée à la science générale, tout travail scientifique doit donner lieu à une rédaction écrite, illustrée si possible, qui expose les résultats acquis, et indique les méthodes par lesquelles on y est arrivé, de manière que ces résultats deviennent communicables, impersonnels et susceptibles de vérification, par des tiers. Cette rédaction doit être portée à la connaissance du public scientifique par le moyen de publications appropriées. Une recherche (observations, expériences, raisons) n'a de valeur que si elle vient prendre sa place dans le corps de la science; c'est-à-dire si son auteur se considère comme un collaborateur de l'œuvre scientifique générale, s'il s'astreint à prendre connaissance des travaux de ses devanciers et se préoccupe de ses continuateurs.

Les applications des sciences, la technique. — Il y a la science (connaître pour comprendre) et l'application de la science (savoir pour pouvoir et pour réformer la société). La technique consiste à faire de la science toutes les applications possibles, à soumettre au contrôle et à la direction de la science tout ce qui était autrefois dans le domaine de l'empirisme. La science a ainsi une fonction sociale et elle a apporté d'immenses avantages pratiques à l'humanité : essor économique, amélioration de l'hygiène publique, prolongation moyenne de la vie, confort, soulagement de l'effort dans le travail, inventions de toute nature.

Toute vérité scientifique a deux valeurs : d'abord une valeur en soi, théorique, désintéressée, liée à cette satisfaction de la curiosité et de la vie intellectuelle supérieure que peuvent donner la création, la transmission et l'acquisition du savoir, pour la gloire de la Pensée humaine (sciences pures). Elle a aussi une valeur d'utilisation pratique pour les besoins de la vie de l'individu et de la société (sciences appliquées). Inversement, les faits de la pratique courante traités selon la méthode scientifique, peuvent fournir à la science pure l'occasion d'accroissements considérables. Le progrès repose donc sur l'avancement parallèle et simultané des connaissances scientifiques, des applications techniques auxquelles elles peuvent donner lieu, et de l'action sociale qui organise et généralise ces applications. C'est dire l'importance de la documentation qui sert d'intermédiaire entre la théorie et la pratique. Elle est à la base de toute action un peu ample dans les domaines industriels, commerciaux, politiques, sociaux. Mais l'homme d'action ne disposant guère de temps c'est immédiatement, sans difficulté, et tout élaboré, qu'il doit pouvoir obtenir ce dont il a besoin.

L'éducation. — La Documentation intervient ici à trois points de vue : *a*) comment abréger le délai entre le moment où les vérités sont acquises et celui où elles s'incorporent dans l'enseignement aux divers degrés; *b*) comment associer à l'enseignement oral l'enseignement par le Livre, et accroître la distribution du savoir en étendant le domaine de la lecture dans les écoles et les collèges; *c*) comment coopérer à l'enseignement des autodidactes, qui n'est pas seulement la formation première, mais le perfectionnement ultérieur de chacun dans sa spécialité. L'éducation générale est forcément incomplète; l'éducation spéciale (enseignement des métiers et des professions) est pleine de lacunes. Ni l'une ni l'autre ne peuvent dispenser de se tenir constamment au courant par le Livre. L'avenir appartiendra de plus en plus aux hommes d'initiative, à ceux qui sauront développer leur personnalité et s'imposer le devoir de parfaire eux-mêmes leur éducation. Quiconque vise au succès, ou veut simplement vivre de façon à satisfaire à ses besoins est obligé de recourir aux connaissances pratiques, aux systèmes d'éducation qui s'appliquent à sa situation et à sa profession, car ils sont le meilleur fruit de siècles de tâtonnement et d'apprentissage collectifs.

III

Nécessité d'une organisation de la Documentation.

Il existe et il se produit journellement des milliers d'écrits; il est aussi des millions de données sur la réalité et sur les intelligences humaines; il est enfin des milliards d'actes prêts à s'effectuer dans les jours prochains au sein de toute grande nation. Comment les données du savoir, après avoir été recueillies, devraient-elles être rédigées, donner lieu à des publications et documents appropriés et s'incorporer rapidement au grand corps des sciences et des arts ? Comment devraient-elles être portées à la connaissance de ceux qui ont à agir afin que leur action soit plus utile, plus ample, mieux harmonisée avec l'action d'autrui, mieux subordonnée à des buts plus généreux, en un mot qu'elle devienne plus efficiente ?

Ces questions doivent se résoudre par l'établissement d'une « machinerie » adéquate. La manière de la construire et de la faire fonctionner est le problème de l'Organisation de la Documentation. Il est nécessaire que cette organisation soit permanente et générale. On ne peut abandonner au seul hasard ou à des ententes passagères et partielles le soin d'assurer les avantages que peuvent seuls donner des services continus, contrôlés et établis à l'usage de tous.

Dans la vie intellectuelle, le Livre a sa place à côté de la Recherche scientifique et de l'Enseignement, et cette place, il faut maintenant l'agrandir. Il y a un siècle les plus grands efforts ont été faits pour donner à l'Enseignement une organisation vraiment nationale s'inspirant de vues d'ensemble et embrassant à la fois tous les degrés de l'instruction et toutes les parties du territoire (1). Récemment nous avons vu faire d'admirables efforts pour doter la Recherche scientifique d'une organisation rationnelle (fonds de recherches, systématisation des laboratoires, plans élaborés en commun, répartition des tâches, etc.). Il s'agit maintenant de donner au Livre aussi l'organisation d'ensemble qui lui convient, et d'ériger en grand service national, partie public, partie coopératif, tout ce qui concerne sa conservation, sa circulation et son utilisation.

(1) Comparez, par exemple, l'organisation actuelle de l'enseignement à celle du premier plan d'instruction publique en France présentée par Bouquier.

IV

Buts proposés.

L'organisation sera dominée par les buts généraux suivants :

a) Réaliser l'accessibilité parfaite des publications et documents avec un minimum de temps, de peine et de dépenses. En conséquence obvier par des moyens appropriés à l'état actuel qui place les travailleurs en présence de sources de documentation innombrables, dispersées, incomplètes, mal tenues à jour, et insuffisamment agencées. Mettre ces travailleurs à même de connaître exactement quel est l'état de nos connaissances relatives au sujet dont ils désirent des informations. Faire qu'ils soient désormais sans excuses s'ils demeurent dans l'ignorance de ce qui a été fait avant eux ou par leurs contemporains. Éviter ainsi que les ressources intellectuelles ne soient gaspillées ou inutilisées.

b) Des données de nos connaissances dans des publications et documents de toutes les données, ayant un caractère scientifique; réaliser l'enregistrement systématique et intégral, le réaliser de manière à faciliter l'assimilation rapide par le lecteur, lui présenter donc de riches concentrés, entièrement utilisables, plutôt que des conglomérats de matériaux dont la masse constitue pour lui une gangue inutile.

c) Quant aux travaux documentaires eux-mêmes, auxquels donne lieu le traitement rationnel des publications après leur édition, et qui sont entrepris trop longtemps sans vue d'ensemble, simplifier ces travaux, éviter les doubles emplois, assurer la continuité, marquer la liaison et la solidarité des œuvres et des organismes, substituer un ordre au chaos.

Le Livre est au début et à la fin de toutes recherches. Au début pour s'aider de ce qu'ont dit et fait les prédécesseurs et utiliser ainsi tout l'acquis de la civilisation. A la fin de la recherche, car c'est dans un nouvel imprimé que sont consignés les résultats obtenus, les opinions émises et solutions proposées. De nos jours le travail scientifique est deveuu interdépendant, solidaire entre toutes les sciences, entre les sciences et toutes leurs applications, entre les idées et les résultats tant anciens que nouveaux, entre les travaux accomplis dans toutes les parties du pays et ceux qui se poursuivent à l'étranger, y transformant d'une manière continue les conditions de la vie intellectuelle, morale, économique, sociale et politique. Aussi une solidarité immense est établie entre tous les livres, et la Documentation, bien que divisée en secteurs pour les facilités d'organisation, ne peut plus être considérée isolément dans chaque cas. A Civilisation universelle, Documentation universelle.

Cette solidarité dans l'effort intellectuel, cette discipline dans le travail de la pensée conduisent à concevoir pratiquement l'unité de la Documentation. Par l'esprit, en effet, on peut considérer chaque publication, quel que soit le lieu d'origine, la date ou la forme de l'œuvre, comme partie du vaste corps de la Science, comme un élément d'une Encyclopédie universelle. Toutes les Bibliothèques du monde forment dans l'ensemble la Bibliothèque universelle idéale. Le Répertoire bibliographique universel, inventaire et classement des ouvrages et des articles, est le Catalogue des Catalogues de toutes les Bibliothèques, la Table générale des matières des publications, l'Index de l'Encyclopédie.

V

Conditions générales a réaliser par l'Organisation.

1° L'organisation impliquera nécessairement : *a*) un plan général de travail et d'interrelations; *b*) une méthode unitaire commune permettant au travail d'être divisé à l'extrême, tandis que les résultats en puissent être concentrés; *c*) une autorité qui dispose pour la réalisation de moyens financiers et qui ait le droit d'arrêter telle réglementation et d'imposer telles mesures qu'il est jugé nécessaires; *d*) des organes chargés de l'exécution; *e*) des accords volontaires ou obligatoires entre tous ceux qui veulent coopérer à la réalisation des buts proposés.

2° L'organisation entière ne saurait être qu'internationale, interscientifique (encyclopédique) et fédérative (entente entre les organisations existantes).

3° L'organisation répondra aux trois besoins suivants : *a*) tout fait publié doit pouvoir être sûrement rencontré par les travailleurs intellectuels au cours de recherches opérées méthodiquement; *b*) les travailleurs doivent être conduits du simple et du résumé au complexe et au détaillé; *c*) les répercussions de tout fait nouveau, de toute idée nouvelle de nature à influencer l'état ou la conception de toute une branche de sciences doivent pouvoir être signalées rapidement à tous les degrés de la documentation.

4° L'organisation devra tenir compte de deux idées qui s'opposent : la totalité et le choix. Au premier degré on réunira tous les documents, toutes les informations et la documentation tendra à être complète, universelle, sans rien exclure. Au deuxième degré on procédera à un choix : éléments fondamentaux, faits permanents, travaux originaux et neufs, livres-standards, œuvres modèles.

5° L'organisation aura égard aux deux problèmes différents qui se posent : *a*) comment prendre les produits du travail intellectuel tels qu'ils existent et leur faire subir un traitement complémentaire propre à ajouter à leur utilité; *b*) comment influencer la production elle-même pour qu'y soient appliquées, dès le principe, les méthodes les plus propres à réaliser l'organisation.

6° En ce qui concerne l'utilisation du Livre, l'organisation aura à tenir compte des distinctions suivantes : *a*) objet de la recherche : espèce de question (scientifique, technique, sociale, etc.): lieu qui la délimite (tel ou tel pays); moment où elle est considérée (l'ancien, l'histoire ou le moderne, le récent, l'actuel); *b*) la manière dont on recourt au livre (lecture, consultation, référence rapide, documentation intégrale; *c*) les classes diverses de lecteurs et de chercheurs : savants, hommes d'action, travailleurs manuels, femmes, enfants, etc.

7° Le plan et la méthode auront à tenir compte des différents éléments et points de vue suivants : *a*) espèces diverses d'ouvrages et de documents : livres, périodiques, journaux, feuilles volantes, estampes, musique, cartes, photographies, etc. ; *b*) sciences et branches d'activités diverses auxquelles se rapportent les documents : sciences pures, sciences appliquées, science sociale, philosophie, art, histoire, etc.; *c*) langues diverses des publications; *d*) pays de production; *e*) époque de production; *f*) lieux de dépôt; *g*) catégories de publicateurs : particuliers, éditeurs, associations, corps officiels; *h*) phases diverses de la vie des publications, opérations et fonctions qui s'y rapportent; *i*) établissements divers consacrés aux Livres : Bibliothèques, Offices de documentation, établissements et services administratifs divers.

8° L'organisation doit embrasser les publications depuis le moment où elles se produisent, et suivre dans leur cycle complet les opérations documentaires auxquelles elles donnent lieu : *a*) la rédaction (travail des auteurs); *b*) la multiplication (travail des imprimeries); *c*) la distribution (éditeurs, libraires, organismes de propagande, de distribution gratuite, d'échange); *d*) le catalogage (enregistrement bibliographique); *e*) la conservation et la communication (bibliothèques, collections, dépôts obligatoires, prêts; *f*) la critique (comptes rendus); *g*) le résumé et l'analyse); *h*) l'incorporation au corps littéraire de la science, encyclopédies et traités généraux, dossiers documentaires); *i*) son incorporation au corps de la science enseignée, programmes et cours des Universités et des Écoles spéciales); *j*) l'utilisation (lecture, consultation, documentation).

9° Les publications scientifiques une fois parues ont besoin d'un traitement ultérieur comportant tout ce qui est nécessaire pour être réellement connues et utilisées au maximum. Ce traitement consiste précisément à rattacher toute œuvre particulière à l'œuvre universelle de la science et à la faire rencontrer forcément par quiconque aborde cette dernière. Il ne saurait être opéré par les auteurs de la publication qui ont achevé leur tâche quand ils l'ont produite. Ce doit être l'œuvre d'organes ou agents spéciaux aidés dans leur tâche par les auteurs qui consentiront à conformer leur publication à un minimum de prescriptions arrêtées à cette fin.

Une organisation complète implique donc plusieurs stades auxquels correspondent diverses espèces de travaux documentaires.

1er Stade : production des ouvrages. — On enregistre dans des publications et des documents les idées, les expériences, les conclusions nouvelles, etc.

2e Stade : collection. — On rassemble les ouvrages en bibliothèque et de tous les documents on en fait un total.

3e Stade : catalogage. — On décrit les ouvrages, on relève leur existence et le lieu de leur dépôt; on fait un inventaire des richesses existantes.

4e Stade : analyse. — On fait le résumé du contenu de chaque ouvrage pris individuellement.

5e Stade : redistribution systématique. — On dissèque les publications et on en redistribue les parties matérielles de manière à en rapprocher les données similaires dans des dossiers documentaires.

6e Stade : codification et encyclopédie. — Tout ouvrage est un complexe de faits et d'idées incorporé dans une certaine structure bibliologique, personnelle à chaque auteur qui établit son propre plan. En décomposant et en désagrégeant les éléments intellectuels du Livre, on répartit ses éléments originaux dans les cadres uniformes d'une structure générale, le plan impersonnel de l'édifice scientifique. La redistribution qui s'est faite matériellement dans les dossiers documentaires, s'opère intellectuellement dans l'encyclopédie et la codification et en ayant soin d'éliminer toutes répétitions inutiles.

B. — Le Plan d'organisation.

Le plan d'organisation destiné à atteindre les buts qui viennent d'être exposé envisage successivement : 1° la méthode unitaire à mettre en œuvre; 2° les publications et leur traitement; 3° l'établissement des collections et travaux documentaires; 4° la coopération ainsi que les organes de direction et d'exécution.

I

La méthode unitaire.

Il y aura une méthode de documentation unitaire (standardisation). L'unification a pour but de rendre possible la continuité dans les travaux, leur enchaînement, l'interchangabilité, la coopération, une étroite corrélation entre toutes les parties de la documentation. La méthode doit permettre d'offrir partout aux travailleurs intellectuels un outillage dont ils connaissent parfaitement la nature et l'emploi et qui réalisent l'uniformité nécessaire aux hommes demeurant dans des pays différents, se servant de langues différentes et quelquefois travaillant sur les mêmes documents dans des buts différents. En conséquence la méthode sera internationale et encyclopédique; elle s'appliquera à toutes les formes de la documentation. Sanctionnée par les Congrès internationaux, elle aura pour base les méthodes existantes les plus répandues ou les méthodes nouvelles qui auront été reconnues les meilleures. Ses principes seront les suivants :

1° *Unité des collections et unité des organismes documentaires.* — Les documents de toute nature doivent être réunis en collections homogènes formant des ensembles systématiques et pourvus de catalogues. Les diverses collections sont traitées comme des parties d'un même organisme documentaire et les divers organismes comme autant de stations d'un réseau unique.

2° *Règles bibliographiques et documentaires.* — Tout document doit être suivi dans le cycle entier de son existence : naissance, amalgamation aux autres documents de même espèce, développement successif, utilisation, destruction. A chacun des stades de son évolution, il est pour le document un mode d'être, nécessaire ou meilleur, vers lequel il faut tendre et qu'il importe donc de définir et de réaliser. Des règles minima et des recommandations réunies en un Code international porteront sur l'enregistrement méthodique des diverses catégories de faits, la rédaction des diverses espèces de publications et de documents manuscrits, leur édition ou communication. Elles devront faciliter le traitement des documents et leur utilisation. La formation des collections et l'élaboration des travaux de catalogue, de bibliographie, de résumés et de codification auxquels ils doivent donner lieu.

3° *Monographie et fiches.* — Les documents seront rédigés de manière à pouvoir être ramenés à des unités intellectuelles élémentaires aussi petites que possible (monographie). D'autre part, il est fait emploi de fiches ou feuilles mobiles de grandeur uniforme, chaque fiche, feuille ou cahier ne se rapportant qu'à un seul élément intellectuel. La publication scientifique ou technique est conçue comme formée d'un ensemble de monographies qui, après avoir été séparées et réduites à l'état de feuilles ou fiches, peuvent être amalgamées directement avec les éléments similaires des autres livres.

4° *Format des publications, documents et fiches.* — Des formats types seront arrêtés : *a*) pour les publications et documents devant former collection : Livres standard, revues, cartes, photographies, etc. (formats extérieurs et justification des lignes à l'intérieur); *b*) pour les fiches et feuilles à classer dans les dossiers et les répertoires; *c*) pour les pièces manuscrites, principalement les pièces administratives. Le format fiche a 125 $\times$ 75 millimètres, le format feuille 21 $\times$ 27 1/2.

5° *Classification.* — Il sera fait usage d'une classification documentaire, universelle, par matière, dont les divisions seront représentées par une notation décimale; elle jouera le rôle de classification auxiliaire là où il sera reconnu utile d'employer simultanément une autre classification

Des règles pour le classement alphabétique compléteront cette classification. La classification décimale adoptée par l'Institut International de Bibliographie répond à ces desiderata (1).

6° *Unité du mobilier contenant les collections* (*classeurs*). — Afin de réduire l'espace occupé et de répondre aux conditions d'unification ou accroissement par multiples, il sera établi un système standardisé de mobilier documentaire servant de « contenant » à la documentation (fichier pour répertoire, classeur vertical pour dossier, rayon de bibliothèque, cadre pour tableaux démonstratifs, etc.).

7° *Répertoires et dossiers documentaires.* — A l'aide de fiches ou feuillets mobiles portant les indices de la classification, et disposés dans l'ordre de suite de ces indices, il est établi des répertoires et des dossiers alimentés par des travaux de provenances diverses qui seront utilisés par voie de copie, ou de découpage, et incorporés dans des séries uniques. Ces répertoires sont tenus à jour par accroissement et intercalation continue; ils constituent de véritables livres dont toutes les parties seraient indéfiniment extensibles et dont l'ordre pourrait subir tous les remaniements reconnus désirables.

II

Les Publications et les services de publications.

1° *Système de Publications scientifiques.* — Chaque branche de science et d'activité pratique aura son système coordonné de publications. Celles-ci embrasseront l'ensemble des données scientifiques, elles s'étendront à la production des travaux originaux et à la condensation de leurs résultats. Chaque système comprendra notamment les Publications suivantes, tenues constamment à jour par des rééditions et des refontes cumulatives : 1° traité exposant les données sous forme méthodique ou alphabétique; 2° périodique publiant les travaux originaux sous forme de recueil et tenant les lecteurs au courant des faits nouveaux sous forme de journal; 3° bibliographie de la matière comprenant à la fois l'inventaire, l'analyse, la critique et le résumé des travaux; 4° recueil général de pièces ou actes, reproduits *in extenso* ou d'après l'original; 5° catalogue descriptif des objets de la science (ces catalogues sont distincts des catalogues bibliographiques : par exemple, catalogue des espèces végétales et animales); 6° monographies consacrées à l'état des connaissances sur divers sujets de la science envisagée et rapports périodiques sur son avancement; 7° histoire de la science; 8° annuaire exposant son organisation (personnel scientifique, associations, enseignement, centres ou instituts de recherches et de documentation), etc.

(1) Voir la description de cette classification dans les Publications de l'Institut.

2° *Contrôle des associations scientifiques.* — Ce système sera contrôlé pour chaque pays et pour chaque science par l'association scientifique nationale compétente et pour l'ensemble des pays par l'association internationale de la spécialité. Le contrôle portera sur les points suivants :

Arrêter les types de publications fondamentales ; définir leur plan essentiel ; indiquer les méthodes unitaires à y appliquer au point de vue externe et en fonction de l'ensemble de la documentation ; veiller à ce que les publications reconnues nécessaires soient effectivement produites ; à cet effet répartir les tâches soit à des bureaux centraux opérant sous leur direction, soit à des collaborateurs s'engageant à accomplir certains travaux ; surveiller constamment l'exécution ; signaler régulièrement aux travailleurs scientifiques les travaux et publications qu'il serait utile ou désirable de voir entreprendre.

3° *Autorité attachée au système des Publications.* — Les publications faisant partie du système fourniront aux travailleurs les informations qui, dans l'état des connaissances du moment, seront considérées comme un minimum acquis. Nul voulant faire œuvre scientifique ne pourra ignorer leur contenu quant au sujet qu'ils se proposent de traiter. D'autre part, nul n'encourra de responsabilité scientifique s'il ne tient compte de ce qui aurait paru en dehors de ces publications ou n'aurait pas été signalé par elles ; ainsi pourra se réaliser plus efficacement la coopération et s'exercer le contrôle scientifique.

4° *Publications officielles et administratives.* — Les gouvernements, parlements, autorités régionales et municipales veilleront à ce que toutes leurs publications forment également système et soient établies selon un plan d'ensemble.

5° *Manuels scolaires.* — Les manuels scolaires à tous les degrés formeront une collection encyclopédique en vue de la Bibliothèque personnelle et familiale de toute personne ayant passé par les écoles. Une introduction générale marquera la corrélation des manuels entre eux avec les programmes généraux d'enseignement. Une table collective des matières en marquera l'unité.

6° *Règles de publication.* — A chaque publication appartenant au système des publications scientifiques ou administratives on appliquera un minimum de règles communes qui tendront vers un triple but : *a*) faciliter la lecture des publications au moment où elles paraissent et où elles sont lues pour se tenir au courant ; *b*) faciliter les recherches ultérieures à y faire en vue de certains travaux et à cet effet elles devront être munies de tables et index, et de tout ce qui peut faciliter l'établissement sûr et rapide des bibliographies, analyses et résumés ; *c*) faciliter la comparaison des travaux et la concentration des données publiées au moyen d'extraits (copie ou découpage pour la formation des répertoires de documentation formant encyclopédie permanente). Les éléments matériels, graphiques et intellectuels des publications scientifiques seront standardisés dans ce qu'ils ont d'essentiel (formats, disposition typographique, tableaux, illustrations, symboles et diagrammes symboliques, règles pour la publication des textes, etc.).

7° *Souscription des bibliothèques et des gouvernements.* — On utilisera les possibilités d'achat des publications par les bibliothèques et les offices de documentation de manière qu'ils deviennent les premiers souscripteurs des ouvrages recommandés par les sociétés scientifiques et qu'ils en facilitent l'édition (coopératives d'édition). Les moyens dont disposent les académies, sociétés et institutions savantes, pour encourager la publication des ouvrages et récompenser des concours seront aussi employés d'une manière plus coordonnée. Il en sera de même des achats et souscriptions des gouvernements.

8° *Droits d'auteur.* — Les droits des auteurs à l'intégrité intellectuelle et au bénéfice économique de leurs œuvres seront internationalement protégés; des mesures seront prises pour assurer des droits au domaine public dans l'intérêt supérieur des sciences, de l'instruction et de la culture.

9° *Réédition des classiques.* — La réédition des œuvres classiques, de sciences, de littérature, d'art et d'histoire (œuvres fondamentales des époques antérieures) sera poursuivie sur une large échelle par des comités nationaux et internationaux responsables.

10° *Impression et multiplication.* — Des recherches systématiques seront faites en vue d'utiliser et d'améliorer tous les procédés de reproduction, impression typographique, photographie en noir et en couleurs, film, phonographie, projection, dactylographie et polygraphie.

11° *Préservation des œuvres.* — Des mesures générales seront prises, lors de l'impression et après, pour la préservation matérielle des œuvres intellectuelles et l'accroissement de leur résistance (qualité des papiers et des encres, etc.).

12° *Édition et Librairie.* — L'édition et la librairie recevront une organisation locale, nationale et mondiale, apte à faciliter et accélérer la diffusion du livre (Offices centraux de commandes, d'expédition et de règlement des comptes; unification des procédés et des conditions de vente et de dépôt, etc.). Des mesures faciliteront l'obtention, par les collections publiques, des documents hors commerce, et particuliers, l'obtention des publications qu'éditent les corps savants (distribution gratuite, vente, échange).

13° *Mesures administratives.* — L'administration réglera dans le sens le plus libéral tout ce qui concerne les publications, notamment la censure et la circulation postale, ainsi que le régime des taxes et des douanes.

14° *Rapport entre l'Organisation des Publications et l'Organisation de la*

Science. — L'Organisation des Publications (impression des travaux) fera partie de l'Organisation générale de la Science et sera en contact avec toutes ses parties, notamment la recherche, la collaboration et la constitution des connaissances acquises en systèmes scientifiques.

III

Les Collections et les travaux documentaires.

Il y aura un système complet de collections et travaux documentaires comprenant les cinq branches suivantes : Bibliothèque, Bibliographie, Encyclopédie, Archives et Musées. La méthode unitaire leur sera appliquée, et les éléments en seront solidaires, chacun d'eux conservant cependant l'autonomie propre à une élaboration et un usage séparés.

A. — Bibliothèque (*Collection de livres et publications*).

Des mesures concertées assureront le collectionnement intégral de toutes les publications; elles en faciliteront aussi l'accès.

1° *Conception de la bibliothèque.* — Les bibliothèques ne seront pas de simples dépôts, mais des collections organisées, formées d'après un plan, possédant des séries complètes, ayant un catalogue à jour et rendues aisément accessibles en tout temps. L'organisation intérieure des bibliothèques sera complétée et améliorée; les Bibliothèques, ne devront plus se borner à la simple conservation des ouvrages, mais se transformer en offices de documentation et en laboratoires du travail intellectuel. Elles feront donc une place aux répertoires à fiches que nécessite le nouvel appareil bibliographique des sciences et elles institueront les services que comportent ces répertoires. Elles feront des collections non seulement de livres, mais encore de toutes les autres catégories de documents, notamment les périodiques, les journaux, les cartes, les photographies, etc.

2° *Espèces de bibliothèques.* — Les bibliothèques définiront chacune leur programme et leur constitution en fonction des catégories suivantes.

3° *Système général des bibliothèques.* — Le système des bibliothèques se développera suivant un réseau radiaire allant de la périphérie au centre :

a) Bibliothèques locales (municipales, villageoises, scolaires, postales, etc. *b*) Bibliothèques régionales, situées dans les grandes agglomérations (universitaires ou mixtes). *c*) Bibliothèques nationales spéciales, consacrées aux diverses branches d'étude (bibliothèques des grandes écoles, des instituts, des associations, des services publics). *d*) Bibliothèques nationales centrales comprenant toute la production d'un pays et un choix de la production étrangère. *e*) Bibliothèques internationales spéciales comprenant tout ce qui a été publié en un pays sur une même spécialité scientifique. *f*) Bibliothèque mondiale formée de la collectivité des bibliothèques des grandes associations internationales et contenant les publications officielles, de tous les pays.

4° *Bibliothèques scientifiques.* — Les Bibliothèques scientifiques seront organisées en bibliothèques de présence personnelle. Les ouvrages n'en seront prêtés au dehors qu'exceptionnellement, et devront pouvoir y être consultés en tout temps. Pour satisfaire aux besoins de l'étude à domicile et dans la salle de lecture publique, il sera organisé par duplicata des collections de bibliothèques scientifiques de prêt.

5° *Bibliothèques scientifiques privées.* — Les particuliers seront encouragés à faire des collections de livres scientifiques. Ces bibliothèques préparent les fonds qui trouveront place un jour dans les collections publiques pour lesquelles elles seront sollicitées par dons, legs ou achats. Les particuliers prendront l'habitude d'envoyer aux collections publiques les ouvrages dont ils n'ont plus l'usage.

6° *Bibliothèques publiques non savantes.* — La lecture éducative, récréative et d'information courante sera largement organisée dans des bibliothèques publiques locales aussi nombreuses que possible. Ces bibliothèques auront des fonds constamment rajeunis et tenus à jour; elles feront partie du réseau général de la documentation et d'autre part constitueront des branches du système de l'éducation publique. Des dépôts centraux pour le prêt des ouvrages seront organisés sur une base individuelle (Bibliothèque postale permettant à tout habitant d'un pays de recevoir par le service de la poste les ouvrages choisis sur un catalogue largement répandu) ou sur une base collective. (Bibliothèques circulantes déposées temporairement dans un certain lieu).

Bibliothèques générales ou spéciales; savantes ou non savantes; locales, régionales, nationales ou internationales; simples ou mixtes (combinant plusieurs types en une seule organisation).

7° *Dépôt obligatoire des collections.* — Le dépôt obligatoire de certains exemplaires des ouvrages dans les bibliothèques désignées à cet effet, sera organisé de manière à assurer leur conservation et leur bibliographie. Des mesures assureront aussi le dépôt international.

8° *Échanges internationaux.* — *a*) Les organismes officiels (parlements, administrations, établissements publics) et les organismes privés (sociétés savantes et sociétés d'utilité publique) seront tenus en relations constantes, de pays à pays et dans un même pays, à l'intermédiaire d'un service assurant l'échange régulier de leurs publications.

b) Chaque pays doit posséder par voie d'échange la totalité des publications des administrations publiques et des corps savants des autres pays. Il doit la centraliser dans une ou plusieurs bibliothèques accessibles au public.

c) Les expéditions doivent se faire régulièrement, rapidement, fréquemment et sans charge pour les échangistes.

d) Un répertoire international des organismes publicateurs officiels et privés de chaque pays doit être publié avec la liste complète de leur publications. Ce répertoire doit être établi en connexion avec la bibliographie générale et en former une partie.

9° *Prêts internationaux.* — Il y a lieu d'étendre à toutes les bibliothèques officielles des États le prêt de pays à pays des ouvrages ou des documents dans les mêmes conditions où ces prêts sont faits aux bibliothèques de l'intérieur, mais avec charge de réciprocité et sans toutefois que soit entravé le service des bibliothèques de présence.

10° *Reproduction concertée des documents rares.* — L'entente s'établira pour la reproduction par des procédés appropriés des manuscrits, livres, et documents rares. L'échange sera fait des documents reproduits.

B. — Bibliographie.

1° *Conception et organisation générale.* — *a*) La bibliographie sera conçue comme l'ensemble des moyens permettant de connaître rapidement, sûrement et complètement l'existence, le contenu et le lieu de dépôt des ouvrages.

b) La Bibliographie comprendra : 1°) les listes ou inventaires signalétiques de toutes les publications parues, ainsi que des articles et monographies qui composent ces périodiques et les ouvrages polygraphiques (bibliographies proprement dites); 2°) les tables de matières et index détaillés des publications; 3°) les résumés, analyses, comptes rendus, remarques critiques (année, abstract, Centralblätter, Jahresbericht); 4°) les catalogues de bibliothèques ou collections déterminées; 5°) les catalogues collectifs s'étendant à un ensemble ou à une classe de publications possédée par un groupe de bibliothèques; 6°) dans une certaine mesure les biographies collectives; 7°) les histoires de la littérature et des sciences; 8°) les tables chronologiques des événements dressées en vue de faciliter le recours aux sources; 9°) les guides rationnels de lecture. (Bibliographies choisies; guides pour autodidactes).

c) Les bibliographies définiront chacune leur caractère d'après les catégories qui viennent d'être dites; elles détermineront l'aire de leur contenu suivant qu'elles seront régionales, nationales ou internationales; générales ou spéciales; universelles ou particulières; portant sur des imprimés, des incunables, des manuscrits, des pièces d'archives, des estampes, de la musique ou des cartes.

d) Une organisation d'ensemble tendra à éviter les travaux en double ou ceux qui ne seraient rattachés à aucun plan général. Elle s'efforcera de rendre plus rapides les informations, de les disséminer dans des sphères plus étendues, de les rechercher dans un nombre minimum de répertoires et de tables. Le principe de cette organisation sera l'unité de la bibliographie.

2° *Répertoire bibliographique universel.* — *a*) Un Répertoire bibliographique universel comprendra l'inventaire, classé par matières et par auteurs, des livres périodiques et articles de revues parus dans tous les pays, à toutes les époques et sur tous les sujets;

b) le Répertoire sera réalisé de la manière suivante : 1°) Bibliographie nationale. Chaque État s'engagera à établir ou à faire établir sa bibliographie nationale ou liste complète des livres publiés dans son territoire. Il mettra à la disposition des autres États les copies de cette bibliographie, laquelle sera combinée avec le catalogue de la bibliothèque nationale de l'État et donnera ainsi la certitude que les ouvrages mentionnés sont conservés; 2°) Bibliographie internationale. Chaque grande association internationale s'engagera à établir ou à faire établir sous son contrôle, et avec la collaboration éventuelle des associations nationales dont elle forme la fédération, une bibliographie internationale complète et classée des publications entrant dans le cadre de son objet. Cette bibliographie comprendra le dépouillement des périodiques, et les notices des ouvrages figurant dans les bibliographies nationales y seront incorporées; 3°) Bibliographies spéciales. L'établissement par des particuliers, administrations ou associations de monographies bibliographiques concernant un sujet spécial sera encouragé. Mais on veillera à ce qu'elles prennent place dans le plan d'ensemble et entrent plus avant dans le détail des sujets que ne sauraient le faire les bibliographies nationales et internationales.

c) Tous ces travaux bibliographiques seront établis en observant un minimum de règles communes qui permettent de les tenir pour des parties constitutives de la Bibliographie universelle (contributions) conçue elle-même comme la réunion des trois catégories de bibliographies particulières énoncées ci-dessus.

d) Le Répertoire Bibliographique universel est réalisé sous une triple forme : 1°) un répertoire universel prototype, déposé au siège central de l'organisation, établi sur fiches et composé de notices manuscrites spécialement établies à cet effet ou de notices provenant de publications bibliographiques; 2°) des répertoires particuliers limités à un domaine déterminé, établis de la même manière, répartis partout où besoin en est, recevant des copies du répertoire prototype et l'alimentant eux-mêmes par des copies de celles des notices qu'il ne posséderait pas; 3°) des publications consacrées chacune à une partie de la bibliographie, présentées soit sous forme de fiches imprimées où elles permettent l'information rapide par envois mensuels ou hebdomadaires, soit sous forme de volumes, fascicules ou parties de périodiques. Les publications bibliographiques seront munies de tables cumulatives et condensées d'intervalles à intervalles en éditions générales refondues.

e) L'enregistrement et le dépouillement doivent porter d'abord sur la bibliographie des travaux modernes et courants et, parmi toutes les branches du savoir une priorité doit être donnée aux sciences pures (sciences mathématiques, physiques et naturelles), aux sciences appliquées (technique, industrie, médecine) et aux sciences sociales (législation, administration, économie politique et sociale, commerce, éducation). Ces sciences seront grandement nécessaires à l'œuvre de reconstruction après la guerre.

3° *Bibliographie des Bibliographies.* — Une bibliographie des bibliographies, ou liste de tous les travaux de bibliographie déjà publiés, sera établie et tenue à jour. Elle sera pourvue de toutes les notes nécessaires pour permettre de les utiliser facilement en attendant que soit élaboré le Répertoire bibliographique universel. Ces notes tendront aussi à faciliter l'établissement du répertoire prototype et des répertoires particuliers en utilisant les notices déjà imprimées dans ces sources.

4° *Analyses et résumés.* — *a*) Chaque groupe de sciences aura son recueil international d'analyses et de résumés, lesquels seront sommaires ou complets suivant l'importance des travaux. Ce recueil sera mis en connexion avec la bibliographie spéciale. Classé par ordre de matière, il comprendra éventuellement des sections nationales dont la préparation et la publication seront confiées à des organismes autorisés de chaque pays. Ceux-ci auront à suivre des règles communes d'examens, d'analyses, de citations et d'impressions (fascicules nationaux distincts pouvant se réunir en volumes internationaux uniques avec tables unifiées). *b*) Les recueils nationaux d'analyses et de résumés seront rédigés dans la langue du pays éditeur et il y sera joint, dans la même langue, le résumé des principaux travaux étrangers afin de prémunir contre la partialité du jugement national et de faciliter la connaissance des publications aux personnes peu familiarisées avec les langues étrangères. Les recueils nationaux d'analyses et de résumés paraîtront soit en publications séparées, soit en annexes aux périodiques de la matière avec pagination spéciale et tirés à part; ils serviront à former le recueil international. *c*) Les auteurs seront invités à fournir eux-mêmes un résumé de leurs travaux et à le publier avec ceux-ci, sous forme de conclusion, et accompagné d'une traduction éventuelle en une langue de large circulation ou en langue internationale.

5° *Tables des Constantes scientifiques.* — Il sera publié, sous forme de recueil et de tableaux coordonnés, toutes les données relatives aux constantes scientifiques et techniques.

6° *Catalogues de bibliothèques.* — Chaque bibliothèque aura un catalogue qui rendra ses collections facilement accessibles en toutes leurs parties et par toutes les catégories de lecteurs. Ce catalogue aura en principe quatre parties, correspondant à quatre entrées : 1° auteurs, 2° ordre systématique des matières, 3° ordre alphabétique des matières, 4° ordre numérique de l'inventaire (fonds et accroissements).

Le catalogue sera établi sur fiches pour l'ensemble des collections. S'il existe un catalogue imprimé, on se bornera à établir sur fiches le catalogue des acquisitions récentes, et celui des ouvrages enregistrés dans des suppléments. Le catalogue sera établi en connexion avec la bibliographie, dont il utilisera les matériaux, qu'il alimentera de contributions et à laquelle il renverra pour complément en ce qui concerne le dépouillement des périodiques.

6° *Catalogues collectifs.* — Il sera établi des catalogues collectifs généraux ou spéciaux à une matière, sous forme d'inventaires par lieu de dépôt des ouvrages possédés dans une même ville et dans un même pays ou concernant une même spécialité. Un catalogue collectif international sera combiné avec le Répertoire bibliographique universel, sur les fiches duquel, autant que faire se pourra, on indiquera le lieu de dépôt des ouvrages rares et précieux.

7° *Guides de lecture.* — Pour faciliter l'orientation générale à travers la littérature scientifique et les œuvres littéraires, il sera publié des Guides de lecture (bibliographie choisie, indicateurs pour autodidactes, etc.). Ces guides seront établis nationalement et internationalement, comme il est dit ci-dessus pour les résumés et analyses, et également par sections correspondantes aux grands groupes de connaissances.

8° *Bibliographie et catalogue dans des domaines spéciaux.* — La Bibliographie dans certains domaines doit faire l'objet de mesures spéciales.

a) *La législation.* — Il sera fait des relevés classés de toutes les lois en vigueur dans les divers pays, avec référence aux travaux préparatoires de ces lois, index des projets et propositions, relevés de la principale jurisprudence.

b) *Les brevets.* — L'immense littérature des brevets doit faire l'objet d'un traitement approprié. Publicité de tous les brevets, précédés de leur résumé; recueil de résumés, catalogues classés.

c) *Les espèces naturelles.* — Relevé de toutes les espèces chimiques, minéralogiques, botaniques et zoologiques, avec leur nom, la syntonysme et la référence aux auteurs qui les premiers les ont décrites et dénommées.

d) *La statistique.* — Relevé des statistiques existantes et des tableaux dans lesquels elles figurent.

e) *L'iconographie.* — Catalogue des illustrations publiées de toute nature : portraits, vues, photographies documentaires, dessins.

f) *Cartographie.* — Catalogue des cartes.

g) *Manuscrits.* — Catalogue et description sommaire des manuscrits.

C. — ENCYCLOPÉDIE DOCUMENTAIRE.

1° *Conception de l'Encyclopédie.* — Des dispositions seront prises pour l'établissement en coopération de dossiers et répertoires scientifiques organisés en série et formant l'Encyclopédie documentaire, troisième partie de l'organisation générale de la documentation. Les Publications ne contiennent chacune qu'un exposé particulier, fragmentaire et individuel. La Bibliothèque les réunit telles quelles, sous leur forme originaire et dans l'ordre d'impression s'il s'agit des périodiques; elle les conserve à l'état brut et sans aucune élaboration qui aurait pour objet de marquer la connexion des uns avec les autres. La Bibliographie universelle établit un lien entre elles toutes et obvie ainsi aux inconvénients du morcellement des connaissances et de la dispersion de publications; elle réalise, peut-on dire, le catalogue d'une bibliothèque idéale qui comprendrait la totalité des ouvrages; et sous sa forme d'analyse et de résumé, elle est comme la table des matières (index des index) d'un Livre universel dont chaque ouvrage serait un chapitre, chaque article un paragraphe. Mais à l'Encyclopédie il est dévolu de compléter l'édifice documentaire. Elle aura pour objet :

1° *a*) La dissection éventuelle des documents eux-mêmes jusqu'en leurs éléments unitaires, et leur redistribution comme matériaux textuels dans des cadres unifiés : chapitres, articles et illustrations à détacher des livres, revues et journaux; brochures, tirés à part, petits imprimés, photographies, etc.

b) L'analyse systématique de certaines catégories de données contenues dans l'ensemble des publications pour en former des séries comparatives suivant plan préalablement établi.

c) L'enregistrement direct des données scientifiques et leur impression sous une forme monographique telle qu'ils puissent être incorporés dans ces mêmes cadres sans aucune autre appropriation.

2° *Méthodes*. — Les méthodes unitaires seront appliquées à l'Encyclopédie. En conséquence, elle sera établie sur fiches, ou feuilles, qui seront disposées en répertoires ou dossiers en une ou plusieurs séries, d'après leur nature et ordonnées suivant la classification bibliographique. Les publications éditées conformément aux règles arrêtées l'alimenteront constamment de données nouvelles et faciliteront son élaboration par coopération générale. Le système de publications de chaque science décrit ci-dessus (sous I) constituera la base de l'Encyclopédie qui sera le complément, la continuation, la mise à jour des parties non encore imprimées de ces publications. En conséquence, l'Encyclopédie de chaque science sera aussi placée sous la direction de l'Association internationale ayant cette science comme objet. Elle sera établie en exemplaires prototypes dans l'institut central désigné à cet effet, elle sera accessible en cours d'élaboration, et des copies manuscrites ou photographiques pourront en être obtenues sur demande. Les organismes documentaires posséderont des répertoires encyclopédiques limités aux matières qui les intéressent, dérivés du répertoire international prototype ou formés par eux-mêmes avec duplicata des parties originales procuré à l'institution centrale universelle.

Établie sur ces bases, l'Encyclopédie sera donc monographique, continue, coopérative, documentaire, illustrée, universelle et internationale.

Elle récapitulera le produit de la science et de la vie qui est déposé dans les livres, et l'énoncera en « formules documentaires », c'est-à-dire suivant des dispositions, intellectuelles les unes, matérielles les autres, qui répondent le mieux aux desiderata reconnus en usage.

Déjà d'importants travaux d'encyclopédie et de codification se poursuivent pour les lois, les décisions judiciaires, les brevets, les statistiques, les constantes techniques, etc. L'Encyclopédie, en concentrant ainsi ce qui autrement est disséminé, apportera l'avantage d'abréger considérablement les recherches et de tendre vers cet idéal : trouver, au prix d'une seule consultation, la totalité des notions relatives à un même sujet, rassemblées d'une manière continue par la coopération de tous ceux qui publient sur ce sujet.

On assiste à toutes les époques de l'histoire à des efforts pour concentrer le savoir en de grands exposés systématiques et synthétiques : les œuvres d'Aristote et de Pline, les sommes du moyen âge, l'Encyclopédie du XVIIIe siècle, les grandes publications portant ce titre au XIXe. L'Encyclopédie documentaire, telle qu'elle est définie ici, peut seule exercer maintenant une fonction analogue car elle est seule à la mesure des exigences du XXe siècle. Le terme d'Encyclopédie documentaire a été adopté ici parce qu'il marque les liens avec la conception traditionnelle.

D: — Archives (*Administration*).

1° *Conception des archives.* — Les principes selon lesquels sont traités les documents imprimés d'ordre scientifique et technique seront largement appliqués aux documents manuscrits d'ordre administratif intérieur qui constituent les archives (archives administratives, archives anciennes). Toutes les pièces, tous les papiers quels qu'ils soient d'une même administration constituent un organisme documentaire unique. Ces pièces se répartissent dans les deux catégories suivantes :

A) Pièces reçues de l'extérieur, ayant les formats et les dispositions les plus divers. On les ramène à l'unité par découpage, pliage, indexation, inscription de titres (sujets, origine, dates, etc.). On s'efforcera d'obtenir des correspondants, qu'ils adoptent les méthodes unitaires et qu'ils n'envoient que des pièces toutes prêtes à être classées dans les répertoires;

B) Pièces administratives établies par l'organisme lui-même. On s'efforcera de les rendre immédiatement conformes aux règles arrêtées. Ces pièces consistent en : *a*) pièces de relations extérieures à envoyer aux correspondants. *b*) Pièces de relations intérieures destinées aux services et aux agents (procès-verbaux de séances, instructions, ordres de service). *c*) Pièces en vue de faciliter le contrôle et dont le service central seul est appelé à avoir usage. *d*) Pièces relatives à l'étude objective des fins, des opérations, des objets, des hommes, des lieux, etc. dont s'occupe l'administration (1).

2° *Méthode.* — Les principes de la méthode unitaire sont applicables ici (classification, dossiers, etc.). Le Répertoire administratif général, établi en une série unique ou en plusieurs séries partielles, jouera ici à l'égard des données administratives le rôle de l'Encyclopédie documentaire à l'égard des données scientifiques. Il reposera sur la même idée : pour chaque affaire n'avoir à consulter qu'un seul dossier ou répertoire où seront réunies toutes informations utiles dans des cadres coordonnés d'avance. En particulier :

a) On recueillera le plus de renseignements possible sur l'objet administré et on les incorporera directement dans les divisions du Répertoire administratif. Ces renseignements, traités de manière analogue dans les divers bureaux d'une même organisation, fourniront des matériaux objectifs émanant directement de l'observation et de l'expérience ;

b) On codifiera au jour le jour toute la réglementation (lois et arrêtés émanant des autorités supérieures ; instructions intérieures émanant de l'organisation elle-même). Cette codification s'aidera de la fiche et de la classification unitaire.

3° *Système général.* — L'unité documentaire apportera des facilités considérables à la direction des administrations de grande étendue ou complexes. On s'efforcera de réaliser l'unité d'organisation parmi tous les services d'une même administration, d'un même pays, voire de différents pays, en vue de réaliser des économies de temps et de travail et de faciliter les relations.

E. — Musées (*Collections d'objets*).

1° *Conception.* — Les collections d'objets réunies dans un but de conservation, de science et d'éducation, ont un caractère hautement documentaire (musées et cabinets, collections de modèles, de spécimens et d'échantillons). Ces collections sont formées de pièces se présentant en nature au lieu d'être figurées ou décrites littérairement ; ce sont des documents à trois dimensions.

(1) L'importance du document dans les relations intérieures d'un organisme croît à mesure que grandit cet organisme, que ses parties se multiplient et que leurs corrélations sont plus étroites.

Une grande administration, une grande banque, une grande usine, voire une armée sont conduites d'après des règles générales connues, constamment modifiées. Tout perfectionnement apporté dans une partie (bureau, chantier, atelier, unité combattante) doit être immédiatement introduit partout. Le document seul le rend possible et contrôlable à la condition qu'il soit lui-même organisé d'une manière souple et rationnelle.

2° *Méthodes.* — Un grand nombre de principes et de règles de la documentation sont applicables ici : catalogages, classifications, standardisation des spécimens, étiquetage, méthode de reproduction, etc.

3° *Système général.* — On s'efforcera de rattacher les collections d'objets, en tant que sources d'information et d'étude à l'organisation générale de la documentation. La coopération sous toutes les formes (travaux documentaires, échanges, répartition des tâches etc.) s'établira entre organismes possédant des collections similaires. Il sera dressé un Catalogue universel des collections existantes formé de la réunion des catalogues particuliers. Les notices explicatives et les tableaux démonstratifs (tableaux synoptiques, diagrammes, schémas, etc.), illustrant des collections d'objets documentaires formeront des séries rattachées à l'Encyclopédie.

IV

La Coopération et les Organes de la Coopération.

1° *Principes généraux.* — Un ensemble de mesures concertées assurera la coopération et la coordination entre toutes les forces qui travaillent au développement du Livre ou qui recourent à la Documentation. Une organisation (Union générale pour la Documentation) maintiendra en relations les organismes documentaires (membres) ; elle les reliera à un organe d'exécution (Institut central) par un ensemble de conventions et assurera leur représentation dans un Congrès possédant l'autorité nécessaire. L'organisation sera fédérative, respectant l'autonomie de ses membres ; elle sera mixte, associant les forces libres aux organismes officiels. Elle réalisera la coordination sur la double base du lieu géographique et de la spécialité des matières. Elle formera des concentrations et des liaisons à divers degrés ou échelons. Elle utilisera au maximum ce qui existe, mais procédera aussi par fusion, élimination et création (amalgamation et refonte). Les meilleures expériences faites en matière d'organisation, notamment par les associations internationales, seront mises à profit.

2° *Réseau d'organismes documentaires.* — Les organismes documentaires (bibliothèques, offices, ou bureaux de documentation), autonomes ou rattachés à des établissements existants, fonctionneront comme stations d'un vaste réseau de relations intellectuelles à l'intermédiaire des documents : ils pourvoiront les travailleurs intellectuels selon leurs besoins. Ce réseau couvrira tous les pays et tous les secteurs des sciences et de l'activité pratique. Un organisme documentaire comprendra, selon les cas, les divers services et collections définis ci-dessus, ou seulement quelques-uns d'entre eux (bibliothèque, bibliographie, encyclopédie, etc.). Les organismes s'appuyeront les uns sur les autres ; ils coopéreront entre eux (coopérative intellectuelle), ils permettront à tout travailleur de s'adresser à l'un d'eux pour entrer par son intermédiaire en relations avec tous les autres. Entre tous les centres existants s'établiront donc des relations régulières leur permettant d'utiliser leurs ressources, échanger, faire des travaux communs, contribuer à des collections centrales, se mettre d'accord sur les meilleures applications des méthodes unitaires, la standardisation et la sélection des documents.

3° *Organisation à divers degrés.* — Il y aura six degrés ou échelons dans l'organisation.

Premier degré : travailleur individuel, qu'il soit producteur ou utilisateur de documents. Il s'efforcera de mettre sa documentation personnelle en corrélation avec la documentation générale ; il se servira de celle-ci, mais lui apportera à son tour sa propre coopération. Il sera rattaché immédiatement à l'organisation locale par laquelle il aura accès aux ressources de toutes les autres organisations.

Deuxième degré : Les organisations locales et régionales. — Elles grouperont en collectivités et fédérations tous les organismes locaux et régionaux, en particulier ceux qui agissent comme sections des organismes nationaux. Les bureaux des usines doivent être rattachés aux offices de documentation de leur spécialité afin d'y trouver une aide et une coopération, de pouvoir se dispenser de travaux d'ordre général et se consacrer ainsi à des analyses plus spéciales.

Troisième degré : Les Organisations nationales spéciales. — Elles grouperont par spécialité les bureaux d'information et de documentation, grandes entreprises industrielles et commerciales, administrations publiques ; elles auront les sections locales et régionales dont il vient d'être question (*deuxième degré*) et seront elles-mêmes affiliées aux organisations internationales de leur spécialité (*quatrième degré*).

Quatrième degré : Les organisations nationales générales. — Elles grouperont dans chaque pays, en un seul ensemble fédératif, les organisations du *troisième degré*. Leur action s'étendra au-dessous d'elles jusqu'aux organisations locales (*deuxième degré*) et au-dessus d'elles jusqu'à l'orgasation universelle (*sixième degré*) ; la Bibliothèque nationale de chaque pays sera le centre des collections documentaires nationales.

Cinquième degré : Organisations internationales spéciales. — Elles seront représentées par les associations internationales de chaque spécialité qui auront à créer des services ou offices de documentation et à y rattacher les centres d'édition des publications internationales et les bibliothèques internationales spéciales, ainsi qu'il a été expliqué.

Sixième degré : Organisation universelle. — Elle reliera à la fois les organismes nationaux (*quatrième degré*) et les organismes internationaux (*cinquième degré*). Elle embrassera ainsi le champ entier de la documentation.

4° *Union internationale pour la Documentation.* — Tous les membres de l'organisation qui vient d'être décrite formeront entre eux une Union dont les organes seront les suivants :

a) Une Convention internationale dont feront partie les États, (représentant leurs grands organismes officiels, académies, universités, bibliothèques nationales etc.), les organismes documentaires libres au degré national et les associations internationales.

b) Un Conseil international composé de délégués des intéressés et représenté par un Bureau permanent dirigera l'Union.

c) Un Institut central servira d'organe d'exécution, chargé d'étudier, négocier, centraliser. coordonner et indiquer toutes mesures utiles, d'accord avec les intéressés ; il arrêtera le plan détaillé de la coopération, les méthodes unitaires et la répartition des tâches ; il servira d'intermédiaire à toutes les organisations affiliées ; il formera les collections universelles par centralisation ou par duplicata des travaux particuliers et les tiendra à la disposition des intéressés. Il se divisera en sections par pays, branches de sciences et catégories de travaux documentaires.

d) Un Congrès international, libre assemblée délibérante, se réunira périodiquement. Toutes les organisations nationales ou internationales ayant le Livre pour objet ou s'y intéressant pourront y être représentées. Le congrès, divisé en sections comme l'Institut, agira comme organe d'étude, d'organisation et de consultation de l'Union et prendra toutes les initiatives utiles à celle-ci.

5° *Coopération générale.* — Dans l'organisation ainsi définie il y aura une tâche à remplir pour chacun : gouvernements, municipalités, administrations, académies, universités, sociétés savantes, associations internationales de toute nature, éditeurs et libraires, auteurs et travailleurs intellectuels. Ils s'efforceront de se conformer aux principes d'organisation arrêtés et à faire usage des services et collections établis au bénéfice de tous.

6° *Propagande, Enseignement, Science du livre, Statistique.* — *a*) Les notions relatives à la documentation, à l'existence des sources d'information, aux méthodes documentaires, seront largement répandues parmi les travailleurs scientifiques et le public en général ; elles pénétreront dans l'Enseignement.

b) Pour la préparation du personnel que nécessitent les divers travaux documentaires il sera institué un enseignement spécial à plusieurs degrés, y compris le degré universitaire.

c) Des efforts seront faits pour constituer en sciences autonomes les connaissances relatives au livre (bibliologie) ; cette science fera sortir de l'empirisme les applications pratiques (bibliotechnie), elle offrira des directives pour l'élaboration d'une série complète de « formes documentaires » où puissent se déverser les données scientifiques depuis le simple document jusqu'aux complexes des grandes collections. Elle fournira aussi des bases et une doctrine à l'organisation rationnelle de la documentation et aux réformes qui en sont la conséquence ;

d) Les éléments épars et incoordonnés de la Statistique du livre seront rassemblés, complétés, tenus à jour et publiés dans des cadres permettant les comparaisons et les totalisations.

***

Telle est l'organisation d'ensemble que pourrait recevoir le Livre et la Documentation.

Si ce plan est complexe c'est qu'il embrasse toutes leurs parties et s'étend à l'ensemble des desiderata déjà exprimés. On voudra bien reconnaître qu'il n'en est aucune qui n'offrirait la plus grande utilité scientifique et qui n'ait dores et déjà fait l'objet de grands travaux.

Puisse l'Association française pour l'Avancement des Sciences, qui fut des premières à adhérer au mouvement créé par l'Institut International de Bibliographie, lui conserver son précieux appui.

CONFÉRENCE FAITE A PARIS

MERCREDI 19 MARS 1919.

M. le Docteur BÉRILLON

Professeur à l'École de Psychologie.

LES CARACTÈRES NATIONAUX
LEURS FACTEURS BIOLOGIQUES ET PSYCHOLOGIQUES.

La science du caractère.

Dans son système de *Logique déductive et inductive*, Stuart Mill a proposé de désigner sous le nom d'Éthologie la science qui a pour but d'étudier les lois de formation du caractère. Pour lui l'Éthologie devrait donc être considérée comme la science exacte de l'esprit humain.

Si d'un ensemble de causes résulte nécessairement la production de certains effets, il n'y a pas de raison pour qu'il n'en soit pas de même dans l'accomplissement des actes des hommes. La connaissance de la constitution physique, des tendances, des besoins, des aptitudes d'un individu pourrait permettre de prévoir les actes auxquels on doit s'attendre de sa part. Il en serait de même en ce qui concerne les actes des hommes réunis en société et constitués en nation. Stuart Mill a exprimé l'espoir que l'Éthologie rendra possible, dans l'intérêt social, soit de tirer parti de ces actes, soit de les réprimer.

Le mot caractère (du grec χαρακτηρ, marque gravée, empreinte) indique, par son étymologie même, l'existence de qualités, de propriétés, de dispositions définitivement acquises et assez profondément fixées pour qu'elles ne puissent s'effacer sous l'influence de circonstances fortuites.

Au point de vue individuel, le caractère représente la prédominance habituelle de certaines tendances morales, la disposition coutumière de l'humeur, la manière d'être dans les rapports sociaux, et surtout la façon de réagir en présence de certaines excitations extérieures ou de provocations. Comme il est certain que le caractère moral, ou plus exactement *mental*, est sous la dépendance directe des propriétés organiques et des fonctions, il apparaît, selon la forte expression de Bichat, comme « la physionomie du tempérament physique ».

Au point de vue collectif, il n'est pas douteux que, du groupement d'individus semblables, issus de la même race, adaptés aux mêmes conditions d'existence, amalgamés par les multiples influences de l'éducation, de l'habitude, de l'imitation, de l'intérêt et des passions résultera la manifestation de réactions collectives, émanant de l'ensemble des membres du groupement. Les *caractères nationaux* ne sont que l'expression de cette mentalité collective.

L'auteur qui a le mieux analysé les éléments constitutifs des caractères nationaux est Gustave Le Bon (1). C'est à lui qu'il faut donc demander de nous définir à la fois l'origine et le rôle joués par les sentiments collectifs dans les mouvements des peuples :

« Ces caractères nationaux, créés chez des peuples homogènes par l'influence longtemps continuée des mêmes milieux, des mêmes institutions, des mêmes croyances, jouent un rôle tout à fait fondamental, bien qu'invisible, dans la vie des peuples. Ils représentent le passé de toute une race, le résultat des expériences et des actions de toute une longue série d'ancêtres. Chaque individu qui vient à la lumière apporte cet héritage avec lui. Durant son existence entière, la vie passée de ses ascendants pèsera sur toutes ses actions d'un poids formidable. Son caractère, c'est-à-dire l'ensemble des sentiments qui le guideront dans la vie, c'est la voix de ses ancêtres. Elle est toute puissante cette voix des morts, et quand elle se trouve en opposition avec celle de la raison, ce n'est pas cette dernière qui pourrait triompher d'elle. La part du passé est infiniment grande, alors que celle du milieu pendant la courte durée d'une existence est infiniment petite. »

Ce qu'on désigne fréquemment sous le nom *d'âme de la race,* c'est la constitution d'un système très stable de sentiments, de besoins, d'aptitudes intellectuelles, d'instincts représentant l'héritage d'un long passé. Ces tendances, d'ordinaire dissimulées sous la mince couche du vernis superficiel dont les décorent les régimes politiques et les conventions, se retrouvent chez tous les individus de même race.

Cette évocation d'une âme commune dans laquelle se trouvent condensées les aspirations d'un groupe ethnique a été souvent exprimée, depuis 1914, au cours des événements de la guerre.

M. Raymond Poincaré a su rendre en termes éloquents dans de nombreuses circonstances, l'émotion patriotique, le courage, le mépris de la mort, l'indifférence au danger dont chaque bon Français est animé en présence des devoirs qui lui incombent.

« Chaque fois qu'on revient au milieu des troupes, disait le Président de la République, on est émerveillé par cette abolition totale de l'intérêt personnel, par ce glorieux anonymat du courage, *par la grandeur de cette âme collective où se fondent tous les espoirs de la race.* »

En effet, c'est dans cette race que repose l'élément constitutif d'une nation, comme le dit si justement Gustave Le Bon :

« Ce facteur, la race, qui domine la destinée des peuples, domine aussi

(1) Gustave Le Bon : Lois psychologiques de l'évolution des peuples, 1900.

leurs croyances, leurs institutions et leurs arts. Elle est toute-puissante, cette âme de la race que nous portons en nous et qui dirige nos sentiments, nos pensées et nos actions. Héritage accumulé de toutes les générations qui se sont succédé et qui ont contribué à la former, elle est la synthèse d'un long passé, l'écho souverain de la grande voix des morts. »

En effet, loin d'être une manifestation d'ordre transitoire ou accidentel, le caractère des nations repose sur des éléments fondamentaux qui ne lui permettent de varier que dans des limites extrêmement étroites.

Alors que, si l'on s'en rapporte aux apparences, des modifications assez profondes ont paru s'être effectuées, on voit sous l'influence d'un événement fortuit, les vertus, les défauts et toutes les dispositions natives de la race réapparaître dans toute leur intégrité. Les choses se passent comme si les influences extérieures n'avaient impressionné que la surface, le fond étant resté le même.

La race, pour tous les auteurs, est l'ensemble des individus semblables, appartenant à une même espèce, ayant reçu et transmettant par voie de génération sexuelle. les caractères identiques.

Il résulte de cette définition que la race est constituée par un groupe d'êtres assez semblables entre eux pour que l'on puisse admettre qu'ils descendent de parents communs. Il en découle également que, par le fait de leur constitution organique, les représentants de ces races auront entre eux plus d'affinités morphologiques, physiologiques et psychologiques qu'avec le reste du genre humain.

Telles sont parmi les races blanches, celles des Celtes, des Germains, des Slaves, des Kimris, des Latins, des Tchèques, des Circassiens, des Berbères, des Ibères, des Sémites, des Arabes, pour ne citer que les principales. Il conviendra d'établir les mêmes distinctions dans les races noires et de ne pas confondre les nègres Ethiopiens avec les Cafres, les Gabonais, les Tasmaniens, les Australiens, les Papouas.

L'existence d'une race indigène préexistante, adaptée au sol, et douée d'une grande faculté de résistance, constitue donc l'élément essentiel de la formation d'un caractère national. Là où une race ne l'emporte pas sur les autres, on ne saurait envisager l'expression d'une physionomie d'ensemble de la nation.

Une des opinions les plus communément admises c'est que la plupart des nations ne sont que des mélanges de races, les diverses races constituantes s'étant fondues en une race mixte ou métisse. Or, les événements liés à la guerre dont nous sommes les témoins, viennent justement nous apporter la démonstration du contraire.

Actuellement, il n'y a pas moins de quarante races qui, tant en Europe qu'en Asie Mineure, réclament le bénéfice d'une reconnaissance et d'une autonomie. Elles proclament au nom de leurs différences ethniques, de leurs mœurs, de leurs besoins, de la pureté de leur sang, de leurs caractères spécifiques, qu'il leur serait désormais impossible de vivre dans une communauté de gouvernement et d'intérêts avec les races voisines.

Si l'on éprouve quelque étonnement à l'idée que, malgré les mélanges inévitables dus aux annexions, aux pénétrations pacifiques, aux combinaisons politiques, la pureté et l'autonomie de ces races aient pu se conserver d'une façon aussi indéfectible, c'est que l'étude de la biologie et de la psychologie comparées n'a pas tenu une assez grande place dans les préoccupations des hommes d'État.

La fixité des caractères nationaux est liée à la fixité même de la race, placée elle-même sous la dépendance des facteurs biologiques et psychologiques dont les principaux sont les suivants :

I. — Facteurs biologiques.

1° *La disparité des caractères physiques.*
2° *La constance héréditaire des types physiques.*
3° *La réversion des races au type primitif.*
4° *La sélection sexuelle.*
5° *L'habitat favorable à la race.*
6° *L'immutabilité des instincts.*
7° *L'intervention de l'instinct de combativité.*
8° *La dégénérescence physique des métis.*

II. — Facteurs psychologiques.

1° *La disparité des caractères psychologiques.*
2° *La constance des caractères psychologiques.*
3° *L'antagonisme spécifique des races.*
4° *Les facteurs sociaux.*
5° *La dégénérescence mentale des métis.*

FACTEURS BIOLOGIQUES

I. — La disparité des caractères physiques.

« Les caractères physiques qui distinguent les *races humaines* les unes des autres, sont peut-être le fait *d'histoire naturelle* qui, à toutes les époques, a le plus frappé l'imagination des hommes. » En écrivant ces lignes dans les *Annales des Sciences naturelles*, Flourens a mis clairement en valeur l'importance du facteur biologique de la disparité des races. C'est parce qu'elles diffèrent si sensiblement les unes des autres que les races humaines se sont perpétuées.

Les différences entre ces races sont tellement accusées, qu'elles sautent aux yeux avec autant de force que les différences entre les races d'animaux. Ces dissemblances, surtout frappantes en ce qui concerne les caractères extérieurs, tels que la coloration de la peau, la constitution et la répartition du système pileux, la conformation du crâne et les traits du visage, la taille, la corpulence, portent également sur tous les éléments moins visibles de l'organisme. On les retrouve aussi évidentes, aussi marquées dans les fonctions physiologiques que dans les fonctions mentales.

Une analyse de la constitution physico-chimique les révélerait dans tous les systèmes.

Dans une étude précédente, j'ai démontré l'intérêt social de la science consacrée à l'étude de la constitution chimique des différentes races. Cette science, à laquelle on pourrait donner le nom d'*ethno-chimie*, ne manquerait pas d'apporter à l'étude comparée des races d'hommes, des précisions qui lui ont manqué jusqu'à présent (1).

Aristote avait déjà remarqué que le sang du nègre est plus foncé, plus violet que celui du blanc. Jacquinot a confirmé l'exactitude de cette observation et Virey a pu écrire que les tissus du nègre sont à ceux du blanc comme celui du lièvre est à celui du lapin.

Velpeau, se plaçant au point de vue de l'intervention chirurgicale, a dit également : « La chair du noir n'est pas celle du blanc, sa chair est autre. » Il serait aussi légitime de dire : « La chair de l'Allemand n'est pas celle du Français ». Car la personnalité des différentes races n'est pas seulement constituée par des caractères extérieurs, elle résulte surtout de la composition du milieu intérieur. La continuité de la personnalité chimique se perpétue, par transmission héréditaire, ainsi que l'a démontré Armand Gautier, chez les individus de la même race, avec la même fixité et la même régularité que celle de la personnalité anatomique. Or, les caractères chimiques présentant par leur spécificité et leur stabilité, le double avantage d'être mesurables, ils permettent d'établir, par des formules précises, les caractères indéniables et indiscutables de la disparité des races.

Les divergences dans la constitution chimique des races nous sont d'ailleurs révélées par la spécificité de leur odeur.

On sait que l'odeur de certaines races est si forte qu'elle imprègne longuement les locaux où des représentants de ces races ont séjourné quelques heures. Tel est le cas de la plupart des races nègres, des Chinois et également des Allemands du Nord. J'ai décrit, sous le nom de *bromidrose fétide* de la race allemande, l'odeur nauséabonde *sui-generis* qui s'impose si péniblement à l'olfaction quand on se trouve en contact avec des Allemands (2).

La composition du sang et des autres humeurs de l'organisme présente donc des variétés considérables selon les races.

---

(1) Bérillon : *L'Éthno-chimie, son rôle dans la détermination des races.* (*Société de Pathologie comparée*, 1916.)

Bérillon : *La psychologie de la race allemande, d'après ses caractères objectifs et spécifiques*, 1917, p. 24.

(2) Dr Bérillon : *La Bromidrose fétide de la race allemande.* Brochure in 8°, Paris, 1915.

Les éleveurs arabes en avaient eu la notion dès la plus haute antiquité et ils attachaient à la question du sang une importance prédominante. Ils avaient remarqué que les races de chevaux présentaient des variétés d'allure et de beauté dont la conservation se rattachait essentiellement à la pureté de la race. En effet, dans l'espèce chevaline, ce qu'on entend par *pur-sang*, c'est le fait d'un ensemble de qualités, de supériorités transmises par une hérédité exempte de toute souillure.

Les Arabes ont été suivis dans cette voie par les éleveurs modernes. C'est avec raison que, pour l'amélioration constante des races domestiques et pour la conservation des conquêtes ancestrales, ils s'astreignent aux règles de la sélection la plus rigoureuse. Ils contribuent ainsi, non seulement à maintenir, mais à accentuer les différences des races, se conformant ainsi aux indications de la sélection naturelle.

La pratique de la transfusion du sang est venue apporter la démonstration expérimentale qu'il existe entre le sang des diverses espèces une réelle incompatibilité. On se souvient qu'au XVIIe siècle J.-B. Denis, médecin de Louis XIV, avait provoqué la mort d'un homme par la transfusion du sang d'un veau; le Parlement décréta l'interdiction de cette pratique. En effet, il est résulté si fréquemment, au cours de la transfusion, des accidents mortels que l'on a dû admettre que « les sangs humains ne sont pas semblables ».

Les travaux d'un médecin américain, Moos, lui ont permis de répartir l'espèce humaine en quatre *groupes sanguins*, nettement caractérisés par leurs réactions réciproques d'agglutination.

Comme il est naturel que les formes et les dimensions du corps, de même que la constitution intime des tissus, réagissent sur le rythme des mouvements, il n'est pas étonnant que l'observation populaire ait attribué à chaque race humaine une allure générale qui la caractérise d'une façon en quelque sorte spécifique. C'est de là que résultent les réflexions relatives à la raideur des Anglais, à la lenteur réfléchie des Écossais, à la pesanteur des Hollandais, à la lourdeur des Allemands, à la *grandezza* des Espagnols, à la gravité des Hindous, à la solennité des Turcs, à la vivacité des Français, à l'agilité des Basques, à l'indolence des Tahïtiens, etc....

En étendant à tous les systèmes l'étude comparée des races, que les anthropologistes ont trop limitée au squelette et à la capacité cranienne, on mettra en lumière des dissemblances encore plus accusées que celles qui nous frappent aujourd'hui. Il en résultera surtout la démonstration qu'il est entre les diverses races humaines, même lorsqu'elles ne se distinguent pas par la coloration de la peau, un abîme qu'aucune influence physique ne saurait combler.

La disparité originelle des races n'a, depuis l'époque où elle était constatée par les auteurs anciens, subi aucune atténuation.

Tous les pays où, depuis un temps immémorial, des races différentes vivent en contact sans se mélanger, tels que l'Asie Mineure et l'Europe

Centrale, nous apportent à ce sujet des démonstrations péremptoires. Elles nous apprennent que la différence spécifique des races est indépendante de toute influence de climat, d'alimentation aussi bien que du régime politique. « Les Turcs, dit Cabanis, habitent le même pays que les anciens Grecs; peut-on cependant apercevoir le moindre trait de ressemblance entre ces corps massifs, ces tempéraments immobiles et les constitutions que nous ont dépeintes Hippocrate et d'autres médecins, ses compatriotes; et la race des Grecs, quoique mêlée partout à celle de leurs stupides oppresseurs, n'en diffère-t-elle pas encore essentiellement à tous égards? »

La disparité physique des races constitue un des facteurs les plus importants de leur conservation.

1. Égyptien. 2. Nègre. 3. Assyrien. 4. Juif. 5. Grec. 6. Européen.

FIG. 1. — (Peintures murales de Thèbes) (1).

De la disproportion, de la différenciation des éléments organiques résultent nécessairement un certain nombre d'obstacles à la communauté d'existence, à la reproduction et, par conséquent, à la transmission des caractères communs qui est le but de l'hérédité.

II. — Constance héréditaire des types physiques.

Lorsqu'on se livre à l'étude des races humaines, la première question qui doit se poser est la suivante :

« Existe-t-il pour les hommes, comme cela se passe chez les animaux, des races pures ? »

Pour un certain nombre de races, la réponse n'est pas douteuse. Placées par leur situation géographique et par les conditions de leur existence à l'abri des invasions ou des pénétrations pacifiques, elles n'ont été l'objet

(1) GUSTAVE LE BON : *Les premières civilisations*, 1889.

d'aucun mélange. La transmission des caractères ethniques qui les distinguent s'est effectuée, depuis leur origine, par transmission héréditaire ininterrompue.

Cette constance, à travers les temps, des caractères spécifiques des races est démontrée, non seulement par les observations anthropologiques, les reconstitutions ethnographiques, mais aussi par les représentations figurées où les artistes ont reproduit les traits de leurs contemporains. Après d'autres auteurs, Broca, en 1898, le mentionnait dans les termes suivants :

« Si l'on mettait en doute l'identité des types anciens avec certains types modernes, il suffirait pour faire cesser toute hésitation, de renvoyer aux sculptures et aux dessins qui ont été retrouvés sur les monuments de l'Egypte, et qui remontent aux époques les plus reculées.

» Dans plusieurs scènes qui y sont figurées, on aperçoit parmi les hommes blancs des diverses races caucasiques, des nègres exactement semblables aux Ethiopiens modernes.

» Je citerai en particulier la grande procession de Thotmès IV, qui date de 1700 avant Jésus-Christ, et les sujets représentés sur les monuments d'Aménophis III, de Horus, de Ramsés II, de Ramsés III, etc.... » A l'époque des Pharaons, le nombre des races différentes que l'on peut reconnaître distinctement à leurs caractères physiques ne s'élève pas à moins de six. (*Fig. 1.*)

L'opinion de Broca sur la fixité des différents types humains se trouve accentuée dans les passages suivants :

« Malgré les alternatives de splendeur et de décadence, malgré le changement radical des institutions et des mœurs, des connaissances et des croyances, l'étude des peintures et des sculptures antiques, celle des momies et des ossements épars dans le sein de la terre, prouvent que les anciens types se sont conservés sans altération.

« Les crânes de nos barbares ancêtres n'étaient ni plus ni moins caucasiques que les nôtres, quoique près de vingt siècles se soient écoulés depuis que les légions de César disséminèrent sur notre sol fécond les premières semences de la civilisation. Il suffit de jeter les yeux sur les magnifiques planches de l'ouvrage publié à Londres sous le titre de *Crania Britannica*, pour reconnaître que les anciens Bretons, les aborigènes antérieurs à l'occupation romaine, avaient le crâne aussi beau, aussi vaste, aussi caucasique que celui des Anglais modernes.

» D'un autre côté, les paysans de la vallée du Nil désignés aujourd'hui sous le nom de Fellahs, ont exactement conservé le type des anciens Egyptiens, chose d'autant plus remarquable que, depuis la conquête arabe, ils ont fréquemment croisé leur race avec celle des vainqueurs. L'identité des Fellahs actuels et des Egyptiens de l'époque pharaonique a été établie par le savant Morton, d'après la comparaison des crânes, et elle n'a pas paru moins évidente à M. Jomard, qui l'a exprimée énergiquement dans la phrase suivante : « A l'aspect des hommes du territoire d'Esneh, d'Ombos, ou d'Edfou, ou des environs de Selselé, il semblerait, dit-il, que les figures des monuments de Latopolis, d'Ombos, ou d'Apollinopolis-Magna. se sont détachées des murailles et sont descendues dans la campagne. »

A ces exemples, tirés de l'archéologie égyptienne on pourrait en ajouter beaucoup d'autres, empruntés au génie des artistes de la Grèce et de l'Italie. Des figurines en bronze et des médailles de l'époque gallo-romaine nous apportent également la preuve que le type actuel de nos populations du Centre de la France est absolument identique à celui des Gaulois.

Fig. 2. — Paysan gallo-romain.

Le paysan gaulois chevauchant sur un petit cheval du pays, tel que nous le représente une statuette de bronze de l'époque gallo-romaine nous montre que le type des habitants des montagnes du centre de la France n'a pas plus changé que celui de leurs chevaux. (*Fig. 2.*)

Il en est de même du moissonneur dont la silhouette apparaît dans un des médaillons de la cathédrale d'Amiens. Par sa taille bien découplée, sa robusticité, ses attaches fines, le rythme énergique de son travail, ce paysan du moyen âge est bien en ligne directe, l'ancêtre de notre cultivateur français. (*Fig. 3.*)

Hans Burgmair et les graveurs allemands du XVe et du XVIe siècle nous permettent la comparaison des reîtres et des lansquenets avec les boches d'aujourd'hui. Leur raideur, leur lourdeur, leur grossièreté, leur aspect

Fig. 3. — Paysan français du moyen âge.
(Cathédrale d'Amiens.)

général de brutalité et de férocité prouvent que la race allemande n'a pas changé. (*Fig. 4 et 5.*)

M. Enlard, directeur du musée de sculpture comparée du Trocadéro, a remarqué que le type ethnique apparaît clairement dans les représentations de personnages sur les monuments des différents pays. Les artistes tendent à représenter le type de la race à laquelle ils appartiennent eux-mêmes. Cela est encore plus apparent dans les compositions du XIIe au XVIe siècle.

Il est donc évident que des races humaines se sont perpétuées en présentant d'une façon constante les caractères physiques qui les avaient distinguées depuis leur apparition sur le globe. Vivant sur le même sol, s'unissant entre congénères, animés des mêmes sentiments, il n'y a, en effet, aucune raison pour que leurs éléments constitutifs se soient modifiés.

S'il est une espèce où les croisements des races soient fréquents, c'est bien l'espèce canine. Malgré cela, le mélange des races de chiens n'a pas encore abouti à une race mixte. Il est certain que les chiens des rues ne constitueront jamais une race définitive et qu'il sera toujours possible de distinguer des mâtins, des épagneuls, des dogues, sans compter les variétés les plus diverses, depuis les lévriers jusqu'aux carlins et aux bichons.

S'il en est ainsi, c'est que la transmission des caractères spécifiques des races s'effectue dans toute la série animale, avec une précision si absolue que le moindre trouble apporté dans le mécanisme héréditaire réalise une cause de déchéance et de suppression.

Les êtres vivants ne se défendent contre les innombrables causes de mort et de destruction qui les menacent que par une complète adaptation

Fig. 4. — Reitre allemand du XVe siècle blessé et pansé par un chirurgien. (Gravure allemande de l'époque.)

à des conditions d'existence invariables. De là, la nécessité de reproduire indéfiniment le type le mieux adapté au milieu.

Les générations doivent donc se succéder toujours frappées à la même effigie.

Les pièces dont les reliefs sont mal imprimés ou s'effacent trop facilement n'ont pas cours sur le marché social. Elles sont promptement retirées de la circulation.

C'est là le cas des métis qui, par le fait qu'ils ne sont que des types atténués, ne sont appelés à jouer qu'un rôle incomplet ou négatif dans la transmission des caractères spécifiques, puisqu'ils en sont dépourvus.

FIG. 5. — Reître allemand du XVIe siècle.
(Hans Burgmair.)

L'hérédité n'arrive à son but, qui est la conservation indéfinie de la race, que par l'application rigoureuse de deux lois fondamentales : la loi de constance et la loi de reversion.

La loi de constance est caractérisée par la reproduction chez le produit des caractères spécifiques de ses ascendants. A ce point de vue l'hérédité de la taille, se poursuivant à travers d'innombrables générations, apparaît comme une de ses démonstrations les plus frappantes.

La transmission héréditaire et l'innéité des caractères anatomiques et physiologiques sont des faits si éclatants qu'il n'est jamais venu à personne l'idée de les mettre en doute. Comme le dit justement Ribot, « tout vrai caractère est inné. »

La ressemblance générale des enfants avec les parents se trouve exprimée dans un grand nombre de locutions populaires. Aristote la considérait comme la condition la plus essentielle de la perpétuité de la race. « Ne pas ressembler à ses parents, écrit-il, c'est une sorte de monstruosité, car dans ce cas-là la nature a dévié de l'espèce en une mesure quelconque. »

III. — La reversion au type primitif.

La loi de reversion neutralise les effets de l'infraction aux lois naturelles qui résulte des croisements des races différentes, par le retour au type ancestral ou primitif.

Dans l'antagonisme, entre deux races différentes, l'hérédité prend délibérément parti pour la plus forte. On peut dire qu'elle n'hésite pas à faire pencher la balance du côté de la race qui, par son ancienneté, par son adaptation au sol, par son acclimatement, par sa résistance, par sa sobriété, par sa supériorité en un mot, l'emporte déjà en fait sur l'autre.

C'est, il faut le reconnaître, de la façon la plus implacable qu'elle justifie le mot de l'Évangile « A celui qui n'a rien, on retirera le peu qu'il a; à celui qui possède, on lui donnera encore davantage. »

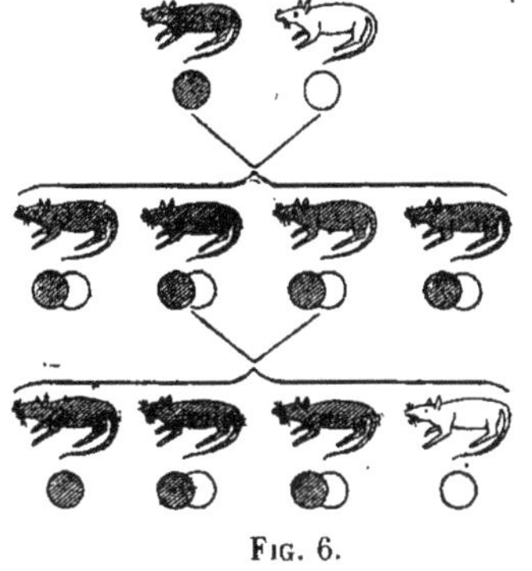

Fig. 6.

Les éleveurs et les zootechniciens connaissent la facilité avec laquelle, dans les races croisées, s'effectue le retour à l'ancêtre.

L'expérience journalière leur a appris que, dès que la culture du métissage cesse d'être l'objet d'une surveillance rigoureuse, les effets de la loi de reversion ne tardent pas à se manifester.

C'est au profit de l'une ou de l'autre des formes parentes que s'effectue le retour. La race la mieux adaptée, c'est-à-dire la plus raçante, bénéficiera naturellement de cette réversion au type primitif.

Dans de nombreux cas, après une période de balancement plus ou moins prolongée, c'est d'une façon brusque que s'effectue la réapparition complète des traits de la race la plus vigoureuse.

La loi de la réversion s'effectue avec une constance numérique dont la démonstration a été fournie par diverses expériences se rattachant à l'application des lois de Mendel.

Mendel, moine tchèque, en croisant des variétés de pois de fleurs de couleurs différentes était arrivé à la conclusion que, dans les fécondations croisées, les caractères *dominants* l'emportent dans une proportion déterminée, en finissant par aboutir au retour aux types primitifs.

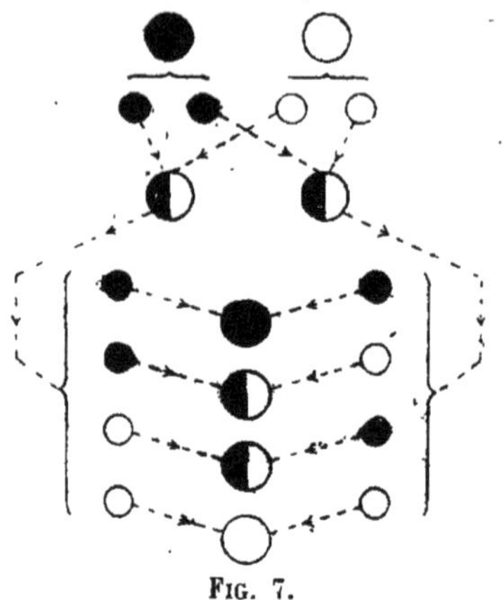

Fig. 7.

En opérant sur des souris grises et des souris blanches, Cuénot a également constaté que la couleur grise (dominante) l'emportait sur la couleur blanche (dominée) dans la proportion des trois quarts; c'est-à-dire que trois quarts retournent au type primitif gris, tandis que le type blanc se trouve réduit à un quart, sans fusion des couleurs comme l'indique la représentation schématique devenue classique (*fig. 6.*)

Une expérience analogue portant sur des croisements de poules bantams noires et avec des bantams blanches, s'est traduite, après quelques fluctuations, par le retour des produits, soit au type blanc, soit au type noir (*fig. 7.*)

Dans une nation, pour peu qu'une des races composantes prenne le dessus, très rapidement, par une progression géométrique, elle arrivera à l'emporter sur toutes les autres et à les absorber. Un calcul élémentaire suffit pour le démontrer.

Sanson, auquel on doit les études les plus approfondies sur les conséquences du métissage, est arrivé à la conclusion que, quelles que soient les influences mises en jeu pour faire varier les produits des croisements, les caractères typiques de la race persistent indéfiniment.

« Dans les cas d'accouplement entre individus de types différents, disait-il, les produits qui en résultent n'ont point acquis un type qui leur serait propre et qu'ils puissent transmettre indéfiniment à leurs descendants. Au bout d'un très petit nombre de générations, c'est le type fixé ou naturel de l'un ou de l'autre des premiers ascendants qui est transmis. » Il a présenté à l'Académie des preuves expérimentales qui ont été considérées comme péremptoires.

Le Professeur Dechambre, de l'École d'Alfort, pose en principe que la reproduction des métis en état de liberté fera toujours disparaître dans un délai rapproché le faciès composite au profit du retour aux formes primitives.

La conservation des races se trouve protégée contre les altérations résultant des croisements par la rigueur inéluctable de la « loi de réversion ».

Les effets de cette loi pourraient être comparés à ceux qui résultent du mélange de l'huile et du vin. L'association des deux éléments ne peut être maintenue que par une intervention active et continue. La liberté laissée au mélange a pour effet immédiat de réaliser la séparation complète de de l'huile et du vin.

De la connaissance de cette loi, il résulte que la conception de races humaines métissées est en contradiction avec les lois de la biologie. Après quelques générations, toute trace de métissage a disparu et les individus peuvent tous être envisagés comme étant de race pure ou tout au moins en voie de retour vers l'état de pureté. Ce n'est qu'une question de quelques générations.

Pour les races humaines, la loi biologique de retour à un type pur se trouve encore accentuée par un grand nombre d'influences d'ordre psychologique et social. Dans cet ordre d'idées, il faut mentionner l'éloignement manifesté par le mulâtre pour la race dont il est le plus éloigné. Le mulâtre noir, dans ses fréquentations, se rapproche toujours de la race noire; tandis que le mulâtre clair a des affinités pour la race blanche dans laquelle il cherche à se confondre.

Un exemple nous en est donné par la population de la République d'Haïti. Après avoir été composée de blancs et de nègres, puis de mulâtres, elle est bien près d'être revenue complètement au type absolument nègre.

Dans l'article « métis » du *Dictionnaire des sciences médicales*, Dally mentionne qu'à la suite de la reproduction des mulâtres, entre eux, on observe le retour des produits soit à la race blanche, soit à la race noire.

Un fait observé personnellement par le Docteur Thibault confirme cette opinion. Un traitant portugais Do de Souza, à sa mort, en 1849, laissa au Dahomey une centaine d'enfants issus des quatre cents femmes de son harem. Le roi du Dahomey, hostile aux métis, les parqua dans une enceinte, sans communication avec le reste de la population. En 1863, chez des enfants de la troisième génération, on constata que la couleur de la peau était revenue au noir foncé.

Au Pérou, où la majeure partie de la population fut pendant un certain temps composée de métis, on constate qu'ils se rapprochent actuellement beaucoup plus du type indien que du type espagnol. On peut en inférer que dans un temps assez rapproché les Péruviens seront revenus au type indigène. Au Brésil, le retour au type indien ou à celui du type européen s'effectue avec la même rapidité. En ce qui me concerne, j'estime que c'est à cette circonstance qu'il faut attribuer l'accroissement continu de la valeur intellectuelle et morale de ce grand pays.

Ces faits ne s'appliquent pas seulement aux croisements des races très différentes de coloration, mais à ceux des races blanches. Après quelques générations, la race prédominante par l'adaptation, par l'acclimatement, par la supériorité intellectuelle, a rapidement absorbé tous les produits d'importation, et le retour à la race indigène primitive est ainsi toujours assuré.

C'est donc en vain que les erreurs ou les intentions des hommes feraient des races nouvelles ou des races mélangées, puisque, selon l'expression de Flourens, elles tendent à *se défaire*, c'est-à-dire à revenir au type antérieur.

Il faut reconnaître que cette race indigène n'est pas seulement favorisée dans cette absorption à son profit par ses avantages biologiques, mais par de nombreux adjuvants psychologiques.

L'opinion que les races les plus pures n'ont pas manqué d'être métissées par l'effet des invasions dont elles ont été les victimes serait exacte sans l'existence de la loi de retour au type indigène primitif.

L'influence exercée par les invasions sur les races est essentiellement transitoire.

Michel Mebznier qui a étudié avec beaucoup de persévérance et de sagacité le rôle des croisements chez les oiseaux est même arrivé à des conclusions encore plus formelles. Il pense que la tendance de deux espèces à se croiser, quelles qu'en soient les causes, peut contribuer à ce qu'une espèce soit complètement absorbée par l'autre. Il suffirait pour arriver à ce résultat que l'une d'elles soit plus nombreuse que l'autre. Si l'on considère que les lois biologiques s'appliquent avec la même rigueur à l'homme qu'aux autres animaux, il ne faudra pas s'étonner de la rapide absorption par une race adaptée et vigoureuse de tous les éléments étrangers qui s'en approchent.

IV. — La sélection sexuelle.

Le rôle joué par la sélection sexuelle, comme l'a démontré Darwin, est prépondérant, non seulement dans la constitution, mais aussi dans la défense de la race.

Mais dans ce rôle de conservation et de protection, si l'intervention du sexe masculin se manifeste d'une façon active, tant par les luttes à main armée que par les diverses productions de l'esprit, la part du sexe féminin, pour être plutôt passive, n'en est pas moins efficace.

Les femelles ne se contentent pas d'être les moules, les matrices, dans lesquels se concrétise le type racial, elles synthétisent les caractères physiques et moraux les plus différenciés de la race.

Cela est encore plus vrai pour l'espèce humaine que pour les autres espèces.

L'art nous en apporte la preuve, puisque c'est par la représentation des formes féminines que les artistes s'efforcent de symboliser dans tous les pays, le type idéal de leur race.

Pour Darwin, l'antipathie sexuelle est un des signes les plus caractéristiques de la différence des races. La répugnance à s'accoupler entre générateurs de races différentes n'existe pas seulement chez les animaux, mais aussi chez les hommes.

Seule une dénaturation de l'instinct peut expliquer le fait d'une alliance entre deux individus de race différente.

Dans les espèces animales, les attractions sexuelles sont assurément inspirées par la similitude. Au Paraguay et en Circassie, on a remarqué que les chevaux ne s'accouplent qu'avec les juments de même couleur et de même taille. Aux îles Feroé, les moutons noirs et les moutons blancs restent en troupeaux séparés. Dans la forêt de Dean et dans la Nouvelle-Forêt, les troupeaux de cerfs de couleur sombre ne se mélangent pas à ceux de robe claire, Les éleveurs de pigeons s'accordent pour reconnaître que quand on laisse aux pigeons la liberté de choisir, ils ne s'accouplent qu'avec des individus de leur propre variété.

Carl Vogt, dans ses leçons, dit que les étalons préfèrent les juments de leur race. Pour les amener à se rapprocher des juments vulgaires, il faut les tromper. Il faut recourir aux mêmes procédés pour réaliser le rapprochement avec une ânesse.

Le même auteur pense que les races bovines de Schwitz et de Saanen, en Suisse, laissées en liberté complète, ne se mélangeraient en aucune façon, mais que chacune des deux races se maintiendrait exclusivement dans les limites de son pâturage.

Les variétés de singes présentent des analogies de taille, d'aspect et d'existence, mais ne se croisent jamais ensemble, malgré leurs caractères communs.

Sous l'influence d'un instinct analogue, les femmes normales répugnent à toute alliance avec un individu d'une autre race.

C'est que la femme semble dotée à un degré plus élevé que l'homme de cette sorte d'intuition révélatrice du danger qu'on pourrait désigner sous le nom de *sens de l'ennemi.*

Un certain nombre d'auteurs ont soutenu avec preuves à l'appui, que, dans la conservation de la race, la part de la femme était absolument prépondérante.

A ce sujet le docteur Bordier a écrit les lignes suivantes : « L'invasion des Sicambres au nez large, et leur alliance avec des femmes indigènes a élevé la moyenne de l'indice nasal, mais cette modification n'a pas été durable, et au XIXe siècle, nous voici revenus au point de départ, grâce à l'influence des femmes indigènes. »

Pour le docteur Mathieu, également, la femme serait la seule dépositaire et conservatrice du type de la race.

Il convient d'ajouter qu'indépendamment de la transmission cellulaire, l'empreinte maternelle se complète par la lactation, l'apprentissage du langage, le développement des goûts alimentaires, la transmission des mœurs et des traditions, l'imitation des gestes et des habitudes et par tous les éléments du dressage primordial dont elle est la principale dispensatrice.

L'abbé Wetterlé, dans un article sur la *Fidélité de l'Alsace*, rapporte que les mariages entre Alsaciennes-Lorraines et fonctionnaires immigrés qui ont été conclus pendant les quarante-sept ans d'occupation *se compteraient sur les doigts de la main.*

Par contre, dans nos deux provinces on trouvait au contraire des vieilles filles à la douzaine et à la grosse. « On les entourait d'ailleurs de vénération, car on savait que, si elles avaient renoncé aux joies de la maternité, c'était pour ne pas donner naissance à de petits Allemands. ».

Par contre, chaque année un grand nombre de femmes alsaciennes épousaient des Français.

Au moyen âge, deux légendes naïves ont confirmé cette répulsion native des femmes à l'égard de l'envahisseur. Ces légendes se rapportent à deux saintes barbues. Préférant sacrifier leur beauté plutôt que de s'unir à un ennemi, elles demandèrent à Dieu de les enlaidir. L'apparition sur leur menton d'une longue barbe, en éteignant la concupiscence du vainqueur, les mit à l'abri de ce qu'elles eussent considéré comme le plus sanglant des outrages.

En Transylvanie, la répulsion des femmes à l'égard des Hongrois n'a jamais désarmé. Dans leurs prières adressées à Dieu en roumain, les enfants étaient habitués à demander l'extermination de l'ennemi héréditaire.

Les femmes valaques exercent un grand pouvoir d'assimilation sur les races voisines. Un proverbe serbe l'indique expressément : « Dès qu'une Valaque est entrée, toute la maison devient valaque. »

Les servantes irlandaises, aux États-Unis, ne manquent jamais de prélever sur leur salaire une part importante pour alimenter la caisse de la révolution en Irlande.

En Espagne, la moindre faveur accordée à un étranger par une femme espagnole serait envisagée comme entraînant la malédiction.

Dans la partie du Schlesvig, annexée par l'Allemagne, jamais une Danoise n'eût consenti à prononcer un seul mot d'allemand. Elle eût considéré comme une honte de parler à un des immigrés allemands.

La persistance de cet instinct de défense chez les femmes n'est évidemment conciliable qu'avec la pureté de la race. Il ne saurait, en effet, exister chez les femmes *sans race*, c'est-à-dire issues du croisement de races différentes. Cet instinct de défense s'est manifesté dans le travail acharné des femmes françaises qui ont tenu la place de leurs maris à la charrue pour assurer la culture du sol de la patrie et sa mise en valeur.

Ces femmes héroïques, par l'endurance, par le courage, de même que par l'expression de leurs traits, ainsi que par le rythme de leurs mouvements sont les continuatrices, en ligne droite, des paysannes de l'Ile-de-France dont le dessinateur du xve siècle, Pol de Limbourg, nous montre l'ardeur au travail dans *Les très riches heures du Duc de Berry*. Les rives de la Seine n'ont, comme le révèle cette belle enluminure, pas cessé d'être habitées par des travailleurs du même sang et de la même race (*fig. 8*).

L'explosion de l'âme celtique, dans l'Alsace libérée, s'est surtout traduite par l'enthousiasme des femmes et des jeunes filles. C'est d'un élan spontané qu'elles ont associé la cadence de leurs pas au rythme alerte de nos soldats.

C'est ce sentiment qui jaillissait également de la réponse d'une jeune

Française à laquelle on demandait si elle épouserait un mutilé. Sans une minute d'hésitation, elle dit : « J'épouserais un mutilé, mais il est inutile qu'on me parle d'un embusqué. »

L'attrait par lequel dans la race celte les femmes ont toujours été por-

FIG. 8. — Paysannes françaises de l'Ile-de-France du XVe siècle. (Rives de la Seine, près de la Cité.)

tées à préférer les hommes dont la supériorité s'est assurée par la vaillance et par le souci de l'honneur a fixé, d'une façon définitive, les éléments constitutifs de notre armature mentale.

C'est dans cet esprit des femmes de France qu'il faut chercher l'origine du goût non dissimulé de nos compatriotes pour les décorations de guerre. Éclatant symbole de l'héroïsme, elles confèrent l'attribut le plus noble, qui témoigne de l'amélioration de la race par la meilleure sélection.

V. — Habitat favorable à la race.

Les races humaines aussi bien que les races animales et les variétés botaniques ont des préférences d'habitat.

Les individus de race blanche s'adaptent mieux à des climats tempérés; par contre les nègres éprouvent l'impérieuse nécessité d'une température assez élevée. La guerre en a donné la démonstration pour la bonne utilisation des troupes noires.

Les races transplantées ne payent pas seulement un lourd tribut d'acclimatation, mais il est beaucoup de pays ou elles disparaissent complètement. C'est un fait absolument démontré que les colonies tropicales ne sauraient prospérer sans l'arrivée incessante de nouveaux colons.

Même certains climats tempérés ne conviennent pas à toutes les races favorables, d'où la nécessité d'importations constantes.

Il y a beaucoup de pays où les races humaines émigrées ne peuvent se maintenir.

Knox soutient que le Hollandais ne saurait se propager pendant quelques générations dans le pays de Galles. En Angleterre, la disparition progressive de l'élément saxon devant l'élément celte est probablement due à une pareille difficulté d'adaptation.

Par contre, le même auteur estime que les bords du Danube sont peu favorables aux Français.

Au Mexique, les Espagnols se détériorent. Malgré les importations constantes, l'élément espagnol disparaît et plus de la moitié de la population est constituée par les indigènes de pur sang.

D'après un médecin norvégien fixé dans le Minnesota, M. Carlsen, les Norvégiens sont rapidement éliminés par le climat des États-Unis. Il n'en reste plus au Texas.

Il ne nous est pas désagréable de constater les difficultés d'acclimatation auxquelles se heurte la race allemande dans la presque totalité des pays du globe.

Woodruff affirme qu'aux États-Unis, la durée de la vie de l'émigrant allemand est terriblement moins longue qu'en Allemagne, et que l'Anglo-Saxon disparaît peu à peu.

La proportion d'Anglo-Saxons nés sur place diminue. Le climat convient mieux aux immigrants du type celte et latin qu'à ceux du type germanique et nordique. Si les races blondes du Nord se maintiennent aux États-Unis, cela tient à l'immigration. Le type nordique subsistera tant que des nouveaux venus viendront combler les vides. Sans cela la prédominance du celte serait rapide.

Nous trouvons la confirmation de ce fait, dans le passage d'Émerson, tiré de son livre sur *La conduite de la vie*:

« Voyez les ombres du tableau. Des millions d'Allemands *participent, comme les nègres, à la destinée de l'engrais.*

» Ils sont transportés à travers l'Atlantique, charriés par toute l'Amérique, pour fossoyer les champs et peiner, afin que le blé soit à bas prix, et ensuite pour être enterrés *prématurément* afin de faire un peu d'herbe verte pour les prairies. »

Ce qu'Emerson ne dit pas, c'est que le rôle de bête de somme réservé aux immigrants allemands résulte surtout de la voracité et de l'intempérance propres à leur race qui les condamnent à dévorer sur place tous les produits de leur travail.

Ce n'est pas seulement en Amérique que les Allemands dépérissent. En Transylvanie, les Saxons dégénèrent, la Bohême est également fatale aux Germains. Ils s'y annihilent et la persistance des noms allemands est le seul témoignage de leur pénétration.

De tous les Allemands, le Bavarois est le moins adaptable à un autre milieu. Hors de son pays, il apparaît partout comme un véritable déraciné.

La même infériorité des Allemands à l'adaptation à un sol différent de celui de leur origine, a été signalée à toutes les époques.

En Sicile, les Normands, pas plus que les Germains, n'ont pu résister au soleil. Le climat de l'Afrique a dévoré les Vandales ; quelques années après leur invasion, il n'en restait plus trace.

De même en Espagne, les Goths et, en Italie, les Lombards, n'ont laissé que des résidus progressivement absorbés par les races autochtones.

De même que les espèces parasites et voraces, comme les rats et les lapins, c'est dans sa fécondité que la race allemande trouve son principal élément de défense et de conservation.

William Edwards avait déjà signalé en 1829, la prédominance croissante en Angleterre du type celtique sur le type saxon. Ses observations se sont trouvées justifiées par la guerre et on en trouve la confirmation dans les paroles suivantes de Lloyd George :

« J'ai du sang celtique dans les veines. Il y a plus de sang celtique dans les veines de l'Anglais de partout qu'on n'est disposé à l'admettre et si vous tiriez toutes les gouttes de sang celtique de ses veines, l'Anglais serait assez anémique.

» Le Celte à l'amour irrésistible de la liberté. Il peut être foulé aux pieds, et il l'a été ! Il peut être opprimé, et Dieu sait s'il l'a été ! Mais vous ne pourrez jamais éteindre sa passion pour la liberté. Piétinez-le dans la boue, et les enfants de ses enfants se lèveront avec des mots d'ordre de liberté aux lèvres. Je viens à vous comme le descendant d'une race qui a combattu César. »

Lorsqu'après de longs siècles d'occupation, une race s'est adaptée à un habitat, et que selon la forte expression de Michelet s'est réalisé : « le mariage de l'homme à la terre » cette race devient en quelque sorte indestructible.

Lorsque J.-J. Rousseau écrivait : « C'est le peuple de la campagne qui fait la nation » il ne faisait qu'exprimer une vérité élémentaire. Le sol est tout le peuple.

Auteur d'une remarquable épopée sur les paysans polonais, le poète Ladislas Reymont pouvait affirmer justement que, s'il existe encore une Pologne, c'est à ses paysans qu'il faut l'attribuer.

Il en est de même pour tous les peuples. C'est aux paysans et aux femmes de l'Alsace et de la Lorraine que la France doit d'avoir conservé le cœur des provinces aujourd'hui retrouvées.

Par sa résistance physique, par son endurance, le paysan constitue l'élément actif de la résistance aux invasions. Dans la paix il demeure le continuateur des traditions, des mœurs, des habitudes et de tout ce qui constitue les éléments essentiels du caractère national. Par lui également se trouve conservé le type fondamental de la race.

L'existence des Celtes sur le sol de notre pays a constitué depuis de longs siècles une race dont les caractères communs sont si bien fixés que, dans n'importe quel lieu où se trouve un Français, il est immédiatement reconnaissable par le seul aspect de sa physionomie et de ses gestes, et il ne saurait être confondu avec aucun autre représentant d'un autre peuple.

Cela tient à ce que, dans la proportion des cinq sixièmes, les Français sont issus de père et de mère originaires des mêmes régions et dont les ancêtres résidèrent dans le même pays depuis plusieurs siècles.

Les apports de races étrangères sont donc absolument négligeables en ce qui concerne les populations des campagnes.

Le gouvernement allemand avait compris l'impossibilité de substituer, par l'immigration, une nouvelle population à celle qui est depuis longtemps appropriée à son habitat. Il avait donc résolu, si l'invasion de 1914 lui avait permis de réaliser ses intentions, de procéder à la destruction ou à l'éviction complète de la race française dans les provinces qu'il aurait soumises à sa domination.

Le professeur M. K. L. Wolff, en septembre 1913, dans l'*All deutsch Blatter*, se faisait l'interprète de ces intentions, lorsqu'il écrivait : « Les vainqueurs agissent *d'après les règles de la biologie* et de la logique, quand ils s'appliquent à faire disparaître la langue et à anéantir la nationalité étrangère. »

VI. — Immutabilité des instincts.

Une opinion, communément répandue, attribue à l'action du milieu une influence prépondérante sur les instincts des individus et par conséquent des races. Il ne s'agit là que d'un préjugé entretenu par des considérations de sentiment.

En réalité, l'observation attentive des animaux nous apprend que les diverses races, quel que soit le climat sous lequel elles vivent, quels que soient les efforts tentés pour réaliser leur domestication, restent tributaires de leurs dispositions innées et de leurs instincts.

Le pelage du tigre, de couleur rouge brique au Bengale, tire sur le jaune en Indo-Chine et blanchit en Sibérie. Sous toutes les latitudes, le tigre demeure un animal féroce, toujours assoiffé de sang.

Dans leurs migrations, les rats subissent diverses modifications de taille et de couleur; ils demeurent partout des hôtes incommodes et malfaisants.

Les modifications ne portent jamais que sur des caractères secondaires; le fonds mental et les instincts primordiaux persistent toujours.

En ce qui concerne les races humaines, les faits démontrent qu'elles ne se comportent pas d'une façon différente. Le climat, le régime alimentaire et l'éducation ne transforment pas plus leurs instincts qu'ils ne modifient les dispositions de leur caractère.

La démonstration de l'immutabilité des instincts dans les races se trouve confirmée chaque jour par des faits irrécusables. En voici quelques exemples frappants.

On se représente, à juste titre, les Scandinaves comme des gens taciturnes et sobres de mouvements. Leur mimique est pleine de réserve, et ils n'ont jamais passé pour des êtres expansifs et communicatifs. « Mais allez à Bergen, une des plus grandes villes de la Norvège, vous y verrez, au contraire, des gens gais, bruyants, à gesticulation excentrique et exubérante. Qu'est-ce à dire? Il fait pourtant froid à Bergen! Pourquoi donc la mimique y est-elle tout autre qu'à Drontheim et à Christiania? C'est qu'à Bergen, on a importé il y a bien des siècles, un grand nombre d'esclaves irlandais. Avec le sang celtique se sont introduites la télégraphie des gestes et la vivacité de la mimique. Vous avez comparé entre eux des gens habitant la Norvège, *mais issus de races différentes.* »

Telle est la belle leçon d'observation qui nous est donnée par Mantegazza dans son livre sur *la Physionomie et les Sentiments.*

Une autre démonstration de la persistance des instincts résulte d'expériences sociales dont la suivante n'est pas une des moins frappantes : Sous le règne de Charles-Quint, une colonie de soldats allemands fut transportée au Paraguay. Actuellement encore les descendants de ces Germains, malgré la différence du climat, de la nourriture et des travaux habituels, ont conservé, non seulement toutes les particularités organiques, mais toutes les dispositions mentales qui caractérisent la race allemande. La seule constatation de leur lourdeur, de leur voracité et de leur brutalité, suffit à les distinguer immédiatement de toutes les races au contact desquelles ils vivent. Leur dégénérescence physique et mentale est d'ailleurs frappante, on peut les considérer comme étant retournés à l'état des Germains primitifs.

Mais sans aller si loin, la guerre dont nous venons d'être les témoins, est venue fort à propos nous démontrer que les réactions des différentes races, dans les circonstances actuelles sont conformes à ce qu'elles avaient été dans les temps passés.

En particulier, par les atrocités et les félonies dont ses représentants ont été les auteurs, la race germanique nous a apporté la démonstration péremptoire de l'immutabilité des instincts.

Les Allemands d'aujourd'hui sont exactement les mêmes que ceux au sujet desquels Tacite a écrit : « *Pigrum quin immo et iners videtur, sudore acquirire quod possit sanguine parare* », ils considèrent comme un acte de veulerie et de lâcheté d'acquérir par le travail ce qu'il leur est possible d'acquérir par le sang.

Jules César définissait d'une phrase la moralité constitutionnelle des Germains, lorsqu'il disait : *Latrocinia nullam habent infamiam quae extra fines cujuscumque civitatis fiunt.* « Les vols ne comportent aucun déshonneur lorsqu'ils sont commis aux dépens des étrangers, hors des limites de la tribu. »

Frédéric II n'exprimait-t-il pas fidèlement l'esprit germanique lorsqu'il disait : « La guerre a toutes les vertus, pourvu qu'elle se fasse sur le terrain d'autrui, hors de nos confins et limites. »

Ne venons-nous pas également d'être victimes de l'application du même principe ?

L'instinct du pillage qui les faisait, dans l'antiquité, considérer comme une nation de proie, ne partant en guerre que pour s'emparer du bien d'autrui, *ad prædam*, n'a subi aucune atténuation. Les membres de l'aristocratie du plus haut rang, les représentants de la bourgeoisie et les hommes du peuple, participent encore aujourd'hui au même degré, de cet instinct qui les porte à piller et à détruire pour le plaisir de détruire. Le mot schadenfreude qui signifie : faire le mal sans autre motif que la satisfaction de nuire, n'a son équivalent dans aucune autre langue. Il correspond évidemment à un caractère de race, absolument spécifique.

Un trop grand nombre de nos compatriotes ont éprouvé un étonnement vraiment incompréhensible en constatant la barbarie avec laquelle les Allemands se comportaient à l'égard des populations vaincues.

C'est qu'ils avaient oublié que la noble préoccupation d'épargner et de protéger les gens désarmés, le « *parcere subjectis* », était une manifestation de la tendance latine, absolument inaccessible à la mentalité allemande. Leur étonnement en constatant l'esprit d'organisation avec lequel les Allemands procèdent à la déportation des populations envahies, à la destruction des monuments, des immeubles particuliers et des arbres fruitiers, prouve simplement que leurs connaissances historiques avaient été trop négligées. Les lignes suivantes extraites de l'histoire d'Henri Martin, auraient pu suffire pour les éclairer. « En 406, les Germains emmenèrent en captivité tant de Gaulois, que les cités belges, suivant l'expression d'un contemporain, furent transférées en Germanie. On ne voyait plus dans les campagnes ni troupeaux, ni arbres. Les barbares ne laissaient après eux qu'un sol nu et des débris fumants ».

L'historien Victor, évêque de Vité, qui décrivit dans son livre *De persecutione africa*, en 1664, les atrocités des Vandales, rapporte que ces hordes venues de Germanie « arrachèrent les vignes, les arbres à fruits, et particulièrement les oliviers afin que l'habitant retiré dans les montagnes ne pût trouver de nourriture ».

Le témoignage de saint Eusèbe reproduit par de Tillemont n'est pas moins probant. Il nous apprend que l'habitude de couper les arbres fruitiers était commune aux Goths et aux Vandales. Il dit, en effet : « Si l'on nous a détruit nos vignes et nos oliviers, si nos maisons à la campagne ont été ruinées par le feu et par l'eau, tout cela n'est que la moindre partie de nos maux; mais, hélas! depuis dix ans les Goths et les Vandales font de nous une horrible boucherie. » Au cours des guerres de religion, les reitres allemands, qu'ils fussent au service des catholiques où à celui des protestants, mettaient le même acharnement à la destruction des vignes et des arbres fruitiers (*fig. 9*).

Fig. 9. — Reitres allemands coupant des arbres fruitiers et des vignes au XVIe siècle.

Couper les arbres avant d'abandonner un pays, n'est donc pas comme on l'a pensé, un événement particulier se rattachant aux conditions de la guerre actuelle.

Il représente au contraire la satisfaction d'un instinct de race, puisant sa source, chez les Allemands, dans la transmission héréditaire d'un besoin de destruction (*fig. 10* et *fig. 11*).

Cet instinct dévastateur était exposé avec force par Isidore de Séville, au VIIe siècle, lorsqu'il disait d'eux : *Ternis animi et semper indumiti, rapina venetreque viventis*, « Doués d'une haine féroce, réfractaires à la civilisation, vivant de vol et de brigandage.

La seule différence entre ces Allemands d'autrefois et ceux d'aujourd'hui, c'est qu'ils ne prenaient pas la peine, pour l'explication de leur malfaisance d'invoquer l'excuse de nécessités militaires.

La pensée directrice des envahisseurs se retrouve nettement formulée dans une lettre adressée à l'Empereur François-Joseph par Guillaume II où il disait en propres termes : « Mon âme se déchire, mais il faut tout mettre à feu et à sang, égorger *hommes, femmes, enfants et vieillards, ne laisser debout ni un arbre ni une maison.* »

Elle est d'ailleurs conforme à la formule de Frédéric II : « Briser tout ce qui ne peut être emporté. »

Fig. 10. — Soldats allemands détruisant les arbres fruitiers en 1918.

La profanation des églises, des tombeaux dont les Allemands nous ont au cours de cette guerre donné tant d'exemples ignominieux n'est également qu'un retour à leurs instincts primitifs : Au Concile de Braga, en Lusitanie, l'évêque Pancratius fit la déposition suivante, qu'on croirait extraite des rapports de nos commissions d'enquête : « Vous voyez comme l'Espagne est ravagée. Ils ruinent les églises, tuent les serviteurs de Dieu, profanent la mémoire des saints, leurs ossements, leurs sépultures, leurs cimetières. »

Les publications du service photographique de l'armée nous ont fourni un grand nombre de documents relatifs à ces profanations de sépultures, parmi lesquelles il faut mentionner l'acharnement apporté au saccagement du tombeau de famille du Président Poincaré, à Sampigny (*fig. 12*).

L'habitude des hobereaux allemands est de souiller systématiquement de leurs déjections les maisons et les édifices qu'ils ont occupés, en y apportant les raffinements d'une dépravation odieuse. Lombroso, dans son livre sur l'*Homme criminel*, nous apprend que les cambrioleurs allemands depuis les temps les plus reculés ne manquaient jamais de souiller de leurs excréments le lieu de leurs crimes, attachant à cette pratique l'idée qu'elle les mettrait à l'abri des atteintes de la police. Il s'agit donc là d'un instinct héréditaire associé à une antique superstition (1).

FIG. 11. — Vergers détruits par les Allemands en 1918.

Mais il y a mieux, l'utilisation de gaz nauséabonds ou asphyxiants destinés à empoisonner le sang de l'adversaire a son précédent dans les faits suivants racontés par l'évêque Victor : « Inventeurs d'un nouveau moyen de prendre les villes assiégées, ils égorgeaient les prisonniers autour des remparts. L'infection de ces voiries sous un soleil brûlant se répandait dans l'air et les barbares *laissaient au vent le soin de porter la mort* sur le terrain qu'ils n'avaient pu franchir. »

On a constaté, en particulier, que lorsqu'ils en ont la possibilité, les Allemands ne manquent jamais d'enlever leurs morts pour les transporter à une distance extrêmement éloignée du champ de bataille. Des trains spéciaux, dans lesquels les cadavres sont entassés, ont été construits à cet effet. Les populations belges ont souvent reconnu le passage de ces trains, ne circulant que la nuit, à l'odeur épouvantable qui s'en dégage. Or, cette habitude propre aux Germains est déjà mentionnée par Tacite : « Même

(1) Dr BÉRILLON : *La Polychésie de la race allemande*. Brochure in-8°. Paris, 1915.

dans les combats où ils ont du désavantage, écrit-il, ils emportent au loin leurs morts. »

La même préoccupation s'était manifestée en 1870. Dick de Lonlay, dans son livre *Français et Allemands* écrit : « Partout on remarque le soin tout particulier qu'ils mettaient à dissimuler leurs pertes. »

Le fait est archiprouvé, et par l'ensemble des attestations écrites que nous avons relevées, et par le témoignage verbal du vénérable abbé Theure, curé de Loigny, qui dit avoir vu lui-même, en deux endroits différents du territoire de sa paroisse, les Prussiens procéder à l'incinération de leurs morts.

Fig. 12. — Tombe violée et saccagée par les Allemands.

Dans le *Lokal Anzeiger*, un rédacteur, Karl Rosner, a confirmé cette habitude de détruire les cadavres dans les lignes suivantes : « Nous traversons Evergnicourt. Une odeur fade, comme si l'on brûlait de la chair, vicie l'atmosphère. Nous passons auprès de la *Kadaververwertungsanstalt* (c'est-à-dire l'établissement pour l'utilisation des cadavres) de ce groupe d'armées. **Les corps gras que nous en retirons sont convertis en lubrifiants et tout le reste est broyé au moulin en une poudre que l'on mélange à la nourriture des porcs et aux engrais.** »

D'après le professeur Yves Delage, « l'instinct se compose de réflexes, de préférences et d'antipathies qui ont leur raison d'être dans la constitution des organismes. »

S'il en est ainsi, comme la constitution organique des individus de race allemande n'a eu aucune raison de se modifier, le climat et les mœurs de l'Allemagne n'ayant pas changé, le *furor teutonicus*, expression de la bestialité, de l'impudeur, de la brutalité querelleuse et agressive, n'est que l'éclosion en quelque sorte inéluctable des instincts ancestraux propres à une race.

Biologiquement, le retour périodique des invasions correspond à l'impulsion d'un rut immense s'emparant à des époques déterminées de la totalité d'une race féroce.

On n'a pas été moins frappé de la brutalité avec laquelle, pour la moindre infraction à leurs désirs, ils se livrent aux sévices les plus graves à l'égard de personnes sans défense. Tacite n'avait pas manqué d'enregistrer ce genre de lâcheté qui consiste à faire usage de ses armes contre des ennemis désarmés : « S'il leur arrive, dit-il, de tuer quelqu'un soumis à leur autorité, ce n'est pas par châtiment et pour l'exemple, mais par emportement et par colère, comme ils le feraient à l'égard d'un soldat ennemi, à cela près que, dans ce cas-là, ils le font sans être exposés à aucun danger. »

Tel fut le cas de ce lieutenant qui déchargea son revolver sur miss Cawell, parce que, étant épuisée de fatigue, elle se trouvait dans l'impossibilité de se conformer à ses injonctions.

Les populations des pays libérés nous ont rapporté trop d'exemples de cette colère germanique, le *furor teutonicus*, pour qu'il soit nécessaire d'y insister.

En ce qui concerne leurs impulsions à l'intempérance, les exemples nous démontrent qu'à ce point de vue, l'impulsion instinctive des Allemands n'avait pas subi la moindre atténuation. C'est encore Tacite qui nous dit : « que si vous facilitez leur penchant à l'ivrognerie en mettant à leur portée toute la boisson qu'ils convoitent, vous aurez plus de facilités à les vaincre par leurs vices que par les armes. » C'est ainsi qu'il nous raconte qu'après d'abondantes libations, leurs soldats étaient tombés dans un sommeil si profond qu'ils furent surpris et mis à mort par les Agrippiniens.

Le même fait s'est reproduit au cours de notre victoire sur la Marne. Dans de nombreuses localités, des officiers et des soldats allemands furent capturés dans l'ivresse la plus complète.

L'immutabilité des réactions par lesquelles se manifeste l'instinct d'agression dans la race allemande pourrait être démontrée par de nombreuses comparaisons du même ordre. Je me bornerai à signaler un dernier exemple montrant que, dans leur manière de combattre ils obéissent toujours à la domination des mêmes idées innées.

Nous avons appris que, dans les contre-attaques, le combat était mené par des compagnies spéciales, choisies dans les régiments et spécialement exercées à ce genre de combat. Nous connaissons également leur tactique qui consiste à abandonner une position qu'ils s'efforcent de reprendre par une série de retours offensifs. Tacite nous révèle qu'aucune modification n'a été apportée par eux dans les réactions instinctives par lesquelles ils s'efforcent de triompher de la patience et de la résistance de l'adversaire : « A tout prendre, dit-il, leur force est dans l'infanterie. Ils ont des fantassins dressés à ce genre de combat, qu'ils choisissent dans toute leur armée et qu'ils font marcher en tête de leurs troupes. Chaque bataillon en fournit un cent et on les appelle parmi eux les « cent ». Le « coin » est leur ordre de bataille. Ils considèrent que de lâcher pied, avec l'intention de revenir à la charge, est le fait de la prudence plutôt que de la lâcheté. »

L'organisation des « sturmtruppen », soldats spécialement entraînés à l'attaque, correspond chez les Allemands d'aujourd'hui, exactement à celle des « cent » chez les Germains d'autrefois.

Beaucoup de témoins qui ont rencontré des prisonniers faits à ces « sturmtruppen » ont constaté qu'ils réalisaient le type du soudard épouvantable à voir, et se trouvaient encore de plusieurs degrés inférieurs à ce que Pascal appelait des « trognes armées ». Ils représentaient exactement le type du reître d'autrefois, tel qu'il nous a été transmis par les figures de Hans Burgmair et des autres graveurs du XVIe siècle.

Est-il possible de ne pas voir dans les Vandales d'aujourd'hui une communauté d'instinct avec les Vandales d'autrefois?

Il ne nous est pas permis de ne pas insister sur une forme particulière de véritables crimes lâchement perpétrés ; c'est-à-dire d'assassinats et de mutilations de gens sans défense, de prisonniers, d'êtres que leur âge ou leur faiblesse auraient dû protéger contre les violences; et surtout de jeunes filles et d'enfants déportés.

Saint Eusèbe rappelant les horreurs accomplies par les Goths et les Vandales s'écriait : « Ne puis-je du moins demander ce qu'ont fait tant de jeunes enfants enveloppés dans le même carnage, eux dont l'âge était incapable de pécher ? »

Dans Victor de Vite, on lit également que les barbares dans le but évident de détruire la race, se livraient aux attentats les plus féroces contre les enfants.

Une gravure de l'époque, qui reproduit avec fidélité les scènes de massacres auxquelles donna lieu en 1789, la reprise de la ville de Gand par les impériaux allemands, nous fait assister à la fureur des soldats coupant les poignets des enfants *(fig. 15)*.

De nombreux documents illustrés des XVe et XVIe siècles se rapportent à cette horrible mutilation, dont des exemples absolument démontrés ont été signalés dans les premiers mois de l'invasion en 1914.

Des témoignages recueillis dans le *Troisième livre gris belge,* le tableau qui apparaît, c'est moins encore le pillage et la dévastation d'une ville que « l'hécatombe d'habitants de tout âge, dont les corps tapissent le sol ».

Ce qui frappe surtout « c'est la sauvagerie déployée vis-à-vis d'êtres faibles et sans défense qui furent parmi les premières victimes ».

Ce troisième livre gris belge a reproduit la liste des cadavres identifiés à Dinant. Parmi les victimes de la fureur allemande on note 71 femmes, 34 personnes âgées de plus de soixante-dix ans et *66 enfants ou adolescents.*

La lecture des publications officielles faites par notre ministère des Affaires étrangères ne donne pas une moindre impression d'horreur. D'ailleurs, l'État-major n'a pas hésité à baser l'excuse de ces faits sur ce qu'il appelle lui-même « la théorie de l'intimidation ».

« La mise à feu obligée (*erwungene*), le sang répandu dans les premiers jours de la guerre, a déclaré un officier attaché au général von Bissing, le capitaine Walter Blœm, ont préservé les grandes villes belges de la tentation de s'en prendre aux faibles garnisons que nous pouvions y placer » (*Kœlniche Zeitung*, 10 février 1915).

Parmi les actes allemands qui ont soulevé la réprobation universelle se trouve celui d'avoir arraché des jeunes filles de la meilleure éducation à leurs familles pour les soumettre aux pires promiscuités. En agissant ainsi, ils ne faisaient que reproduire une de leurs impulsions ataviques les plus habituelles. Tacite nous apprend que les Germains de son temps « pour s'assurer la fidélité d'un canton, exigent toujours dans le nombre des otages quelques jeunes filles de haute distinction. »

Les mêmes procédés d'intimidation se retrouvent dans toutes les invasions germaniques.

Victor de Vite rapporte que « par un raffinement de barbarie, le roi des Vandales, Genseric, séparait les femmes de leurs maris, les mères de leurs enfants.

Il démontre dans tous les cas, d'une façon irréfutable, la persistance et l'immutabilité des instincts dans les races.

Il est d'autres actes des Allemands qui se rattachent également à un instinct racial. Telles sont la préoccupation d'exiger des opprimés des marques extérieures de respect, et l'impulsion à souiller de leurs matières fécales les édifices publics et les lieux d'habitation.

La première procède du même esprit par lequel le bailli Gessler imposait à Guillaume Tell de se découvrir devant son chapeau ; quant à la seconde on ne peut que la rattacher au besoin de souillure et de profanation qui complique chez les malfaiteurs innés l'impulsion à la destruction.

Cette transmission à travers les âges d'instincts particuliers spécifiques, si nettement définis, n'apporte-t-elle pas la démonstration que, si la civilisation peut apporter de superficielles modifications limitées aux caractères secondaires, elle n'exerce aucune influence sur les caractères primordiaux.

L'immutabilité des instincts de la race allemande est un fait dont la guerre vient de démontrer la réalité.

Elle se trouve d'ailleurs consacrée dans l'affirmation de l'historien allemand Lampretch : « Nous sommes des barbares et nous voulons le rester. »

Cette immutabilité des instincts se retrouve dans toutes les races humaines. Elle est évidemment une des causes primordiales de la persistance indéfinie des caractères nationaux à travers les âges.

VII. — Instinct de combativité.

L'instinct de combativité se rattache au groupe des instincts que j'ai désignés, dans une classification, sous le nom d'*instincts d'accroissement personnel*. Ils peuvent être, d'après leur apparition, rangés dans l'ordre suivant :

a) Instinct de vanité ou d'approbation ;

b) Instinct de propriété ;

c) Instinct de combativité ou de domination.

L'instinct de combativité a de particulier qu'il est, dans toutes les espèces supérieures, un des apanages les plus caractéristiques du sexe masculin. Il est donc en rapport direct avec l'intégrité et l'activité de la fonction sexuelle.

Pour Darwin, la « loi du combat » par laquelle le mâle est tenu de lutter pour s'assurer la possession des femelles, se retrouve dans toute la grande classe des mammifères. Il considère, avec un grand nombre de naturalistes, que la supériorité reconnue du mâle par sa taille, sa force, son courage, ses armes offensives spéciales, ses moyens particuliers de défense, a été acquise, puis fixée par la sélection sexuelle.

Il n'est pas douteux que pendant d'innombrables générations, la principale fonction du mâle, après la lutte pour la possession des femelles, a dû être de combattre pour défendre ses femmes et ses enfants contre les ennemis de tout genre. A la force il a dû nécessairement associer le concours de toutes les facultés mentales supérieures, l'observation, la comparaison, l'invention. C'est ainsi qu'il est arrivé à éviter les pièges de l'ennemi, à inventer et à fabriquer des armes, à utiliser les accidents du terrain et les constructions favorables à la résistance.

Parallèlement à l'évolution qui s'opérait chez l'homme, les autres mammifères du sexe mâle, soumis aux mêmes obligations, ont vu se développer les attributs de la force, du courage et de l'endurance.

L'influence excitante des glandes séminales est si puissante qu'elle donne lieu, aux époques du rut, à des combats furieux entre les mâles. Ces luttes s'observent particulièrement chez les cerfs et les autres animaux pourvus de défenses ou de cornes. Les conducteurs d'éléphants, de dromadaires, de chameaux, ont fréquemment à se plaindre, dans les mêmes périodes, des accès de fureur de ces animaux.

Ces dispositions n'ont cessé d'être utilisées en vue de certains spectacles ou de jeux du cirque. Dans les combats d'ours, de mâtins, de coqs, si fréquents autrefois en Angleterre et en France, les champions étaient choisis parmi des mâles sélectionnés et entraînés pour la lutte. Il en est de même, en Espagne pour les courses de taureaux.

Les explorateurs et les chasseurs connaissent le danger qui résulte de la rencontre des mâles, lorsqu'ils sont excités par des blessures qui ne paralysent pas leurs moyens de défense.

La vue et l'odeur du sang agissent comme des excitants spéciaux de l'instinct de combativité. Certains aliments sont doués de la propriété de provoquer une exaltation passagère de ce même instinct.

Les Allemands ont eu les premiers l'idée de recourir à un excitant artificiel pour augmenter la puissance agressive de leurs soldats dans la bataille. Au moment des grands assauts, les généraux ordonnaient la distribution de rasades d'un dopping inspiré de la liqueur d'Hoffmann. Cet excitant composé d'un mélange de rhum, d'éther et d'arrak, était désigné sous le nom de « mélange du kronprinz ».

Des stimulants plus honorables et plus légitimes de l'instinct de combativité résident dans les interventions d'ordre suggestif, telles que les exhortations des chefs, les proclamations, les évocations à l'honneur et les chants de guerre.

Après les élégies, les poésies guerrières de Tyrtée et les odes de Pindare, le *Chant du Départ*, de Marie-Joseph Chénier, et la *Marseillaise*, de Rouget de l'Isle, ont réalisé, à ce point de vue, ce qu'il y avait de plus éloquent et de plus entraînant.

Dans les concours sportifs et dans les luttes d'adresse et de force, la présence et l'approbation des femmes constituent également un stimulant des plus puissants.

C'est que, venant s'ajouter aux lauriers et aux bénéfices matériels que comporte la victoire, la conquête du sexe faible ne constitue pas la récompense la moins recherchée des vainqueurs. A ce point de vue, dans l'espèce humaine, les résultats ne sont pas différents de ce qui se passe chez les oiseaux et chez les autres mammifères. Des femmes normales et de bonne race ne sauraient éprouver d'attrait affectif que pour des hommes robustes, nobles et vaillants.

Malgré divers exemples historiques, la manifestation, chez la femme, de l'instinct de combativité, ne doit être considérée que comme un fait exceptionnel. Cet instinct est essentiellement placé sous la dépendance de la fonction sexuelle de l'homme, et lié aux attributs physiques et psychologiques de sa virilité (*fig. 13*).

Le terme de « poilu » si spontanément attribué aux plus héroïques de nos défenseurs n'a fait que consacrer la persistance indéniable, dans notre race, d'un des caractères les mieux fixés de la vaillance combative.

Il n'en pouvait être différemment. Les faits d'ordre expérimental ont d'ailleurs toujours confirmé, de la façon la plus explicite, les observations des naturalistes.

Chez les individus soumis, avant l'âge de la puberté, à l'émasculation totale, le plus souvent dans un but d'utilisation sociale, chez les *Chanteurs castrats*, de la Renaissance, et chez les *Eunuques*, de l'Orient et de la Chine, on a toujours constaté, avec la régression des attributs physiques et mentaux de la virilité, l'abolition complète de l'instinct de combativité. On a également signalé la disparition des qualités de noblesse, de dignité, de résistance et de courage qui s'y rattachent.

La castration des animaux mâles, courante dans la pratique vétérinaire, confirme la dépendance réciproque de l'instinct de combativité de celui de reproduction.

Il n'y a pas d'expérience psychologique dont la rigueur soit plus scientifique que celle qui consiste à réaliser l'extirpation des glandes séminales

Fig. 13. — Le Poilu français de 1918.
(Dessin de Simon, extrait de l'*Illustration*.)

chez les mammifères. Il n'en est pas dont les résultats soient plus constants ni plus probants.

Dès qu'ils ont subi l'opération de l'émasculation, les animaux tendent à se rapprocher, par leurs formes, leurs attributs et leurs dispositions mentales, des femelles de leur espèce. Leurs tissus se libèrent de l'imprégnation séminale et, par suite, de l'odeur si pénétrante qui les rendait impropres à la consommation ; mais en même temps, ils sont dépossédés des qualités de courage et de combativité.

Par l'atrophie chirurgicale de ses organes générateurs, l'étalon le plus indomptable est transformé en un hongre docile et dépourvu de réactions agressives. Le taureau châtré devient le bœuf placide, fonctionnaire honnêtement asservi à ses obligations coutumières.

Redoutable par sa vaillance autant que par la soudaineté de ses attaques, le bélier, dépossédé de ses organes sexuels, revêt la physionomie si déconcertante et si stupidement apeurée du « pacifiste bêlant ».

Emasculés, le chien et le chat, après la disparition de leurs instincts de courage ou de chasse, ne représentent plus que de nonchalants parasites.

La crête du coq chaponné se décolore et se flétrit : ses éperons s'atrophient, sa voix de clairon s'éteint. Privé des attributs dont il tirait tant de présomption et de gloire, il s'abandonne à l'engraissement, n'attachant plus aucun prix à la considération des poules.

La valeur de l'instinct de combativité liée, chez le mâle à l'intégrité des fonctions génératrices, dépend également de la pureté de la race.

L'importance des qualités organiques pour la réalisation et la prolongation de certains efforts imposés par les conditions de la guerre ne pouvait manquer de frapper les officiers. Un certain nombre d'entre eux m'ont communiqué avec empressement les observations qu'ils avaient été à même de faire à ce sujet.

Un commandant de chasseurs à pied me disait à un des moments les plus décisifs de la guerre : « A l'heure actuelle, il n'y a plus dans mon bataillon que des Celtes pur sang. Des hommes de sang mélangé n'auraient pas été capables de résister aux épreuves auxquelles nous avons été soumis. Ils se sont éliminés d'eux-mêmes depuis longtemps. » (*fig. 14*).

Fig. 14. — Le caporal Fontauvier, Chevalier de la Légion d'honneur (de pure race celtique).

Un autre commandant m'exprimait la même idée sous une autre forme : « Celui, disait-il, qui n'a pas vu un bataillon de Bretons, tous de pur sang celtique, tenant ferme sous un interminable ouragan de fer et de feu, ne peut avoir une notion complète de ce qui constitue une véritable race d'hommes ».

Il résulte de cette observation que les hommes qui *tiennent* sous le feu, résistant aux souffrances physiques et morales les plus intolérables, capables de supporter les plus affreuses privations, ceux, en un mot, qui se comportent en hommes de devoir et en héros, sont tous des gens de race définie et de sang pur. La résistance, le courage, et surtout la continuité dans l'effort ne sauraient émaner que d'une longue persistance dans la fixation des tendances héréditaires se rattachant à des qualités supérieures.

Comme le sort d'une nation dépend, avant tout, de la mise en jeu d'aptitudes ancestrales spécialement adaptées à sa défense, la principale préoccupation des biologistes ne devrait-elle pas être de veiller sur la pureté de la race, en la protégeant contre toute immixtion de sang « impur » et ennemi ?

VIII. — La dégénérescence physique des métis.

L'étymologie du mot race, qui le fait dériver de la racine sanscrite *rag, arg* (se mouvoir en ligne droite) implique l'idée d'une continuité ininterrompue dans la transmission des caractères acquis. Cette transmission ne saurait être réalisée dans son intégrité et dans sa normalité que par le rapprochement de deux êtres appartenant à la même race.

Il en résulte que le croisement d'individus appartenant à deux races différentes aura nécessairement pour effet d'interrompre, au moins momentanément, la continuité de la race en ligne directe. Le métissage devrait donc être considéré comme un accident, comme un déraillement. Il sera même légitime de l'envisager comme une véritable violation des lois de la nature.

On désigne sous le nom *d'hybridation* ou de *métissage* la fécondation résultant du croisement de deux espèces ou de deux races différentes.

L'hybridation, du mot grec *hybris*, qui signifie viol, indique que le croisement des espèces ou des races différentes a été considéré, depuis les temps les plus reculés comme une véritable violation des lois naturelles. Le terme de *métissage*, d'usage plus courant implique l'idée de la création d'un produit mixte.

Chez les Romains, les individus issus de races différentes constituaient le *mixtum genus*, la race mélangée.

Les individus issus de ces croisements anormaux reçoivent, selon les pays l'appellation d'hybrides, de métis, de sang-mêlés, de mulâtres. Dans le langage courant des populations des colonies espagnoles, portugaises, françaises on ne trouve pas moins d'une centaine de termes pour qualifier les divers degrés de métissage.

D'une façon générale, frappé surtout par l'opposition des caractères très visibles et très apparents, tels que la coloration de la peau, le public ignorant considère particulièrement comme des *métis*, les individus issus de croisements entre les races blanche, noire, jaune et rouge.

Cette opinion était explicable lorsqu'on pensait qu'il n'y avait sur la terre que les quatre groupes d'hommes caractérisés par la couleur de leur peau.

Mais aujourd'hui, il est admis par les anthropologistes, et en particulier par de Quatrefages, que le nombre des races humaines formant des variétés nettement distinctes s'élève à plus de cent cinquante. On doit donc considérer que le terme de métis est applicable à tout individu provenant du croisement des races auxquelles on reconnaît une personnalité distincte.

La couleur de la peau, malgré sa visibilité, ne constitue pas un élément plus important que les autres caractères. Entre individus ayant la même coloration cutanée, il existe de tels écarts, aussi bien au point de vue physique qu'au point de vue psychologique, qu'il est impossible de les considérer comme appartenant à la même race.

A l'état de liberté, le croisement entre races animales différentes ne se réalise jamais. Ce croisement ne s'effectue que lorsque les animaux sont emprisonnés ou réduits à l'état de domesticité.

FIG. 15. — Atrocités contre les Gantois, par les Impériaux allemands, en 1789. (Gravure du temps.)

C'est en vain que l'on cherchera une justification au métissage dans l'attraction passionnelle qui s'exerce, souvent, entre personnes de races différentes.

Ces attractions ne sont que le résultat d'une déformation intellectuelle et d'un affaiblissement de l'instinct. Elles tendraient à prouver que la civilisation ne libère pas les hommes autant qu'on le pense des asservissements de la servitude. J'y verrais même la démonstration que sous les apparences d'une liberté qu'ils n'ont pas, les êtres humains subissent les mêmes déformations instinctives que celles qu'ils provoquent chez leurs animaux domestiques.

Jusqu'à ce jour, les anthropologistes, dans la question du métissage, se sont surtout préoccupés de la fécondité résultant du croisement entre individus de race différente. La constatation que les unions pouvaient être fécondes leur a suffi pour en admettre la légitimité. Leur observation ne s'est pas étendue à la qualité des produits.

Cependant lorsqu'il s'agit de l'espèce humaine la question de la qualité ne devrait-elle pas l'emporter sur celle de la quantité? A toutes les époques le principal souci des moralistes et des législateurs a été d'assurer la continuité des générations fortes. C'est seulement de nos jours que, sous l'influence d'un humanitarisme maladif on ne vise plus qu'à obtenir le nombre aux dépens de la valeur. Il ne s'agit pas uniquement d'augmenter le chiffre d'une population, mais aussi d'avoir des enfants sains, robustes et résistants.

La préoccupation de garantir les races de tout mélange s'est révélée chez les législateurs, dès la plus haute antiquité.

Au nombre des lois de Manou se trouvent les suivantes : « Quelque distinguée que soit la famille d'un homme, s'il doit sa naissance au mélange des races, il participe à un degré plus ou moins marqué au naturel pervers de ses pareils.

» Toute contrée où naissent ces hommes de race mêlée qui corrompent la pureté des races est bientôt détruite ainsi que ceux qui l'habitent. »

Chez les Spartiates, la reproduction des Ilotes était limitée par des lois sévères. Il était interdit de s'unir à eux par les liens du mariage.

Les États-Unis d'Amérique, par des mesures législatives prudentes, procèdent systématiquement à l'élimination des *indésirables*. Les mœurs du même pays élèvent également de nombreuses barrières contre les métissages, dont les conséquences sociales sont, avec juste raison, considérées comme absolument déplorables.

Parmi les auteurs dont les observations ont abouti à la conclusion que dans beaucoup de cas les métis sont faibles et mal constitués, il faut signaler Waitz. Il a constaté que les enfants nés des Arabes et des femmes du Darfour sont débiles et peu vivaces; qu'au Sénégal, chez les métis de Foulahs et nègres, il y a beaucoup de bègues, d'aveugles nés, de bossus et d'idiots. Il déclare également que les enfants nés d'une Européenne et d'un nègre sont rarement robustes. Nott, dans un mémoire paru en 1842 conclut que les mulâtres vivent moins longtemps que toute autre classe d'hommes.

Long et Lewis admettent que les mariages entre mulâtres sont stériles ou dans tous les cas ont peu de vitalité.

Van Amring, Hamilton Smith assurent que sans l'union avec les deux races mères, les mulâtres s'éteindraient bientôt. Pour Boudin, les métis sont très souvent inférieurs aux deux races mères, soit en vitalité, soit en intelligence. Les *Topas*, les métis de Pondichéry ont une mortalité beaucoup plus considérable que le reste de la population. Les *Lipplapen*, métis de Java, sont si peu intelligents qu'ils ne peuvent être utilisés dans aucune fonction administrative.

Dixon, qui a étudié les métis de toutes les parties de l'Amérique, nous donne les renseignements suivants : « Un père indien et une mère nègre produisent un *chino*; un père noir et une mère indienne produisent un *zambo*.

« La couleur du *chino* est d'un rouge sale; celle du *zambo* est d'un brun sale. Le *chino* est un individu décharné et mal formé; et son demi-frère, le *zambo* est encore plus laid. Il serait difficile de trouver sur terre une population aussi baroque de forme et de couleur que les *nains zambos* qui se couchent et se vautrent dans les ornières ».

En Australie et en Tasmanie, le croisement des Anglais et des femmes indigènes n'a donné que de rares produits.

Dans l'ensemble, on doit considérer les métis comme doués, organiquement et physiologiquement, d'une fécondité, d'une robusticité et d'une longévité inférieures.

« Dans l'article « Dégénérescence » du *Dictionnaire des sciences médicales*, des auteurs autorisés se sont ralliés à ces conclusions : Charles Robin pense que « les croisements représentent un élément de dégénérescence en rapport avec la distance anthropologique des races ».

Dans quatre mémoires sur les croisements ethniques, J. Perrier a démontré que le métissage aboutit toujours à la dégénération.

Dans l'Inde, les mélanges d'Anglais et d'Indous, désignés sous le nom de *Half Caste, Middle Caste, Country Born*, d'après Warren, ne dépassent pas le nombre de 40.000 (1). Il affirme qu'associant les défauts des deux races, il en résulte une fin prématurée et sans reproduction.

Enfin, l'anthropologiste Dally résume la question en disant : « Les croisements ethniques que l'on représente comme un moyen d'éviter cette dégénérescence nous en offrent le plus sûr moyen. Comment a-t-il pu venir à l'esprit, en dehors de l'inspiration dogmatique, que l'humanité pouvait gagner quelque chose à fondre des races supérieures avec les inférieures, de façon à peupler la terre de métis ? »

Ce qui caractérise le dégénéré, c'est qu'il ne ressemble pas à ses parents. L'hérédité, dont la fonction essentielle est de transmettre la ressemblance, est troublée.

Depuis déjà plusieurs années, j'ai acquis la certitude, par mes observations cliniques que, dans notre milieu européen, le croisement de races antagonistes, bien qu'elles aient la même coloration de peau, telles que la race allemande et la race française, donne des produits d'une infériorité certaine.

Les métis, issus du mélange de ces deux races, que j'ai eu l'occasion d'observer, présentaient tous des signes accentués de dégénérescence physique. Ils étaient de stature anormale, traversaient avec les plus grandes difficultés la période de croissance. Le moins qu'on puisse dire, c'est qu'ils étaient atteints de ces arrêts d'évolution par lesquels se caractérisent les enfants anormaux.

(1) Sur 260 millions d'habitants.

De toutes les conséquences organiques du métissage, une des plus fréquentes est la disproportion des formes. Lorsqu'on se trouve en présence de nains, de géants, ou de ces individus auxquels leur disproportionnalité fait attribuer les qualificatifs de « longue perche », de « pot à tabac », il y a lieu de présumer qu'on se trouve en présence de métis de races de même couleur.

L'antagonisme des deux races se traduisait par la dégénérescence de leurs métis. Il en est d'ailleurs de même pour tous les enfants issus de races différentes, alors qu'elles sont de même couleur, pour peu que des dissemblances existent dans leurs caractères ethniques.

FACTEURS PSYCHOLOGIQUES

I. — Disparité des caractères psychologiques des races humaines.

Depuis les époques les plus reculées, les différences que présentent les dispositions mentales propres à chacun des peuples de la terre ont attiré l'attention des observateurs.

Les principaux traits du caractère, chez les peuples de l'antiquité, étaient déjà si saillants qu'ils ont doté le langage d'expressions demeurées classiques.

Aujourd'hui encore le laconisme évoque la brièveté du langage des Lacédémoniens ; l'atticisme, la délicatesse du goût des Athéniens ; le sybaritisme, la mollesse des habitants de Sybaris ; l'ilotisme, la dégradation des Ilotes ; le vandalisme, la fureur destructive des Vandales.

Il en est de même d'un certain nombre de formules romaines mettant en relief les caractères physiques ou moraux propres à certaines races ; telles sont : *la fides punica*, stigmatisant la mauvaise foi des Carthaginois ; *le furor teutonicus*, qui met en garde contre la colère agressive des Germains ; *le fœtor judaïcus* révélant l'odeur spéciale des Juifs.

A ce qui précède on peut ajouter la liste assez longue des locutions par lesquelles on s'est appliqué dans les temps passés à enregistrer les imperfections et les méfaits d'une humanité barbare : *la grossièreté du Philistin, l'incompréhension artistique du Béotien, la félonie du Parthe, la cupidité du Phénicien, le mensonge du Crétois, l'ivrognerie du Scythe, la puanteur du Goth et du Lombard, la férocité du Hun, la duplicité du Germain.*

Il est vrai qu'à ces qualificatifs inspirés par la haine ou le mépris, il convient d'en opposer d'autres qui tirent leur origine d'un sentiment d'estime ou d'admiration ; par exemple : *la sobriété spartiate, le civisme romain, le courage gaulois.*

A l'époque contemporaine, les traits caractéristiques de différentes nations ont été également définis par le jugement universel. On les retrouve notés dans les formules suivantes : *la morgue castillane, le flegme anglais, la galanterie française, la susceptibilité italienne, le mercantilisme hollandais, l'ivrognerie russe, la subtilité grecque, l'arrogance prussienne, la servilité saxonne, la goinfrerie munichoise, le fatalisme arabe, la zwanze bruxelloise, l'impassibilité du Peau-Rouge*, etc.

L'esprit des populations opprimées est prompt à signaler les défauts physiques ou moraux du conquérant. C'est ainsi que l'une des caractéristiques les plus franchement spécifiques de l'Allemand du Nord, *la bromidrose fétide*, est fixée par deux mots jaillis de l'ironie alsacienne : *stinkstiefel*, dont la traduction littérale serait pue-bottes et *stinkpreisse* qui signifie Prussien puant.

Quand les nationalités sont constituées par le groupement d'individus de races diverses, les différences de caractère de chaque race s'accusent de la façon la plus nette. De l'autre côté de la Manche, il est courant d'opposer la ténacité résolue de l'Anglais à l'insouciance primesautière de l'Irlandais. L'humour gallois, de même que l'hospitalité écossaise y sont considérés comme des caractères psychologiques très accusés.

En Espagne, l'activité laborieuse du Catalan fait contraste avec l'indolence andalouse, aussi bien qu'avec la paresse honorée du Castillan.

En Belgique, la comparaison de la vivacité d'esprit des Wallons avec la lenteur intellectuelle des Flamands nous offre une antithèse non moins frappante.

Mais, en dehors des constatations populaires, la plupart des historiens ont apporté, sur les caractères des peuples, des renseignements d'une assez grande précision.

Ainsi, les descriptions qu'Hérodote nous a transmises sur les mœurs des habitants de l'Asie Mineure sont si rigoureuses, qu'un archéologue contemporain, le comte de Potocki, dans son *Voyage au Caucase*, par l'observation des peuples actuels, en a reconnu la parfaite exactitude.

Les observateurs anciens, vivement frappés par les différences qu'ils constataient dans la mentalité des divers peuples, se sont parfois appliqués à en rechercher l'explication.

C'est ainsi que Solon avait attribué la constitution grossière des Thébains à la lourdeur de l'air de la Béotie et la vivacité des Athéniens à l'air subtil de l'Attique. Cicéron avait également adopté cette opinion.

Plutarque, auquel on doit sur cette question les observations les plus ingénieuses, nous apprend que le peuple d'Athènes, par exemple, est naturellement colère, mais sensible à la pitié; prompt à juger sur de simples soupçons au lieu de s'instruire lentement de la vérité des faits; empressé à protéger les citoyens obscurs; aimant les plaisanteries et les bons mots; vivement affecté des louanges qu'on lui donne, il ne s'offense point des railleries; redoutable à ses magistrats, il est humain pour ses ennemis mêmes.

« Le caractère des Carthaginois est très différent : austères et sauvages dans leurs mœurs, tremblants sous leurs magistrats, durs et sévères envers ceux qui leur sont soumis, bas et rampants dans la crainte, cruels jusqu'à l'excès dans la colère, fermes dans leurs résolutions, ils ne se permettent jamais ni plaisanterie, ni gaieté. On ne les eût pas vus, à la prière d'un Cléon, qui leur eût dit qu'il avait fait un sacrifice et devait traiter quelques-uns de ses amis, rompre l'assemblée en riant et en battant des mains. Si un Alcibiade, en haranguant le peuple, eût laissé échapper une caille de dessous sa robe, ils n'auraient pas couru après cet animal pour le rattraper et le lui rendre. De pareilles libertés auraient passé pour des insultes et auraient coûté la vie à leurs auteurs. »

« Je ne crois pas que les Thébains se fussent abstenus d'ouvrir les lettres d'un ennemi qui leur seraient tombées entre les mains, comme firent les Athéniens qui, ayant arrêté un courrier de Philippe chargé de dépêches pour Olympias, ne les ouvrirent pas, et respectèrent les secrets qu'un mari absent écrivait à sa femme. Les Athéniens, de leur côté, n'auraient pas supporté patiemment la généreuse fierté d'Epaminondas qui refusa de répondre à une accusation qu'on lui avait intentée devant le peuple et qui, se levant en présence de tout le monde, traversa l'assemblée et se rendit au gymnase. Les Spartiates non plus n'auraient eu garde de souffrir l'insolente plaisanterie de Stratoclès, qui persuada aux Athéniens de faire un sacrifice d'actions de grâces pour une victoire dont il leur annonçait la nouvelle. Et quand ensuite le peuple, informé de la perte de la bataille, lui en témoigna son indignation : « de quoi vous fâchez-vous, leur dit-il, ne vous ai-je pas donné du plaisir pendant trois jours ! »

Les Romains avaient reconnu de bonne heure la différence de race qui sépare les Gaulois des Germains.

« Les Gaulois, dit Caton, aiment à combattre avec courage et à parler avec intelligence; ils sont combatifs et glorieux, mais légers et inconstants. »

Strabon leur attribuait les mêmes dispositions de courage, de fierté, de confiance et de mobilité du caractère.

« Confiants dans leur force, ils se rassemblent pour combattre en masse et en désordre. On les *trompe aisément*, et l'on est sûr de les faire combattre où l'on veut et quand on veut. Faciles à émouvoir, ils s'indignent contre l'injustice et prennent le parti de leurs voisins opprimés. »

Dion a également signalé la grande mobilité affectée de nos ancêtres dans les phrases suivantes : « La race gauloise, plus que les autres, se prend avec une grande vivacité à ce qu'elle désire et d'une force extrême s'attache à tout ce qui va à son gré ».

» En peu de temps, elle se porte d'un mouvement rapide aux partis les plus contraires, ne trouvant dans le raisonnement aucune garantie pour aller dans un sens ou dans l'autre. »

Quant à Jules César, c'est en termes indélébiles qu'il a gravé les traits dominateurs de nos ancêtres.

Il nous les a dépeints mobiles au sujet des décisions qu'il faut prendre et disposés à attacher de l'importance aux faits nouveaux. Une de leurs habitudes est d'inviter les voyageurs à s'arrêter et de leur demander ce qu'ils ont entendu ou ce qu'ils savent. Il suffit souvent de l'émoi que leur causent ces informations pour leur faire prendre des résolutions importantes, dont ils ont nécessairement à se repentir, parce qu'ils agissent sous l'influence de nouvelles incertaines, et que la plupart de ceux qu'ils interrogent leur donnent de faux renseignements.

Horace oppose au Germain qui aime le sang, le Gaulois qui n'a pas peur de la mort.

La disparité dans les différentes race des caractères psychologiques d'où résulte la formation de leurs caractêres nationaux découle d'un grand nombre de conditions au premier rang desquelles se trouve le besoin irrésistible de rapprochement des êtres identiques.

L'affinité des semblables traduite par le proverbe « qui se ressemble s'assemble » n'est que l'expression d'une tendance biologique universelle. Mais de cette tendance résulte également le défaut d'affinité des contraires et la répulsion des dissemblables.

Dans toutes les espèces animales, la plus légère dissemblance entre les groupes suffit pour amener une altération dans les rapports de sociabilité.

Les membres des sociétés animales, s'ils pratiquent entre eux la solidarité, ne l'étendent pas au-delà du groupe ou de la tribu. Cela est particulièrement apparent chez les insectes, chez les oiseaux et chez les singes.

Dans les foires de l'Andalousie, les manades de chevaux se traversent sur les routes sans jamais se mélanger.

Les troupeaux d'éléphants ne tolèrent au milieu d'eux aucun individu d'un autre groupe.

Les différences psychologiques de races dans les races humaines aboutissent aux mêmes effets, et elles constituent par-là un facteur important de leur conservation.

« En effet, comme le dit si clairement Voltaire, chaque peuple a son caractère comme chaque homme; et ce caractère général est formé *de toutes les ressemblances* que la nature et l'habitude ont mises dans les habitants d'un même pays, au milieu des variétés qui les distinguent. Ainsi, le caractère, le génie, l'esprit français résultent de ce que les différentes provinces de ce royaume ont en eux de semblable. »

La ressemblance des Français entre eux faisait dire à Diderot : « Pas de nation qui ressemble plus à une seule et même famille. » Helvétius exprime la même idée lorsqu'il écrit : « Les étrangers n'aperçoivent d'abord aux Français qu'un même esprit et un même caractère. »

Un homme d'État allemand, Karl von Moser, auteur d'un certain nombre de compilations parues vers 1785, me paraît avoir bien saisi ce qui caractérise le ressort de chaque nation :

« En Allemagne, écrivait-il, c'est l'obéissance ;
» En Angleterre, c'est la liberté ;
» En Hollande, c'est le commerce ;
» En France, c'est le point d'honneur national. »

On trouvera dans un certain nombre de formules courantes, de dictons, de proverbes ou même d'observations facétieuses, la révélation de cette disparité des caractères nationaux.

On m'excusera d'en citer quelques exemples, car ils apportent à ma démonstration un élément qui n'est pas à dédaigner.

Je rappellerai d'abord le mot célèbre de Charles-Quint disant qu'il « fallait parler en espagnol à Dieu, en italien aux femmes, en français à ses amis, en anglais aux oiseaux et en allemand aux chevaux. »

La plupart de ces dictons se rattachent à la manière dont les différents peuples réagissent à l'égard des diverses circonstances de la vie.

En Italie, un proverbe ancien dit : Les nations supportent diversement la peine : l'Allemand la boit, le Français la mange, l'Espagnol la pleure et l'Italien la dort (1).

Un autre proverbe indique que l'on reconnaît l'Italien à ce qu'il aime à chanter, le Français à danser, les Espagnols à leur fierté, les Allemands à boire (2).

Un dicton très répandu nous apprend par quelles phrases se révèlent, dans les diverses races, les préoccupations dominantes des individus. Ainsi, quand on annonce la mort d'une personne, la question du Français est : de quoi est-il mort? L'Allemand demande : quel âge avait-il? L'Anglais interroge : était-il marié? Quant à l'Américain, il dit simplement : Était-il assuré?

Dans un ordre d'idées plus plaisant on raconte que, si dans un café, une mouche tombe dans le verre du consommateur, l'Anglais se fait remplacer son verre de bière; le Français se contente d'enlever la mouche avant de boire; quant à l'Allemand, il avale tout, la mouche et la bière.

La différence essentielle des caractères de nos voisins d'outre-Manche se trouve signalée par la facétie qu'on raconte en Angleterre : « Quand dans un compartiment de chemin de fer se trouvent réunis un Irlandais, un Anglais et un Écossais. Avant l'arrêt du train l'Irlandais, pressé, est déjà sur le quai, mais il a oublié son parapluie. L'Anglais met pied à terre immédiatement après l'arrêt complet, il n'oublie rien. L'Écossais ne descend que quelques minutes après et il emporte le parapluie oublié par l'Irlandais.

(1) Le nazioni smaltiscono diversamente il dolore : Il Tedesco lo beve, il Francese lo mangia, lo Spagnuolo lo piange e l'Italiano lo dorme.

(2) L'Italiano al cantare, i Francesi al ballare, i Spagnuoli al bravare, i Tedeschi allo sbevacchiare; si cognoscono.

Mais, de tous les peuples de l'Europe, ceux dont le caractère présente le plus d'opposition sont le peuple allemand et le peuple français. Alors que la clarté et la précision du langage caractérisent essentiellement l'esprit français, par contre, la lourdeur et l'obscurité sont l'apanage de la pensée allemande. Je n'apprendrai rien à personne en disant que les Allemands parlent par énigmes, que leurs écrits sont incompréhensibles. J'insisterai surtout sur ce fait que, pour l'Allemand, les mots les moins importants sont au commencement de la phrase et que, pour le Français, ils sont à la fin. Ce qui peut s'exprimer ainsi : dans le langage français les mots régissants avant les mots régis et, dans la langue allemande, c'est le contraire.

Et, pour terminer par une observation très précise, je dirai que si les Français et les Allemands connaissent également la défiance, ils ne la pratiquent pas de la même façon.

Tandis que le fonds du caractère allemand est la méfiance à l'égard de l'étranger et la préoccupation de ne pas être sa dupe, en France, il en est tout autrement. C'est seulement à l'égard de ses propres compatriotes que le Français se montre méfiant; sa confiance et sa bienveillance étant particulièrement réservées à l'étranger.

II. — La constance héréditaire des caractères psychologiques.

La constance des caractères psychologiques n'est pas moins frappante que leur diversité selon les races.

C'est que la personnalité des peuples repose sur des bases organiques dont la transmission doit nécessairement assurer l'unité et la stabilité des tendances qui résultent des propriétés mêmes de l'organisme.

La notion de cette continuité à travers les temps est reconnue par tous les hommes qui ont appliqué leur attention à l'étude générale des mœurs.

Plutarque dans ses *Préceptes d'administration publique*, expose que les plus grandes difficultés de diriger les peuples tiennent à ce qu'on ne se préoccupe pas assez des différences essentielles de leur caractère. Il indique la nécessité de connaître les qualités dominantes qui sont les plus sensibles dans le gros des citoyens. C'est seulement après cette étude qu'on pourra utilement les diriger : « Vouloir changer tout d'un coup le caractère et les mœurs d'une multitude, c'est une entreprise aussi hasardeuse que difficile, une pareille résolution demande beaucoup de temps et une grande autorité. »

Horace a nettement exprimé la fixité du naturel dans le vers célèbre : *Naturam expellas furca, tamen usque recurret.*

Parlant du caractère, Voltaire a dit : « C'est ce que la nature a gravé en nous. » A cette définition qui implique l'immutabilité, il ajoute : « Peut-on changer de caractère? Oui si on change de corps! Tant que les nerfs d'un homme, son sang et sa moelle allongée seront dans le même état, son naturel ne changera pas plus que l'instinct d'un loup ou d'une fouine. »

Nul, mieux que Voltaire, n'a exprimé l'idée de l'immutabilité des caractères des races. Les lignes suivantes relatives à notre race suffiront à en donner la preuve.

« Le fonds du Français est tel aujourd'hui que César a peint le Gaulois : prompt à se résoudre, ardent à combattre, impétueux dans l'attaque. »

« En général, l'impétuosité dans la guerre et le peu de discipline furent toujours le caractère dominant de la nation. »

La prédilection des Français pour le vin, considérée comme un caractère de race a été mentionnée dans les temps les plus lointains.

Dans la vie de Camille, Plutarque rapporte qu'un Toscan nommé Aruns, ayant fait goûter aux Gaulois de la région représentée aujourd'hui par le département de l'Yonne, du vin qu'il avait apporté d'Italie, ils trouvèrent cette boisson si agréable et furent si ravis du plaisir nouveau qu'elle leur avait donné, que, prenant aussitôt leurs armes et emmenant avec eux leurs femmes et leurs enfants, ils se portèrent du côté des Alpes pour chercher cette terre qui produisait de si bons fruits et auprès de laquelle toute autre terre leur paraissait stérile et sauvage. Dans cette anecdote, on peut retrouver l'origine de la vocation si invétérée que nous constatons encore aujourd'hui dans une partie de la basse Bourgogne, pour la culture de la vigne.

Diodore de Sicile a également signalé le goût manifesté par les Gaulois pour le vin. Il raconte que, pour une mesure de cette boisson, ils consentaient quelquefois à céder un de leurs prisonniers, de sorte que « en échange d'un broc de vin, il n'était pas rare, dans les Gaules, d'acquérir un échanson ».

On a pu être surpris de la préoccupation, au cours de la guerre, d'assurer à nos poilus la distraction de représentations théâtrales, de séances données à l'arrière du front par des bardes, des improvisateurs, des chansonniers. Si nous en croyons Posidinius d'Apamée cette habitude dérive des plus anciennes traditions celtiques; il raconte en effet que « les Celtes emmènent avec eux, même à la guerre, de ces commensaux. Ils chantent les louanges de leurs chefs devant des assemblées nombreuses. Ces personnes qui se font entendre ainsi sont ceux qu'on appelle *bardes* ». Ils ont eu pour continuateurs les trouvères et les troubadours. Au cours de la dernière guerre, les chansons et les poèmes de nos poètes populaires ont contribué à fortifier la confiance de nos soldats.

Bichat, avec la clairvoyance de son génie, avait compris que le caractère de l'homme est ce fond absolu qui échappe à toute action des influences extérieures. C'est ce qu'il exprime dans les termes suivants : « Le caractère est, si je puis m'exprimer ainsi, la physionomie des passions, le tempérament est celle des fonctions internes ; or, les unes et les autres étant toujours les mêmes, il est évident que le tempérament et le caractère doivent être soustraits à l'empire de l'éducation. Vouloir dénaturer le caractère, adoucir ou exalter les passions, est une entreprise analogue à celle d'un médecin qui essaierait d'abaisser de quelques degrés et pour toute la vie la force de contraction du cœur, ou de précipiter ou ralentir le mouvement naturel des artères.... Nous dirions que la circulation, la respiration ne sont point sous l'empire de la volonté. Faisons la même observation à ceux qui croient qu'on change le caractère et par-là même les passions, puisque celles-ci sont le produit de l'action de tous les organes internes. »

Pour peindre les Allemands d'autrefois, je n'aurai recours qu'à des documeuts empruntés à l'art allemand.

Wogelmuth, peintre et graveur (1434-1519) nous a dépeint la cruauté, la férocité des Allemands de son temps dans le tableau du Musée germanique de Nuremberg, dans lequel il représente le martyre de saint Barthélemy. Ses modèles ont été pris parmi des gens de son époque. Ils écorchent un homme tout vif sans que la moindre émotion de pitié, de sensibilité se réflète sur leurs visages. Leur physionomie, dans ce travail de bourreau, exprime la satisfaction de faire du mal à son prochain ; c'est le *Schadenfreude* traduit par l'art.

La constance héréditaire des caractères psychologiques a été mise en relief par Ribot dans son remarquable travail sur *l'Hérédité psychologique*. Par un grand nombre de faits, il s'est appliqué à démontrer que toutes les formes de l'activité mentale sont transmissibles. La mémoire, l'imagination, les goûts esthétiques, les aptitudes aux sciences et aux études abstraites, les sentiments, les passions se continuent par legs héréditaire, dans la suite des générations.

L'idée exprimée par Napoléon dans la formule souvent citée : « Grattez le Russe et vous trouverez le Tartare » révèle sa conviction que les races demeurent tributaires de leurs influences ancestrales.

Ampère, après avoir comparé les habitants de la Grèce actuelle avec leurs ancêtres a pu dire : « A travers tant de vicissitudes, le fonds du Grec n'a pas changé, il a les mêmes qualités et les mêmes défauts qu'autrefois ».

Pouqueville en retrouvant en Morée les modèles d'Appelle et de Phidias a aussi constaté la transmission des traits principaux du caractère et des habitudes.

« Ainsi les Arcadiens mènent encore la vie pastorale et les habitants de Sparte ont la passion des combats, l'humeur instable et turbulente. »

La ténacité des caractères psychologiques des races a frappé tous les observateurs, mais rien ne la dépeint mieux que la boutade du maréchal Bugeaud : « Prenez un Français, un Juif, un Arabe ; faites-les bouillir dans la même marmite, au bout de cinquante ans les trois bouillons seront encore séparés. »

Les Scythes, les Parthes, les Gètes, les Germains, les Celtes, les Grecs et les Étrusques d'autrefois, sous l'appellation de Russes, d'Allemands, d'Anglais, de Français, d'Italiens, avec des tendances instinctives analogues, avec des mœurs invariables, se retrouvent. Les noms seuls on changé. Il en est de même des mots à l'aide desquels s'expriment les idées, les désirs, les besoins, les sentiments et les passions, mais ces divers états affectifs sont restés exactement les mêmes, avec un sens propre à chaque mentalité de race.

De tous les caractères psychologiques de race, celui dont la transmission héréditaire s'effectue avec le plus de constance est la duplicité.

Cette diposition mentale, née de l'intention de tromper et par conséquent de nuire, est si naturellement invétérée chez certains animaux, que la ruse apparaît comme la manifestation de leur instinct dominant.

Cet instinct de duplicité se transmet par l'hérédité. Il se développe par les leçons des parents et des maîtres. L'habitude et l'exercice constant en facilitent la mise en pratique.

Chez l'homme, la tromperie intentionnelle repose essentiellement sur l'art de dissimuler ses sentiments et surtout d'exprimer par son attitude et par ses paroles le contraire de ce qu'il pense véritablement.

Dès les temps les plus reculés, certains peuples se sont acquis, par leurs habitudes de ruse et d'indélicatesse, des réputations justifiées de mauvaise foi.

Les Scythes et les Parthes étaient fourbes, menteurs, dissimulés, cruels et pillards. Les Romains avaient le plus grand respect de leurs serments, mais les Carthaginois ne manquaient aucune occasion de ne pas tenir les leurs.

La *fides punica*, la mauvaise foi punique, est demeurée à travers les âges l'expression du manquement systématique à la parole donnée.

Dès leur premier contact avec les peuples de la Germanie, les Romains furent frappés de leur perfidie et de leur disposition à ne tenir aucun compte de la foi jurée.

Jules César, dans de nombreux passages des *Commentaires*, s'indigne contre leur duplicité et leur dissimulation toujours associée à de l'obséquiosité. Il nous les montre s'appliquant par la tromperie et les embûches *(per dolum utque insidias)* à triompher des Romains. Il n'est pas de circonstances où ils n'aient recours au même esprit de perfidie et de simulation *(eadem et perfidiâ et simulatione usi Germani)*.

Ce fut par fraude et par surprise que les tribus des Usipètes et des Teuctères attaquèrent les Romains. En toutes circonstances, il les trouve animés du même esprit de perfidie et de ruse.

Les traits de fourberie des Germains se retrouvent à chaque instant dans les péripéties de leurs guerres avec les Romains. Si le sort des armes leur est défavorable, ils implorent humblement leur pardon, mais dès qu'ils en ont la possibilité, ils violent leurs engagements les plus solennels.

Ensuite c'est Velleius Paterculus qui, ayant participé sous Tibère aux guerres de Germanie, écrit que le caractère des Germains est composé d'un mélange de ruse et de férocité; c'est une race née pour le mensonge, à tel point qu'il faut l'avoir constaté pour le croire (*at illi, quod nisi expertus vix credat, in summa feritate versutissimi, natum que mendacio genus*).

Strabon insiste également sur ce point que « les Germains sont sans respect pour la foi jurée ».

Pour eux, le mot de « trahison » n'a pas de signification. A l'égard de ces peuples on ne saurait prendre trop de précautions ; ceux à qui les Romains s'étaient fiés sont justement ceux qui se sont montrés les plus dangereux. »

Il ajoute que même après la promesse de soumission, le serment solennel de respect, les Germains demeurent les ennemis acharnés des Romains ; « ennemis qui ne cessent la guerre que pour s'armer de nouveau. »

D'après Ammien Marcellin, les Romains n'arrivaient pas à comprendre cette duplicité des Barbares germains « tantôt humbles jusqu'à la bassesse, tantôt poussant l'insolence et les menaces jusqu'aux dernières limites. »

Varus, ayant commis la faute d'accorder quelque crédit aux démonstrations d'amitié des Germains, fut entraîné par eux dans un piège où il trouva la mort, ainsi que la totalité de ses trois légions.

Le chef germain Arminius, par cette ruse déloyale, acquit la plus grande popularité aux yeux de ses compatriotes. Il n'a cessé depuis lors d'être considéré comme un des héros de Germanie. La commémoration de sa perfidie est célébrée par les Allemands comme une fête nationale.

Ammien Marcellin nous apprend encore que, quand ils en éprouvent la nécessité, les Germains n'hésitent pas à recourir aux promesses, aux supplications, aux larmes. De l'orgueil le plus arrogant, ils passent aux démonstrations de la plus dégradante soumission.

Il insiste sur ce point que leur astuce et leur fourberie sont à peine croyables, qu'ils ont le culte de la force et qu'on ne les tient que par la menace du châtiment.

Tacite avait résumé la mentalité des Germains en disant : Le Germain n'est mû que par le sentiment de l'envie (*propter invidiam*).

Telles sont les appréciations des auteurs anciens sur la duplicité des Germains, ancêtres directs des Allemands d'aujourd'hui. Il est vrai que les mêmes dispositions d'esprit dominent dans toutes les vieilles légendes où sont célébrés les anciens héros germaniques.

L'annaliste d'Augsbourg qui, en 1117, déclarait avec cynisme que « ni la paix de Dieu, ni traités faits avec serments ne sont observés par les Allemands », justifiait les appréciations des Romains.

Depuis Frédéric II, qui, relativement à l'exécution des traités, formulait l'aphorisme suivant : « Ne rougissez pas de faire alliance en vue d'en tirer un avantage *pour vous seul.* » « Ne faites pas la faute grossière de ne pas les abandonner quand il y va de votre intérêt ».

A ces formules déjà si expressives, on pourrait en ajouter un grand nombre du même souverain :

« Ne former des alliances que pour semer des haines. »

« Toujours promettre des secours et n'en point envoyer. »

« J'entends par politique qu'il faut s'appliquer à duper les autres ; c'est le moyen d'avoir l'avantage. »

Ces maximes ont d'ailleurs été consacrées par un certain nombre d'Allemands autorisés; comme Treitschke qui n'hésite pas à écrire :

« Tout État est en situation de dénoncer selon sa volonté les traités qu'il a conclus.

« La guerre est une nécessité naturelle : les sociétés humaines n'ont pas de conscience : *Tout moyen est bon qui conduit au but.* »

Fig. 16. — La duplicité germanique symbolisée dans une gravure allemande du XVIe siècle.

Le professeur Lasson n'est pas moins explicite lorsqu'il dit :

« Le faible se fie à l'inviolabilité des traités. Mais la guerre survient et démontre qu'un traité a pu être mauvais ou que les circonstances ont changé. »

La même idée de la violation de la parole se retrouve dans la phrase suivante du général von Bernhardi : « Aucun État ne peut risquer son intérêt pour un traité qu'il a signé si, en violant ce traité, il sauve sa situation mondiale ».

Si de ces opinions on rapproche les faux de Bismarck et la théorie du *chiffon de papier* de Bethmann-Holwegg, on constate que la duplicité germanique n'a point changé.

Comme le disait Nietzche : « Il faut faire honneur à son nom, on ne s'appelle pas en vain *das « tiusche » Volk*, c'est-à-dire *das Tœusche Volk*, le peuple qui trompe. »

Un fait assez singulier, c'est que loin de se défendre de l'accusation de duplicité, les Allemands seraient plutôt portés à en tirer un sujet de glorification.

Le professeur Daniel n'hésite pas à écrire : « Le peuple allemand a dans son caractère de merveilleux contrastes. On pourrait dire de l'Allemand qu'il est une sorte de *bicéphale*. Il pense avec une tête ; il agit et se conduit comme s'il possédait une autre qui le complète. »

Une gravure du XVIIe siècle (*fig. 16*) traduit ce dédoublement d'une façon aussi naïve qu'expressive. Des trois personnages allemands qu'elle représente, l'un, pieux évêque par le côté droit de son corps, est un pécheur incorrigible par le côté gauche. Le sujet du milieu se vante de pouvoir, selon l'occasion, jouer le rôle de femme aussi bien que celui d'homme. Il évoque l'idée d'un vice dont la fréquence en Allemagne, aussi bien à la cour que chez les particuliers, peut être considérée comme une tendance de race. Enfin, le troisième type, associant dans sa personne la double face de prédicant et de reître, nous rappelle les diversités d'aspects sous lesquels Guillaume II s'offrait à l'admiration de ses sujets.

Chez son aïeul Frédéric II, l'art de la dissimulation n'était pas moins développé. Le souverain qui avait bombardé la cathédrale de Prague, et s'était montré sourd aux cris des enfants égorgés par ses soldats, avait de fréquentes crises de sensiblerie humanitaire. La seule vue d'un tableau où Chodovicki avait exposé les malheurs de la famille Calas avait suffi pour lui tirer d'abondantes larmes. Il avait demandé à l'artiste de le peindre dans une attitude d'attendrissement, si contraire à son caractère fait d'égoïsme et de dureté (*fig. 17*).

Le sentimentalisme allemand nous réserve de ces surprises. Bismarck à l'heure où les canons prussiens bombardaient le Museum d'Histoire naturelle et détruisaient la bibliothèque de Strasbourg se préoccupait de la santé de ses petits enfants.

Le reître dont les mains sont encore rouges de sang humain se met au piano. Il déclame avec attendrissement une romance où il est question de petits oiseaux, de clair de lune, des enfants blonds et de la douce fiancée. De la goinfrerie, de la salacité, de l'incendie, du viol, du massacre, de la débauche organisée, il passe sans transition à la célébration de l'idéal, de l'amour et de la poésie.

Seuls les Carthaginois ont pu prétendre à un tel degré dans la mauvaise foi. Après la première guerre punique, ils avaient accepté des Romains la suppression des éléphants de guerre, qui représentaient les gros engins de guerre.

Quand Annibal envahit l'Italie, il n'en amenait pas moins d'une quarantaine. A l'insu des Romains, les Carthaginois avaient reconstitué leurs armements d'éléphants et il s'en fallut de peu, après la bataille de Trasimène que Rome ne fût complètement vaincue.

Après Iéna, la négligence de Napoléon permit à la Prusse, en violation de ses engagements, de reconstituer l'armée qui le vainquit en 1815.

Moins de deux ans après sa défaite, le roi de Prusse avait déjà cessé d'effectuer les payements, auxquels il s'était obligé par traité. Alors qu'il employait toutes les ressources de son royaume à l'organisation de la revanche, il écrivait à Napoléon à la fois pour le féliciter de sa victoire de Wagram et pour l'apitoyer sur le sort de ses malheureux sujets « dont la misère était au comble ».

Fig. 17. — Frédéric II, roi de Prusse, pleurant devant le tableau de Chodowicki représentant les malheurs de la famille Calas.

Après de tels exemples, n'est-il pas permis de craindre que le traité de Versailles ne soit lettre morte et que la nouvelle artillerie lourde des Allemands apporte sur les champs de bataille la même surprise que produisit la réapparition des éléphants d'Annibal.

La constance héréditaire des caractères psychologiques constitue l'élément dynamique dont la constance des caractères physiques est l'élément statique. Elles sont donc fonction l'une de l'autre. De leur combinaison résulte, par l'adaptation organique et mentale à un même milieu, la constitution d'un caractère national définitif, tellement spécifique dans ses réactions sociales et ses manifestations collectives, qu'il ne sera plus possible de le confondre avec celui des autres peuples.

III. — Antagonisme spécifique des races.

Si les croisements entre individus de races différentes avaient dû aboutir à la formation de races mixtes, il y a longtemps qu'il ne devrait plus y avoir à la surface de la terre qu'une seule race d'hommes.

Or, nous assistons au spectacle de races nombreuses qui, tant au nom de leur pureté que de leurs aspirations instinctives spécifiques, exigent la reconnaissance immédiate de leur autonomie.

En réalité la pureté de ces races a été entretenue non seulement par les facteurs biologiques, mais aussi par un certain nombre de facteurs psychologiques au premier plan desquels se place l'antipathie instinctive résultant surtout de l'incompréhension.

L'instinct procède par attraction ou par répulsion, et le rôle joué dans l'éclosion de ces sentiments affectifs est essentiellement lié aux conditions de ressemblance ou de disparité.

Dans tous les pays où surgissent des conflits de races, le premier fait qui s'impose à l'attention, c'est que le degré d'aversion est en rapport direct avec l'intensité des différences aussi bien organiques que physiologiques ou psychologiques.

Tel est le cas des États-Unis, où quatre races se disputent la possession du sol et des richesses naturelles, sans compter les complications qui résultent de l'immixtion croissante dans la politique des influences de la population de race germanique.

Il en est de même de l'Europe Centrale, des pays balkaniques et de l'Asie Mineure, où les races les plus opposées ne cessent de se côtoyer sans se pénétrer ni se comprendre.

Dans la Grande Armée où Napoléon avait groupé des contingents de races différentes, les mêmes antagonismes ancestraux s'étaient maintenus. « Pas un Allemand, dit un témoin, n'aurait osé venir se chauffer près d'un feu allumé par des Français et semblablement nos hommes n'auraient pas manqué d'assommer un Français qui se serait approché de leurs propres feux. »

Les antagonismes des races ont été mis fortement en relief par Elisée Reclus. Dans le volume de l'Europe Centrale, il nous révèle les sentiments intimes des peuples. « Entre eux, écrit-il, c'est plus que de l'antipathie, c'est presque de la haine. Aux yeux du Tchèque, l'Allemand est un « lourdaud, une brute, une punaise » ; pour le Germain, le Bohémien est « un menteur, un reptile ». L'historien Mommsen ne disait-il pas : « La raison n'entre pas dans un crâne tchèque, mais il est sensible aux coups. »

A l'égard de l'Allemand, le mépris du Hongrois est encore plus accentué. *Eb a nemet Kutya Nelkül*, « Où il y a un Allemand, il y a un chien », est la formule la plus couramment exprimée. Le dédain du Hongrois à l'égard de ses voisins du sud se traduit par ce proverbe insultant : *Tot ember nem ember*, « l'homme slave n'est pas un homme. »

D'ailleurs l'observation si juste d'Onésime Reclus que « les Hongrois ont conservé de leurs instincts nomades tout ce que la civilisation en peut souffrir » ne vient-elle pas d'être vérifiée une fois de plus par les événements actuels ?

Nulle part les antipathies de race n'ont dépassé le degré d'intensité qu'elles présentent en Bulgarie.

La chanson qui se trouve sur les lèvres de tous les enfants bulgares dépeint clairement les sentiments de toute la nation : En voici les principales strophes : « Le Grec est un chien, le Serbe est un âne, l'Albanais est un loup, le Turc est un pourceau, mais le Bulgare est un homme. Homme, lève-toi ! Prends les poignards que tu tiens de tes vaillants ancêtres, empoigne aussi un solide bâton. Et en avant ! Assomme le chien, étripe l'âne, fracasse la gueule du loup, larde de coups le pourceau et laisse-les en pâture aux aigles du Rhodope et de l'Olympe. »

Il n'est pas possible, dans cet ordre d'idées, de passer sous silence la lutte qui, depuis tant d'années n'a cessé d'exister entre l'Irlande et l'Angleterre.

Depuis l'époque où le Saxon Cromwell, obéissant aux instincts de sa race, faisait vendre les jeunes Irlandaises comme esclaves, brûlait les Irlandais dans leurs maisons et ordonnait le massacre des garnisons prisonnières, les dispositions réciproques n'ont pas changé. On sait avec quelle tranquillité d'âme il fit mettre le feu à l'église Saint-Pierre, de Drogheda, où s'étaient réfugiés les défenseurs de la ville. Le proverbe de son temps : *It is not felony to kill an Irishman,* « ce n'est pas violer la loi que de tuer un Irlandais » porte la marque prédominante de l'esprit saxon, lorsqu'il l'emportait encore en Angleterre.

La cruelle devise des purs Flamingants, dont l'origine germanique n'est contestée par personne : *Wat Walsh dat is falsch, sla dod !,* « ce qui est wallon est faux, tue-le ! » n'est qu'une des multiples expressions de la cruauté allemande.

Ce n'est pas d'aujourd'hui que les Allemands ont contracté l'habitude d'opposer le mot *Deutsch,* synonyme de tout ce qui est pur et vrai, aux mots *Français* et *Welche,* résumant d'après eux tout ce qui est vicieux et faux.

Les termes de *Walch,* de *Welch,* devenus celui de *Welche* avaient, il y a dix siècles la même intention malveillante et méprisante que ce dernier a encore de nos jours.

Cette désignation étendue à tous les peuples répartis de ce côté-ci du Rhin, a été déformée sous les noms de Wallons, Helvètes, Wakes ; sous toutes ces différences elle conserve, pour l'Allemand, son sens haineux.

Les injures exprimées en latin par les écrivains bavarois du moyen âge à l'égard des Welches, correspondent textuellement aux termes de mépris employés couramment par les littérateurs et les pédagogues allemands d'aujourd'hui : les Français ont toujours constitué et constitueront toujours, aux yeux de l'Allemand, l'ennemi héréditaire, la race abhorrée, « le peuple pourri ».

En Alsace, le nom de *Schwob* (souabe) était appliqué indistinctement à tous les Allemands, accompagné toujours d'une épithète telle que misérable schwob, schwob imbécile, schwob madré, schwob intrus (*Hergeloffener Schwob*). Ces épithètes, nous dit M. Barth, représentent les vertus cardinales que l'humeur populaire attribue, en Alsace, aux Allemands.

Elle implique d'ailleurs, encore plus de mépris que de haine. Le refrain le plus populaire de Strasbourg se termine par ces mots : ne laissons pas entrer d'Allemands dans la maison. *(Lasst mer nur kein Schwowe ins haus)*.

Alexandre Dumas, dans la *Terreur prussienne*, paru après la guerre de l'Allemagne contre l'Autriche en 1866, écrivait : « Quiconque n'a pas voyagé en Prusse ne peut se faire une idée de la haine que les Prussiens professent à notre égard. Cette haine contre la France, haine profonde, invétérée, indestructible, et *inhérente au sol*, on la sent flotter dans l'air. Plus tard, dans les *Souvenirs d'un voyage scolaire en Allemagne*, en 1883, M. Lavisse nous représente le même sentiment d'antipathie cultivé systématiquement à tous les degrés de l'enseignement allemand et pour ainsi dire organisé et réglementé.

On a cherché à expliquer la cause de ces antagonismes irréductibles par des conflits d'intérêt, par des oppositions de caractère. En réalité il ne s'agit que de répulsions spécifiques d'ordre instinctif.

C'est ce qui faisait dire à M. Clemenceau, en parlant du différent qui a abouti à la séparation de la Suède et de la Norvège : « Haine violente du côté norvégien, *d'autant plus implacable qu'il n'y avait pas d'explication à en donner.* »

En effet, ce qui indique qu'il s'agit bien d'une opposition instinctive, c'est que, ni la communauté de langage, de religion, d'intérêts immédiats ne saurait en triompher.

Un exemple frappant s'est passé sous nos yeux, pendant la guerre, à la poudrerie de Sevran.

Les Kabyles, de race berbère et les Marocains, de race arabe n'ont pu, sans provoquer de graves incidents, être associés dans leur travail. Ils étaient cependant déjà rapprochés par une communauté de mœurs et de religion. Leur ressemblance qui n'aurait pas permis à un observateur vulgaire de les discerner n'était cependant pas suffisante pour qu'ils puissent fraterniser.

C'est que l'incompréhension d'où résultent le défaut d'affinités, l'incompatibilité et par suite l'antipathie ne tire son origine que de différences biologiques et psychologiques de l'organisme et de la mentalité.

J'ai, dans des publications antérieures, démontré le rôle prédominant joué par les dégoûts sensoriels dans l'antagonisme des races. Je me bornerai à les signaler en passant (1).

Comme l'écrivait si justement M. Henry de Varigny, dans un article sur le problème des races : « Du moment où la différence dépasse certaines limites, c'est l'antagonisme, et les formules creuses que l'on jette au vent pour le nier ne servent de rien. »

---

(1) Bérillon : *Les odeurs animales et l'antagonisme des races (Société de Pathologie comparée)*, juin 1915.

— *La bromidrose fétide de la race allemande*, 1915.

— *La psychologie de la race allemande*. Brochure in-8°, 1917, 40 pages.

IV. — Les facteurs sociaux.

Comme il fallait le présumer, un certain nombre de facteurs d'ordre exclusivement psychologique, interviennent pour renforcer les caractères nationaux. Au premier rang, il convient de placer l'imitation, l'intimidation sociale et la suggestion.

L'influence de l'imitation a été bien mise en relief dans le livre si personnel de Tarde sur *Les Lois de l'Imitation.*

Il n'est pas nécessaire d'insister sur le rôle joué dans la constitution des mœurs par cet instinct d'imitation si développé chez l'enfant.

On peut y trouver la source des réactions sociales les plus diverses. Elle exerce son action dans tous les domaines, qu'il s'agisse des habitudes et des pratiques rituéliques consacrées par l'usage ou des modes relatives à l'usage des meubles, des vêtements ou de la parure.

La valeur de l'éducation dans la formation du caractère a été plus discutée. D'après de nombreux exemples contemporains, il n'apparaît pas qu'elle ait réalisé les espérances de ceux qui en attendaient la transformation des sentiments et des tendances des peuples qu'ils avaient annexés.

Les instituteurs allemands ne sont arrivés à modifier ni les croyances, ni les tendances, ni les réactions répulsives des enfants alsaciens, polonais ou danois qui leur étaient confiés.

Les éducateurs hongrois n'ont pas obtenu de résultats plus probants en Transylvanie. C'est que l'éducation n'est douée d'une réelle efficacité que si elle se propose le développement et la culture des aptitudes naturelles, conformes aux besoins et à l'utilité de la race. L'éducation scolaire, quand elle se heurte à des caractères si antagonistes, loin de les atténuer, semble au contraire avoir pour principal résultat de les renforcer.

La seule éducation profitable est celle dont le but est désintéressé. Par contre, l'intervention des éducateurs est radicalement impuissante quand elle se propose de modifier chez l'enfant le tempérament et le caractère de la race. Quelle chimère que d'espérer triompher par des interventions scolaires des tendances profondément enracinées qui émanent des instincts spécifiques !

Il en est de même de la langue, qui ne suffit pas pour assurer la compréhension réciproque de races opposées, parceque aux mêmes expressions ne correspondent pas les mêmes sentiments. Quelques exemples suffiront à le démontrer.

Ainsi, de l'allemand *Land,* qui signifie terre cultivable, nous avons fait *landes*, pays stérile. Le mot *Ross,* en allemand, désigne un cheval de race ; il est devenu, en français, le cheval efflanqué que l'on qualifie de *rosse.* De *Herr*, un seigneur, et par extension un monsieur, nous avons fait le *pauvre hère. Delicatesse* est devenu chez les Allemands les *Delicatessen,* grossiers aliments de gourmandise.

Quant à l'intimidation sociale, dont la production apparaît soumise aux mêmes lois que celles qui président à la production des états de l'hypnotisme, il n'est pas douteux qu'elle constitue une manifestation importante de l'influence de la masse sur les individus qui la composent.

Les conditions de l'intimidation sociale et celles de l'hypnotisme, comme je l'ai démontré dans un travail paru en 1908, sont analogues en ce qu'elles n'exigent pas seulement de l'hypnotisé ou de l'intimidé le *consentement mental*, mais aussi le *consentement organique* (1). C'est ce qui explique la puissance de la résistance opposée par les individus d'une race déterminée à toute influence mentale exercée par ceux d'une race hostile ou antagoniste. On ne saurait donc concevoir la possibilité d'une suggestion hypnotique de la part d'un Anglais sur un Sinn-Feiner irlandais, d'un Serbe sur un Bulgare, d'un Allemand sur un Alsacien, d'un Turc sur un Arménien.

De toutes les races, celle dont la puissance d'hypnotisation à l'égard des autres est le plus limitée est assurément la race allemande. A aucun point de vue la nature n'a doté l'Allemand du pouvoir d'hypnotiser, pas plus que de charmer. C'est justement par ce qu'il s'en est rendu compte qu'il a mis l'intimidation par la cruauté au premier rang de ses procédés d'action.

Les études scientifiques sur l'hypnotisme, dont l'origine ne remonte pas à plus d'un demi-siècle, ont fait connaître un nouveau mode d'action sociale dont l'importance ne saurait passer sous silence. En révélant la facilité avec laquelle on peut provoquer chez la grande majoritédes êtres humains (dans la proportion de 80 0/0), par l'hypnotisme, la suspension d'activités mentales, d'où résulte l'apparition d'un état d'automatisme spécial, elle nous a démontré le mécanisme de l'intimidation sociale.

Si des suggestions imposées par nous à des individus isolés peuvent produire de tels effets, quelle ne sera pas la puissance des suggestions émanant de la société tout entière.

V. — La dégénérescence mentale des métis.

Si la nature a créé des races humaines définies, elle n'a pas, malheureusement, créé de difficultés assez insurmontables pour en empêcher le mélange.

Il en résulte qu'au milieu d'individus de race pure, dont les aptitudes physiques et mentales représentent l'héritage d'un long passé, apparaissent des individus de sang mélangé, des *métis*.

Les instincts modifiés ou composites de ces métis ne correspondent pas aux tendances de la population où ils ont été amenés fortuitement à vivre. Il en résulte pour eux un ensemble de conditions défavorables à leur adaptation et à leur évolution. Dans toutes les espèces animales, la plus

(1) Bérillon : *Les conditions fondamentales de l'hypnotisme : Le consentement mental et le consentement organique* (*Revue de l'Hypnotisme*, 23e année, 1907, p. 2).

légère dissemblance entre les groupes suffit pour amener une altération dans les manifestations de la sociabilité.

Les métis, déjà signalés à l'attention par leurs différences anatomiques, se font également remarquer par la difficulté avec laquelle ils participent aux tendances affectives et intellectuelles qui révèlent la constitution psychologique de la race. Ils éprouvent inévitablement les effets d'une réelle infériorité mentale.

Il semblerait que ce soit à ces deshérités que s'appliquent les vers de Shakespeare lorsqu'il fait dire à Richard Glocester :

> Je n'ai pas de frère, je ne ressemble à personne,
> Cet amour, que les sages qualifient de divin,
> N'est ressenti que par ceux qui se ressemblent,
> Il n'est pas en moi ; et je reste tout seul.

Depuis plus de vingt-cinq ans que je me suis consacré à l'étude des enfants anormaux, l'exercice de cette spécialité m'a permis de me livrer à des constatations de la plus haute importance.

Je n'ai pu faire autrement que d'être frappé de ce fait que, de toutes les causes de la dégénérescence mentale héréditaire, une des plus fréquentes tirait son origine du croisement d'individus de races différentes. Chez le plus grand nombre des sujets dont le déséquilibre mental se traduit par des états d'anxiété, des peurs maladives, des idées de doute, de l'indécision, l'étiologie de ces préoccupations morbides doit être rattachée au croisement de générateurs de mentalité très dissemblable.

Il apparaîtrait, de mes constatations, que les instincts opposés des parents ne se fusionnent pas et qu'ils se superposent sans se mélanger. D'où l'apparition de ces états d'esprit contradictoires, de ces caractères sans principes, dépourvus de direction et dont les possesseurs traduisent la sensation par des expressions de cette sorte : « Je ne me comprends pas moi-même. — Je ne puis arriver à me définir. — Pourquoi suis-je ainsi constamment aux prises avec des sentiments absolument contraires? »

C'est que la bataille des races se perpétue dans la mentalité du métis. Il est le siège d'un combat dans lequel il se meurtrit et s'use lui-même sans aucun profit pour personne. C'est l'état mental que Racine a traduit d'une façon si expressive, dans les vers suivants :

> Mon Dieu ! quelle guerre cruelle !
> Je trouve deux hommes en moi ;
> L'un veut que plein d'amour pour toi
> Mon cœur te soit toujours fidèle,
>
> L'autre à tes volontés rebelle
> Se révolte contre ta loi.
> Hélas, en guerre avec moi-même,
> Où pourrais-je trouver la paix ?
>
> Je veux et n'accomplis jamais ;
> Je veux, mais, ô misère extrême,
> Je ne fais pas le bien que j'aime
> Et je fais le mal que je hais !

Des individus en proie à une instabilité de sentiments éprouvent la plus grande difficulté à s'adapter aux conditions des exigences sociales.

C'est parmi ces individus *sans race* que se recrutent les insoumis, les déserteurs, les simulateurs, les mercantiles, et tous ceux qui, englobés sous la désignation générale de défaitistes, forment un contraste si frappant avec les hommes de race pure dont les instincts de combativité se sont conservés dans toute leur intégralité. Ils justifient la formule « qu'on ne fera jamais rien de bon qu'avec des hommes ou des animaux de race pure ».

Déjà, divers philosophes avaient constaté le déséquilibre si fréquent chez les individus issus de croisements de races différentes. A ce sujet, Fouillée écrit excellemment : « Unissez un Boshman à une femme Européenne, la lutte des éléments antagonistes, au lieu d'exister entre divers individus, sera transportée au sein d'un seul et même individu. Vous aurez un caractère divisé contre lui-même, incohérent, qui obéira, tantôt à une impulsion, tantôt à l'impulsion opposée, sans pouvoir adopter une règle de conduite. »

Hélas ! ce n'est pas seulement par le rapprochement de deux êtres aussi éloignés que le Boshman et l'Européenne que se réalisent des effets aussi nuisibles. Le même déséquilibre résulte aussi bien de l'union de races plus rapprochées, pour peu qu'elles soient antagonistes.

A ce point de vue j'ai pu constater que le mariage des d'individus de race celtique avec ceux de race germanique donne régulièrement naissance à des individus tarés, dépourvus de sens moral et portés aux réactions antisociales.

C'est un fait dont la rigoureuse exactitude m'a été fréquemment démontrée par de nombreuses observations.

« L'union de l'Anglais et de l'Indou actuel, dit Bagehot, donne un produit qui n'est pas seulement entre deux races, mais entre deux morales : ceux qui ont cette origine n'ont pas de croyance héréditaire, pas de place marquée pour eux dans le monde ; ils n'ont aucun de ces sentiments bien arrêtés qui sont le soutien de la nature humaine. »

Les Arabes disent : « Dieu a créé le blanc, Dieu a créé le noir ; le diable a créé le métis. »

Or, si les inconvénients du métissage biologique, résultant du croisement d'individus de races différentes aboutissent à des résultats néfastes, il en est malheureusement de même en ce qui concerne la forme de métissage que je désignerai sous le nom de *métissage psychologique*. Chez les enfants issus de parents de même race, mais de caractère très opposé, de tendances, de mœurs, d'habitudes antagonistes ou hostiles, il arrive que l'on observe les manifestations de ce désordre intérieur qui caractérise l'absence de personnalité, ou tout au moins, constitue la personnalité pathologique.

Seule, la psychothérapie méthodique, par une rééducation progressive du caractère et de la volonté permet de corriger cette instabilité.

Il importerait de rechercher le rôle joué dans l'étiologie des affections mentales par l'effet du métissage biologique aussi bien que du métissage psychologique. Ce que j'en sais me permet déjà d'affirmer qu'il est un des éléments déterminants les plus actifs de la dégénérescence mentale.

L'adaptation psychologique de l'être humain exige un certain nombre de conditions de stabilité, de sécurité, d'unité qui ne se trouvent réalisées que par l'identité, la parité, l'analogie, la ressemblance, l'affinité et la sympathie des générateurs.

J'ai acquis la certitude qu'il en est de même au point de vue de l'adaptation physique, de la robusticité constitutionnelle, de la résistance aux infections. La création des métis doit être envisagée comme une grave infraction aux lois de la biologie.

CONCLUSIONS

La vie d'un peuple se traduit par un ensemble de tendances et de réactions dont la spécificité, la constance et la stabilité expriment la constitution définitive de sa personnalité.

La communauté des sentiments, des dispositions mentales et des aspirations chez les individus d'un même peuple représente le *caractère national* de ce peuple.

La stabilité du caractère national est essentiellement liée à l'existence d'une race prépondérante par le courage, par le nombre et par l'adaptation au milieu.

Elle dépend également d'un certain nombre de facteurs biologiques et psychologiques qui concourent à la conservation indéfinie de cette race.

C'est dans la pureté de la race que résident les éléments essentiels de la conservation des peuples.

Seuls, les hommes de race pure, sont doués de la normalité de l'instinct de combativité, de l'endurance, de la résistance physique et mentale, de la persistance indéfinie du sentiment du devoir, qui permettent de répondre tant aux exigences de la guerre et qu'aux obligations du travail dans la paix.

Les croisements avec les races hostiles ont pour effet de dissocier les caractères héréditaires et d'en provoquer la dégénérescence. Il convient donc de protéger la race contre les immixtions étrangères et de s'opposer aux croisements avec les individus de race inférieure ou antagoniste.

CONFÉRENCE FAITE A LA ROCHELLE

Samedi 15 Mars 1919

La conférence à eu lieu à 20 heures, dans la grande salle du Palais de la Bourse, sous la présidence de M. Mörch, Président de la Chambre de Commerce de la Rochelle, qui, malgré les charges de ses fécondes et multiples activités, avait accepté de présider la séance avec un empressement qui honore grandement l'œuvre de propagande de nos Conférences. — M. Turpain, Professeur à la Faculté des Sciences de l'Université de Poitiers, toujours si dévoué à notre Association, représentait le Conseil à cette Conférence. Un auditoire nombreux et choisi, où figuraient l'armée, la magistrature, l'Université et nos grandes Administrations publiques remplissait la vaste salle haute de la Bourse.

Allocution de M. MÖRCH

Président de la Chambre de Commerce de la Rochelle.

Merci.

Merci, est la première parole que je désire prononcer et que j'adresse à l'Association Française pour l'Avancement des Sciences comme l'expression de ma gratitude, pour l'honneur qu'elle m'a fait en offrant au Président de la Chambre de Commerce de La Rochelle la présidence de cette réunion.

L'Association Française après les années de guerre que nous venons de traverser reprend son activité d'antan et nous sommes particulièrement heureux d'en constater la reprise à La Rochelle, qui conserve le souvenir des brillantes assises qu'elle tenait en notre Ville lors du Congrès qu'elle y avait organisé en 1882.

A l'heure présente, l'Association Française, sans renoncer à sa méthode de travail de jadis, mais se rendant compte de l'importance considérable qu'on doit attacher au développement économique de notre pays, a décidé de seconder l'effort qui doit tendre à ce développement et d'y apporter son concours éclairé.

C'est dans ce but qu'elle a délégué ce soir près de nous MM. Turpain et Paul Razous. Le premier pour nous parler de l'Association Française dans son passé et de ses vues d'avenir. Le second pour traiter le sujet économique : *Les industries de la mer, leur avenir*, sujet particulièrement intéressant pour une cité maritime comme la nôtre.

Je ne sais ce qui a guidé l'Association Française dans la désignation de son représentant parmi nous, mais en tout cas aucun choix ne pouvait être pour nous plus agréable et plus flatteur. En effet, M. le Professeur Turpain est originaire d'une vieille famille rochelaise dont le chef fût un constructeur de navires réputé et lui-même a su par son énergie, par son travail, par son effort personnel s'élever à la haute situation qu'il occupe aujourd'hui, si dignement, de Professeur à la Faculté des Sciences de l'Université de Poitiers.

Comme tous ceux qui le connaissent et qui ont déjà eu le privilège de l'entendre nous sommes impatients de l'écouter de nouveau nous parler de l'Association Française et nous présenter M. Paul Razous.

Mais à cet égard, sans vouloir empiéter sur son rôle qu'il me permette cependant d'adresser à M. Paul Razous, qui durant la guerre a su faire si vaillamment et si brillamment son devoir et qui maintenant entend se consacrer aux œuvres de paix, qu'il me permette, dis-je, de lui souhaiter parmi nous, une très cordiale bienvenue.

Allocution de M. TURPAIN,

Professeur à la Faculté des Sciences de Poitiers,
Délégué du Conseil de l'Association.

« *Par la science, pour la Patrie* » telle est la devise de l'Association Française pour l'Avancement des Sciences, de ce groupement d'hommes de bonne volonté qui, suivant les traditions de leurs éminents fondateurs, des Claude Bernard, des Broca, des Pasteur, s'efforce par tous les moyens en son pouvoir, de diffuser le savoir, de féconder la théorie en encourageant toutes ses applications pratiques, d'assister les chercheurs, d'aider les initiatives de progrès.

L'Association fondée en 1872, au lendemain de nos revers, pour contribuer au relèvement de notre pays par l'organisation du travail scientifique, animée d'une telle volonté persévérante, d'une foi si vivante en la nécessité de l'œuvre conçue, surmonta tous les obtacles. En 1884, elle fusionne avec l'Association Scientifique, due à Le Verrier (1864) : elle évite ainsi la dissipation d'efforts vers des buts voisins.

Messagère de progrès, allant de ville en ville, escortée des vingt sections qui s'y partagent les aspects les plus divers de la connaissance, elle tient ses assises scientifiques sans autre passion que celle du vrai. A la veille de la guerre, en juillet 1914, son 42e Congrès siégeait au Havre.

En 1882, l'Association tint son 11e Congrès à La Rochelle, sous la présidence de M. Janssen.

Voici les premiers mots que vous adressait alors M. Janssen en ouvrant notre 11e Congrès :

« *Nous sommes ici*, dit-il, *dans une ville qui fut le cœur et la tête d'une vieille race française restée toujours amoureuse de liberté et de progrès et dont la physionomie dans notre histoire nationale est singulièrement remarquable.* »

Et notre Secrétaire général d'alors, M. Émile Trelat, prenant la parole après M. Janssen, se félicitait, dans ces termes, d'être au milieu de vous : « *L'histoire de La Rochelle*, ajoutait M. Trelat, *est la plus féconde leçon de patriotisme qui se puisse prendre en France. On ne la lit pas sans profit. On ne l'étudie pas sans mieux comprendre son pays. On ne la possède pas sans voir chaque jour grandir l'image de cette chose qui n'a de dimensions et de mesure que dans le temps et dans les cœurs, de cette chose immense qu'on nomme Patrie.* »

Malgré les vicissitudes d'une carrière quelque peu mouvementée, je ne suis point un déraciné, et j'ai toujours saisi les occasions de venir respirer l'air natal ; sans doute, en me désignant pour représenter ici notre Association, mes collègues du Conseil d'administration de l'Association se sont souvenus que j'étais Rochelais. Permettez donc à un concitoyen de rappeler les paroles ci-dessus de nos anciens du Congrès de 1882, paroles si flatteuses pour notre ville.

Ce Congrès de 1882 marque dans l'histoire de notre Association : c'est ici même, à La Rochelle que notre Président d'alors annonça le legs considérable que faisait à l'Association un négociant aux Antilles françaises, M. Benjamin Brunet :

M. Brunet qui, par son intelligence et la persévérance de sa volonté, s'était élevé à une haute situation de fortune, bien que son esprit n'eût pas reçu une culture intellectuelle supérieure, avait d'intuition le sentiment de la grandeur de la science et du rôle qu'elle joue dans le monde moderne.

Les considérants de son testament sont des plus nobles : on y voit que cet esprit généreux a l'ardent désir de faire de la science une des bases les plus fermes de l'éducation. Grâce à la magnifique donation de M. Brunet, l'Association augmenta dans une mesure considérable les ressources mises à la disposition des chercheurs : les seules subventions annuelles, qui s'élevaient à peine en moyenne à 8.000 francs en 1882 atteignirent et dépassèrent le double, 16.000 francs, de 1882 à 1889. En effet, l'exemple de M. Brunet a été suivi ; je signalerai l'important legs Girard, parmi tant d'autres : à l'heure actuelle nous distribuons tous les ans, rien qu'en subventions, plus de 30.000 francs (cette année même 30.420 francs).

Grâce à l'une de ces subventions la Société des Siences naturelles de la Charente-Inférieure, dont je salue ici le savant Président, notre collègue M. Bernard, a publié la flore de France de Rouy et Foucaud, flore aujourd'hui classique parmi les botanistes.

Ce fut l'un des magistrats municipaux de cette cité, un de ceux dont vous avez tenu à perpétuer le souvenir en honorant de son nom l'une de vos écoles publiques, le maire Eugène Dor, qui reçut, en 1882, notre Association. Et je rappellerai les paroles par lesquelles le maire de La Rochelle, Eugène Dor, saluait alors l'hydrographe distingué Bouquet de la Grye, présent au Congrès de 1882 qui le désigna, lui-même, pour présider le Congrès de Blois de 1884. Vous le savez tous, Bouquet de la Grye fut l'artisan premier de votre magnifique port de La Pallice :

« *Après ses études* », dit le maire Dor, « *M. Bouquet de la Grye nous a ainsi conseillé :* « **Si vous consentez à faire sur terre un modeste parcours vous pourrez établir un port en un point où la mer a été, est, et doit toujours être naturellement profonde.** » « *Nous avons adopté son dernier conseil, et aujourd'hui ces projets sont en pleine exécution et dans une de vos excursions* », ajoute le maire Dor en s'adressant aux Congressistes de 1882, « *vous visitez l'immense chantier du port de La Pallice.* »

La visite des travaux de La Pallice fut, en effet, l'une des excursions du Congrès de 1882.

« *C'est un hommage mérité que nous rendons à la Science* » concluait le maire Dor exprimant ainsi sa reconnaissance envers Bouquet de la Grye.

L'œuvre jugée importante en 1882 pour l'avenir de La Rochelle vient, durant ces quatre années de guerre de se révéler d'une importance vitale pour la défense du pays. C'est à La Pallice que l'Amérique, accourant au secours de la justice et du Droit violés, a déversé un énorme matértel dont l'appoint nous a permis de faire reculer les barbares.

Ce Congrès de La Rochelle en 1882 date de 37 ans, et notre Association, qui avait alors 10 ans, en a donc 47 ; c'est déjà une vieille personne mais qui a toutes les chances et tous les bonheurs, puisqu'elle peut, à 37 ans de distance, en même temps qu'elle rappelle la mémoire de Dor et de Beltrémieux qui présidèrent le Bureau de 1882, saluer la présence en notre ville de la majorité des membres de ce Bureau de 1882 ; notre vénérable collègue, M. Émile Couneau, qui fut l'infatigable trésorier du Congrès de 1882, le savant chartiste M. Musset, qui en fut secrétaire et M. le docteur Drouineau qui en fut l'un des vice-présidents.

C'est au dévouement inlassable de notre vénéré collègue M. Couneau que nous devons la réussite de cette réunion. Malgré ses quatre-vingts ans que nous saluons avec la plus respectueuse affection, notre aimable collègue n'a pas craint de s'imposer encore la fatigue d'organiser cette conférence. Au nom de l'Association Française pour l'Avancement des Sciences et en mon nom personnel, je prie M. Couneau d'agréer ici l'expression de notre plus vive et plus respectueuse gratitude.

Le très sympathique Président de la Chambre de Commerce de La Rochelle, M. Christian Mörch, a bien voulu présider cette réunion.

En accordant ainsi l'autorité de son nom à l'œuvre utile que notre Association poursuit, M. Christian Mörch assurait le succès de l'effort de propagande et de recrutement qu'à 37 ans de distance nous renouvellons dans la Cité rochelaise. Qu'il veuille bien recevoir ici l'hommage public de nos plus respectueux remerciements.

Mesdames, Messieurs,

Nous avons gagné la guerre.

Il faut maintenant gagner la paix.

Quelqu'endurance que nous ait coûté la résolution de tenir et de vaincre, quelque soutenus qu'aient dû être les efforts durant quatre années d'une lutte au cours de laquelle toutes les ressources de destruction ont été employées, gagner la paix nous sera plus malaisé.

Nous avons plus à faire :

C'est ce que soulignait récemment encore l'auguste vieillard à qui la France confie en ce moment ses destinées et qui a retrouvé pour la défense du pays la plus noble ardeur juvénile.

« Nous avons plus à faire » indiquait le Président du Conseil M. Clemenceau, plus d'efforts, plus de travail, plus d'adaptations à réaliser pour gagner l'enjeu de la paix.

Ce sont les puissances de routine et d'inertie qu'il nous faut vaincre maintenant.

Toute la nonchalance d'avant-guerre doit disparaître.

La bataille pacifique qui s'annonce maintenant, dont l'issue est au moins aussi grave que celle qui vient de se terminer si heureusement : la bataille économique, il faut aussi en être les vainqueurs.

Il ne s'agit point d'abandonner l'idéal qui forme notre mentalité.

Peuple libre, réveillé brusquement d'un songe de généreuse liberté, rêvant d'une humanité supérieure et qui dut défendre sa propre existence, qui dut s'opposer, par des sacrifices indicibles, au dessein d'universelle oppression, il ne s'agit point d'abolir en nous le culte de l'idéal qui restera notre constant amour.

Chez nous, la discipline n'est pas la servitude, la science reste la conscience, et notre culture, qui proclame avec Claude Bernard que « *l'investigation scientifique nécessite une extrême liberté d'esprit assise sur le doute philosophique* » ; cette culture peut s'inscrire : « *Tous les droits, pour tous les devoirs* ».

Mais il ne nous faut plus omettre aucun devoir.

« *Par la pensée, aboutir à l'action* », telle doit être plus que jamais notre devise.

C'est cette devise que met en actes notre Association, en organisant avec un soin particulier ces conférences d'instruction et d'idées.

En priant M. Paul Razous, qui fut un de nos secrétaires de Congrès qui, mobilisé dès 1914, a été l'objet d'une brillante citation, avec croix de guerre puis Légion d'Honneur, de vous entretenir ce soir, le Conseil d'administration de l'Association répondait à ce souci d'activité.

M. Razous, évacué du front après douze mois en Lorraine, en Champagne, en Artois, revint aux armées sur sa demande, en Artois, en Alsace, puis fut affecté au service industriel de l'aviation et adjoint au Commandant Directeur de service. Spécialisé dans l'étude des questions d'économie industrielle, M. Razous a publié divers ouvrages sur l'installation des scieries, sur les machines à travailler le bois, sur la récupération et l'utilisation des sous-produits industriels. Le prix Danel, la plus haute récompense dont dispose la Société industrielle du Nord de la France lui fut attribué en 1898; depuis le titre de Lauréat de l'Institut lui a été décerné par l'Académie des Sciences.

Mais je m'attarde, bien à tort, à vous présenter notre conférencier, dont vous avez hâte d'entendre la parole claire et sympathique, et qui va vous exposer avec science et talent l'un des sujets qui touchent de la façon la plus intime à la vie industrielle et commerciale de cette région et de cette cité. Je lui laisse donc la parole en m'excusant auprès de vous d'avoir retardé de quelques instants le plaisir que vous allez avoir à l'écouter.

M. Paul RAZOUS,

Lauréat de l'Institut, Licencié ès Sciences Mathématiques et Physiques.

LES INDUSTRIES DE LA MER ET LEUR AVENIR

Mesdames, Messieurs,

Parmi les industries dont le développement est capable d'accroître nos ressources nationales, celles qui ont pour but l'utilisation des produits de la mer méritent d'être prises en sérieuse considération.

L'eau salée, le sol marin, la faune et la flore marines contiennent des richesses dont l'exploitation judicieuse doit devenir une source de prospérité économique pour notre pays. N'oublions pas en effet que la France métropolitaine avec ses 3.000 kilomètres de côtes et avec ses nombreux havres et petits ports naturels, se trouve favorisée au point de vue de l'industrie des pêches maritimes. Mais la technique de cette industrie, qui se modernise par l'application des progrès de l'océanographie et par l'utilisation des sous-produits, n'est pas la seule à envisager. Les algues qui poussent en abondance sur les côtes rocheuses peuvent, suivant les variétés ramassées, être utilisées comme engrais, comme source de produits chimiques et aussi dans l'alimentation humaine et animale. Certains dépôts littoraux, certaines vases et dépôts marins, les pierres des falaises sont susceptibles d'être employés comme amendements agricoles, dans la fabrication de poteries fines, et pour l'obtention de briques silico-calcaires ou de ciments. De l'eau des marais salants, l'on peut retirer non seulement le sel marin, mais aussi d'autres composés chimiques, notamment le brome, le sulfate de magnésie et le chlorure de magnésium. En divers endroits de nos côtes se trouvent aussi des tourbières importantes qui forment le fond des plages.

Il y a aussi un problème industriel dont la solution n'a donné lieu jusqu'ici qu'à peu de résultats pratiques, mais qui parait susceptible un jour de recevoir en certains points de nos côtes d'intéressantes applications : c'est l'utilisation de la force motrice des vagues et des marées.

Ainsi qu'on le verra par l'exposé qui va suivre, il reste beaucoup à faire dans notre pays pour que les produits de la mer reçoivent l'utilisation la meilleure. Mais si certains moyens ne sont qu'entrevus par les chercheurs, il en est d'autres qui ont reçu la consécration de la pratique et qu'il convient par conséquent d'appliquer. Ce sont surtout les progrès susceptibles de réalisation que nous indiquerons ci-après.

Qu'il me soit permis, avant de pénétrer dans le fond de mon sujet, de rendre un hommage à tous ceux qui, par leurs recherches, leurs travaux et leurs initiatives, ont contribué à assurer le développement des industries de la mer. C'est un devoir de reconnaissance de citer ici à côté du chimiste Balard, qui créa l'industrie salicole, et de Tellier, qui fut l'initiateur en France de la technique du froid artificiel si féconde pour la conservation du poisson, les organisateurs Kerzoncuf, Fabre-Domergue, qui ont indiqué les conditions du développement économique de l'industrie des pêches maritimes, et les savants océanographes Joubin, Berget, Richard, Regnard, Thoulet, Hérubel, Gruvel, Loir dont les recherches et observations ont permis d'intéressantes applications pratiques.

Saluons aussi nos vaillants pêcheurs qui pendant la guerre, malgré les coups de canon et les mines, mettaient les uns les mailles de coton pour le poisson, les autres les mailles d'acier de filets à sous-marin. Et adressons en même temps aux armateurs comme aux industriels et aux ouvriers de nos côtes des sincères remerciements pour leur labeur incessant qui secondait l'héroïsme de nos combattants et a permis d'obtenir la victoire.

Groupements auxquels se rattachent les industries de la mer.

En dehors de l'utilisation de l'énergie des vagues et des marées dont nous indiquerons les principes et les possibilités. les industries de la mer peuvent être réparties en trois grands groupes :

1° Industries d'extraction des sels et autres corps contenus dans les eaux marines.

2° Industries utilisant les algues, les goémons ou varechs et les dépôts littoraux.

3° Industries des pêches maritimes.

C'est ce dernier groupe d'industries, dont le développement économique peut devenir si important, que nous examinerons avec le plus de détails.

A. — Utilisation de l'énergie des vagues et des marées.

Il est fort peu de personnes qui devant le spectacle imposant des mouvements des eaux océaniques n'aient songé à l'utilisation du rythme des vagues et de l'amplitude des marées pour produire de la force motrice.

Utilisation de l'énergie des vagues. — On peut évaluer à 6 tonnes par mètre carré la pression des vagues dans les circonstances ordinaires. Mais dans certains endroits et à certaines époques cette pression peut atteindre 30 tonnes.

M. Bouchaud-Praceiq a expérimenté à l'embouchure de la Gironde un procédé particulier qu'il a inauguré pour utiliser l'énergie cinétique des vagues. Ce procédé est basé sur la construction d'une chambre à air dans laquelle la vague en pénétrant, comprime et raréfie alternativement l'air intérieur. Ces compressions et raréfactions consécutives de l'air produisent de la force motrice au moyen d'une turbine pneumatique ou d'un aéro-moteur dont le mouvement de rotation se produit toujours dans le même sens, malgré les sens opposés et alternatifs de direction de l'air successivement chassé et aspiré.

A Santa-Cruz, en Californie, l'*Illustration* a signalé qu'on avait utilisé la force des vagues en creusant au bord de la mer deux puits, de profondeur telle que le fond soit au-dessous du niveau de la basse mer, et l'orifice, à 10 mètres environ au-dessus du niveau de la marée haute. Tous deux s'ouvrent dans la mer. Dans un des puits, celui qui est le plus près du bord, un flotteur, que les oscillations du niveau, c'est-à-dire les vagues — car dans le Pacifique il n'y a guère de marée — font alternativement monter et descendre. Ce flotteur se meut dans le sens vertical, entre des guides. A chaque ascension, grâce à un levier, le flotteur fait descendre, dans l'autre puits, un piston de pompe foulante. Ce moteur sert donc à pomper de l'eau; cette eau s'accumule dans un réservoir voisin, et par une canalisation, se répand dans d'autres réservoirs, à plusieurs lieues à la ronde, pour servir à l'arrosage des routes. Il faut observer que le Pacifique est particulièrement bien adapté au mode d'utilisation spécial des vagues, en raison de l'absence de marées, qui simplifie le problème de l'installation, et en raison de la fréquence des vagues.

La force des vagues peut être aussi utilisée au moyen de flotteurs; les procédés par flotteurs comprennent notamment la transformation du mouvement irrégulier des vagues en mouvement alternatif ou rotatif. En supposant que les flotteurs reçoivent toute l'énergie de la vague, cette transmission occasionne une perte de 25 0/0. L'opération suivante est l'emmagasinage de l'énergie de façon à pouvoir l'utiliser d'une façon régulière; soit par exemple à pomper de l'eau dans un réservoir sous pression, ce qui cause encore une perte de 15 0/0. Il y a enfin la conversion de la pression de l'eau en électricité. De ce côté il y a une perte de 15 0/0 pour le moteur hydraulique et 10 0/0 pour l'électricité; on arrive ainsi à une perte moyenne totale de 50 0/0 en chiffres ronds. En raison de ces pertes la captation de l'énergie des vagues par flotteurs est assez onéreuse. Aussi semble-t-il préférable, pour obtenir de grandes forces, de capter l'énergie des marées et de réserver l'énergie des vagues pour les installations petites ou moyennes.

Utilisation des marées. — Pour les marées, la solution la plus simple consiste à laisser monter la marée dans un bassin ou dans l'estuaire d'un petit ruisseau se jetant dans l'océan, à fermer un barrage et lorsque la marée descend, à utiliser la différence de niveau en amont et en aval du barrage. Des applications assez nombreuses de ce dispositif sont faites par les moulins de marée où le mouvement d'une roue à aubes est obtenu par la chute ainsi obtenue.

Mais lorsqu'il s'agit d'obtenir des forces considérables, le problème se complique : il faudrait des bassins extrêmement grands dont les murs doivent résister à la violence des tempêtes ; il y a à craindre l'action corrosive de l'eau de mer sur les turbines qu'elle actionne ; enfin il est nécessaire de réaliser, au moyen de vannes commandées électriquement, la communication ou l'interruption du bassin de retenue avec la mer à des heures qui dépendent chaque jour de l'amplitude de la marée et des heures de flux ou de reflux. Ces difficultés à vaincre n'ont pourtant pas découragé les chercheurs qui ont proposé des combinaisons de bassins permettant de créer des chutes utilisables sans arrêt. Dans la communication que nous fîmes en 1910 au Congrès de l'Association française pour l'Avancement des Sciences nous avions signalé plusieurs dispositifs proposés ou essayés et nous avions indiqué un système de combinaison de bassins permettant de fournir une force motrice continue par les hauteurs de chute de ces bassins entre eux et avec la mer.

Un ouvrage publié quelques jours avant le guerre, par M. Victor Cambon (1), a signalé que non loin de l'embouchure de l'Elbe à Husum se trouve une première installation pratique de la force motrice des marées. Si l'on remarque que sur les côtes allemandes les marées ne dépassent pas 4 à 5 mètres d'amplitude, tandis que sur certaines des côtes françaises elles atteignent de 10 à 14 mètres, M. Cambon en déduit que l'utilisation dynamique du flux marin serait trois fois plus intéressante en France que dans la mer du Nord.

Il faut pourtant ne réaliser une installation que si la force motrice capable d'être captée revient à meilleur compte que celle produite par un moteur à vapeur ou à essence. Aussi ne doit-on pas trop généraliser en considérant que la force motrice des marées est utilisable en un point quelconque de la côte où la différence de niveau entre la haute mer et la basse mer est assez élevée. Il faut choisir plutôt des endroits permettant des installations peu coûteuses, c'est-à-dire dans les embouchures des rivières des petites anses naturelles qu'il suffira de fermer par une digue (avec écluse), ou bien les côtes rocheuses où l'on pourra, facilement et à peu de frais, creuser avec les explosifs les bassins de captation de la marée.

---

(1) *Les progrès récents de l'Allemagne.*

B. — Extraction des sels et des divers corps contenus dans les eaux marines.

La proportion de sels contenus dans les eaux de l'Océan ne vaut que dans une très petite mesure. Dans l'océan Atlantique la salinité moyenne est de 37 gr. 9 par litre et dans la Méditerranée elle varierait de 38 gr. 6 à 41 gr. 6. Dans cette teneur interviennent surtout par ordre d'importance :

Le chlorure de sodium ou sel marin . . .	27 gr.	par litre
Le chlorure de magnésium	3 gr. 5	—
Le sulfate de magnésie	2 gr. 3	—

On sait que l'extraction du sel marin, qui est souvent le seul but de l'industrie salicole, s'obtient en concentrant l'eau de mer par évaporation dans des bassins très plats formés de rectangles de 500 mètres carrés environ appelés œillets. Le sel extrait des marais salants est mis sur la chaussée des salines en mullons demi-sphériques que l'on recouvre avec une espèce de glaise blanche provenant de la boue des salines et qui forme un revêtement imperméable. Un œillet fournit un maximum de 3 tonnes de sel par an (1).

Sur les bords de la Méditerranée l'eau de mer ou des étangs est soumise à l'évaporation sur des surfaces dites partènements, divisées par de petites digues en rectangles que l'eau parcourt successivement suivant une marche diagonale, en couche mince de 5 centimètres en moyenne. Des détails sur les dispositions et l'aménagement des marais salants, ont été donnés par M. Vachon (2) dans une intéressante étude sur l'industrie du sel et des eaux mères des marais salants. En ce qui concerne les eaux mères la composition en grammes par litre serait la suivante :

	à 28° B	à 35° B
	—	—
Chlorure de sodium	240 gr.	121 gr. 05
— potassium	13 gr. 20	24 gr. 97
— magnésium	82 gr.	147 gr. 96
Bromure de sodium	12 gr. 60	15 gr. 45
Sulfate de magnésie	64 gr.	86 gr. 76
Sulfate de chaux hydraté	0 gr. 37	»

En vue de l'extraction de ces sels utiles contenus dans les eaux mères Balard a imaginé la méthode qui consiste à laisser concentrer sur les sables les eaux à 35° B. Le dépôt (sel mixte), formé de chlorure de sodium déposé le jour par suite de l'évaporation et de sulfate de magnésie déposé la nuit par suite de refroidissement, était dissous, en hiver, avec au besoin

(1) « Les Produits de la mer », *Océanographie pratique*, par MM. Loir et Legangneux.

(2) Bulletin de la Société de l'Industrie minérale. Année 1915, pages 59 à 88.

un excès de chlorure de sodium. Le sulfate de soude était peu soluble aux basses températures se formant par double réaction. Les salins du Midi eurent l'idée de compléter ainsi l'opération : après dépôt du sel mixte l'eau était abandonnée en hiver en couches minces ; elle donnait un dépôt de sulfate de magnésium ; concentrée ensuite elle donnait un chlorure double de magnésium et de potassium que l'on divisait par un traitement à l'eau bouillante et cristallisation en chlorure de potassium et chlorure de magnésium.

Une modification de la méthode consistait à soumettre les eaux ayant donné le sel mixte, à l'évaporation sur table en été sans les avoir dépouillées du sulfate de magnésium. Le sel obtenu « dit d'été » était un sulfate double de potassium et magnésium permettant de faire des aluns.

La première méthode donnant toute la potasse à l'état de chlorure fut préférée.

Aux Salins-de-Giraud le sel mixte qui a pour composition :

40 à 45 de sulfate de magnésie hydratée,
55 à 60 de chlorure de sodium

et qui présente par conséquent un excès de chlorure de sodium, est dissous de manière à donner une eau dite « pur sang » 30° B. Cette solution est soumise à un froid artificiel de — 4°. On obtient ainsi du sulfate de soude à 10 molécules d'eau. Pour dessécher ce sel hydraté on l'additionne de 20 à 22 0/0 de sel mixte et le mélange soumis à une température de 33° laisse précipiter les 9/10es de son sulfate de soude. Il suffit d'essorer.

Des dispositions particulières permettant d'économiser le combustible ont été appliquées.

Lorsqu'on veut obtenir la magnésie on sépare le sel mixte sur des tables identiques aux partènements des salins. Le traitement paraît être le suivant : le sel mixte redissous donne par addition de carbonate de soude, du sulfate et du chlorure de sodium en dissolution (séparé par lessivage) et un précipité d'hydrocarbonate de magnésie.

L'eau mère ayant donné son sel mixte donnera par évaporation un dépôt contenant de la potasse et vendu comme engrais à 12-13 0/0 de potasse (soit 16-17 de chlorure). Il est probable que le dépôt est fractionné, les premières parties étant rejetées ou utilisées comme les sels mixtes.

Les hydrocarbonates de magnésie obtenus sont vendus sous cette forme ou calcinés en vue d'obtenir la magnésie calcinée. Il sont d'abord moulés en briquettes de $0,20 \times 0,80 \times 0,05$ environ, séchés à l'étuve, calcinés au rouge et pulvérisés. Les hydrocarbonates sont vendus généralement en petits pains cubiques de 5 à 6 centimètres de côté, les magnésies revenant assez cher ne peuvent être vendus que pour leur pureté aux pharmaciens, aux peintres pour diluer les couleurs et aux polisseurs, etc.

Dans les installations françaises les eaux mères provenant de l'extraction du sel mairn étaient traitées pour l'obtention des sels de magnésie (sulfate de magnésie et chlorure de magnésium) ; on put arriver facilement dès les premiers mois de la guerre à obtenir le brome dont le besoin se fit sentir d'une façon impérieuse.

Cette industrie du brome, créée autrefois en France par Balard, tendait à devenir florissante, lorsque la découverte à Stassfürt d'un immense gisement de sels potassiques et magnésiens, identiques à ceux obtenus par le traitement des eaux mères des marais salants, vint réduire à néant les espérances que l'on avait fondées.

Le traitement de l'eau de mer pour l'extraction du sel marin donne à peu près 1 0/0 d'eaux mères et 1 mètre cube d'eaux mères donne pratiquement 500 grammes de brome.

On voit par ces chiffres quelle masse énorme d'eau salée il faut manier pour arriver à l'obtention d'un kilo de brome. La production possible actuelle du brome en France est de 400 tonnes de brome par an (1).

Quel est l'avenir de l'industrie salicole française ? M. de Launay (2) l'a envisagé de la manière suivante d'après une documentation qui lui a été fournie par M. Aguillon, Inspecteur général des Mines. Les marais salants et les mines de sel gemme françaises pouvaient avant la guerre produire beaucoup plus que ce que l'on extrayait. Aussi la production était-elle réglée artificiellement et par l'entremise d'un syndicat sur la capacité de consommation et d'exportation française qui n'est susceptible que d'une lente augmentation. Or, l'Alsace nous apporte des gisements organisés pour produire 335.000 tonnes de sel avec une population capable d'en absorber seulement 70.000. On voit donc que l'industrie salicole va être dans un état de surproduction constante, par conséquent d'équilibre instable qui conduira fatalement, si l'on ne permet pas la communication en franchise des mines situées en Lorraine annexée avec leurs anciens consommateurs, à la réduction productionnelle de toutes les usines et marais salants français. La réduction de production dont il s'agit aura moins d'inconvénient dans l'Ouest où la petite industrie des paludiers, à laquelle participent environ 12.000 hommes, décroît d'année en année, abandonnant à d'autres cultures plus rémunératrices (huîtrières, viviers à poissons, prairies) tout le terrain que celles-ci peuvent utiliser.

Outre les matières qui viennent d'être indiquées, l'eau de la mer contiendrait de l'iode, de l'argent et de l'or dans les proportions suivantes indiquées par M. Blakemore (3).

2 gr. 75 d'iode par tonne d'eau de mer.
0 gr. 13 d'argent —
0 gr. 065 d'or —

(1) *L'Industrie chimique et les droits de douane*, publication du Syndicat général des Produits chimiques, Paris, 1918.

(2) *France-Allemagne*, Librairie Armand Colin.

(3) *Canius Magazine*, fascicule 1, janvier 1912, Londres.

D'après M. Armand Gautier, 1 litre d'eau de mer ne contient que 2^{mmg},3 d'iode organique dont 1^{mmg},8 en dissolution et le reste en suspension. A un tel degré de dilution (1/500000e), il paraît difficile de retirer l'iode de l'eau de mer (1).

Cependant M. Blakemore estime que le problème de l'extraction de l'or contenu dans l'eau de mer consisterait à trouver une matière insoluble se déposant rapidement et capable de précipiter en même temps l'or, l'argent et l'iode; des réservoirs disposés convenablement seraient alternativement remplis et évacués par le flux et le reflux, de façon à ce que le réactif en question eût le temps de s'unir aux éléments précieux dissous; il s'agirait ensuite de séparer sans trop de frais ces éléments du précipitant, lequel devrait lui-même être économique et être récupéré après chaque séparation.

C. — INDUSTRIES UTILISANT LES ALGUES, GOÉMONS OU VARECHS ET LES DÉPOTS LITTORAUX.

Les plantes marines renferment en quantités variables de l'azote, de l'acide phosphorique, de la potasse, de la soude, de l'iode et du brome.

Par l'azote, l'acide phosphorique et la potasse qu'elles contiennent, elles peuvent servir d'engrais. Par la chaux, les plantes marines constituent d'excellents amendements. De là leur usage en vue d'intensifier la production agricole.

On utilise surtout pour l'amendement des terres les goémons de rive, c'est-à-dire ceux qui tiennent au sol et que l'on peut atteindre du pied aux basses mers d'équinoxe, et les goémons d'épave qui, détachés par la mer, sont portés à la côte par les flots. Les goémons de fond, c'est-à-dire ceux qui, tenant aux fonds et aux rochers, ne peuvent pas être atteints du pied à la basse mer des marées d'équinoxe et qui appartiennent à la famille des laminaires, peuvent être également employés en agriculture et constituent même un excellent engrais; mais ceux qui sont recueillis et récoltés pendant la belle saison, et dont on a pu obtenir la dessiccation, constituent le goémon de soude et sont réservés presque en totalité pour l'extraction de l'iode.

La récolte des goémons est réglementée. M. P. Guérin a indiqué (2) les dispositions applicables dans le Finistère.

C'est ainsi que le goémon épave peut être recueilli à toute époque de l'année, en n'importe quel lieu, et par tout citoyen français. Ramené sur le haut des grèves ou sur les dunes, au moyen de civières ou avec des voitures, il est étalé afin de sécher. Il est ensuite ramassé et mis en meules jusqu'au moment de l'emploi ou de la vente. Les dunes se

(1) « L'industrie de l'iode, son pouvoir, son état actuel », par M. CAMILLE MATIGNON, *Revue générale des Sciences pures et appliquées* du 30 mai 1914.

(2) *Revue Scientifique* du 6 janvier 1917.

trouvent ainsi garnies au commencement de l'été de centaines de meules d'une belle teinte d'un roux brunâtre, de 6 à 10 mètres de circonférence sur $1^{m},50$ environ de hauteur, recouvertes de blocs de gazon pour les garantir du vent et de la pluie. A l'arrière-saison, où sa dessiccation est devenue plus difficile, sinon impossible, il est utilisé aussitôt après sa récolte.

La récolte des goémons de rive n'appartient qu'aux habitants des communes dont le territoire borde le littoral, chaque habitant n'ayant le droit de participer à cette récolte que dans le lot qui lui a été attribué lors du partage. Tout habitant qui réside dans la commune depuis six mois a le droit de participer à cette récolte. Les propriétaires de terres cultivées, situées dans les communes du littoral, ont droit à la récolte du goémon de rive sans être tenus de justifier du fait d'habitation, lorsque ces terres ont une contenance de quinze ares au moins et qu'elles sont exploitées par eux.

C'est l'autorité municipale qui fixe les époques et les jours consacrés à la coupe des goémons de rive.

« A Plounéour-Trez, M. Guérin indique qu'elle est pratiquée surtout en mai-juin. Elle se fait au moyen de faucilles et ne peut avoir lieu que pendant le jour, depuis le lever et jusqu'au coucher du soleil, ou aux temps couverts, depuis l'extinction des phares, le matin, jusqu'au soir à leur rallumage. »

Dans le syndicat de Roscoff, voisin de celui de Plounéour-Trez, les goémons de rive ne se récoltent qu'à deux périodes de l'année, en février et mai, durant une quinzaine de jours chaque fois, conformément aux arrêtés des maires. La première période, moins favorable que la seconde, est nécessitée, dans cette région, par les besoins de la culture intensive à laquelle se livrent les Roscovites.

A Plougastel-Daoulas, il n'y a pas de réglementation, et chacun peut couper où bon lui semble. En raison du peu d'abondance du goémon, la récolte, qui se fait en avril ou mai, dure légalement trois jours, mais il n'y a guère d'activité que le premier jour.

En novembre, les cultivateurs ayant conduit dans leurs champs le goémon qu'ils se réservaient, il ne reste plus que quelques rares meules sur les dunes.

Les propriétaires riverains ne se contentent d'ailleurs pas d'utiliser le goémon qu'ils ont récolté au cours de l'année; au moment de préparer leurs terres, ils y amènent encore, directement de la grève, le goémon épave qui s'y trouve apporté, et ils l'enfouissent en couches de 30 à 40 centimètres parfois. Par cet enfouissement, le blé, l'orge, les pommes de terre, les carottes, les betteraves fourragères et les panais donnent en plein sable des récoltes d'un rendement raisonnable.

La récolte des goémons poussant en mer (goémons de fond) se pratique d'une façon différente de la précédente. Pendant la durée de la coupe des goémons de rive, chacun a bien le droit de récolter, de pied, au moment des grandes marées, les laminaires qui sont dans son lot ; mais, en réalité, bien peu de personnes se résignent à se mouiller jusqu'à la ceinture pour aller atteindre ces algues, dont le transport jusqu'à la grève est ensuite des plus pénibles. Aussi, est-ce au moyen de bateaux que s'effectue, d'une façon générale, la récolte des goémons de fond. Toutefois, le permis de circuler n'est accordé que moyennant une redevance. La coupe des laminaires se fait avec des faucilles à long manche, désignées sous le nom de « guillotines ». Placées dans les embarcations, au moyen de fourches à quatre ou cinq dents recourbées, les laminaires sont amenées jusqu'à la grève d'où les voitures les transportent sur les dunes. Là, elles sont étalées et mises en meules, une fois desséchées.

Ainsi que nous l'avons fait remarquer plus haut, les laminaires servent surtout à la fabrication de la soude et de l'iode. C'est sur le sommet des dunes, généralement sur les pointes, que sont installés les fours dits « fours à iode ». Ce sont très souvent de simples rigoles dont le fond et les parois sont constitués par des blocs de granit grossièrement assemblés. Leur longueur est, d'après M. Guérin, de 9 à 10 mètres en moyenne (quelquefois 15 mètres), sur une largeur de 0^{m},55 à 0^{m},60 et une profondeur de 0^{m},40. Un four est souvent la propriété de plusieurs familles.

Une fois allumé, au moyen de branches d'ajoncs, le feu est alimenté par les laminaires que l'on éparpille en minces couches tout le long de la rigole. On obtient, dans ces conditions, une bouillie épaisse, de couleur gris noirâtre qui, une fois refroidie et solidifiée, constitue la « soude de varechs ». Amenée à l'entrepôt, la soude y est pesée et un échantillon de chaque bloc y est prélevé, de façon à obtenir un échantillon moyen qui, soumis à l'analyse, sert à établir la valeur du produit.

On estime qu'il faut 20.000 kilogrammes de goémon frais pour obtenir 1.000 kilogrammes de soude (cendres), et que les bonnes laminaires en fournissent, à l'état sec, un cinquième environ de leur poids.

Au cours de l'incinération, une notable partie de l'iode se trouve volatilisée et l'on n'obtient guère, en moyenne, pour 1.000 kilogrammes de cendres, que 5 à 5 kg. 500 d'iode. Par un choix judicieux de la matière première, on peut parvenir à extraire jusqu'à 10 et 12 kilogrammes.

Pour éviter les pertes produites par l'incinération, il conviendrait d'utiliser des procédés moins primitifs de distillation en vase clos ou de réactions chimiques. On a préconisé aussi la préparation d'extraits aqueux qu'on incinère ensuite, l'osmose du jus provenant des varechs mis en fermentation.

Au cours de 1917, en raison de la disette de fourrages et surtout d'avoine, M. l'Intendant militaire Adrian s'efforça de tirer parti des laminaires pour l'alimentation de nos chevaux de guerre. Les essais montrèrent qu'on pouvait non seulement sans inconvénient, mais peut-être avec avantage, remplacer, dans la ration journalière du cheval, 500 grammes à 1.000

grammes d'avoine par un même poids d'algues (laminaires) lavées et séchées.

M. Lapicque a poursuivi l'étude physiologique de cette question, et le résultat de ses expériences présenté à l'Académie des Sciences par M. Yves Delage (1) montre la valeur considérable des algues pour l'alimentation des chevaux.

La comparaison des diverses espèces montre que celle appelée *L. flexicaulis* peut être proclamée la meilleure espèce. Elle aurait constitué, pour le temps de guerre, une ressource inestimable ; elle reste intéressante pour la période transmission de transition et même quand la production sera redevenue normale ; en effet, on peut espérer qu'elle fournisse sur nos côtes, par la main-d'œuvre paysanne, et sans installations coûteuses, l'équivalent d'un million de quintaux d'avoine par an.

Dans le *Bulletin de la Société Industrielle de Rouen*. de mai-juin 1917, le docteur Grasset signale que dans l'Atlantique, entre les Açores et les Bermudes, se trouvent des bancs immenses d'algues diverses desquelles on pourrait retirer, non seulement l'iode et le brome, mais aussi des sels, potassiques. Ces algues seraient agrippées par des crapauds à griffes et montées sur le pont des navires où, après avoir été fortement pressées pour expulser l'eau de mer, elles seraient ficelées et arrimées par ballots dans la cale. Le traitement de ces algues, soit par carbonisation dans les cornues, soit par lessivage des algues triturées et écrasées, soit par hydrolyse, au moyen des acides sulfurique et chlorhydrique, pourrait être fait dans les ports français.

Des variétés d'algues « chondrus crispus ou fucus crispus » désignées couramment sous le nom de lichen, goémon blanc, carragaheen, pioca, donnent un produit mucilagineux avec lequel on fait des gelées, des apprêts, des compositions pharmaceutiques et même des confitures.

Le produit recueilli dans les Côtes-du-Nord était, après dessiccation, envoyé en Allemagne, par Hambourg, et rentrait en France après avoir été transformé à l'étranger. La transformation industrielle du carragaheen devrait être faite chez nous.

La récolte du carragaheen ne peut être faite qu'à partir de juin, les mois de juillet, août et septembre étant les plus favorables. La cueillette commence lorsque la mer est presque retirée ; les collecteurs entrent dans l'eau jusqu'à mi-jambe et souvent jusqu'à la ceinture.

Amené sur les dunes, le produit de la récolte est soumis à un triage grossier qui en sépare les algues étrangères ; il est ensuite lavé, d'ordinaire à l'eau douce, et enfin étalé sur les gazons qui bordent la mer, en sorte de tapis d'un rose violacé du plus bel effet. Mais les parties pigmentées de l'algue ne tardent pas à se décolorer et, après avoir été retourné à diverses reprises, le carragaheen désséché a acquis une teinte blanc-jau-

(1) Séance du 23 décembre 1918.

nâtre et une consistance cartilagineuse. C'est à cet état qu'il est entassé dans des sacs et livré aux entrepositaires.

L'emploi de la gelée de carragaheen est indiqué pour la préparation du *parement* destiné à l'humectation des fils de chaîne des étoffes pendant le tissage ; cet enduit donne au textile une souplesse qui permet au tisserand de le travailler dans des locaux secs et salubres.

Le carragaheen est cité comme un succédané à bas prix de la gomme arabique dans la teinture et l'apprêtage des tissus, la fabrication du papier, des chapeaux de paille et de feutre, dans la clarification de la bière et surtout du miel. Son emploi est encore indiqué dans la préparation de divers cosmétiques et probablement de certaines colles fortes (1).

Signalons que pendant la guerre les Allemands ont extrait de l'huile des algues et mousses marines.

Utilisation des dépôts littoraux. — Certains dépôts littoraux, tels que le sable connu sous le nom de moerl, proviennent de débris d'algues calcaires, en particulier des coralines, dont quelques espèces sont très abondantes à l'embouchure des rivières en Bretagne. Ces sables permettent surtout d'enrichir en calcaire les terres argileuses.

Une autre variété de sable recueilli sur le littoral, la tangue, est utilisée, mais d'une manière trop restreinte ; il conviendrait, comme l'a fait remarquer M. Joubin (2), « d'analyser au point de vue agricole les dépôts littoraux. Des recherches océanographiques donneraient, sans aucun doute, lieu à la découverte de nouveaux gisements et à des essais d'utilisation de certaines vases et dépôts marins. Il y en a certainement qui contiennent des produits précieux pour les amendements ».

Industrie des galets de mer. — Le galet de mer, que l'on trouve surtout à Dieppe, Fécamp, Le Tréport, est composé de silice à peu près pure. Cette silice, réduite en poudre impalpable ou en grains de grosseurs différentes, est employée dans la fabrication des meules artificielles, du papier de silex, des ardoises d'écoliers, la filtration des eaux, les machines à jet de sable, le dressage des pierres lithographiques, etc.

Les galets, concassés mécaniquement, sont broyés sous deux meules verticales en fonte portant un bandage en acier. Ces meules tournent dans une cuve métallique circulaire dont le centre est percé d'une ouverture coiffée d'un cône en treillis métallique dont on fait varier l'écartement des mailles suivant les dimensions du grain de silice à obtenir. Le silice broyé est projeté contre le cône-tamis par un ramasseur à pelles. Les fragments d'un volume supérieur à celui des mailles retombent sous les meules et sont écrasés de nouveau. La poussière et les grains de grosseur désirée sont

---

(1) *Dictionnaire des Arts et Manufactures*, de Laboulaye, 7ᵉ édition 1907, III, article *Lichen*.

(2) *L'Utilisation des Forces et des Produits de la Mer.* Rapport au Congrès général du Génie civil de mars 1918, Section II.

conduits par une chaîne à godets dans des bluteries ou tamiseurs opérant le classement des grains d'après leurs dimensions. Ces bluteries ou tamiseurs sont munis à leur partie inférieure de tubes cylindriques en forme d'entonnoir dont l'extrémité réduite reçoit les sacs à remplir. Ces opérations produisent des quantirés énormes de poussière qu'il convient de récupérer, tant au point de vue de l'hygiène des ouvriers que de la marche économique de la fabrication. Dans ce double but, il faut réaliser l'encoffrement presque hermétique de tous les appareils mécaniques et la captation, par aspiration puissante, des poussières produites dans ces espaces clos.

Ciments obtenus avec les pierres des falaises. — La calcination des galets que l'on trouve le long des falaises fournit un ciment de bonne qualité qui acquiert en peu de temps sous l'eau la dureté de la pierre. Mais la quantité de ces galets devenant rapidement insuffisante pour une fabrication suivie, on doit les remplacer par des pierres extraites des bancs de la falaise et contenant en moyenne 35 0/0 d'éléments argileux. Le ciment obtenu avec cette matière première a une prise très rapide et se rapprocherait beaucoup du ciment de Vassy.

Ces résultats ont été en quelque sorte les prémisses de l'industrie des ciments du Boulonnais pour lesquels plusieurs usines ont été construites en vue d'obtenir, à côté du ciment à prise rapide, des ciments qui durcissent plus lentement, mais atteignent finalement une résistance plus élevée.

La fabrication de cette seconde catégorie de ciments comporte quatre opérations principales :

1° Le mélange, par voie humide, du calcaire naturel et d'argile ou de calcaire argileux, effectué dans des fosses circulaires appelées délayeurs ;

2° Le séchage de la matière déposée et qui a été au préalable séparée par décantation de la plus grande partie de l'eau qui la baigne ;

3° La cuisson ;

4° La mouture.

Avec les fours rotatifs continus, les matières introduites dans ces fours à l'état de pâte molle se transforment en ciment cuit sous la forme granulée. On supprime ainsi la décantation et le séchage de la pâte.

D. — Industrie des pêches maritimes.

D'après les statistiques officielles la valeur totale des produits pêchés en 1912 a été voisine de 177 millinos de francs, alors qu'en 1902 cette valeur n'avait été que de 132 millions de francs. Cette augmentation de 45 millions en dix ans est intéressante. Néanmoins on peut, sans être taxé de pessimisme, la considérer comme insuffisante si l'on a égard à la situation maritime de la France.

Comment pourra-t-on arriver à accroître dans une proportion beaucoup plus grande l'industrie des pêches maritimes ?

Les moyens ont été indiqués très clairement dans l'ouvrage de M. Kerzoncuf. « La pêche maritime, son évolution en France et à l'étranger » et aussi dans le rapport présenté par le même auteur au Congrès général du Génie civil de mars 1916 sur l'industrie des pêches maritimes au point de vue de son développement économique. Aussi ferons-nous dans ce qui va suivre de nombreux emprunts à ces deux remarquables publications.

Le développement des pêches maritimes nécessite d'une part l'organisation rationnelle de la pêche, d'autre part le transport rapide du poisson aux lieux de vente et de consommation.

L'organisation rationnelle de la pêche implique l'aménagement de ports de pêche bien outillés pouvant recevoir les bateaux grands et petits, l'utilisation généralisée des chalutiers à vapeur permettant d'aller chercher le poisson là où il se trouve et non plus sur les fonds épuisés des côtes, la connaissance des lois qui régissent les migrations des poissons.

Le transport rapide du poisson et le développement de la vente exigent que les halles des ports de pêche puissent recevoir la totalité du poisson d'une journée de pêche, en assurer l'envoi rapide dans les lieux de consommation et régulariser le débit lorsque c'est nécessaire par la mise en frigorifiques. Il faut aussi que des dépôts de vente. où puisse s'approvisionner le public, soient créés un peu partout et que des usines de préparation du poisson soient à même de traiter la plus grande quantité possible.

La réalisation la mieux comprise de ces divers points nécessite quelques détails.

Constitution et aménagement des ports de pêche. — Le Service des Pêches de la Marine marchande a établi la note descriptive ci-après d'un port de pêche type. Ce port doit être indépendant des ports de commerce voisins; il doit posséder une autonomie complète tant au point de vue du matériel qu'à celui de l'administration. Il doit avoir une profondeur d'eau suffisante (5 mètres au-dessous du niveau des plus basses mers) pour permettre l'accès des navires pêcheurs à toute heure de la journée, par n'importe quelle marée. Il se composera d'un bassin de dimensions suffisantes pour assurer la réception, le déchargement et le chargement réguliers des chalutiers sans à-coups ni pertes de temps. La largeur doit être suffisante pour permettre à un grand chalutier (52 mètres de longueur hors tout) d'évoluer, alors que des deux côtés du bassin d'autres chalutiers sont déjà accostés sur un ou deux rangs. Une flotte de 50 navires au minimum doit pouvoir y prendre place et l'on doit toujours prévoir des possibilités d'agrandissement.

Les grandes rives du bassin doivent être bordées de quais en maçonnerie ou d'estacades en ciment armé facilitant l'accostage des bateaux.

D'un côté se fait le déchargement du poisson à l'aide de grues rapides (électriques) ; de l'autre, le chargement des approvisionnements : charbon, pétrole ou mazout, glace, équipement, etc....

Le port est éclairé à l'électricité et doit posséder un système complet d'égouts car un lavage quotidien énergique est indispensable et après la vente journalière tous les détritus doivent être soigneusement enlevés.

L'outillage doit comprendre dans le fond du bassin soit une forme de radoub, soit un slipway, soit un dock flottant pouvant recevoir au moins deux bateaux en même temps. Des ateliers de réparation doivent être construits à proximité du lieu d'échouage.

En arrière du quai ou de l'estacade de déchargement on construira les divers bâtiments d'exploitation, variables comme disposition et importance avec le mode d'exploitation : halles de vente et locaux pour mareyeurs, entrepôts frigorifiques, voies ferrées installées de telle sorte que les plates-formes des wagons soient au niveau des quais de chargement, bureaux du chemin de fer, direction, maisons du marin avec restaurants.

De l'autre côté du bassin, les parcs à charbon et réservoirs à mazout, dépôts ou fabriques de glace ; les industries annexes de la pêche : fumeries, fabriques de conserves, fabriques d'huile de foie ou de poudre de poisson, etc....

Emploi d'un matériel de pêche modernisé. — La pêche au large, la seule qui constitue une source de richesses dont la mise en valeur peut apporter le bien-être à une partie importante de la population des côtes, nécessite l'emploi de bateaux pontés pouvant tenir la mer au loin, montés par des équipages assez nombreux, constituant enfin de véritables navires de haute mer, très différents des barques qui servent à la pêche côtière et qui ne peuvent s'éloigner que de quelques milles du rivage.

La pêche au large par l'emploi des chalutiers à vapeur a permis d'exploiter des fonds de pêche totalement inconnus autrefois et d'aller chercher le poisson à des centaines de milles de la côte.

La pêche au large comprend les pêches saisonnières et la pêche au poisson frais. Les pêches saisonnières, c'est-à-dire celles qui ne peuvent avoir lieu qu'à certaines époques de l'année visent particulièrement la capture d'espèces de poisson (hareng, maquereau, thon, germon et crustacés) dont le séjour sur des points bien déterminés des océans n'est que momentané et dont l'apparition et la disparition ont lieu à des époques fixes. Un accroissement du rendement des pêches saisonnières peut être obtenu par l'amélioration de l'outillage.

Pour la pêche au poisson frais qui se poursuit toute l'année dans différents parages et dont le but est d'alimenter les marchés des villes, le développement de l'outillage est indispensable, car il a été réalisé pour cette pêche encore moins de progrès que pour la pêche saisonnière.

Les bateaux-viviers employés pour la pêche à la langouste de Mauritanie doivent pouvoir exécuter des traversées aussi rapides que possible. Le moteur à pétrole doit être utilisé et permettre d'assurer l'avenir de cette pêche.

La pêche à la sardine se pratique souvent dans des barques non pontées, solides, marchant bien, mais qui ne peuvent cependant s'éloigner beaucoup de la côte. Depuis des années elles n'ont subi comme changement qu'une amélioration dans la voilure qui permet une augmentation de tonnage. Comme dimensions, elles sont arrivées à la limite de ce qui est maniable pour un bateau susceptible d'être conduit à l'aviron. « Mais, comme le fait remarquer M. Kerzoncuf, maniable ne veut pas dire rapide, et dans les journées d'été lorsque le vent tombe à la fin du jour, les pêcheurs sont dans l'obligation de ramer pendant plusieurs heures, pour ramener leur lourde barque au port et cela avec une lenteur désespérante. Or le poisson une fois pêché doit être apporté à l'usine dans le plus bref délai possible, la sardine étant un poisson si délicat qui, suivant l'état de la température, il est avarié en quelques heures. Dès que le bateau pêcheur est pris par le calme, le sort de la pêche qu'il a faite devient des plus aléatoires. Quelques pêcheurs, notamment ceux d'Arcachon, sont entrés les premiers dans la voie du progrès : ils ont nettement délaissé le bateau à voiles et se servent, pour la pêche, de tilloles ou pinasses à moteurs à essence ou à pétrole. Les pêcheurs de La Rochelle se sont empressés de suivre le mouvement.

L'armement de la pêche au thon a donné ces dernières années d'intéressants résultats aux populations des bords de l'Océan, notamment aux pêcheurs de la petite île de Croix. On a signalé à diverses reprises la possibilité d'étendre ce genre de pêche à la Méditerrannée. En pratiquant cette pêche pendant l'hiver dans cette mer, les flotilles de thonniers qui reviendraient pendant l'été dans l'Océan amortiraient plus rapidement les dépenses que nécessite un matériel moderne. Mais une telle pêche en Méditerranée est, d'après M. Kerzoncuf, subordonnée à l'installation d'usines de conserves dans les ports d'Algérie et de Tunisie ou bien à une modification de l'aménagement des usines existantes pour permettre la fabrication de ces nouvelles conserves.

Les chalutiers à vapeur doivent se grouper en flottes afin de rester plusieurs jours sur les lieux de pêche, l'un d'eux ralliant le port à tour de rôle pour rapporter le poisson et assurer le réapprovisionnement. En Angleterre les sociétés de pêche du port de Grimsby ont pour chaque équipe de chalutiers à vapeur, des vapeurs spéciaux dits « chasseurs » qui font le service de transport du poisson pêché et ne prennent aucune part aux opérations de pêche proprement dites.

Le chalutier à voiles ne disparaîtra pas de sitôt car il rend encore des services dans les petits ports du littoral et fait vivre une nombreuse population de pêcheurs. Mais ceux-ci se sont rendu compte de l'avantage qu'ils pourraient retirer de l'emploi d'un moteur auxiliaire pour relever leur chalut.

Les grands terre-neuviens partant pour la pêche de la morue auraient intérêt à être pourvus de chambres frigorifiques ayant pour but la conservation par congélation des appâts (bulot et seiche). D'après M. le Professeur Marchis, l'appât congelé peut se fixer aux hameçons, et la morue l'accepte aussi bien que l'appât frais ; on évite ainsi la décomposition de l'appât qui, sans la conservation par le froid, devient inutilisable dès le sixième jour (1).

Transport rapide du poisson. — Le transport rapide du poisson du lieu où il est pêché jusqu'au port de pêche est réalisé, comme on vient de le voir, par l'emploi du moteur à vapeur ou à pétrole. Des quais du port jusqu'aux localités où il est consommé, les moyens de transport doivent être bien conçus avec des tarifs raisonnables. A ce point de vue, la Compagnie du « Great Central Railway », à qui incombe la charge d'expédier du port de Grimsby (Grande-Bretagne) quelquefois 300 wagons de poisson, dans les fortes journées, a pris des dispositions aussi simples qu'ingénieuses.

On amène, le long du quai sur lequel s'ouvrent les magasins des mareyeurs, trois trains de wagons vides disposés sur trois voies parallèles, et les agents du chemin de fer, prenant devant ces magasins les colis préparés, chargent le train le plus éloigné en traversant sur des ponts mobiles les deux trains vides. Le train chargé est emmené et remplacé par une nouvelle rame vide, pendant que les chargeurs continuent sans interruption le chargement du deuxième train. Dans trois quarts d'heure ou une heure, on prépare ainsi un train complet.

On emploie deux sortes de wagons, selon que le poisson doit être expédié en vrac ou sous emballage.

Les expéditions en vrac ont lieu dans des wagons-réservoirs composés d'une plate-forme, sur laquelle sont fixées trois caisses garnies de zinc à l'intérieur, avec un panneau de fermeture à charnière. Le fond a la forme d'une cuvette avec dispositif pour l'écoulement de l'eau, provenant de la fonte de la glace.

Au départ, le poisson est déversé dans des caisses ; à l'arrivée à destination, les caisses elles-mêmes sont enlevées et transportées au lieu de vente, de manière à ne pas avoir besoin de sortir le poisson de la glace.

Ce système n'est possible que pour les envois importants. En principe, les trois caisses d'une plate-forme doivent être utilisées par un seul expéditeur, mais en pratique plusieurs s'entendent pour faire voyager le poisson sous le nom de l'un d'entre eux.

Pour les envois sous emballage, on emploie surtout des tonneaux de

(1) *Production et utilisation du froid*, Dunod et Pinat, éditeurs.

bois blanc fermés à la partie supérieure par une simple toile, très suffisante d'ailleurs pour des trajets qui ne sont jamais bien longs.

La Compagnie forme des trains spéciaux pour l'expédition de la marée, mais utilise, en outre, tous les trains de voyageurs.

Dans un rapport au Congrès général du Génie civil de mars 1918, M. Kerzoncuf a signalé que le transport par camions automobiles pourrait d'ailleurs largement suppléer, dans certains cas, à la lenteur des transports par voie ferrée, lenteur qui, sur quelques lignes, tient aux transbordements nombreux. On a pu constater que, dans les régions côtières principalement, lorsqu'il s'agit de faire un trajet presque parallèle à la côte, le transport par automobiles permet de réaliser une économie de temps des deux tiers par rapport à l'horaire de la voie ferrée. Or, cette économie équivaut le plus souvent au gain d'une journée et à la possibilité d'amener le poisson au marché se tenant le jour même, alors que par voie ferrée on n'eût pu attendre que le marché du lendemain.

Développement des connaissances océanographiques. — « L'agriculture rationnelle, a écrit le docteur Loir, sort des laboratoires de chimie ; la pêche rationnelle trouvera également dans les laboratoires d'océanographie tous les éléments nécessaires à son développement. »

A chaque profondeur de la mer correspondent une faune et une flore différentes. Les éléments physiques et chimiques du milieu marin influent sur l'absence ou la présence d'espèces de poissons différentes.

Les migrations de poissons adultes dépendent de trois causes principales : le développement des organes génitaux, la nourriture, la température.

Le plancton constitue la nourriture du poisson. Aussi les bancs de plancton expliquent la présence des bancs de poisson, qui suivent leurs déplacements pour s'en nourrir. La composition du plancton lui-même fait varier la proportion et l'espèce des poissons. Comme la coloration des eaux est en relation avec la nature du plancton, on voit que la transparence ou la couleur de l'eau peuvent guider le pêcheur.

La température de l'eau joue un grand rôle. On a observé que la morue, sur les côtes de Norwège, n'habite jamais la couche liquide dont la température est inférieure à 7 degrés au-dessus de zéro ; il est donc inutile de la chercher dans les eaux dont la température est plus basse. Les coraux, qui construisent dans l'Océan des récifs si importants, demandent une température qui ne doit jamais être inférieure à + 20°5.

Des observations intéressantes sur les mœurs des poissons et leurs conditions d'existence et de développement ont été données par MM. Loir et Legangneux, dans leur intéressant livre *Les Produits de la Mer*. Les recherches océanographiques faites sous le haut patronage de S. A. le prince de Monaco conduisent à des principes et à des lois qui, appliqués par nos pêcheurs, leur permettraient d'organiser méthodiquement leur industrie et d'en retirer, avec le minimum de danger, des avantages pécuniaires importants.

Ces principes et ces lois d'une part, la technique nautique et professionnelle d'autre part, constituent un ensemble de connaissances à donner aux marins pêcheurs dans des écoles sérieusement organisées et dont le nombre en France est tout à fait insuffisant.

Les bons résultats obtenus à l'École de pêche de Douarnenez, grâce à la ténacité de son directeur, M. Rivoal, justifient la nécessité de l'instruction nautique et océanographique des pêcheurs.

Signalons qu'en Angleterre, concurremment à l'enseignement surtout pratique donné aux hommes des équipages pendant les courts intervalles de leur séjour à terre, on a surtout en vue d'assurer un enseignement beaucoup plus complet aux enfants de douze à seize ans qui vont devenir pêcheurs.

Ajoutons que dans la séance du 4 décembre 1918, le professeur Raphaël Dubois, a présenté un rapport intéressant sur le projet de création à Toulon d'une École technique supérieure des pêches et des cultures marines.

Organisation rationnelle du marché du poisson. — Pour que les pêcheurs aient la quasi certitude de la vente rémunératrice des poissons, quelle que soit l'importance de leur pêche, il faut :

1° Créer des dépôts de vente où puisse s'approvisionner le public, création facilitée par la rapidité des transports envisagée précédemment ;

2° Installer dans les ports de pêche et sur les lieux de consommation des entrepôts frigorifiques régularisant le débit et permettant par conséquent d'éviter, en cas de mévente, la destruction de quantités importantes de poisson.

Lorsque les propriétés nutritives du poisson seront mieux connues, il n'est pas douteux que sa consommation augmentera. Ainsi que l'a montré le professeur Desgrez, le poisson possède presque sensiblement la même valeur alimentaire que la viande des mammifères ; il ne faut pas plus de 430 à 450 grammes de poisson pour remplacer 400 grammes de viande de bœuf. Ajoutons que des remarquables travaux de M. Armand Gautier, membre de l'Institut, il résulte que le poisson nous apporte le phosphore et le fluor, dont la combinaison favorise le développement et l'entretien de notre organisme

La coopération pour la vente des poissons par les pêcheurs eux-mêmes, n'a pas toujours donné, d'après MM. Loir et Legangneux les résultats qu'on en pouvait espérer. C'est une grosse question à étudier et qu'il faut arriver à résoudre en diminuant les frais généraux occasionnés par le trop grand nombre d'intermédiaires qui existent entre le pêcheur et l'acheteur.

Les entrepôts frigorifiques permettent de conserver pendant quelque temps le poisson, afin soit de le traiter à loisir dans les usines, soit de le transporter à l'intérieur du pays pour la vente en vert au public.

Le transport par wagons frigorifiques donne aussi d'excellents résultats, à condition toutefois que le poisson à transporter ne soit recueilli que dans un grand port de pêche permettant d'assurer un chargement complet. Lorsque le poisson à transporter doit être recueilli dans une infinité de petits ports, le transport par wagon frigorifique n'est plus pratique et dans ce cas il est préférable d'avoir des caisses frigorifiques de dimensions assez restreintes, pouvant se charger sur tous wagons et n'exigeant qu'un emploi réduit de glace concassée. Alors qu'il est difficile de trouver acquéreur d'un wagon contenant 2.000 kilos de poisson, on trouverait facilement preneur dans un grand nombre de localités de caisses de 100 ou 200 kilos de poisson. Il convient de remarquer que c'est par l'emploi de colis postaux que les mareyeurs de Boulogne ont étendu leur rayon d'action et augmenté leurs ventes.

Le poisson peut être conservé à l'état de poisson réfrigéré, c'est-à-dire maintenu à une température voisine de 0° (ou congelé, c'est-à-dire maintenu à une température de — 7° environ).

Il faudrait n'introduire au frigorifique que du poisson bien frais, exempt de meurtrissures et de taches de sang. Aussi le poisson frais doit-il être lavé rapidement par trempage dans l'eau fraiche avant l'introduction au frigorifique.

Les expériences faites par M. Gruvel (1) ont conduit ce savant à indiquer que s'il s'agit seulement de conserver le poisson pendant vingt jours, il convient de l'entourer de neige artificielle et de le placer dans une chambre froide maintenue entre 0° et 1°.

D'après M. Ch. Lambert (2), lorsque les poissons viennent d'être pêchés, on peut les introduire directement dans la chambre froide et les y conserver nus sans être entourés de neige; mais il convient dans ce cas d'éviter que l'air de la chambre frigorifique soit trop sec et que l'agitation de l'air soit trop considérable.

Le professeur Marchis (3) déduit logiquement des constatations précédentes que si l'on peut disposer de wagons maintenus à 0° C. par une circulation de liquide incongelable, il est possible de transporter le poisson préalablement réfrigéré à de grandes distances, en lui conservant non seulement ses qualités hygiéniques alimentaires, mais encore son aspect extérieur.

M. Marchis ajoute que quand on ne dispose que de wagons-glacières dans lesquels la température peut être en moyenne maintenue entre

(1) « Conservation du poisson dans les chambres froides », n° 32 de l'*Industrie frigorifique*.

(2) « Conservation et transport des produits de la pêche », n° 1 de l'*Industrie frigorifique*.

(3) *Production et utilisation du froid*, Dunod et Pinat, éditeurs.

+ 4° et × 6° C., le trajet ne doit pas excéder trois ou quatre jours et le poisson doit être emballé de la manière suivante : il doit être enveloppé dans du papier parcheminé, puis entouré de neige artificielle placée dans une caisse aussi grande que possible en bois assez épais; les parois de cette caisse sont garnies sur le fond, les côtés et le dessus de papier parcheminé ou paraffiné.

La conservation dans les navires de pêche par la glace concassée a l'inconvénient de déchirer l'extérieur du poisson. La glace pilée ou la neige artificielle obtenue en râpant la glace sont préférables. Mais le meilleur mode de conservation à bord des navires de pêche ne peut être réalisé qu'en introduisant le poisson aussitôt après sa capture dans des chambres frigorifiques installées à bord des navires pêcheurs et des chalutiers à vapeur. Malheureusement les frigorifiques installés sur les navires de pêche accroissent le poids de ces navires et diminuent la vitesse. Mais un premier progrès serait réalisé en n'installant un frigorifique que sur les navires dits « chasseurs » qui transportent le poisson pêché du lieu de pêche au port.

Lorsque le poisson doit être conservé plus de vingt à trente jours après avoir été pêché, il faut le congeler. Pour cela le poisson doit, à son arrivée à l'usine de conservation, être lavé avec le plus grand soin. Le poisson disposé dans des paniers est placé dans un bon courant d'eau claire et fraîche. Le lavage s'effectue en le faisant passer successivement dans plusieurs compartiments, de telle sorte que le transport du poisson s'effectue en sens inverse de courant d'eau, et arrive à être complètement nettoyé.

Le poisson est placé ensuite dans des bassins en fer galvanisé, et ces bassins sont introduits dans une longue chambre appelée congélateur comportant des tuyaux dans lesquels circule de la saumure à la température de — 23° à — 25° C. La largeur habituelle des chambres de congélation est telle que deux bassins peuvent être placés bord à bord suivant leur longueur ($0^m,58$ à $0^m,70$) sur les tuyaux de saumure. En employant des tuyaux de 31 millimètres de diamètre intérieur, on peut congeler en vingt-quatre heures environ 60 kilogrammes de poisson par mètre de tuyau.

Du congélateur le poisson congelé est conduit dans une chambre d'enrobage où l'on plonge le bassin en fer galvanisé qui le convient dans de l'eau froide, au voisinage de 0°. La température de la chambre d'enrobage ne doit pas dépasser — 2° C. Le poisson enrobé, c'est-à-dire entouré d'une carapace de glace, passe alors à la chambre de conservation où il est empilé, prêt à l'expédition. La température de la chambre de conservation doit être comprise entre — 7° et — 12°.

Il faut, dans les chambres de conservation, se contenter d'une circulation naturelle de l'air. Toute ventilation produirait une évaporation trop rapide de la carapace de glace. Il est en effet indispensable que cette carapace soit assez épaisse pour que soit évitée l'évaporation de l'humidité naturelle et des huiles contenues dans le poisson.

L'emploi de la congélation permettrait de conserver le poisson pêché, notamment les sardines et de les traiter à loisir dans les usines de conserves.

Utilisation des sous-produits des pêches. — Les déchets provenant de la pêche : foies, entrailles, têtes de poissons, etc., peuvent être transformés en poudre de poisson et en engrais. Trop peu d'usines existent chez nous, en vue d'utiliser ces déchets. Deux tentatives intéressantes ont été faites à La Rochelle et à Fécamp.

La poudre de poisson est utilisée avantageusement pour la nourriture des bestiaux, notamment des porcs et des poules. L'engrais de poisson trouve un emploi intéressant dans la culture de la vigne et celle des betteraves à sucre.

Le dauphin dit « belugou » est l'ennemi redoutable des pêcheurs de sardine dont il détruit les filets. Aussi le Ministère de la Marine a institué une prime de 2 fr. 50 c. par tête pour encourager la destructions de ces animaux. Mais cette prime ne compense les débours faits que si l'on utilise le corps des dauphins, ainsi qu'on l'a fait au Canada pour la fabrication de l'huile et de la poudre de poisson.

Afin d'éviter le plus possible l'odeur insupportable des usines qui traitent les déchets de poisson, on doit en faire la dessiccation dans le vide. On réduit auparavant les déchets en fragments après ou avant la cuisson à la vapeur; puis à l'aide d'une presse à piston, agissant d'une manière continue et automatique sur la matière préparée, celle-ci arrive dans un tambour où l'air est raréfié; là, elle est séchée rapidement, puis réduite à l'état de poudre. Par suite du séchage rapide et complet, que permettent les séchoirs opérant sous pression réduite, la matière qui ne contient pas plus de 10 0/0 d'eau peut être utilisée non seulement comme engrais, mais encore vendue comme aliment pour les bestiaux. Le rendement en farine de poisson peut atteindre le quart des déchets de poissons traités.

D'après un rapport fait par M. Lauga au Conseil départemental d'Hygiène de la Gironde, les déchets de poissons pris aux usines de conserves sont transportés par des charrettes dans des récipients en zinc, sortes de tinettes bien fermées. Ils sont reçus à leur arrivée dans des paniers en osier qui permettent le facile écoulement des liquides résiduaires dans un bac en bois où ils sont mélangés à des matières sèches : coques d'arachides, tannée, sciure de bois, phosphates. Le tout forme un composé vendu comme engrais de petite valeur. Les paniers et leur contenu sont ensuite plongés dans une cuve contenant une solution de sulfate de soude chauffée à feu doux. Cette immersion dépouille les déchets de leur odeur particulière et les rend imputrescibles. Passés à une forte presse qui leur enlève leur huile ils sont mis en sac. L'huile est reçue dans un bassin étanche, prélevée après et vendue au commerce.

Un autre procédé de traitement des déchets de poissons a été indiqué par le docteur Koller dans l'ouvrage qu'il a publié chez Hartlebens sur la récupération des déchets. D'après cet auteur, les poissons et parties de poissons sont bien lessivés avec de l'eau fraîche, et après trois ou quatre heures ils sont placés dans une solution d'environ 85 grammes de chlorure de calcium pour 25 ou 30 litres d'eau. Après qu'ils sont lavés on les traite pendant trente ou quarante minutes avec une solution d'environ 5 grammes de permanganate de potassium pour 25 ou 30 litres d'eau et après cela ils sont soumis à l'action des gaz nitreux, lesquels sont produits par l'échauffement d'environ 300 à 400 grammes d'acide nitrique pour 40 kilogrammes de matière brûlée. Mais on peut aussi laisser absorber ce gaz par l'eau, comme cela a lieu dans les sucreries où au lieu d'acide nitrique on emploie des gaz sulfureux, que l'on obtient par la combustion de 200 grammes de soufre pour 40 kilogrammes de matières premières.

La matière ainsi traitée et lavée donne par expression et séchage modéré un succédané de colle de poisson.

Pour obtenir la gélatine ou colle forte on opère la dessiccation de la partie restante à une température de 40 à 50°.

A l'usine de M. Oscar Dahl à Aytré, près La Rochelle, où les poissons non comestibles sont transportés, on fait, d'après M. P. Labiche (1), une sélection entre les poissons destinés à fabriquer la farine et ceux qui doivent être réduits en engrais.

Les poissons frais et maigres sont seuls utilisés pour la fabrication de la farine de poisson; ils sont dans ce but traités en autoclave, immédiatement après leur déchargement du chalutier, et sans subir de déshuilage préalable. Cette farine contient 55 à 60 0/0 de protéine brute et 10 à 150 0/0 de phosphate de chaux.

Les poissons qui ne sont pas employés pour faire de la farine, sont transformés en engrais. La poudre brute obtenue par dessiccation possède une forte odeur de poisson ; elle est broyée et pulvérisée pour être transformée en poudre homogène facile à répandre.

On peut, d'après M. V. Cambon, séparer l'huile de la farine de poisson au moyen de l'essence de pétrole. Cette huile est utilisable dans l'industrie du cuir.

Bien que l'huile de poisson soit plutôt le produit que le sous-produit de la pêche à la baleine, il convient de signaler ici l'intérêt que les armateurs français auraient à ne pas se désintéresser, comme ils l'ont fait jusqu'ici, de ce genre de pêche très fructueuse que des bateaux norvégiens pratiquent dans les eaux de plusieurs de nos colonies : des navires-usines traitent les baleines pêchées et dépecées pour en extraire l'huile, le guano, la poudre d'os et les fanons. Les huiles sont absorbées en grande quantité

(1) *L'utilisation des résidus de l'industrie de la pêche maritime et de la fabrication des conserves de poissons.* (1917, Dunod et Pinad, éditeurs).

par les stéarineries, les savonneries et les tanneries; leur valeur est augmentée considérablement par l'hydrogénation. Si l'animal est frais, on peut traiter la masse musculaire seule pour enlever l'huile et obtenir une matière déshuilée qui a peu d'odeur et qu'on vend sous le nom de poudre de viande. Si au contraire l'animal n'est pas frais, on traite en même temps les muscles et les os et l'on obtient un guano qui contient à la fois de l'azote et de l'acide phosphorique ; ce guano seul ou mélangé à d'autres substances, telles que les superphosphates, donne un engrais très recherché par l'agriculture.

PÊCHERIES FIXES. — A l'industrie des pêches maritimes proprement dites se rattachent l'ostréiculture, la mytiliculture ou élevage des moules, et la spongiculture ou culture de l'éponge.

Ostréiculture. — Le goût du public s'est détourné de l'huître sauvage; il semble préférer l'huître cultivée, l'huître de parc. Sur nos 3.000 kilomètres de côte nous avons trente-six mille parcs qui ont, en 1912, livré à la consommation plus de deux milliards d'huîtres.

On sait que la véritable industrie ostréicole comprend trois stades bien distincts :

1° La production et la récolte du naissain ;

2° L'élevage de ce naissain pour l'amener à l'état d'huître, c'est-à-dire le demi-élevage ;

3° L'engraissement de l'huître jusqu'à ce qu'elle ait atteint la taille marchande.

Nous ne ferons que signaler ici la nécessité des précautions qui ont été prises pour que l'huître dite portugaise, dont la fécondité est très grande, n'entraîne pas, malgré sa réelle amélioration, la diminution de reproduction de l'huître plate.

L'ostréiculture doit et peut se développer sur les côtes de l'Océan, car le rendement financier des marais salants diminuant par suite de la concurrence des salines modernes et aussi l'entrée dans la production française des salines d'Alsace, beaucoup de sauniers auront intérêt à transformer leurs marais salants en claies à huîtres.

Mytiliculture. — C'est surtout dans la baie de l'Aiguillon, située à quelques kilomètres du nord de La Rochelle, qu'est réalisée dans des conditions intéressantes l'exploitation des moules. Mais, malgré son importance et les progrès réalisés, cette exploitation est insuffisante pour la consommation française. Une difficulté se présente pourtant : c'est l'incompatibilité absolue entre la culture de la moule et celle de l'huître. La moule absorbe de grandes quantités de vase qu'elle rejette ensuite après en avoir extrait sa nourriture. Cette vase s'accumule et, si des huîtres se trouvent dans le voisinage, elles ne tardent pas à périr étouffées.

M. Kerzoncuf, qui préconise le développement de la mytiliculture, estime que beaucoup de pêcheurs empêchés par l'âge ou l'état de santé de continuer la pêche en haute mer, pourraient pratiquer cette industrie.

Spongiculture. — Dans la conférence qu'il fit, le 9 avril 1916, sous les auspices de l'Association française pour l'avancement des Sciences, le professeur Raphaël Dubois signala ses recherches sur la biologie de l'éponge, ainsi que les résultats intéressants de ses essais de spongiculture par fragmentation tentés dans le laboratoire de Sfax. Il est désirable que la Tunisie, dont les fonds spongifères semblent propices, attire des industriels expérimentés qui, en se livrant au commerce des éponges, pourraient assez rapidement amortir leurs frais d'installation.

Outre les industries de l'huître, de la moule et de l'éponge, il y a comme pêcheries fixes les bordigues et les madragues.

Bordigues. — Les bordigues installés dans les canaux qui assurent la communication entre les étangs salés qui bordent la Méditerranée et la mer, sont des barrages spéciaux constitués par des pannes de roseaux liées entre elles, enfoncées suffisamment dans le sol pour résister au courant et dépassant assez le niveau de la mer pour que les poissons ne puissent sauter par-dessus. Le poisson se trouve conduit par une série de chambres successives emboîtées les unes dans les autres, dans une chambre terminant le bordigue, d'où on le retire au fur et à mesure des besoins.

Madragues. — Les madragues qui servent à la pêche du thon sur les côtes algériennes et tunisiennes sont constituées par une série de filets formant compartiment et aboutissant à une dernière chambre où arrive le poisson et qu'on appelle chambre de la mort. L'installation d'une madrague à thons comporte, en outre du filet, toute une installation à terre pour la préparation du poisson, mis d'ordinaire en conserve à l'huile.

Presque toutes les madragues d'Algérie et de Tunisie sont exploitées par des capitaux et du personnel italiens.

Il est regrettable, dit avec juste raison M. Kerzoncuf, que les capitaux français, après avoir tant fait pour la culture en Algérie et en Tunisie, aient dédaigné l'exploitation de la mer.

Tel est l'état actuel de l'industrie des pêches maritimes qui constitue la catégorie la plus importante des industries de la mer.

L'exposé qui précède montre quelques-uns des résultats susceptibles d'être atteints par l'exploitation rationnelle des richesses de l'Océan.

L'utilisation et la transformation des produits de la mer par des procédés modernes méritent de retenir l'attention, car l'ensemble des industries qui en découlent permet d'occuper plusieurs milliers de travailleurs, de fournir à la population française une nourriture saine, de contribuer au développement tant de l'agriculture que de diverses fabrications, et enfin d'accroître la prospérité de notre pays.

CONFÉRENCE FAITE A METZ

JEUDI 24 JUILLET 1919.

La réunion, organisée par M. Jacques Feschotte, Secrétaire général de la Fédération Lorraine de Lettres et des Arts, s'est tenue, à 20 h. 30, dans la grande Salle de l'Hôtel de Ville, sous la présidence d'honneur de M. Mirman, Commissaire de la République à Metz, et sous la présidence effective de M. Prével, maire de la Ville. Après avoir souhaité la bienvenue à M. de Launay, conférencier, et à M. Desgrez, délégué de l'Association, M. Prével a mis en relief, dans une allocution toute vibrante du plus ardent patriotisme, le grand intérêt que la Société messine porte au développement de la Science française et, par suite, à l'œuvre de notre Association.

M. L. DE LAUNAY,

Membre de l'Institut, Professeur à l'École Supérieure des Mines.

LES RICHESSES MINÉRALES DE L'ALSACE-LORRAINE.

MESDAMES, MESSIEURS,

Pardonnez-moi de commencer par un souvenir personnel; mais il m'est impossible de prendre la parole dans Metz redevenu français sans me rappeler avec une singulière vivacité que, le 16 mai 1914, à la veille de la guerre, j'ai été l'un des derniers Français, peut-être le dernier, à conférencer dans Metz soumise au joug allemand, sous la surveillance de magistrats allemands. J'étais alors obligé de mesurer mes paroles pour ne pas laisser percer le sentiment qui m'étreignait le cœur et qui dominait toute ma pensée, celui de l'Alsace-Lorraine inoubliée, inoubliable. Aujourd'hui je puis m'exprimer librement, sans être soumis à aucune censure; et cependant ce n'est pas du retour à la patrie que je vous parlerai, mais de questions beaucoup plus prosaïques, beaucoup plus terre à terre, de mines et de minerais. Je ne m'en excuserai pas. Ce sont les questions terre à terre qui doivent nous occuper désormais; il faut nous remettre tous résolument au travail. L'Alsace-Lorraine rentre dans une France appauvrie, mutilée, à laquelle cette abominable guerre que nous avons subie laisse des blessures douloureuses. Pour les guérir, pour retrouver à peu près une vie normale, il nous faut appliquer tous nos efforts, toute notre tension d'esprit à des tâches de relèvement et de reconstitution ardues: il nous faut reprendre contact avec les réalités économiques, sortir des chimères, creuser et labourer le sol afin de lui faire produire double récolte minière, double moisson.

Parler ici des richesses minières de l'Alsace-Lorraine, devant un auditoire où plus d'un sans doute les connait mieux et de plus près que moi, est singulièrement téméraire. J'essayerai cependant de grouper le mieux possible un ensemble de faits qui peuvent et doivent présenter un intérêt de premier ordre dans notre avenir national redevenu commun.

Les richesses minières dont je vous parlerai sont le fer de Lorraine, la houille de la Sarre, la potasse de Mulhouse et le pétrole de Pechelbronn. Je pourrais encore vous dire quelques mots du sel gemme ou des minerais métalliques représentés en divers points des Vosges; mais ce sont là des questions secondaires à côté des autres et notre sujet est déjà assez vaste pour qu'il y ait lieu de le limiter.

Le fer. — Le fer de Lorraine, par lequel je commence donc, a joué pendant la guerre le rôle essentiel et soulevé les discussions brûlantes que vous connaissez tous. Je ne vous en parlerai pas, n'ayant aucunement l'intention de faire ici de la politique et considérant même que, moins la France perdra son temps à faire de la politique, plus elle reconquerra vite ce qu'elle peut espérer dorénavant de prospérité.

Si nous envisageons donc uniquement le côté géologique de la question, il faut commencer par vous rappeler, ou vous apprendre comment se présentent ces gisements de fer, quelle est leur nature, comment on les exploite; enfin quelle valeur on est en droit de leur attribuer.

Et d'abord une notion essentielle. Les minerais métalliques se présentent, dans les profondeurs de la terre, sous deux formes principales : filons que l'on peut considérer en principe comme des murs verticaux, plus ou moins larges, de substance utile, englobés dans des terrains stériles et les sédiments qui sont (également en principe) les mêmes murs placés horizontalement. Quand on n'est pas familier avec les mines, c'est d'abord à un filon que l'on pense, et, dans le langage populaire, il arrive fréquemment que toutes les veines de matière utile soient qualifiées filons. Nos minerais de fer lorrains sont cependant des sédiments; et toutes les autres matières minérales dont je vais avoir à vous parler sont également des matières sédimentaires : aussi bien que le fer, le charbon, la potasse ou le pétrole. Il en serait autrement si je vous parlais du plomb vosgien qui est filonien; mais j'ai averti que je le laisserais de côté.

Dans l'ordre historique qui intéresse toujours particulièrement les géologues, ces sédiments utiles d'Alsace-Lorraine appartiennent aux trois grandes périodes que nous distinguons au cours des âges : la houille est carbonifère ou primaire; le fer est jurassique ou secondaire; la potasse et le pétrole sont tertiaires.

De tels sédiments, qui sont en principe horizontaux, et qui ont commencé par se déposer horizontalement dans le fond des eaux marines ou lacustres, ont, dans bien des cas, subi des mouvements postérieurs, des actions dynamiques, par lesquels ils ont été violemment redressés, plissés et disloqués, en sorte que, théoriquement horizontaux, il leur arrive d'être pratiquement verticaux. La plupart de nos houilles françaises offrent ainsi des sinuosités et des plissements dont nous allons rencontrer un exemple dans la Sarre. Pour les autres sédiments d'Alsace-Lorraine, ces actions mécaniques postérieures ont été fort restreintes; mais elles se traduisent néanmoins, pour les minerais de fer, par une disposition générale en forme de conque dont je dois commencer par signaler l'importance et les contrecoups industriels. Il suffit de dire que ce sédiment ferreux s'intercale à sa place normale dans le grand ensemble de terrains que l'on appelle le « bassin de Paris » et participe à l'allure que présentent, dans l'est de la France, tous les terrains de ce bassin.

Or, quiconque a jeté les yeux sur une carte géologique de la France a pu remarquer comment, autour de Paris comme centre, les zones successives des terrains, des étages classés par ordre d'ancienneté, dessinent des courbes concentriques, accolées à l'Est, au Sud et à l'Ouest contre les massifs de l'Ardenne, des Vosges, du Plateau central et de la Bretagne, dont la figuration sur cette même carte présente un aspect totalement différent. Chacune de ces zones bariolées, où l'on voit se succéder sur la carte trois gammes successives de bleu, de vert et de jaune, représente ce qu'on appelle « l'affleurement » du terrain en question, la bande suivant laquelle ce terrain apparaît à la superficie. Le même terrain fait défaut à l'extérieur de cette courbe bleue ou verte; vers l'intérieur, il existe, mais invisible en profondeur; et c'est l'affaire des mineurs de savoir le retrouver. La méthode qu'ils emploient pour y réussir n'est d'ailleurs pas bien malaisée à comprendre. Il suffit de concevoir que l'affleurement forme le bord d'une cuvette et que cette cuvette existe ailleurs enfouie dans le sol. Un sondage suffisamment profond entrepris au centre du bassin rencontrerait toute la série des étages géologiques qui affleurent sur le pourtour. Il les rencontrerait un peu modifiés par l'effet de la distance, parfois même singulièrement transformés, comme, dans le fond d'une même mer actuelle, peuvent, suivant les points, se déposer simultanément, en une même formation sédimentaire, ici des vases calcaires, là des argiles, ailleurs des sables quartzeux; mais ce n'en serait pas moins, pour le géologue, la même couche, puisqu'elle correspondrait tout entière à une même phase du temps. Sans aller si loin vers le centre du bassin, les minerais de fer lorrains plongent, comme les bancs calcaires qui les englobent, dans le sens de l'est à l'ouest, vers Paris; et, plus on s'éloigne dans ce sens, plus il faut descendre profondément pour les rencontrer; plus, par suite, on se heurte à des difficultés minières, notamment à des venues d'eau et plus, par suite, les frais d'extraction sont élevés.

Il en résulte une première cause d'appauvrissement qui suffirait à elle seule pour arrêter plus ou moins vite les travaux, quand bien même le minerai resterait identique; mais ce n'est pas la seule et ce minerai lui-même s'appauvrit, comme nous allons le voir.

Qu'est-ce, en effet, que le minerai de fer lorrain? Si vous allez dans une collection de minéralogie et si vous demandez à voir des minerais de fer, on vous montrera des oxydes ou des carbonates cristallisés, des hématites, des magnétites, des sidéroses. Si, fort de ces connaissances théoriques, vous visitez ensuite une mine de fer, telle qu'une mine lorraine, vous serez étonné de n'y rien rencontrer de semblable, mais seulement des sortes de pierres brunes, rouges ou verdâtres, que vous seriez tenté d'abord de prendre pour un caillou quelconque du chemin. Regardez à la loupe et vous vous apercevrez que les minerais lorrains offrent cependant un aspect spécial : ils sont formés d'innombrables petits grains pareils à des œufs, des « oolithes », ayant un ou deux millimètres de diamètre, qui sont, à proprement parler, le vrai minerai de fer et qui pourtant, eux non plus, ne ressemblent guère aux oligistes et aux sidéroses des minéralogistes. Ces petits grains triés, séparés de la gangue qui les cimente et les relie entre eux, tiennent à peu près moitié de fer, 50 0/0; mais, comme on n'effectue pas ce triage, il faut tenir compte de la gangue et la teneur du minerai tombe à 35 ou 40 0/0 de fer, avec maximum effectif de 40 et minimum utilisable de 20 à 26. C'est, vous le voyez, un minerai pauvre, puisqu'en Suède, par exemple, on exploite couramment, par grandes masses, des minerais de fer à 60 0/0; et cependant, vous avez entendu dire, et c'est vrai, que les minerais lorrains constituent le plus riche gisement d'Europe, l'un des plus riches du monde. C'est que, dans la valeur d'un minerai comme dans celle de toute marchandise, interviennent les deux considérations commerciales habituelles, le prix d'acquisition et le prix de vente. Nos minerais lorrains, quoique pauvres, constituent une grande richesse parce qu'on peut les extraire à bas prix et parce qu'ils sont assez voisins de charbonnages pour être fondus économiquement. Supposez, par exemple, que la journée ouvrière du mineur tombe des huit heures (c'est-à-dire, en fait, des six heures) actuelles à trois ou quatre, comme cela se produira peut-être un jour; le prix d'extraction deviendrait presque double. Tout l'amas des minerais lorrains serait condamné à rester dans la terre sans que personne puisse songer à l'en sortir. De même si ce minerai était transporté à 500 kilomètres dans l'intérieur du continent, ou si les voies ferrées qui le desservent étaient, pour une raison quelconque, rendues, par leur prix d'exploitation, inutilisables, il subirait alors le sort de tant de gisements tout aussi riches, plus riches même, que l'on connait dans le monde, en Sibérie, en Chine, dans l'Afrique Centrale, ou, sans aller si loin, en Espagne et dont on ne peut tirer aucun parti.

Ce rappel de vérités économiques élémentaires n'est peut-être pas inutile dans un temps où l'on est disposé à les oublier. Mais, pour nous borner à notre sujet restreint, il explique comment, au-dessous d'une certaine teneur en fer (qui n'est pas très éloignée de la teneur moyenne), le minerai passe à l'état de caillou méprisé et rejeté. Or, comme la teneur des minerais est variable suivant les régions et comme elle tend, d'une manière générale à s'appauvrir vers l'Ouest, dans le sens précisément où les frais d'extraction augmentent, il existe une certaine ligne tracée sur toutes les cartes géologiques, au delà de laquelle le minerai de fer perd, dans les conditions de l'industrie actuelle, toute sa valeur. J'en ai assez dit, je crois, pour avoir fait comprendre que cette ligne est toute conventionnelle, empirique, soumise à des fluctuations commerciales qui peuvent la faire avancer ou reculer. Essentiellement dépendante du prix de la main-d'œuvre et de la concurrence internationale, des lois fiscales et du fret, elle est, passez-moi le mot, beaucoup plus encore sociale que minéralogique (fig. 1 et 2).

Comme j'ai promis de ne pas parler politique, je n'envisagerai pas dans quel sens cette ligne paraît appelée à se déplacer d'après les pronostics les plus logiques et je me bornerai à la considérer telle qu'on l'avait tracée avant la guerre. La zone ferrifère utilisable présente ainsi, au maximum, 30 kilomètres de large et s'atrophie par endroits (entre Saint-Privat et Pont-à-Mousson) jusqu'à zéro. Indépendamment de la teneur en fer à laquelle on pense d'abord, d'autres éléments chimiques qui interviennent dans la constitution de ces minerais sont susceptibles d'en modifier la valeur et, par conséquent, l'exploitabilité : surtout la chaux, la silice et le phosphore, plus accessoirement l'alumine. Ces éléments interviennent dans tous les minerais lorrains; mais leur proportion varie suivant les districts et l'on attache, en particulier, une très grande importance à la teneur en chaux qui rend les minerais plus facilement fusibles, qui économise les additions artificielles de calcaire, ou, pour employer le mot technique, de castine et qui réduit, en même temps, la dépense de combustible. Les minerais profonds de Briey sont, on le sait, particulièrement recherchés à ce propos tandis que les minerais des affleurements et surtout de la zone qui, pendant près d'un demi-siècle, s'appela la Lorraine annexée, sont ordinairement siliceux. On achète donc des minerais calcaires de Briey pour les mélanger, dans les lits de fusion, avec des minerais trop siliceux des autres districts. Quant au phosphore, il a joué un rôle essentiel dans l'histoire, que vous connaissez tous, de cette industrie minière.

Je n'ai pas besoin de vous rappeler comment, avant la guerre de 1870, on ignorait la déphosphoration, en sorte qu'on se bornait à exploiter, sous une forme très restreinte, les minerais les plus purs des affleurements. La valeur moyenne des minerais étant dépréciée de ce fait, on n'envisageait pas alors comme utilisables les minerais plus profonds mais plus pauvres qu'avec quelques connaissances géologiques élémentaires, on pouvait dès lors supposer exister vers l'Ouest en s'éloignant des affleurements. C'est ce qui nous a permis de soustraire, pendant un demi-siècle, à la rapacité allemande la plus grande partie d'un bassin ferrugineux que, dès lors, ils n'auraient pas hésité à nous ravir s'ils en avaient soupçonné la valeur. Il

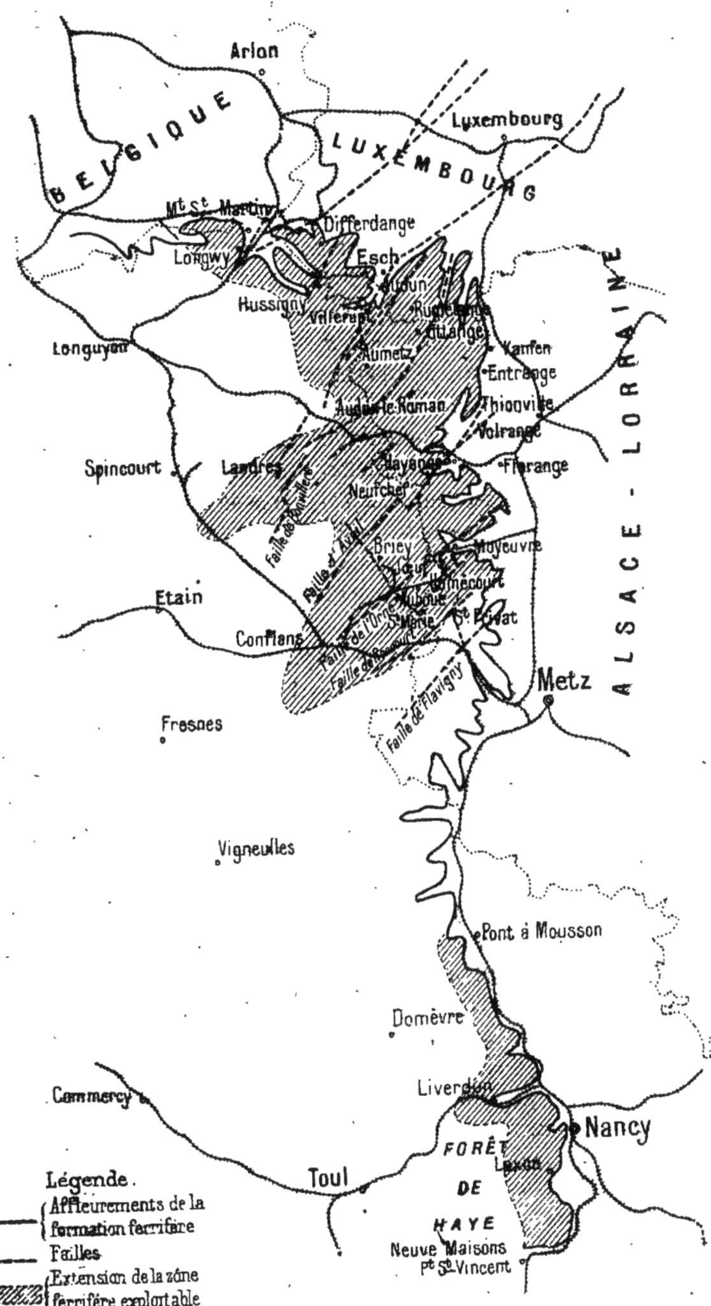

Fig. 1. — Carte de la zone ferrifère lorraine

cette figure est, comme les suivantes, extraite de l'ouvrage de M. de Launay, *Gîtes minéraux et métallifères*, publié par Ch. Béranger et obligeamment communiquée par cet éditeur.

y a ainsi, de tous côtés, dans la terre, des minerais que l'on laisse dormir, ou plutôt mûrir, non parce qu'on les ignore ou parce qu'on ne saurait pas en extraire le métal s'il le fallait à tout prix, mais parce que l'extraction de ce métal coûterait de l'argent au lieu d'en rapporter. Puis un jour vient où on semble les découvrir et où le public est tenté de railler, sinon d'accuser ceux qui précédemment n'en ont pas tiré parti. C'est l'histoire constante des mines d'or, particulièrement frappante pour les imaginations dans le cas d'un métal qui offre un prestige si particulier, mais aussi vraie pour tous les autres métaux plus vulgaires. Dans le cas du fer, on a trouvé la déphosphoration en 1878; dès 1882, les ingénieurs français entreprenaient la première campagne de sondages coûteux qui, progressivement, a démontré la valeur des minerais relativement profonds situés vers Landres, Briey et Conflans. Il ne faut pas voir, dans la succession de ces deux événements, un accident fortuit, mais une relation de cause à effet : le résultat normal d'une loi économique, qui produira le même effet toutes les fois qu'une découverte industrielle, une amélioration des transports, ou simplement un déplacement des frontières agiront dans le même sens pour diminuer le prix de revient. Ne l'oublions pas, à la veille du jour où les Allemands, privés du fer lorrain, vont être amenés à se tourner vers les minerais plus pauvres qui existent dans leur sol mais qu'ils y négligeaient jusqu'ici !

Vous n'attendez pas de moi une description technique de nos gisements lorrains. Parcourons cependant la zone ferrifère du nord au sud. Elle commence vers Longwy et Mont-Saint-Martin, où elle est à cheval sur les quatre pays de la Belgique, du Luxembourg, de la France et de la Lorraine désannexée. Puis elle s'étale vers le sud en prenant sa plus grande largeur, à la hauteur de Thionville, d'Entrange vers Landres, ou de Moyeuvre vers Conflans; elle disparaît alors un moment et se montre de nouveau près de Nancy, entre Pont-à-Mousson et Pont-Saint-Vincent. Pour les géologues et les industriels il y a là plusieurs champs d'exploitation distincts : les trois bassins français de Longwy, Briey et Nancy, les exploitations du Luxembourg et celles de l'Alsace-Lorraine. Les chiffres d'extraction étant influencés par des causes multiples, le meilleur procédé pour définir la valeur de ces trois bassins est de donner les chiffres auxquels on estime, dans chaque district, le cube de minerai disponible : chiffres, bien entendu, soumis à des divergences d'appréciation, mais cependant assez bien connus dans leur ensemble. On estime ainsi que la Lorraine désannexée peut tenir 2.000 millions de tonnes de minerai; Briey et Longwy, 2.300; le Luxembourg, 300; Nancy, 200 et le bassin siliceux de la Crusne, qui se rattache géographiquement à Briey, mais qui s'en distingue par la nature des minerais, 500. En faisant l'addition, on trouve 5.300.000 tonnes de minerais. Pour ceux à qui ces gros chiffres ne représenteraient pas une image bien précise, je dirai seulement qu'à la veille de la guerre la production des minerais de fer dans le monde n'atteignait pas 150 millions de tonnes. Les minerais de fer lorrains suffiraient donc à alimenter le monde pendant à peu près un tiers de siècle. Le chiffre vous paraîtra sans doute moindre que vous ne le pensiez; mais on a une tendance très générale à oublier que l'industrie minière diffère essentiellement de l'industrie agricole par son caractère précaire et que toutes nos mines actuellement connues ont devant elles un avenir très court si l'on envisage, non pas la vie des hommes généralement encore plus brève, mais celle des nations à laquelle on pensait autrefois quand on n'avait pas perdu l'habitude, le goût et je dirais même la possibilité de prévoir.

En regard de ces réserves, plaçons maintenant les chiffres d'extraction d'avant-guerre.

En 1913, dernière année normale, sur 35 millions de tonnes de minerais de fer produites par l'Allemagne et le Luxembourg, le bassin lorrain en fournissait à lui seul 27 millions et demi; sur 21,7 millions de tonnes extraites en France dans la même année, la partie gardée par nous en fournissait 19,5. Le total de l'extraction annuelle montait à 47 millions de tonnes : à peu près le tiers du chiffre que je viens de donner pour toute la production mondiale. L'importance du gisement lorrain apparaît ici mieux que dans le calcul des réserves. Elle apparaîtrait encore bien mieux si je pouvais vous montrer, sur des graphiques, la manière dont cette production grandissait d'année en année. Les chiffres précédents ne représentent, surtout pour la France, qu'un point de départ. Notre industrie du fer se créait, se développait de jour en jour et les efforts faits depuis dix ou vingt ans allaient seulement commencer à porter leurs fruits. Dans les dix dernières années, nous avions doublé notre extraction On attendait, des mines nouvellement créées, un accroissement comparable. Demain, si nous avons du charbon pour traiter nos minerais de fer, nous pouvons, nous devons prendre la tête de l'industrie sidérurgique européenne. Mais il nous faut du charbon; et nous nous demandons aujourd'hui avec quelque angoisse si, dans les conditions où la guerre s'est terminée, où la paix a été signée, nous aurons assez de charbon. C'est un sujet qui sera mieux à sa place quand nous parlerons tout à l'heure de la Sarre, mais dont nous ne pouvions négliger dès à présent le lien immédiat avec la question du fer.

Bornons-nous à ajouter quelques mots sur l'extraction et le traitement des minerais. L'extraction, d'abord, peut se faire par les trois méthodes habituelles : à ciel ouvert; souterrainement par galeries débouchant à flanc de coteau, ou enfin par puits. Plus l'on se reporte vers l'ouest, plus le dernier système prédomine. En moyenne, on compte que le minerai extrait peut revenir entre 2 fr. 50 c. et 3 fr. 50 c. la tonne (je parle des prix d'avant-guerre) et que, sur ce chiffre, les salaires ouvriers entrent pour à peu près moitié.

Une fois le minerai extrait, il reste à le transformer en fonte, puis en acier. La première opération s'opère nécessairement sur le gisement de fer; car on dépenserait davantage pour amener le minerai vers les fours à coke qu'on ne fait pour conduire le coke vers les minerais. Mais, plus l'élaboration du minerai primitif est poussée loin, plus la dépense de charbon augmente pour une même quantité de fonte, plus, par conséquent, la balance tend à se renverser en faveur du traitement métallurgique sur les houillères. Il ne peut y avoir d'hésitation que pour les produits intermédiaires, les produits demi-finis. De là résulte une situation de fait, qui devra être modifiée, mais qui ne pourra l'être sans quelques difficultés, faute d'avoir su imposer à temps les exigences nécessaires. Les mines et usines lorraines qui rentrent actuellement en France se sont nécessairement tournées pendant longtemps vers les houillères de la Sarre et de la Westphalie qui les alimentaient en combustible, vers les aciéries des mêmes régions qui achevaient l'élaboration de leurs produits. Les chiffres étaient les suivants. Sur 21 millions de tonnes extraites en Lorraine annexée, onze étaient transformées en fonte sur place, trois dans la Sarre, trois en Westphalie, quatre en Luxembourg. Sur les 3.100.000 tonnes de fonte Thomas obtenues en Lorraine, 2.500.000 étaient à leur tour transformées en acier, soit pour l'exportation directe, soit à destination des usines complémentaires westphaliennes. Mais, naturellement, l'acier qu'on produisait sur place était le produit commun et d'exportation courante : les rails, les poutrelles et les aciers marchands ; la Lorraine, si favorablement située, fournissait à elle seule plus du tiers de tout l'acier exporté par l'Allemagne. Au contraire, les produits finis, qui sont ceux où l'on incorpore le plus de main-d'œuvre dans une même quantité de minerai et où, par suite, on tire de ce minerai le bénéfice le plus grand ; ceux également qui sont le plus nécessaires à la vie d'une nation, étaient réservés pour la Westphalie. La Westphalie exploitait la Lorraine comme un fructueux domaine colonial. Aujourd'hui, séparées de la Westphalie, insuffisamment défendues par des conditions de paix édulcorées, ne pouvant trouver aucun secours dans nos mines de houille françaises systématiquement détruites, les mines de fer vont avoir à traverser des moments pénibles avant d'atteindre la superbe prospérité à laquelle elles ont droit et qui devrait constituer un des plus beaux fleurons de la France nouvelle. Je me borne à indiquer ce côté de mon sujet qui a causé bien des préoccupations. La France tout entière va souffrir, non seulement dans les bénéfices légitimes à espérer, mais dans la satisfaction de ses besoins les plus immédiats. Nos usines françaises, armées pour produire quatre milions de tonnes de fonte et pour les convertir en acier, ont été volontairement annihilées. Or, les usines françaises des régions envahies produisaient à elles seules 295.000 tonnes de tôles et de larges-plats ; les usines allemandes de la Lorraine désannexée, sur lesquelles on est disposé à compter pour les remplacer momentanément, n'ont pas un seul laminoir à tôle et ne produisent, par conséquent, pas de tôle. Seules, en Lorraine hier allemande, les usines françaises de la maison de Wendel sont organisées pour produire 96.000 tonnes de tôle par an. Cependant, la tôle d'acier est le produit indispensable pour la construction navale, le matériel de chemin de fer, la construction des ponts et les machines. Nous allons donc être, en ce cas, comme en bien d'autres, des vainqueurs placés, par leur longanimité excessive, dans un état d'infériorité par rapport aux vaincus.

N'exagérons rien. C'est une période de deux ou trois ans à passer, pendant laquelle il nous faudra user de toute notre énergie et de toutes nos ressources pour ne pas laisser prendre ou garder dans le commerce mondial des places difficiles ensuite à reconquérir.

Parmi les mines et les usines qui reviennent à la France, nous commencerons par le groupe français de Wendel. Ses mines, les plus vastes de toutes, couvrent à elles seules un quart de tout le bassin annexé, soit 9.000 hectares, dont 5.000 acquis avant 1870 et le reste provenant de concessions instituées sous le régime allemand au nord de la Fentsh et au sud de l'Orne. Ses aciéries de Moyeuvre-Grande et Hayange sont les plus anciennes du pays. Ce groupe produit à lui seul 850.000 tonnes de fonte, 790.000 tonnes de lingots d'acier : soit 132.000 tonnes de rails, 121.000 tonnes de poutrelles, 220.000 tonnes d'aciers marchands, 96.000 tonnes de tôles et larges-plats, 43.000 tonnes de fil machine, etc...

En tête des groupes allemands vient, comme production de fonte, la société de Rombach avec les usines de Rombach et de Maizières-les-Metz qui donne 770.000 tonnes de fonte, 610.000 tonnes de lingots. Puis la Société Aumetz-la Paix (usines de Fontoy et de Knutang) arrive à 640.000. Le groupe Thyssen possède à Hagondange une immense aciérie qui compte pour 440.000 tonnes de fonte, 400.000 tonnes de lingots. On peut encore citer le groupe des frères Stumm qui a d'autres installations dans la Sarre et dans le Palatinat et dont l'usine d'Uckange en Lorraine produit 260.000 tonnes de fonte ; Rumelange-Saint-Ingbert (125.000 tonnes) ; Dilling (120.000); l'usine Rœchling à Thionville (285.000).

Quelques-unes des grandes usines récentes à caractère très allemand, celles d'Hagondange (Thyssen), d'Uckange (Stumm) et de Roechling se sont établies au sud de Thionville, sur la Moselle.

Le charbon. — La question du charbon, à laquelle je passe maintenant, est bien délicate et, quoique la cause de la liberté, du droit, de la justice ait triomphé avec nos héroïques poilus, je ne suis pas bien sûr que cette liberté aille aujourd'hui jusqu'à me permettre de dire ouvertement tout ce que je pense. J'essayerai donc de me montrer aussi parlementaire que possible dans un sujet où il est difficile à ceux qui prévoient l'avenir, à ceux qui ont été blessés au cœur par la guerre et qui redoutent une guerre future, de ne pas laisser percer quelque déception.

Tout le monde sait — ou tout le monde devrait savoir — que le charbon est l'instrument essentiel dans la vie industrielle d'une nation moderne et que la France manque de charbon, qu'elle en manquera de plus en plus, alors que l'Allemagne en regorge : que, par conséquent, notre pays se trouve désarmé vis-à-vis de son éternel adversaire, comme il l'est à l'égard de ses deux grands alliés plus favorisés par la nature, l'Angleterre et les États-Unis. La France n'a que des gisements houillers restreints et qui, en outre, ont été mis actuellement dans l'impossibilité matérielle de travailler. Elle ne pourrait, avec des efforts suprêmes, produire qu'une quantité de houille très insuffisante pour ses besoins; et cette quantité, elle la produira moins que jamais, puisqu'au moment où il aurait fallu augmenter le travail jusqu'à la limite des forces, en accroissant les salaires à proportion, nos mineurs et nos parlementaires se sont entendus pour diminuer, au contraire, jusqu'à l'extrême limite l'efficacité de cet effort. Compter sur des découvertes de gisements nouveaux, sur la substitution de combustibles inférieurs à la houille, ou même sur la houille blanche pour combler ce déficit, autant vaudrait tabler sur l'emploi de la chaleur solaire ou sur l'utilisation des marées! Ce sont là des palliatifs, mais non des remèdes. Il nous faut de la houille pour vivre, pour résister, pour ne pas cesser demain d'être un grand pays sur le continent comme nous avons cessé de l'être sur mer. Cette houille, nous avions le moyen de l'obtenir puisque nous sommes les vainqueurs. Tout se réunissait pour nous conduire par la main dans le pays où elle existe, dans la Sarre, les souvenirs du passé, le vieux caractère lorrain de la région, les traditions françaises encore vivantes, le peu de temps même écoulé depuis la spoliation. Un mauvais génie n'a pas permis que cette faible compensation nous fût accordée pour tant de destructions, de ruines et de deuils.

Oh, je sais bien que l'on a eu l'air de faire quelque chose pour nous et que certains rêveurs, toujours prêts à chanter la « Marseillaise de la Paix », ont déjà trouvé qu'on avait fait trop. Mais que de circonlocutions, de si, de mais et de distinguo pour une chose qui eût pu être très simple, à la condition d'établir une démarcation nette entre l'annexion du sol et celle des hommes, d'opérer la première et non la seconde! Je plains ceux qui, pendant quinze ans peut-être, vont être amenés à diriger des mines dans de semblables conditions.

Voyons pourtant ce qui existe et ce qu'on nous prête pour quinze ans. La Sarre produit actuellement 17 millions de tonnes de houille, soit 8 millions de tonnes net après consommation des usines locales. Or, la France, avant la guerre, produisait péniblement 40 millions de tonnes pour une production de 60 millions. Elle produira beaucoup moins dans l'avenir pour toutes les causes que je viens d'indiquer. L'apport de la Sarre, même net de toutes charges, aurait donc été insuffisant pour combler notre déficit, d'autant plus que le charbon de la Sarre est médiocre et incapable, en général, de produire le coke métallurgique qui nous est, avant tout, nécessaire. Mais c'eût été néanmoins un appoint sérieux si nous avions eu un avenir illimité devant nous; car il serait très facile de réaliser dans la Sarre ce qui est inexécutable dans nos bassins houillers du Nord : de développer fortement la production par la création de sièges nouveaux. Le bassin de la Sarre a, comme je vais l'expliquer, une superficie utile double de celle du bassin de Valenciennes et possède, jusqu'à 1.000 mètres de profondeur, au moins 8 milliards de tonnes en réserve.

Avec le temps d'organiser ces exploitations et d'en amortir les frais, on aurait pu obtenir des résultats importants. On en obtiendra sans doute, malgré tout, quelques-uns; car nous entrons dans une période de charbon cher, parce que déficitaire, et l'État français, qui se propose d'exploiter lui-même les mines de la Sarre, trouvera peut-être, dans les ressources inépuisables d'un budget florissant, les millions nécessaires pour créer et outiller les sièges d'extraction nouveaux, que je voudrais voir réalisés.

Géologiquement, le terrain houiller de la Sarre se présente à nous comme un de ces sillons nord-est-sud-ouest dans lesquels sont encaissés tous nos terrains carbonifères à l'est de la France, aussi bien à Blanzy ou à Épinac qu'à Saint-Etienne. De tels sillons sont le résultat d'un grand mouvement de plissement postérieur au dépôt du terrain carbonifère; mais, avant la formation carbonifère, des sillons analogues existaient déjà et avaient constitué des dépressions, dans lesquelles s'étaient accumulés les débris végétaux destinés à constituer la houille. Vers le sud, ces dépressions étaient de caractère franchement lacustre et intercalées dans une chaîne montagneuse; vers le nord, on se rapprochait de la mer qu'on atteignait dans le grand bassin houiller franco-belge. Le bassin de la Sarre se trouve à la limite des deux systèmes et il en résulte, pour l'allure de ses dépôts, un caractère particulier qui établit une distinction heureuse avec les houilles de notre Plateau Central. En deux mots, on peut dire que les formations de houille marines sont ici plus régulières et plus minces, les formations lacustres plus locales, avec des renflements plus limités.

Le sillon houiller dont je viens de parler pour la Sarre présente, comme tous les accidents du même genre, dans le sens de son allongement, des alternatives de relèvement et d'enfoncement, d'élargissement et de serrée. Certains de ces relèvements le font apparaître au jour et tel est le cas autour de Sarrebruck; ailleurs, il disparaît en profondeur et il faut des sondages de plus en plus profonds pour aller le retrouver. L'histoire de ce bassin a été, en partie, celle des recherches qui ont permis peu à peu de reconnaître sa continuité dans le sens du sud et, par conséquent, son extension souterraine, très supérieure à ce que l'on avait pu escompter au début. Le résultat des sondages allemands et français opérés avant la guerre de 1914 montre, en résumé, désormais, que le terrain houiller de Sarrebruck existe, d'une façon plus ou moins continue, sur 100 kilomètres de long, depuis le Palatinat jusqu'à Pont-à-Mousson, avec une largeur qui dépasse par endroits 20 kilomètres (fig. 2).

On peut le considérer comme occupant la pointe amont d'un estuaire qui aboutissait du côté de la Thuringe. Il y a là une remarquable série de couches carbonifères très puissante et absolument concordante d'un bout à l'autre, depuis les couches inférieures de Sarrebruck qui correspondent à ce qu'on appelle les flénus du Pas-de-Calais, autrement dit, au westphalien ou carbonifère moyen, jusqu'au permien, en traversant la formation carbonifère supérieure dite stéphanienne. Cela signifie que, pendant cette longue période de temps, il ne s'est pas intercalé ici de mouvement violent analogue à ceux qui se manifestent, par exemple, dans tout le Plateau Central aux mêmes époques. Dans les couches inférieures de Sarrebruck, on a un système de grès, schistes et conglomérats, renfermant plus de 80 couches de houille, dont une a près de 4 mètres. Là se trouve le faisceau gras à gaz de Dudweiler et Wellesweiler. Puis viennent, en montant, les couches d'Ottweiler, épaisses de 2.000 mètres, qui correspondent à la zone supérieure de Saint-Etienne, mais qui contiennent peu de houille

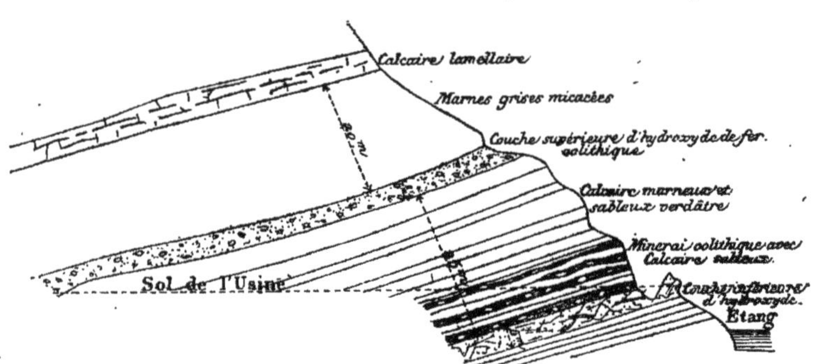

Fig. 2. — Coupe transversale de la vallée d'Ottange (bassin de Longwy), montrant l'allure des couches de minerai de fer volithiques.

et dont les teintes rouges habituelles, analogues à celles que l'on trouve ordinairement dans le permien, annoncent déjà les conditions de formation moins favorables aux dépôts des végétaux, qui ont, dans l'Europe Centrale, présidé à cette période. Enfin, le permien lui-même est représenté par les couches de Cusel et de Lebach, renfermant encore à la base un peu de houille.

En superficie (ce qui ne signifie pas en valeur industrielle) l'ensemble de ce bassin est l'équivalent du bassin belge et rhénan depuis Charleroi jusqu'à Eschweiler (du côté d'Aix-la-Chapelle). Une faible portion de cet espace constitue seule la zone d'exploitation actuelle; mais le reste offre des « possibilités » houillères intéressantes pour l'avenir.

Les affleurements houillers, par lesquels la mise en exploitation du bassin a tout naturellement commencé, dessinent une ellipse de 40 kilomètres de long sur 15 de large, commençant au nord à Frankenholtz en Palatinat bavarois et se continuant en Prusse rhénane pour atteindre et dépasser légérement la Sarre dans le sud entre Sarrebruck et Sarrelouis. La Sarre marque, transversalement au grand axe de cette ellipse, un accident géologique, par lequel le sillon houiller est rejeté en profondeur. Néanmoins, de 1853 à 1859, une campagne de sondages entreprise sous l'instigation de l'ingénieur français Jacquot a permis de reconnaître son prolongement dans le département de la Moselle vers Forbach et Saint-Avold et d'y instituer onze concessions qui produisent aujourd'hui presque 4 millions de tonnes. Après quoi, vers 1900, pendant la période d'occupation allemande, on a continué les recherches dans le sens sud-ouest et institué des concessions nouvelles (sans les exploiter encore) jusqu'à Faulquemont. A partir de là, toujours dans le même sens, l'approfondissement progressif rend la recherche de la houille de moins en moins rémunératrice et les sondages effectués, après 1903, à Eply et Pont-à-Mousson, sont des ouvrages très profonds, ayant eu à traverser des terrains très aquifères. La recherche d'Eply n'a trouvé un faisceau de charbon intéressant qu'entre 1273 et 1.487 mètres de profondeur. A Pont-à-Mousson, les couches utiles ont été traversées seulement entre 819 et 1.287 mètres.

D'autre part, dans le sens est-ouest, le sillon houiller de Sarrebruck est limité : à l'ouest, par le relèvement d'un seuil plus ancien qui le supprime; à l'est, par une brusque dénivellation d'environ 2 kilomètres, qui le rejette à une profondeur considérée comme inutilisable.

Entre ces limites, les terrains à charbon forment un massif saillant, où les couches de l'étage houiller, épaisses de 2 kilomètres, plongent en moyenne vers le nord avec une faible pente de 30°. J'ajoute encore à ce propos que, par une de ces vastes conceptions avec lesquelles nous a familiarisés la géologie moderne, on est conduit à se demander si tout ce massif, épais de 5 kilomètres, n'aurait pas été amené, transporté horizontalement, « charrié » par un mouvement de l'écorce terrestre par dessus un autre terrain houiller plus profond et à allure plus redressée, qui existerait alors dans les grandes profondeurs à Sarrebruck.

Si nous parcourons maintenant le champ d'exploitation du nord au sud, nous trouvons d'abord en Palatinat, une pointe d'environ 5.500 hectares utiles partagés entre trois exploitations, dont deux constituaient des mines du fisc bavarois et la troisième une entreprise privée : le tout ayant produit, en 1913, 800.000 tonnes. Puis, en Prusse rhénane, une surface utile d'environ 100.000 hectares appartenait en totalité (sauf la seule concession privée de Hostenbach produisant 200.000 tonnes) au fisc prussien qui, en 1913, en a tiré 12,5 millions de tonnes dans les douze divisions techniquement distinctes, entre lesquelles était partagée cette entreprise d'État. C'est là que se trouvent les mines Gerhard, Reden et Heinitz produisant chacune plus de 500.000 tonnes. Enfin, le groupe d'Alsace-Lorraine (au sens germanique du mot) occupe 50.000 hectares et a produit, en 1913, sur trois concessions, 3.800.000 tonnes. La plus importante de ces concessions, celle de Petite-Rosselle, appartient aux petits-fils de Wendel (2.400.000 tonnes). Celle de la Houve était également restée, en majeure partie, française. Après quoi, on entre en terrain inconnu jusqu'à la zone de Pont-à-Mousson explorée par les sondages français. Au total, on admet que la superficie utilisable dépasse 220.000 hectares, le double de notre champ houiller dans le Nord et le Pas-de-Calais.

Dès à présent, j'ai déjà dit que l'extraction dépasse 17 millions de tonnes, mais qu'il serait facile de l'accroître. Dans la partie nord, exploitée jusqu'ici par le fisc prussien, on estime à 90 mètres environ l'épaisseur de houille exploitable, en ne comptant que les couches d'au moins $0^{m},70$ de puissance. Une évaluation faite en 1913 pour le Congrès géologique du Canada, en laissant de côté toutes les parties hypothétiques, estime les réserves à 8 milliards de tonnes jusqu'à 1.000 mètres de profondeur; 10 jusqu'à 1.200 mètres; 12,5 jusqu'à 1.500 mètres : profondeur à laquelle on s'est limité jusqu'à nouvel ordre. Huit milliards de tonnes, c'est le chiffre que l'on compte pour nos ressources certaines ou probables dans le bassin du Nord et du Pas-de-Calais. Et d'autres évaluations allemandes envisagent, avec plus de mégalomanie, au moins 45 milliards de tonnes à toutes profondeurs.

La qualité de ce charbon est, il est vrai, je viens de le rappeler, défectueuse. On extrait cependant les deux sortes de houille dites flambantes et grasses et l'on a pu fabriquer, en 1913, 1.700.000 tonnes d'assez mauvais coke. Mais, en moyenne, la proportion des cendres est élevée : de 5 à 10 0/0 et la fabrication de ce coke nécessite des mélanges avec des charbons de Westphalie.

Laissons maintenant les mines pour étudier les industries diverses dont la présence du charbon a, comme toujours, provoqué la création.

Peu de pays ont été aussi complètement transformés par l'invasion industrielle que la vallée de la Sarre et ses abords immédiats. Là, comme sur tant d'autres bassins houillers, la sidérurgie a commencé autrefois par s'installer en petit pour traiter des minerais de fer du pays (ceux de Forbach, Saint-Avold, Dilling, etc.) Telle de ces usines, Dilling, est restée longtemps une affaire française. Mais l'industrie a surtout grandi depuis qu'on a commencé à importer les minerais lorrains. L'on a vu ainsi de puissants groupements allemands, tels que les Rœchling, les Stumm. les Böcking, les Mannesmann avoir à la fois mines et usines en Lorraine ou dans le Luxembourg et sur la Sarre.

Finalement, dans ces dernières années, l'industrie du fer mangeait à peu près le quart du charbon produit pour fabriquer 2 millions de tonnes d'acier. De puissantes usines à fer se sont établies, les unes dans la vallée même de la Sarre, à Dilling et Volkling; les autres au nord-est, à Saint-Ingbert, Hombourg et Neunkirch.

Mais ce n'est pas seulement le fer qui consomme le charbon de la Sarre et les chiffres suivants montreront la répartition de la production, qui va sans doute se trouver modifiée par le retour à la France; ils accusent, en même temps, la nature des charbons extraits. En 1913, on a consommé en chiffres ronds : 4 millions de tonnes pour la sidérurgie; 3,2 pour la consommation domestique; 1,5 pour la fabrication du gaz, autant pour les chemins de fer et tramways; 270.000 tonnes pour l'industrie textile; 200.000 pour l'industrie chimique et le reste pour la papeterie, la verrerie, la sucrerie, l'industrie électrique. Deux grandes centrales électriques établies sur les mines fiscales à Louisenthal et Heinitz fournissaient de la force à toute la contrée.

Citons presque au hasard : dans le groupe de Sarrebruck, Brebach, Forbach et Sarreguemines, les fabriques de produits chimiques et des matières colorantes; celles de draps, de velours et de dentelles; les usines qui traitent les résidus, graisses et chiffons; celles qui produisent des cirages, des colles fortes et des celluloïds; les quincailleries, ferblanteries et clouteries; dans la région de Sarrelouis, les aciéries de Hostenbach et de Dilling, la fabrique de blindages de Dilling, la tréfilerie de Becking, la cristallerie de Wadgasse, la faiencerie de Vaudrevange

La potasse. — La potasse, dont je vais parler maintenant, est une substance dont la valeur est généralement moins connue que celle du fer et de la houille, mais dont les gisements alsaciens ne présentent pas moins pour nous une valeur industrielle de premier ordre. Je me borne à rappeler qu'en dehors des industries chimiques et des explosifs, la potasse constitue des engrais indispensables à nos agriculteurs. Pendant longtemps, on a ignoré cette nécessité de fournir de la potasse aux plantes, comme on méconnaissait l'obligation de les alimenter en phosphore. Mais un mouvement, qui a commencé depuis trente ans à se propager dans l'univers entier et qui se développe avec une rapidité croissante, a rendu les cultivateurs de tous les pays de plus en plus avides de cette précieuse substance. Il s'est donc constitué, à son sujet, une industrie dont les ventes ont grandi en trente ans, de 1880 à 1910, dans la proportion de 1 à 30 et qui, malheureusement, par le fait des circonstances géologiques, s'était trouvée entièrement monopolisée par l'Allemagne. C'est à l'Allemagne que le monde entier devait demander la potasse nécessaire à la mise en valeur de ses champs. L'Allemagne dominait et réglementait à son profit le marché du « kali » (nom germanique attribué à la potasse) ; et l'avantage que rencontraient à cet égard les agriculteurs allemands était bien pour quelque chose dans l'amélioration remarquable obtenue pour les rendements de leurs récoltes. Il n'a existé, en effet, jusqu'en 1904 qu'un seul grand gisement de potasse mondial, celui de Stassfurt, et, lorsque la potasse eut été trouvée à cette date aux environs de Mulhouse, comme je vais l'expliquer, le gouvernement allemand put aisément prendre les mesures nécessaires pour défendre son monopole. Tel est l'état de choses qui va changer avantageusement à notre profit.

Ce n'est pas ici le lieu de décrire la puissante industrie de Stassfurt. Il nous suffit de dire qu'à la faveur d'un gisement à peu près inépuisable, une industrie chimique remarquablement outillée techniquement et commercialement, s'est constituée là depuis 1861 : industrie, dans laquelle l'État allemand a rapidement pris un rôle dominant, en forçant toutes les mines privées à subir sa volonté unique. Stassfurt jouissait depuis un demi-siècle de ce monopole et tous les efforts faits ailleurs, notamment aux États-Unis, pour s'en délivrer, avaient été infructueux quand, en 1904, un sondage entrepris à Wittelsheim, près Mulhouse, pour chercher la houille, rencontra par hasard la potasse. Bientôt les sondages se multiplièrent sur ce point. A la première Société Amélie, qui avait foré 165 sondages, s'ajouta la Société Sainte-Thérèse et les exploitations limitèrent le gisement profond, préparant la voie aux puits d'exploitation.

que l'on commença ensuite à creuser. D'importants capitaux français étaient engagés dans ces recherches ; les Américains, de leur côté, avaient acheté deux des mines nouvelles, quand, par une loi de 1910, le gouvernement allemand mit la main sur la potasse alsacienne, qui aurait pu faire concurrence à Stassfurt, en livrant tout ce commerce à un syndicat obligatoire, le Kali-syndicat, fondé en 1902, auquel fut confiée la charge de réglementer la production et d'assurer les prix. Dans ce syndicat, la part du lion fut naturellement attribuée à Stassfurt et une portion minime à l'Alsace. Le malheur voulait qu'à cette époque l'Alsace fût allemande, en sorte que la découverte nouvelle n'avait en rien atténué la situation de servitude où restait tout le monde civilisé quand il s'agissait de la potasse nécessaire à ses champs.

Enfin, pour terminer cet historique, dont on voit l'importance mondiale, peu avant la guerre de 1914, on rencontra un troisième gisement important, celui de Cardona en Catalogne. On se mit immédiatement à l'étude et un groupe franco-belge s'y intéressa vivement. Mais on n'en était encore qu'aux espoirs et la potasse continuait à venir totalement d'Allemagne (pour la plus grande part de Stassfurt; pour une faible partie de Mulhouse) ; les financiers allemands, grisés par ces avantages, avaient même engagé sur les affaires de potasse les spéculations les plus folles et provoqué ce qu'on appela « la crise du Kali », quand la guerre éclata. Nous faillîmes alors manquer de la potasse indispensable pour nos industries, nécessaire pour transformer en nitrates de potasse les nitrates de soude du Chili, destinés à nos explosifs et trop hygrométriques pour être employés directement. Il eût été logique d'accélérer les recherches de Catalogne, et la durée de la guerre aurait sans doute permis à leurs exploitants d'en tirer un parti fructueux. Des raisons très complexes amenèrent, au contraire, l'arrêt de ces recherches. Mais on put tant bien que mal se tirer d'affaire par des moyens de fortune, grâce à de petits gisements rencontrés à temps dans l'Erythrée italienne, en Californie, dans le Nebraska et aux ressources inépuisables qu'offre la mer avec ses produits d'évaporation salins, peut-être aussi grâce à quelques lots de potasse allemande infiltrés d'un camp à l'autre.

Après la guerre, ces petits gisements secondaires ne survivront sans doute pas longtemps; mais il n'en existera pas moins trois grands producteurs d'inégale puissance, situés dans trois pays différents, Stassfurt, Mulhouse et Cardona, en sorte que le commerce international de la potasse peut se trouver avantageusement modifié au bénéfice des consommateurs, si l'on ne préfère pas en faire un instrument fiscal.

Décrivons maintenant ces gisements alsaciens et commençons par expliquer en quelques mots comment, par quel épisode curieux de l'histoire géologique, ce dépôt précieux s'est constitué. Rappelons-nous à ce propos que les dépôts de potasse, comme ceux de soude (de sel gemme) sont des produits d'évaporation marine et que, si les premiers sont plus rares, c'est parce qu'il a fallu, pour les réaliser, une évaporation plus avancée dans des conditions plus spéciales.

Si nous nous reportons au moment où la potasse alsacienne s'est accumulée, dans le début de cette période tertiaire que l'on appelle « l'oligocène », nous devons imaginer un état de l'Europe bien différent de celui auquel nous sommes accoutumés. Les Pyrénées viennent, il est vrai, de surgir ; mais les Alpes n'existent pas encore et, à leur place, un long bras de mer suit à peu près la courbe extérieure de la chaîne actuelle. Le pays que nous appelons aujourd'hui l'Alsace, est occupé par une saillie granitique continue associant les Vosges à la Forêt-Noire.

C'est alors que, brusquement, de profondes et larges crevasses rectilignes, de véritables effondrements nord-sud, à peu près parallèles s'ouvrent presque simultanément dans le Plateau Central et dans les Vosges. D'un côté, se creusent les vallées du Cher, de l'Allier et de la Loire ; de l'autre, la vaste dépression, dans laquelle coule aujourd'hui le Rhin. Alors, dans

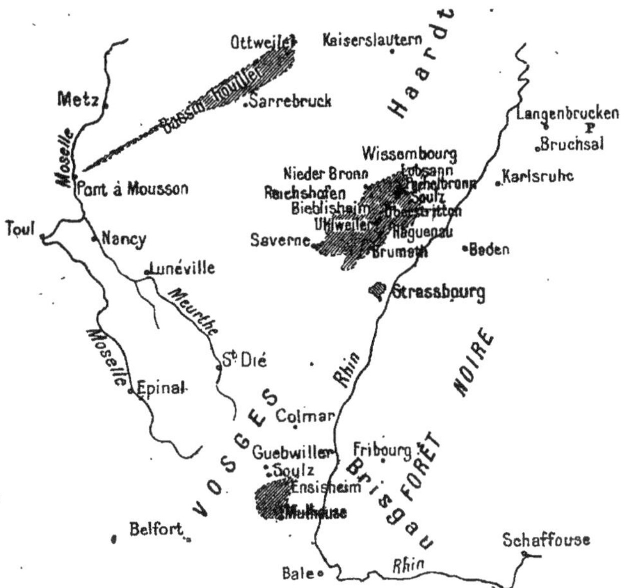

Fig. 3. — Carte des gisements de houille, de pétrole et de potasse en Alsace-Lorraine.

ce sillon rhénan, la mer pénètre et l'arrivée précaire de ces eaux marines, — leur évaporation dans le sud ; dans le nord, leur conflit avec des eaux douces — provoquent deux phénomènes à peu près contemporains, dont les effets sont pour nous bien distincts, mais que réunit pourtant une connexité intime et qui vont nous occuper successivement. A Mulhouse, un lambeau de mer isolé, emprisonné, sans affluents suffisants et sans issue, s'évaporant sous un ciel torride, donne la potasse. A Pechelbronn, en Haute-Alsace, dans la zone de conflit entre la mer et les fleuves, des organismes s'accumulent, concentrés sous un bain de saumure et subissent ce mode de décomposition spécial qui produit les huiles minérales.

La conséquence pratique, pour la potasse à laquelle nous nous bornons en ce moment, c'est le dépôt des sels potassiques en une sorte de gâteau aplati, de large disque elliptique pouvant occuper 25 kilomètres de long sur 12 ou 13 de large, avec une épaisseur utile d'environ 5 mètres : gâteau englobé dans 2 ou 300 mètres de sel gemme bientôt enfoui sous d'autres

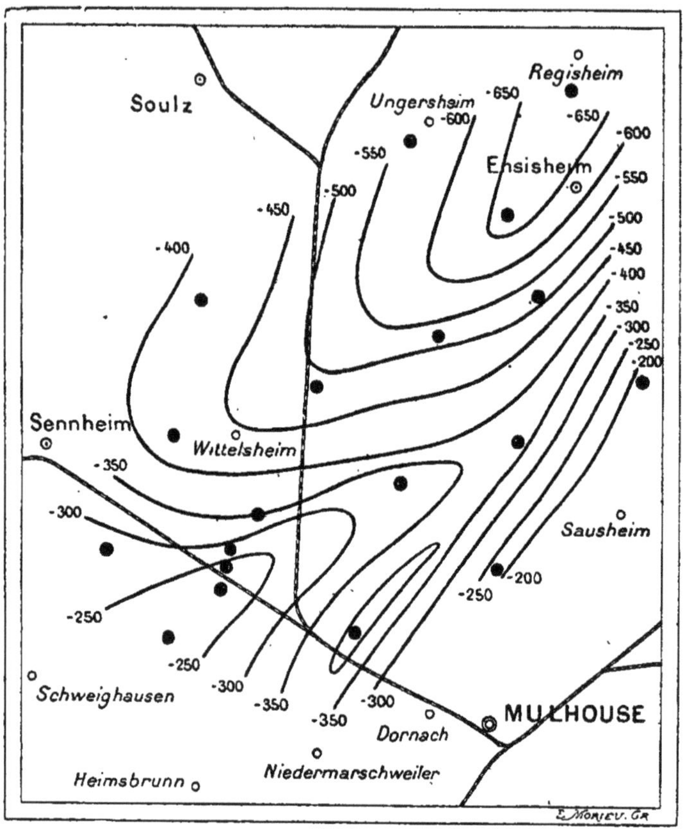

Fig. 4.— Carte des gîtes potassiques d'Alsace représentés, par courbes de niveaux distantes de 50 en 50 mètres suivant la verticale.

terrains stériles, en sorte que nous le rencontrons aujourd'hui entre 400 et 600 mètres de profondeur. Au centre le disque se renfle; sur les bords, il s'amincit et s'atrophie (fig. 3 et 4).

D'une façon plus précise, il existe, au nord-est de Mulhouse, une aire comprise entre Metenheim au nord et Reiningen au sud; entre Sennheim à l'ouest et Sausheim à l'est, dans laquelle on trouve deux couches de potasse séparées par environ 20 mètres de stérile : la couche supérieure épaisse de $1^m,15$, la couche inférieure de $4^m,15$. On a évalué la couche supérieure à 98 millions de mètres cubes, répartis sur 84 kilometres carrés et la couche inférieure à 603 sur 172 kilomètres carrés; ce qui, en chiffres ronds, donne (la densité étant de 2,1) 1.500 millions de tonnes de sels de potasse, ou 300 millions de tonnes comptées en potasse pure suivant le mode de calcul habituellement adopté pour n'avoir pas à faire intervenir les teneurs très variables que peuvent présenter les sels vendus. D'autres estimations arrivent même à 2 milliards de tonnes. Je me contente de faire allusion aux traductions extrêmement fantaisistes que l'on a voulu faire de ces chiffres en argent.

Les minerais de Mulhouse et ceux de Stassfurt diffèrent par leur constitution chimique aussi bien que par leur âge géologique. Cette différence de composition est à l'avantage de Mulhouse, où l'on peut économiser en partie les traitements coûteux et compliqués auxquels les sels de Stassfurt doivent être soumis. Les couches de Mulhouse, composées de bandes alternativement grises et rouges, sont formées principalement par un mélange des deux chlorures potassique et sodique (sylvine et sel gemme). Les bandes rouges, teintées par de l'oxyde de fer, contiennent surtout le sel de potassium, et les grises le sel de sodium. La teneur en chlorure de potassium varie le plus souvent de 20 à 68 0/0 et descend rarement, dans la couche utile, au-dessous de 10 0/0. Les minerais sont très purs et contiennent seulement des quantités insignifiantes de sels magnésiens; ce qui permet de les employer directement en agriculture et ce qui simplifie beaucoup leur raffinage chimique, presque élémentaire quand on le compare au traitement que doivent subir les « carnallites » de Stassfurt.

L'industrie potassique de Mulhouse est, je l'ai dit, récente et a été paralysée par les restrictions que lui imposait le syndicat allemand. A la suite du premier forage heureux exécuté à Wittelsheim en 1904, nous avons vu que l'on avait créé un premier siège d'extraction à la mine Amélie de Wittelsheim. Ce puits, profond de 600 mètres, a demandé deux ans de travail et une dépense de 2.500.000 francs. On a dû y employer les procédés de congélation pour traverser les zones aquifères. Il a été terminé et a commencé à expédier les premiers wagons de potasse alsaciens en janvier 1910. En 1912, cette mine occupait 200 hommes et produisait 300 tonnes de sel potassique par jour. On a installé ensuite 14 autres puits semblables et d'égale capacité, puits très modernes avec des moteurs électriques actionnés par une centrale thermique. Quand la guerre a éclaté, on calculait que les 15 puits alsaciens auraient pu facilement extraire 1.500.000 tonnes de sels bruts par an, à raison de 1.000 tonnes par puits : soit 350 à 400.000 tonnes de potasse pure; mais le syndicat allemand les avait limités à 80.000 tonnes de potasse, ce qui correspondait au dixième de la production allemande, elle-même équilibrée sur la consommation mondiale.

Pour donner une idée de ce régime heureusement disparu, je dirai seulement que, d'après la loi du 25 mai 1910, réglementant la vente des sels de potasse dans toute l'Allemagne, la mine Amélie, la seule exploitée à ce moment. avait droit à un tantième de 14,74 millièmes (12,07 en 1913), dans la production totale de l'Empire : soit 9.000 tonnes de potasse pure, ou 45.000 tonnes de sels de potasse bruts. correspondant seulement à une extraction de 15 wagons par jour. Les coefficients beaucoup plus faibles des autres mines variaient de 2,87 à 3,59 0/0.

Le pétrole. — Enfin, le dernier sujet que nous nous proposons de traiter est celui du pétrole : sujet également important pour notre industrie nationale puisque la France manque totalement de pétrole dans la mère patrie et en possède à peine quelques traces en Algérie. Peut-être, un jour ou l'autre, une chance analogue à celle qui vient de favoriser les Anglais, nous permettra-t-elle de découvrir chez nous le pétrole qui nous est de plus en plus indispensable. Il existe, en divers points, à cet égard, des indices encourageants qui auraient pu motiver des recherches; mais le moins que l'on puisse dire à cet égard est que les chercheurs de mines ont été peu encouragés en France depuis quelque temps et ce qui offre déjà des inconvénients pour des gisements de substances minérales presque entièrement découverts comme ceux de la houille, devient désastreux quand il s'agit d'une industrie à créer, ainsi que l'est chez nous celle du pétrole. Nous sommes donc très heureux de trouver désormais ce petit bassin pétrolifère alsacien, susceptible de fournir annuellement 30 à 40.000 tonnes.

J'ai déjà indiqué par suite de quels incidents géologiques le pétrole d'Alsace s'est constitué à l'époque tertiaire dans une zone de conflit entre les courants fluviaux et la mer, où les organismes ont eu alors tendance à s'accumuler.

Comme résultat pratique, il s'est formé alors un bassin pétrolifère qui est situé au nord-est de Strasbourg, autour de Pechelbronn. Le pétrole occupe là une ellipse comprise : entre Wissembourg et Saverne, dans les sens N.-E.-S.-O. ; entre Niederbronn et Haguenau dans le sens perpendiculaire. Il n'est peut-être pas sans intérêt, pour l'avenir d'autres explorations, de rappeler les phases successives, par lesquelles cette exploitation a passé.

Depuis la fin du XVIIIe siècle, on connaissait déjà là, de tous côtés, à Pechelbronn, Lobsann, Soultz-sous-Forest, des imprégnations bitumineuses ou asphaltiques, auxquelles, dès 1849, le géologue français Daubrée avait consacré une description méthodique. On travaillait alors en petit et à faible profondeur, jusqu'à soixante-dix mètres, par puits et galeries, et l'on fabriquait surtout de la graisse minérale commune, avec très peu d'huile lampante. C'est en 1880, seulement, qu'on eut l'idée d'aller rechercher par sondages les nappes pétrolifères originelles, non altérées, à huile moins épaisse, d'où ne pouvaient manquer de provenir les épanchements hydrocarburés superficiels. On rencontra ainsi, jusqu'à trois cents mètres de profondeur, un certain nombre de lentilles sableuses pétrolifères, sur lesquelles, dans les vingt années suivantes, on a installé près de six cents sondages (fig. 3 et 5). A Pechelbronn, par exemple, il y a trois lentilles pétrolifères principales vers 70, 150 et 300 mètres de profondeur, qui dessinent en plan des veines allongées. On a réalisé, de cette manière, jusqu'à la guerre de 1914, une production annuelle de 25 à 30.000 tonnes (23.500 en 1910). Le rendement moyen des puits n'excédait pas d'ordinaire 800 kilogrammes par jour (5 à 6 barils de 130 kilos), mais atteignait exceptionnellement 5 tonnes (30 barils). Quand la guerre a éclaté et a bientôt privé l'Allemagne des importations qui, à peu près seules, avaient alimenté, jusque-là, son énorme consommation, la hausse des prix a amené à intensifier les exploitations du Hanovre et d'Alsace, et, favorisée par un prix de vente énorme, la production alsacienne a pu momentanément presque doubler.

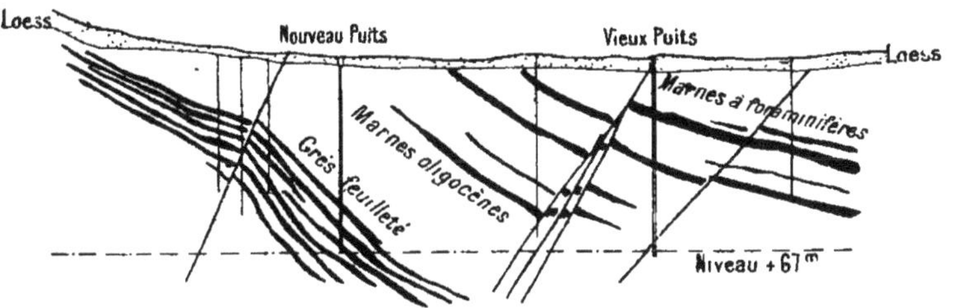

Fig. 5. — Coupe des terrains pétrolifères de Schaweiler (bassin de Pechelbronn). Longueurs au 1/6200e ; hauteurs au 1/3100e.

Nous avons vu tout à l'heure quelle était l'extension géographique de la zone pétrolifère. Mais, par une loi fâcheuse que l'on constate à peu près dans tous les champs pétrolifères, la partie utilisable du bassin n'occupe qu'un espace très localisé dans cette zone, où l'huile minérale se présente partout ailleurs disséminée en proportions trop faibles. Les seuls points fructueux s'alignent à l'est d'une faille qui limite vers l'ouest cette espèce de fosse pétrolifère. On y trouve, du nord au sud : d'abord le bassin principal de Pechelbronn et Soultz-sous-Forest, occupant dix à douze hectares; puis ceux de Gunstett, Bieblisheim et Obsertritten (au nord de Haguenau); enfin, à l'ouest de cette ville, Uhlweiler.

Il existait, dans ce bassin, un certain nombre d'affaires allemandes, d'où les Français avaient été éliminés et qui, depuis 1910, étaient groupées, comme toutes les entreprises de pétrole allemandes, sous la direction d'une société berlinoise, la Société allemande des pétroles (Deutsche Erdoel). Cette Société exploitait une concession de 45.000 hectares et raffinait le pétrole dans les trois usines de Pechelbronn, Biblisheim et Durrenbach. Elle avait organisé notamment un système commercial assez adroit, fondé sur la multiplicité des produits fabriqués et sur la possibilité, en conséquence, de satisfaire tous les clients en faisant varier, non pas les prix, mais les qualités fournies. La répartition antérieure, qui subsistait à certains égards, comportait quelques autres affaires : la Société des mines de Pechelbronn, qui avait racheté, en 1905, à des Hollandais l'usine de Biblisheim; la Société allemande de sondages (Walbourg), la fabrique d'huiles rhénane (Lauterbourg), etc. Cette empreinte allemande, qui était puissamment marquée sur toute cette industrie, va être supprimée par une transmission de la propriété à un groupement de capitaux français.

Les huiles extraites de Pechelbronn sont de qualités diverses et, comme toujours, les lentilles les plus rapprochées de la surface sont épaisses, fortement parafinées, pauvres en produits légers; en sorte qu'on a été obligé de leur appliquer un traitement spécial, organisé dans l'usine de Durenbach. Mais il existe surtout des huiles de densité 875 à 890, propres à la fabrication des essences minérales, que l'on traite par des procédés divers de distillation. Le ménage intime des huiles avec une forte proportion d'eau salée est une des difficultés du traitement, même par des procédés récents.

Indépendamment des conditions spéciales amenées par la guerre, une exploitation de pétrole alsacienne comprend l'exécution de sondages, sur lesquels on installe une pompe dite canadienne, dont le balancier est actionné par un moteur électrique de manière à déplacer le piston inférieur d'un mouvement lent. Arrivé à la surface, le pétrole est envoyé dans des tuyaux communiquant anec les canalisations plus importantes qu'on appelle les pipe-lines et aboutit aux raffineries.

Dans l'usine de Pechelbronn, un premier groupe d'opérations vise à débarrasser le pétrole de l'eau, qui y est mélangée en Alsace dans la proportion d'un quart et qu'on ne peut éliminer par les procédés ordinaires de décantation. En même temps, on commence à opérer des distillations fractionnées à températures croissantes, qui extraient les essences légères et laissent finalement un pétrole « sec ». Ce pétrole sec est, à son tour, distillé et redistillé. Puis on rectifie et on raffine les essences, de manière à avoir diverses qualités d'huiles lampantes et d'huiles à graisser, et enfin on retire la paraffine.

ASSEMBLÉE GÉNÉRALE DES MEMBRES DE L'ASSOCIATION

JEUDI 9 OCTOBRE 1919.

CONFÉRENCE DE M. LE PROFESSEUR CALMETTE

Président de l'Association.

L'INFECTION TUBERCULEUSE CHEZ LES DIVERSES RACES HUMAINES.

MESDAMES, MESSIEURS,

Le Président que vous avez élu en 1914 n'a jamais pu remplir ses fonctions et il s'en excuse. Ce n'est point de sa faute. L'invasion des armées allemandes et l'occupation du Nord de la France, prolongée pendant quatre longues années, l'ont complètement séparé du monde civilisé. Il se réjouit de se retrouver au milieu de vous. Les impressions qu'il ressent aujourd'hui sont celles qu'on éprouve lorsqu'on relève d'une très grave maladie et qu'après avoir senti le souffle de la mort, on se reprend à vivre parmi les êtres qui vous sont chers.

Mes chers collègues, j'ai été témoin des crimes les plus odieux, des actes les plus férocement cruels commis par les chefs militaires et aussi par les soldats des armées germaniques, avec l'approbation, la complicité des intellectuels allemands dont *aucun* n'a encore eu le courage de protester publiquement, à haute et intelligible voix, contre les actes antisociaux accomplis par leur gouvernement. J'ignore si ce peuple de proie méritera un jour notre pardon, mais ce que je sais, c'est que, lorsque les grands coupables seront punis, lorsque justice sera faite, il n'y aura dans nos cœurs aucune place pour les sentiments de vengeance ou de haine.

Notre Association française pour l'Avancement des Sciences ne travaillera, selon ses saintes traditions, que pour les œuvres de civilisation, de progrès social et de paix. Nous essaierons de compenser, par un redoublement d'efforts, le retard apporté, par ces quatre années de vie sauvage, à la marche de l'humanité vers la lumière.

Cette marche, depuis un demi-siècle, est une course vertigineuse vers des sommets surplombant des abîmes au fond desquels il s'agit de ne pas nous laisser choir. A quoi servirait-il aux hommes d'avoir appris à se mouvoir à leur gré dans les espaces aériens et dans la profondeur des océans, de pouvoir échanger instantanément leurs pensées d'un continent à l'autre, s'ils demeurent impuissants à protéger leur existence contre les causes de mort prématurée et contre les maladies auxquelles ils doivent la privation de cette *euphorie* naturelle qui n'est autre chose que la *joie de vivre*.

Or, en l'état actuel de nos connaissances, presque toutes ces maladies génératrices de mort ou de misère sont évitables. Les méthodes pastoriennes nous ont révélé leurs causes et le genre humain est assez puissant pour forger les armes qu'il faut pour les vaincre.

La plus meurtrière de toutes est la *Tuberculose*. Elle guette l'homme dès le berceau, tue le quart des adolescents, et les pertes économiques qu'elle nous fait subir chaque année, en France seulement, se chiffrent par plus de 10 milliards. Elle constitue pour les peuples civilisés, et pour ceux-là surtout, un fléau plus redoutable que les plus grandes épidémies parce qu'il sévit, non par intermittences, ou par vagues destructives, mais en permanence et en progressant constamment.

Au cours d'une série de recherches que je poursuis depuis plusieurs années sur les modes de diffusion de cette maladie, j'ai été conduit à entreprendre une enquête sur sa distribution géographique et sur la sensibilité relative des diverses races humaines à l'infection tuberculeuse. S'il eût été possible que nous nous réunissions cette année à Montpellier, comme il avait été décidé tout d'abord, c'est ce sujet que je me proposais de développer devant l'Assemblée de nos collègues. Les circonstances nous ayant obligé à ajourner, jusqu'à l'an prochain, le Congrès régulier de notre Association, j'ai pensé que vous voudriez bien faire bon accueil à l'exposé des faits que j'ai pu réunir jusqu'à présent.

* * *

On sait, depuis longtemps, que la tuberculose est très irrégulièrement répandue dans les diverses régions du globe et qu'elle est surtout fréquente chez les peuples civilisés. Sa diffusion est en rapports étroits avec l'intensité des échanges commerciaux et il semble bien que les Européens, qui sont, de beaucoup, les plus atteints, constituent les principaux véhicules du bacille tuberculeux à travers le monde.

Il serait extrêmement profitable à nos connaissances sur l'étiologie de cette maladie si meurtrière de pouvoir observer la manière dont elle se répand et les formes qu'elle affecte dans un pays jusqu'alors indemne. On pourrait sans doute en déduire les conditions d'une prophylaxie plus efficace que celle que nous avons essayé d'organiser jusqu'à présent. C'est ainsi que l'on est actuellement porté à ne considérer comme contagieux que les sujets dont les lésions tuberculeuses sont ouvertes, principalement les phtisiques, qui disséminent autour d'eux une très grande quantité de bacilles avec leurs produits d'expectoration. Or l'expérimentation nous apprend que certains animaux particulièrement sensibles, tels que les bœufs, auxquels on peut artificiellement conférer, par une sorte de vaccination, une résistance plus ou moins grande à l'infection tuberculeuse, ou que ceux qui sont rendus naturellement résistants par une infection restée latente, possèdent la faculter d'éliminer par intermittences, mélangés aux excrétions normales de leur intestin, un grand nombre de bacilles virulents pour d'autres animaux, mais qui ne provoquent, chez ceux qui les émettent, aucune lésion tuberculeuse.

Il est à supposer que ce phénomène n'est pas spécial aux bovidés et que beaucoup d'hommes, auxquels une infection bénigne antérieure, ou restée latente, a conféré une immunité relative, sont susceptibles, tout en restant eux-mêmes en apparence parfaitement indemnes, de semer dans leur entourage des germes virulants.

S'il en est ainsi, on comprend que la tuberculose puisse être propagée très aisément par des voyageurs européens, qu'aucun signe objectif ne permet de considérer comme des malades, parmi les populations qui avaient été précédemment les mieux épargnées à cause de leur isolement dans les régions encore inexplorées du globe.

Les procédés de diagnostic dont nous disposons aujourd'hui, principalement certains modes d'emploi de la tuberculine, — poison spécial extrait des cultures du bacille, — permettent de déceler avec une grande précision l'existence de ces infections, latentes ou non, manifestées par des signes visibles, qui sont apparemment les sources les plus dangereuses parce qu'insoupçonnées de contagion tuberculeuse.

Grâce à ces procédés, nous sommes en mesure de rechercher dans chaque ville, dans chaque village, dans chaque famille, s'il existe des sujets contaminés par le bacille; nous pouvons établir la proportion de leur nombre par rapport à celui des sujets encore indemnes et chiffrer, par suite, ce qu'on peut appeler *l'index tuberculeux* d'un groupement ethnique, d'une localité ou de tout un pays.

Les données ainsi recueillies sont précieuses, non seulement parce qu'elles doivent nous servir à éveiller l'attention des intéressés ou celle des pouvoirs publics et à leur faire comprendre la nécessité de mesures défensives ou protectrices, mais aussi parce qu'elles nous apportent des éclaircissements sur les divers modes d'infection.

On comprend donc que de nombreuses recherches aient été récemment entreprises dans cette voie. Les plus intéressantes, et les seules que je désire relater ici, ont été effectuées hors d'Europe, car les statistiques des États européens montrent qu'à peu près partout les *neuf dixièmes environ des sujets atteignant l'âge adulte* n'ayant pas pu se soustraire à la contamination tuberculeuse, portent quelque lésion parfois grave, le plus souvent bénigne, et pouvant indéfiniment rester inoffensive pour ceux qui en sont atteints.

*
* *

Il est incontestable qu'après l'Europe c'est en Asie que la mortalité tuberculeuse est le plus élevée. On ne saurait en être surpris puisque cette partie de l'Ancien Continent est habitée, dans ses régions fertiles, par une population très dense et dont la civilisation, fort ancienne, a entraîné le groupement en agglomérations compactes.

Nous ne possédons aucune statistique sur la tuberculose en Chine. Morache, qui a longtemps résidé à Pékin comme médecin de la Légation de France, y a observé la phtisie à tous ses degrés et a signalé son extrême fréquence. C'est, dit-il, la principale cause de mortalité dans les classes pauvres. A Changhaï elle occasionne 60 0/0 de décès à l'hôpital chinois. Elle est également très commune à Canton, à Amoï, à Hong-Kong dans les quartiers indigènes.

Il en est de même au Siam, aux îles Philippines, dans l'Inde anglaise, à Ceylan. D'après Tholozan, elle serait rare en Perse. Ce fait tiendrait, non au climat, mais au genre de vie des Persans qui, pendant six mois de l'année, couchent en plein air sur les terrasses de leurs maisons ou dans les jardins et qui, pendant la saison froide, vivent dans des habitations largement ventilées.

En Syrie, en Anatolie, en Arménie, les formes graves de la tuberculose pulmonaire ne sont pas fréquentes. On les observerait exceptionnellement dans l'intérieur du pays, mais dans les villes voisines de la côte, à Smyrne, à Beyrouth, à Jérusalem, à Jaffa, elles sont très communes et on rencontre beaucoup d'enfants porteurs d'engorgements ganglionnaires caractéristiques.

* * *

Les peuples indigènes de l'Afrique ont été épargnés par la tuberculose tant qu'ils ont échappé à l'esclavage. Le virus a été introduit et continue à s'introduire chez eux, véhiculé par les Arabes et par les Européens conquérants ou commerçants. L'Égypte et les régions méditerranéennes se sont trouvées les premières exposées à la contagion. Le Caire, Alexandrie, Tripoli, Tunis, Bône, Ager, Constantine, accusent aujourd'hui une mortalité par tuberculose à peu près égale à celle de Barcelone, de Marseille ou de Naples. Mais l'intérieur du pays est encore peu contaminé.

On peut en dire autant de l'Afrique du Sud, ainsi que des côtes orientales et occidentales. Plus on s'éloigne de la mer et des localités fréquentées par les Européens, plus l'infection bacillaire devient rare. On ne la rencontre déjà presque plus dans le Haut-Nil chez les nègres du Darfour et elle n'est apparue dans les villages indigènes riverains du Niger, du Tchad, du Congo et du Zambèze, qu'à la suite de l'immigration d'éléments étrangers.

L'épreuve des réactions tuberculiniques indique pour le Sénégal, chez les sujets âgés de plus de 15 ans, une proportion d'environ 15 0/0 d'infectés; de 5 0/0 seulement en Guinée; de 8 0/0 sur la Côte d'Ivoire. Les peuplades de l'intérieur du pays sont toujours beaucoup moins atteintes que celles qui avoisinent les côtes. On fait la même observation à Madagascar. Par contre, dans notre vieille colonie de la Réunion, le nombre des sujets infectés s'élève à 81 0/0, chiffre très voisin de celui des villes européennes.

On doit donc se demander quel sera, au point de vue de la diffusion de la tuberculose dans nos colonies africaines, le retentissement de la guerre mondiale qui nous a contraints à faire de larges emprunts d'effectifs à leurs populations indigènes pour la création de cette *armée noire* dont nos généraux ont tant apprécié les glorieux services. Il n'est pas douteux que les contingents sénégalais, dont le recrutement a été particulièrement soigné, n'ont fourni, lors des examens effectués dès leur débarquement en France, qu'un pourcentage très faible de sujets réagissant à la tuberculine.

Ce pourcentage, au camp de Saint-Raphaël, ne dépassait pas 4 à 5 0/0. Mais, à mesure que le contrat avec les Européens se prolongeait, le nombre des infectés devenait de plus en plus considérable et les malades présentaient presque tous des formes graves, à évolution rapide, tout à fait analogues à celles que l'on observe en France chez les jeunes enfants.

Il devint bientôt nécessaire d'organiser de fréquentes inspections médicales ayant pour objet de *dépister* et d'*isoler* immédiatement les *suspects*, afin d'éviter autant que possible la contagion à ceux qui étaient encore indemnes. Ce n'est donc qu'au prix de précautions toutes spéciales, ayant pour objet la préservation des Sénégalais nouvellement débarqués contre la contamination par les malades européens, qu'il sera possible de garder en France, ou sur les bords du Rhin, des contingents noirs sans s'exposer aux pires mécomptes.

* * *

En Australie, la tuberculose, quoique moins fréquente qu'en Europe, est cependant très répandue dans les villes. Elle se diffuse depuis le milieu du dernier siècle avec une grande intensité parmi les populations indigènes de l'île, ainsi qu'en Tasmanie et en Nouvelle-Zélande, où elle occasionne plus de la moitié des décès.

En Nouvelle-Calédonie, elle a été surtout propagée par les condamnés, Dix années s'étaient à peine écoulées depuis l'établissement du bagne, que la tuberculose prenait assez d'extension pour attirer spécialement l'attention des indigènes par les décès qu'elle occasionnait parmi eux. Sans se rendre bien compte de la marche de la maladie, un symptôme surtout les impressionnait : c'était l'amaigrissement, la consomption. Il paraît certain en effet que, chez le Canaque, la tuberculose a une tendance particulière à évoluer rapidement, mais sans fracas, et à se terminer par la phtisie pulmonaire. Il est rare de voir d'autres manifestations tuberculeuses. On peut poser en principe qu'actuellement le Canaque succombe en général à la tuberculose ou à la lèpre.

On peut en dire autant des Nouvelles-Hébrides et de toutes les îles polynésiennes récemment colonisées. A Tahiti, aux Loyalti, aux Marquises. aux Carolines, à Samoa, la tuberculose est le principal agent de dépopulation. Elle se répand parmi les indigènes avec une intensité terrifiante.

Les formes aiguës évoluant en trois ou quatre mois sont le plus communément observées.

Il semble que la gravité de l'infection, dans chaque île, soit proportionnelle au nombre d'Européens. Il est établi, d'autre part, que les Canaques, transportés dans les villes de la côte occidentale d'Amérique, y succombent très rapidement à la tuberculose. C'est ainsi qu'il y a quelques années un spéculateur anglais introduisit comme colons à Lima, au Pérou, deux mille indigènes des Marquises. En moins de dix-huit mois les trois quarts d'entre eux étaient morts de phtisie !

***

L'Amérique du Sud, depuis les régions les plus méridionales de la Patagonie jusqu'à l'isthme de Panama, recèle des foyers de tuberculose qui déciment les indigènes et qui ont été créés par la colonisation européenne. Les grandes villes de Buenos-Ayres, de Montevideo, ont une mortalité tuberculeuse supérieure à celle de Berlin. Les provinces centrales de l'Argentine, les côtes du Pérou et du Chili sur le Pacifique, ne sont pas davantage épargnées. La phtisie est très commune à Guayaquil, à Valparaiso et même à La Paz, bien que cette localité soit à 3.717 mètres d'altitude sur la Cordillière des Andes.

Dans nos vieilles colonies des Antilles françaises la moyenne des sujets qui réagissent à la tuberculose est de 41 0/0. Il est curieux de constater que jadis, dans ces îles paradisiaques, les noirs esclaves étaient rarement atteints. L'intérêt des planteurs exigeait qu'ils fussent bien logés, bien nourris, bien vêtus. On leur prodiguait des soins médicaux pour éviter les maladies susceptibles de restreindre le rendement de leur travail. La liberté a, dans une certaine mesure, changé à leur détriment leurs conditions d'existence et leur a donné la phtisie. Ils se contaminent maintenant les uns les autres dans les cases sordides où ils demeurent et dans les villes ou villages où leurs habitations, malproprement tenues, forment des quartiers qu'il est fort difficile d'assainir. En outre, l'alcoolisme fait parmi eux de terribles ravages et contribue puissamment à diminuer leur résistance.

Au Mexique et aux États-Unis, la mortalité par tuberculose chez les immigrés est à peu près la même qu'en Europe. Cette maladie n'existait pas chez les Indiens avant la colonisation européenne. Aujourd'hui elle cause parmi eux 66 0/0 des décès !

***

J'en ai dit assez pour montrer qu'aucune race humaine n'échappe à la tuberculose et que celle-ci est surtout répandue chez les peuples les plus anciennement civilisés, tandis que les populations indigènes des pays où la civilisation n'a pas encore pénétré sont à peu près indemnes, — ce qui ne veut pas dire qu'elles possèdent, à un degré quelconque, une immunité naturelle. — Bien au contraire, car la maladie les frappe avec une intensité terrible lorsqu'elles se trouvent exposées au contact infectant de bacillifères étrangers.

Il apparait d'autre part évident que l'influence du climat sur la fréquence plus ou moins grande de l'infection se montre absolument nulle. La tuberculose est aussi répandue et aussi grave chez les Esquimaux ou chez les Lapons, que chez les nègres du Congo ou chez les Canaques des Nouvelles-Hébrides. S'ils sont relativement moins décimés que les Européens, cela tient exclusivement à leur mode d'existence en groupes peu agglomérés ou à la vie nomade de certains d'entre eux.

Une enquête très suggestive à ce sujet à été faite en 1910 dans les provinces suédoises habitées par les Lapons. Dans la province de Norr-Botten on compta, parmi la population nomade, 2,25 0/0 et parmi les domiciliés sédentaires 3,55 0/0 de tuberculeux pulmonaires. A Kiruna, région montagneuse presque inhabitée, la tuberculose a fait son apparition en 1900, époque à laquelle on a commencé l'exploitation d'une mine de fer. On comptait alors 312 habitants, et dix ans plus tard, il y en avait plus de 8.000. Cette localité est située au nord du cercle polaire, à 1.400 kilomètres de Stockholm. En 1910 on y a examiné 2.000 individus, la plupart ouvriers mineurs ou appartenant à la famille de ces ouvriers. Sur 1.000 adultes 5,6 0/0 étaient tuberculeux avérés, et sur 1.000 enfants, 34 0/0 avaient des ganglions ou des adénites suppurées. Cette constatation a suggéré l'idée de diviser ces enfants en deux catégories : ceux qui sont nés à Kiruna, et dont l'âge ne dépassait pas 9 ou 10 ans, et les immigrés. On trouva alors que 61 0/0 des premiers étaient infectés, et 39 0/0 seulement des seconds. Il semble donc que l'infection se soit propagée avec une plus grande rapidité parmi les autochtones que dans les familles immigrées qui avaient apporté la maladie.

On a souvent remarqué que, dans les villes où la tuberculose est très répandue, les sujets de race juive fournissent un taux de mortalité sensiblement moindre que l'ensemble de la population. Les statistiques recueillies aux États-Unis sont particulièrement intéressantes à cet égard. A New-York par exemple, la mortalité oscille entre 40 et 50 pour 10.000 habitants non juifs, tandis qu'elle varie de 11 à 21 seulement pour les Juifs.

Dans la ville polonaise de Lemberg, où les Juifs vivent dans des conditions très misérables, leur mortalité par tuberculose est de 30 pour 10.000, tandis que celle des chrétiens est de 63.

A Londres, les Juifs habitent pour la plupart dans le quartier de White-chapel où ils exercent une foule de métiers généralement peu salubres. Leur mortalité n'est que de 42 pour 10.000 habitants contre 18 pour l'ensemble de la population.

Le même fait s'observe à Tunis.

Les statistiques semblent donc indiquer que la race juive est beaucoup moins frappée que les autres races par l'infection tuberculeuse. Mais ce n'est là qu'une apparence, car si l'on étudie dans chaque pays, non plus les causes de *mortalité*, mais les causes de *morbidité*, on voit que la tuberculose est aussi commune chez les Juifs que chez les chrétiens. C'est ainsi que les rapports du Henri Phipps Institute, de Philadelphie, montrent que le nombre de Juifs qui viennent y recevoir des soins ou qui réagissent à la tuberculine est proportionnellement à peu près le même que celui des individus d'autres races blanches.

S'il apparaît que, dans les villes, la mortalité par tuberculose est moindre chez les Juifs que chez les chrétiens, alors que leur morbidité est sensiblement la même, il faut en voir la cause dans ce fait que les Juifs, dont toute l'existence se passe presque exclusivement dans les agglomérations urbaines et très rarement à la campagne, sont, par leur genre de vie, exposés dès leur plus jeune âge aux infections légères dont le pouvoir vaccinant nous est aujourd'hui bien connu. Et si les formes rapidement mortelles sont plus rares chez eux, cela tient, d'une part à la résistance qu'ils acquièrent du fait de leur infection précoce et bénigne, d'autre part à ce que l'alcoolisme, ou le surmenage physique, n'exercent qu'exceptionnellement sur eux l'action déprimante qui en fait, pour les autres sujets de race blanche, et plus encore pour les nègres, des facteurs si importants d'aggravation de la maladie.

La tuberculose frappe donc toutes les races humaines. Et s'il existe entre les populations des divers pays des différences souvent considérables dans la mortalité tuberculeuse, elles résultent seulement de ce que l'infection bacillaire s'est implantée depuis plus ou moins longtemps chez elles et de ce que les occasions d'infection s'offrent à elles tantôt plus rares, tantôt plus massives ou plus fréquentes, suivant les conditions d'existence qui leur sont propres.

Les peuples qui ont été le plus longtemps préservés par leur isolement insulaire, par les difficultés des échanges commerciaux ou par la faible densité de leurs groupements, se montrent les plus sensibles. La maladie prend chez eux des formes le plus souvent graves, à évolution rapide, lorsqu'ils sont exposés à des occasions de contagion fréquentes. Tel est le cas des indigènes africains transportés dans les grandes métropoles d'Europe et d'Amérique.

Les peuples contaminés depuis des siècles, agglomérés en groupes sociaux compacts, exposés à des contaminations précoces, fréquentes et souvent massives par la cohabitation étroite et prolongée avec des malades semeurs de bacilles, sont au contraire plus résistants. La maladie affecte ordinairement chez eux des formes chroniques, à évoluion lente, mais presque tous les sujets sont atteints, et ceux qui, pendant leurs années d'enfance ou de jeunesse ont, par hasard, échappé à l'infection bénigne ou grave, offrent au virus une sensibilité égale à celle des sujets de races vierges.

Les mêmes phénomènes s'observent chez les bovidés, dont l'aptitude à contracter la tuberculose est au moins aussi grande que celle de l'homme.

Dans tous les pays où ces animaux sont condamnés à la stabulation prolongée ou permanente, l'infection bacillaire est très répandue. Par contre, elle est peu commune ou même exceptionnellement rare dans les pays tropicaux et partout où les bœufs vivent à l'état libre, en pâturages. Mais la colonisation tend aujourd'hui à la diffuser un peu partout par l'introduction d'animaux provenant de régions contaminées et qu'on destine aux croisements avec des races indigènes indemnes. C'est ainsi que les troupeaux de l'Argentine et ceux de l'île de Madagascar, épargnés jusqu'à ces dernières années par la contagion, commencent à être si gravement atteints que des mesures rigoureuses de défense sont maintenant édictées par les autorités sanitaires pour essayer de les préserver.

Quelles conclusions d'ordre pratique est-il possible de tirer de tous ces faits que corroborent avec tant de force les expériences de laboratoires?

En voici au moins quelques-unes qui s'imposent à notre attention :

En l'état actuel de nos connaissances, nous devons considérer comme *suspect* tout sujet, en apparence *sain*, qui fournit une réaction positive à la tuberculine. Or, dans nos grandes villes d'Europe le nombre de ces sujets suspects est immense. A Paris, il s'élève à 92 0/0 des individus âgés de plus de 25 ans!

Il est possible que ces sujets soient parfaitement inoffensifs, n'éliminent aucun bacille pendant des semaines, des mois, des années. Mais tout à coup, sans qu'aucun signe avertisseur soit perceptible, leurs déjections ou certaines de leurs sécrétions glanduaires, le lait par exemple, peuvent renfermer des bacilles.

Il faut donc continuellement prémunir contre ce danger les jeunes enfants dans les milieux non encore infectés. Pour cela, il est indispensable d'empêcher que ces jeunes enfants puissent consommer des laits ou des aliments susceptibles d'avoir été contaminés. Or, cette contamination — celle des aliments surtout — est malheureusement très fréquente. Elle s'effectue par les mains sales, par les linges souillés, par les mouches, par la terre ou les poussières provenant de la rue ou des champs d'épandage.

On ne saurait prendre trop de précautions contre toutes ces causes de souillures. Il est d'ailleurs bien établi que les villes proprement tenues, pourvues d'incinérateurs pour leurs ordures ménagères et de bons réseaux d'égouts complétés par une station d'épuration biologique, — c'est le cas d'un grand nombre de villes anglaises par exemple, — ont une morbidité et une mortalité par tuberculose infiniment moindres que les agglomérations urbaines dont les services d'assainissement sont défectueux.

Il ne faut pas se dissimuler qu'il est et qu'il sera pendant longtemps encore très difficile de tarir les « réservoirs de virus » que sont les phtisiques, cracheurs de bacilles. Les produits d'expectoration des malades, et ceux des bovidés porteurs de lésions pulmonaires ouvertes, sont et resteront les sources de contagion les plus redoutables, non seulement pour les jeunes enfants et les jeunes animaux, mais aussi pour les adultes, car ce sont eux qui entraînent habituellement ces contaminations massives et fréquentes dont on sait le rôle néfaste dans la genèse de la phtisie.

On ne peut s'en préserver efficacement qu'à condition d'organiser, autour de ces sujets, tout un système de *dépistage* basé sur l'examen bactériologique, et ce dépistage ne s'effectue pas sans de grandes difficultés, chez les animaux aussi bien que chez l'homme. Il relève de la perspicacité et de la science des médecins et des vétérinaires ; il relève aussi des œuvres de préservation antituberculeuse et, plus encore, de la surveillance attentive exercée par ceux qui sont le plus directement intéressés, soit parce qu'ils ne peuvent pas éviter de cohabiter avec des malades, soit parce qu'ils redoutent les conséquences économiques de la diffusion de la tuberculose dans leurs exploitations agricoles.

L'infection tuberculeuse est si communément répandue, elle est si intense dans certains milieux, qu'on ne peut guère envisager sa limitation d'abord, son extinction ensuite, que par la *vaccination* de tous les hommes et de tous les animaux tuberculisables.

Cette vaccination est possible, puisqu'elle s'effectue spontanément chez un nombre immense d'individus, à la suite d'une ou plusieurs infections légères, contractées le plus souvent dans le jeune âge.

C'est donc vers sa réalisation pratique que doivent tendre tous nos efforts. Après le vent de folie qui a poussé tant de nations, soit-disant civilisées, à s'entre-détruire, l'œuvre de paix réparatrice impose plus que jamais aux hommes de bonne volonté le devoir de travailler à la sauvegarde des innombrables vies humaines que la tuberculose fauche prématurément.

CONFÉRENCE FAITE A STRASBOURG

LE 21 NOVEMBRE 1919

Cette Conférence a été faite dans la grande salle de l'Université, sous la présidence d'honneur de M. Millerand, Commissaire général de la République en Alsace-Lorraine. M. le Recteur Charléty — qui nous a déjà prodigué, comme Président du Comité local du Congrès de Tunis, les témoignages de l'intérêt le plus dévoué — avait bien voulu comprendre cette Conférence dans les fêtes splendides et inoubliables organisées à l'occasion de la rentrée de l'Université. L'éminent Recteur dont l'Académie de Paris déplore la perte récente, M. Lucien Poincaré avait accepté la présidence de la réunion. Dans une de ces improvisations, si vibrantes de foi en l'avenir de notre pays, dont il était coutumier, M. Poincaré a fait l'éloge de l'Association française, de son œuvre et de l'influence considérable qu'elle a exercée sur les progrès de la Science et de l'Industrie. Il a ensuite présenté à l'auditoire le Conférencier, M. Moureu, en le donnant comme exemple de l'un de ces savants dont la collaboration à la riposte contre l'odieuse guerre des gaz innovée par les Allemands, a contribué au triomphe définitif des armées alliées.

M. CHARLES MOUREU,

Membre de l'Institut et de l'Académie de Médecine, Professeur au Collège de France.

LAVOISIER ET SES CONTINUATEURS (1)

MESSIEURS,

« La Chimie est une science française. Elle fut constituée par Lavoisier, d'immortelle mémoire. » Ainsi s'exprimait, en 1868, l'illustre alsacien Adolphe Wurtz, dans la célèbre préface de son *Dictionnaire de Chimie*, et il n'apparaît pas qu'après un demi-siècle d'admirables progrès ce jugement ait perdu de sa force et de sa vérité. Que dis-je! Le nom de Lavoisier grandit sans cesse, à mesure que la Science évolue, tant étaient solides les fondations établies, en moins de quinze années, par ce grand génie.

(1) Parmi les ouvrages que nous avons consultés pour la rédaction de cette étude, nous mentionnerons spécialement les suivants :

DUMAS, *Philosophie chimique*.
WURTZ, *Dictionnaire de Chimie, discours préliminaire*.
WURTZ, *Théorie atomique*.
LADENBURG, *Histoire de la Chimie*.
TILDEN, *The progress of scientific chemistry*.

Ainsi resplendissent avec tout leur éclat, à travers les siècles, les Platon, les Bacon, les Léonard de Vinci, les Descartes, les Pascal, ces géants de la pensée.

Déjà lors de l'apparition du grand ouvrage de Wurtz, qui présentait au monde, par l'organe des savants français, le premier inventaire général et complet des acquisitions réalisées dans l'ordre théorique et pratique, un domaine considérable avait été conquis par la Chimie, dont les richesses avaient centuplé depuis Lavoisier. Que dire aujourd'hui ! La Chimie n'est pas seulement une science dont nulle mémoire d'homme ne saurait embrasser toutes les notions accumulées; elle constitue actuellement, par l'étendue et la variété indéfinie de ses applications, un des rouages les plus essentiels de l'existence des individus et des collectivités. Faut-il s'en étonner ? Les transformations de la matière, dont l'étude fait l'objet de la Chimie, ne sont-elles pas la vie elle-même, ne créent-elles pas l'énergie, ne sont-elles pas une grande source de forces naturelles?

En ces temps si profondément troublés, qui marqueront dans l'Histoire de l'Humanité le début d'une ère nouvelle, l'heure paraît opportune, pour ceux qui pensent, de jeter un coup d'œil, avant de se livrer à l'avenir, sur les longues distances parcourues dans tous les champs de l'activité. Faire avec vous, sur les routes de la Chimie, un voyage rapide, où nous suivrons de haut la marche du progrès par l'étude sommaire des doctrines, tel sera l'objet de cette conférence.

I

LES CORPS SIMPLES. — LES OXYDES. LES ACIDES. — LES SELS.

1. — On a pu, avec raison, qualifier d'antiphlogistique le système de Lavoisier (1). Bécher avait imaginé que les métaux contiennent un principe combustible, une « terre inflammable ». Stahl (2) le nomma *phlogistique*, et il admit qu'il était répandu, outre les métaux, dans les divers corps combustibles, qui le perdent par la combustion ou la calcination. Un métal chauffé à l'air abandonne son phlogistique pour donner une poudre terne, une « chaux métallique » : les battitures qui jaillissent en étincelles du fer incandescent sont du fer « déphlogistiqué »; la litharge, cette poudre rougeâtre qui résulte de la calcination du plomb à l'air, est du plomb privé de son phlogistique. Les corps les plus inflammables sont les plus riches en phlogistique; incombustibles, ils en sont totalement dépourvus. Le feu dégage du phlogistique; sous son action, un corps combustible perd du phlogistique. Les « chaux métalliques » étaient contenues dans les métaux avant la calcination, en combinaison

(1) Né à Paris (1743-1794).

(2) Premier médecin du roi de Prusse (1660-1734).

avec le phlogistique. On leur restitue ce dernier en les chauffant avec du charbon, du bois, de l'huile, qui sont riches en phlogistique. C'est ainsi que la litharge, calcinée avec du charbon, lui prend son phlogistique pour régénérer le plomb métallique.

Cette théorie était muette sur le rôle de l'air dans tous ces phénomènes, en dépit des expériences antérieures (1630) de Jean Rey (1), qui avait reconnu que les métaux augmentent de poids par la calcination, de Robert Boyle (2) et de Jean Mayow (3), qui savaient que l'air renferme un principe qui est consommé pendant la combustion et la respiration. Ces observations, considérées comme détails secondaires, étaient demeurées stériles au point de vue de la théorie. Les chimistes ne s'attachaient alors qu'au côté apparent et qualitatif des phénomènes, qu'ils se bornaient à contempler et à décrire.

2. — Voici Lavoisier. Tout va changer. L'augmentation du poids des métaux, qu'il confirme par des expériences décisives, va devenir la pierre angulaire du nouveau système. La combustion n'est pas une décomposition, mais, au contraire, une combinaison résultant de la fixation d'un certain élément gazeux sur le corps combustible, dont le poids augmente précisément de tout le poids du gaz absorbé.

Une découverte sensationnelle vient donner une nouvelle force à cette théorie. Le 1er août 1774, le grand chimiste anglais Priestley (4) obtient, en calcinant la chaux mercurielle (oxyde de mercure), un gaz éminemment propre à entretenir la combustion et la respiration. Lavoisier montre que ce gaz est, avec l'azote, que Rutherford (5) avait découvert en 1772, un des éléments de l'air, mélange dont il détermine la composition, et il le nomme « air vital » (il le nommera plus tard oxygène). Dès ce moment, le rôle de l'air dans les phénomènes de combustion est clairement établi. Et c'est en vain que les derniers défenseurs du phlogistique : Cavendish (6), Priestley, le génial Scheele (7) lui-même, tentent de sauver la théorie de Stahl en la modifiant. Lavoisier leur répond par l'argument décisif des relations pondérales. Le tout, dit-il, est plus grand que la partie; les produits de la combustion, plus pesants que les corps combustibles, ne sauraient donc être un des éléments de ceux-ci; car, *dans les réactions chimiques, rien ne se perd, rien ne se crée; la matière ne saurait être anéantie.* Si donc les corps augmentent de poids en brûlant, c'est par gain d'une nouvelle matière; et lorsque, par contre, les chaux métalliques sont ramenées à l'état de métal, ce n'est pas par la restitution du phlogistique, mais par la perte de l'oxygène qu'elles renfermaient.

(1) Médecin du Périgord. Mort en 1645.
(2) Premier Président de la Société Royale de Londres (1626-1691).
(3) Médecin anglais, contemporain de Boyle.
(4) 1733-1804.
(5) Physicien anglais (1749-1819).
(6) Chimiste anglais (1731-1810).
(7) Pharmacien suédois (1742-1786).

Ainsi se trouvait affirmée, pour la première fois, la nature élémentaire des métaux, en même temps qu'étaient énoncées la loi fondamentale de la conservation de la matière et la notion toute nouvelle de *corps simples*. Lavoisier reconnaît comme tels tous les corps dont on ne peut tirer qu'une seule espèce de matière et qui, soumis à l'épreuve de toutes les forces, se montrent toujours identiques à eux-mêmes, indestructibles, indécomposables. Un grand nombre de substances reçurent ainsi, selon le mot si expressif de Wurtz, le « sceau d'une individualité propre ».

Lavoisier conçoit les corps simples comme doués du pouvoir de s'unir entre eux, pour engendrer, sans perte de substance, des corps composés contenant toute la matière pondérable des corps constituants. Ces grands principes, qui aujourd'hui sont pour nous des axiomes et qui étaient loin d'apparaître alors comme tels, forment la base de la Chimie. C'est la gloire de Lavoisier de les avoir proclamés et établis. Sa méthode fut l'emploi de la balance et l'étude des relations pondérales. Inaugurée par lui, elle est la seule bonne en Chimie.

Lavoisier eut la satisfaction, rare pour un si grand novateur, d'assister au triomphe de ses idées. Lorsqu'en 1794 la hache révolutionnaire mit fin à ses jours, tandis qu'il était encore dans toute la vigueur de l'âge et la force de son génie, le système de Stahl était irrémédiablement condamné.

3. — L'étude des phénomènes d'oxydation — dont il ne devait pas tarder à montrer que les phénomènes de la respiration et de la chaleur animale ne sont qu'un cas particulier (combustion lente), jetant ainsi les bases mêmes de la Physiologie — impose naturellement l'oxygène et les corps oxygénés à l'attention de Lavoisier. Il fixe définitivement la composition de l'eau (hydrogène + oxygène), il établit celle du gaz carbonique (carbone + oxygène). Il étudie les *acides* du soufre, du phosphore, de l'azote, et il découvre des différences dans les degrés d'oxydation.

Revenant aux *oxydes*, Lavoisier les considère comme les éléments nécessaires de tous les *sels*. Avant lui, la constitution de ces derniers était généralement méconnue. On les considérait comme formés par l'union tantôt d'un acide avec un métal, tantôt d'un acide avec une « chaux métallique » (oxyde). On savait en effet que la litharge peut donner un sel en se dissolvant dans du vinaigre, mais aussi que le vitriol blanc se produit quand l'acide sulfurique étendu agit sur le zinc. Lavoisier, ayant étudié ce phénomène, admit que le dégagement d'hydrogène provient de la décomposition de l'eau, qui participe à la réaction, et dont l'oxygène reste fixé sur le zinc; ce n'est donc pas le zinc, mais le zinc oxydé, l'oxyde de zinc, qui s'unit à l'acide sulfurique. Dans l'attaque du cuivre par l'acide nitrique, le métal prend de l'oxygène non à l'eau présente, mais à une partie de l'acide, qui donne, par cette désoxydation, des vapeurs rutilantes, et l'oxyde de cuivre, ainsi formé, s'unit à une autre partie de l'acide nitrique pour constituer un sel.

Le rôle de l'oxygène dans la formation des acides, des oxydes et des sels, ayant été ainsi reconnu, les mêmes principes pouvaient s'appliquer immédiatement aux combinaisons chimiques non oxygénées : un sulfure résulte de la combinaison du soufre avec un métal, un phosphure renferme un métal uni à du phosphore.

Tels sont les fondements du nouveau système de Chimie établi par Lavoisier. Dans les combinaisons, l'attraction chimique (affinité) s'exerce toujours entre deux constituants simples ou composés; ceux-ci s'attirent en vertu d'une certaine opposition de propriétés, qui est précisément neutralisée par le fait de leur union. Telle est l'idée *dualistique*. Elle régnera longtemps dans la Science.

4. — La langue chimique était alors une collection de mots bizarres, sans règles et sans clarté. Une *nomenclature* rationnelle *s'imposait*, qui désignât par le nom même la composition d'une substance; établie, en harmonie avec la nouvelle théorie, par Guyton de Morveau, Lavoisier, Berthollet, Fourcroy, elle a été conservée, presque sans changements, jusqu'à nos jours. Les expressions acide sulfureux, acide hyposulfureux, protoxyde de plomb, peroxyde de manganèse, sulfate de plomb, sulfite de potasse, datent de cette époque.

5. — Comme toute théorie, le système de Lavoisier, bien que reposant sur des faits, n'était pas exempt d'hypothèses. En admettant dans les sels le partage de l'oxygène entre l'acide et la base, on préjugeait un certain groupement des éléments, qui n'était pas susceptible de démonstration. L'hypothèse était cependant bonne, car elle s'est montrée féconde.

On savait que les alcalis et les terres, telles la potasse, la soude, la chaux, l'alumine, avaient la propriété de donner des sels avec les acides; ces corps, d'après Lavoisier, étaient des bases, comparables aux oxydes. Mais de nombreux essais, tentés en vue d'en retirer les éléments métalliques, avaient complètement échoué. Grande fut donc la surprise lorsqu'en 1807 on apprit la découverte capitale de Davy (1), qui venait d'isoler les *métaux alcalins*, dont les affinités étaient si puissantes, en décomposant les alcalis par le courant d'une forte pile. Le fait fut confirmé par Gay-Lussac et Thénard, qui parvinrent à réduire la potasse et la soude en les soumettant à l'action du fer à très haute température. Les autres métaux : calcium, magnésium, aluminium, etc., virent aussi le jour, mais plus tard.

Toutes ces découvertes découlent d'une idée, celle de la constitution des sels émise par Lavoisier. Sur un autre point cependant, la théorie était en défaut. Berthollet démontra que l'hydrogène sulfuré et l'acide prussique, doués de propriétés acides, étaient tous deux exempts d'oxygène, et l'on fit ultérieurement la même remarque pour l'acide muriatique (acide chlorhydrique). Ces faits, d'abord embarrassants, furent utilisés par Davy pour l'édification d'une théorie générale, qui expliquait la neutralisation des bases aussi bien par les hydracides que par les oxacides et qui a encore cours à notre époque.

(1) Chimiste anglais (1778-1829). Professeur à Londres.

II

LES LOIS QUANTITATIVES. — L'HYPOTHÈSE ATOMIQUE.

1. — Tandis que Lavoisier posait les bases de la nouvelle Chimie, le savant allemand Wenzel (1) précisait les connaissances acquises sur la composition des sels. De ses études, qui furent développées plus tard par son compatriote Richter (2), sortit la notion fondamentale que les rapports pondéraux suivant lesquels les acides se combinent aux oxydes sont absolument fixes. L'idée d'*équivalence* faisait en outre son apparition. Mais l'interprétation théorique manquait. Elle découle des travaux d'un savant anglais qui a doté la science de « la conception à la fois la plus profonde et la plus féconde parmi toutes celles qui ont vu le jour depuis Lavoisier. Le nom de ce savant, Dalton (3), est un des plus grands de la Chimie » (Wurtz)..

A la suite de différentes remarques sur la composition du gaz des marais et du gaz oléfiant, du gaz carbonique et de l'oxyde de carbone, des composés oxygénés de l'azote, Dalton énonça la règle suivante : lorsqu'un corps forme avec un autre plusieurs combinaisons, les divers poids de l'un d'eux, si le poids de l'autre reste constant, varient dans des rapports numériques simples : 1 à 2, 1 à 3, 2 à 3, 1 à 4, 1 à 5, etc. Telle est la loi des *proportions multiples* (1803).

Une si grande découverte complétait heureusement celle de Wenzel et Richter. La fixité des *proportions définies* suivant lesquelles les acides et les bases se combinent était étendue aux corps simples; et, en outre, au fait des proportions définies s'ajoutait celui des proportions multiples.

Esprit élevé et profond, Dalton réussit à interpréter ces faits par une hypothèse aussi simple que hardie. Reprenant les idées de Leucippe et Démocrite, il suppose que les corps sont formés de petites particules indivisibles, qu'il nomme *atomes*, et que, pour chaque espèce de matière, les atomes possèdent un poids invariable; la combinaison résulte de la juxtaposition des atomes. La loi des proportions définies et celle des proportions multiples trouvaient dans cette théorie l'explication la plus simple et la plus satisfaisante. Les combinaisons entre atomes se font dans des rapports fixes et simples de nombres entiers. Les proportions définies et les proportions multiples suivant lesquelles les corps se combinent correspondent aux poids relatifs de leurs atomes. Dalton choisit comme étalon de *poids atomique* l'atome d'hydrogène.

Il est clair que le poids d'une combinaison égale la somme des poids de ses atomes; et la *molécule* est la plus petite quantité qu'on en puisse concevoir.

---

(1) (1740-1795).
(2) 1762-1807.
(3) Chimiste anglais (1766-1844). Professeur à Manchester.

Les corps composés s'unissent entre eux suivant les mêmes lois que les corps simples. Ils se combinent par molécules entières, dans des rapports définis et simples de nombres entiers.

La théorie atomique fut vivement combattue par Berthollet (1), dont on connaît les recherches profondes sur l'affinité et sur les lois des actions réciproques des acides, des bases et des sels. Berthollet niait le fait même des proportions définies. La thèse contraire était soutenue par Proust (2). Après une discussion mémorable (1801-1808), cette grande loi, fondamentale en Chimie, sortit triomphante du débat. Elle devait trouver ultérieurement une éclatante confirmation dans les déterminations de Marignac (3), Stas (4), et plus tard, dans celles, hautement précises, de Richards (5), Guye (6), etc.

2. — Vers la même époque, un jeune savant, à peine sorti de l'École Polytechnique, Gay-Lussac, étudiait les rapports volumétriques suivant lesquels les gaz se combinent. Avec de Humboldt, il remarqua que l'oxygène et l'hydrogène s'unissent, pour former de l'eau, dans les proportions exactes de 1 volume et 2 volumes. Généralisant cette observation, il fit voir, en 1809, qu'il existe toujours un *rapport simple entre les volumes des gaz qui se combinent*, ainsi qu'entre ces volumes et celui de la combinaison prise à l'état gazeux.

La découverte de Gay-Lussac a une immense portée. Si, en effet, on applique aux gaz l'hypothèse de Dalton, n'est-il pas évident que les poids de volumes égaux des gaz qui se combinent doivent représenter les poids de leurs atomes ? Puisque 1 volume de chlore s'unit à 1 volume d'hydrogène, 1 volume de chlore représente le poids de 1 atome de chlore, et 1 volume d'hydrogène celui de 1 atome d'hydrogène. Mais les poids des volumes des gaz sont entre eux comme leurs densités; il doit donc exister une relation simple entre les densités des gaz et leurs poids atomiques.

Un physicien italien, Avogadro (7), essaya de la préciser en 1811, dans une conception d'une grande simplicité, reproduite par Ampère (8) en 1814. Tous les gaz, simples ou composés, renferment, dans un même volume et sous la même pression, le *même nombre de molécules*. Les poids de celles-ci sont ainsi proportionnels aux densités. La proposition impliquait, comme il serait facile de le montrer, que les molécules des gaz simples ne sont pas les atomes proprement dits, mais des groupes d'atomes unis par

(1) Chimiste français (1748-1822). Professeur à Paris.
(2) Chimiste français (1755-1826). Professeur à Madrid.
(3) Chimiste suisse (1817-1894). Professeur à Genève.
(4) Chimiste belge (1813-1891). Professeur à Bruxelles.
(5) Chimiste américain. Professeur à l'Université Harvard.
(6) Chimiste suisse. Professeur à Genève.
(7) (1776-1856). Professeur à Turin.
(8) Physicien français (1775-1836). Professeur à Paris.

l'affinité. Pour la première fois la distinction était faite entre *l'atome et la molécule*. La confusion subsista néanmoins longtemps encore, et elle fut pour beaucoup dans le discrédit que rencontra généralement l'hypothèse. Celle-ci n'en était pas moins une idée forte et vraie. Gerhardt, le grand rénovateur de la Chimie moderne, devait en faire plus tard la base de son système.

III

LE DUALISME. — LES RADICAUX. — LA LOI DES SUBSTITUTIONS. LA THÉORIE UNITAIRE. FONCTION CHIMIQUE ET HOMOLOGIE. — LES TYPES.

1.— Le grand chimiste suédois Berzélius (1) entre en scène. C'est l'époque où, de divers côtés, outre les métaux alcalins isolés par Davy, surgissent de nouveaux corps simples. Après le chlore, connu depuis Scheele (1774) et caractérisé comme élément par Davy en 1810, sont mis au jour l'iode, en 1811, par Courtois (2), et le brome, en 1826, par Balard (3) (le quatrième élément halogène, le fluor, ne sera isolé par Moissan que beaucoup plus tard, en 1886). Le chrome, voisin du fer, avait été découvert par Vauquelin (4) en 1797. L'aluminium est isolé par Wœhler (5) en 1827, le magnésium par Bussy (6) en 1831, etc... Berzélius mettra au jour, lui aussi, de nouveaux éléments, notamment, en 1817, le selenium, voisin du soufre; mais, surtout, il donnera à la théorie atomique une forte impulsion par des déterminations nombreuses et exactes de *poids atomiques* et par ses discussions théoriques.

S'appuyant sur les découvertes de Gay-Lussac interprétées par Avogadro, il distingue l'atome de l'équivalent; il admet que l'eau est constituée par 2 atomes d'hydrogène et 1 atome d'oxygène, que les molécules d'hydrogène, de chlore, d'azote, sont formées d'atomes unis 2 à 2, et il tire de ses notions essentielles, qui garderont toute leur valeur dans la suite, d'importantes déductions théoriques.

Dans un autre ordre d'idées, il institue la *notation chimique par symboles* (K, Sb, H^2O, SO^3...), système ingénieux et clair, indiquant la composition atomique des corps, qui est encore en usage de nos jours.

La *doctrine dualistique* régnait alors dans les idées; Berzélius l'introduisit dans les formules, lui donnant ainsi une précision nouvelle. Il représente,

(1) (1779-1848). Professeur à Stockholm.
(2) Industriel français (1777-1838).
(3) Chimiste français (1802-1876). Professeur à Montpellier et à Paris.
(4) Chimiste français (1763-1829). Professeur à Paris.
(5) Chimiste allemand (1800-1882). Professeur à Gœttingen.
(6) Chimiste français (-). Professeur à Paris.

par exemple, le sulfate de plomb par la formule $SO^3 . PbO$, où l'individualité de l'acide et celle de l'oxyde apparaissent côte à côte. Il développe le système en faisant connaître les sulfures doubles et les chlorures doubles.

2. — Si le dualisme s'appliquait sans difficultés aux composés minéraux, il était moins aisé d'y faire rentrer les notions que l'on possédait alors sur la constitution des substances organiques. On savait que les principes immédiats répandus chez les êtres vivants renferment 3 ou 4 éléments : le carbone, l'hydrogène, l'oxygène, auxquels s'ajoute souvent l'azote. On connaissait des acides et même des bases (notamment la quinine et la cinchonine, extraites du quinquina par les pharmaciens français Pelletier et Caventou). Adoptant les idées de Lavoisier, Berzélius admet que les acides renferment un *radical* hydrocarboné (parfois aussi azoté) uni à l'oxygène (formyle, acétyle, etc.). Par l'analyse organique élémentaire et par l'analyse des sels de plomb et surtout d'argent, il fixe la formule des principaux acides organiques.

Vers la même époque, Dumas et Boullay étudiaient les « éthers composés » de l'alcool, où ils reconnaissent les éléments d'un acide, et qu'ils rapprochent des sels ammoniacaux. Berzélius les compare aux sels proprement dits, et y suppose l'existence d'un radical particulier (nommé *éthyle* par Liebig) uni à 1 atome d'oxygène, comme l'est le métal dans les sels. L'éther acétique était ainsi l'acétate d'oxyde d'éthyle. Il montre, en outre, que l'éther chlorhydrique devient le chlorure d'éthyle, l'éther ordinaire l'oxyde d'éthyle, l'alcool l'hydrate d'éthyle.

La théorie de l'éthyle, être imaginaire, fut l'objet de longs débats. La découverte par Gay-Lussac du cyanogène (1815), corps composé formé de carbone et d'azote, qui a les allures d'un corps simple, plaidait en sa faveur; et, plus tard, celles du cacodyle, sorte d'arséniure de méthyle doué d'une puissance de combinaison extraordinaire (Bunsen, 1842), et du zinc-éthyle (Frankland, 1849), devaient lui donner un grand poids. C'était là une première tentative de rapprochement entre la Chimie organique et la Chimie minérale.

La conception des radicaux fit un grand pas en 1828. Deux chimistes allemands, Wœhler et Liebig (1), en étudiant l'essence d'amandes amères, découvrirent un certain nombre de composés offrant des liens étroits de parenté avec cette essence (aldéhyde benzoïque) et aussi avec l'acide du benjoin (acide benzoïque). Ces relations s'expliquaient aisément par l'hypothèse d'un radical, le *benzoyle*, formé de carbone, d'hydrogène et d'oxygène, commun à ces divers corps. La théorie du benzoyle a fait fortune, parce qu'elle avait le cachet des bonnes hypothèses.

3. — Entre temps, le dualisme, qui avait pénétré en Chimie organique par la théorie des radicaux, s'était fortement établi en Chimie minérale

(1) (1803-1873). Professeur à Giessen et à Munich.

par la *théorie électrochimique*. En 1800, les physiciens anglais Carlisle et Nicholson avaient décomposé l'eau par la pile. Trois ans après, Berzélius et Hisinger firent connaître l'action décomposante de l'électricité galvanique sur un grand nombre de composés chimiques, notamment sur les sels. Ces travaux devaient conduire plus tard Faraday (1) à la loi des équivalents électro-chimiques (masses de corps mises en liberté par la même quantité d'électricité, 1833). Les études de Berzélius et Hisinger apportaient des vues nouvelles sur l'affinité. Berzélius partage les corps simples en corps électronégatifs et corps électropositifs, et il admet que tout corps composé est formé de deux éléments ou groupes d'éléments, l'un électropositif, l'autre électronégatif. Dans les sels, par exemple, les éléments juxtaposés de l'acide et ceux de l'oxyde ont des états électriques opposés. Les idées de Lavoisier recevaient une éclatante confirmation. Le dualisme était à son apogée. Il avait pourtant des germes de faiblesse dont il devait mourir.

4. — Une nouvelle école française surgit avec Dumas (2). L'œuvre de ce grand chimiste est considérable et d'un intérêt primordial. Nous nous bornerons à rappeler, parmi tant de travaux, ceux dont l'influence a été décisive sur les progrès de la doctrine. Signalons ici ses recherches sur les densités de vapeur, qui apportaient à la Chimie les plus riches matériaux pour la discussion de l'hypothèse d'Avogadro.

Le 13 janvier 1834, dans un mémoire lu à l'Académie des Sciences, Dumas s'exprimait ainsi : « Le chlore possède le pouvoir singulier de s'emparer de l'hydrogène de certains corps et de le remplacer atome pour atome. » Dans la suite, Laurent (3), comparant les propriétés du corps chloré et du corps primitif, émit l'hypothèse que le chlore occupe dans le nouveau composé la place de l'hydrogène et y joue le même rôle.

Telle est la célèbre théorie des *substitutions*, qui devait peu à peu déplacer l'axe même de la Chimie. Elle s'établit dans la Science lentement, combattue avec violence par le plus puissant des contradicteurs, Berzélius, qui n'admettait pas que le chlore, élément électronégatif, jouât dans un composé le même rôle que l'hydrogène, élément électropositif. La théorie trouva, en 1839, une belle confirmation dans la découverte, par Dumas, de l'acide trichloracétique, substance tout à fait comparable à l'acide acétique, très riche en chlore et ne présentant cependant aucune de ses réactions.

C'était un coup terrible aux idées électrochimiques et au dualisme. Ne pouvant nier les faits, Berzélius les interpréta à sa manière; mais il ruina son propre système par ses exagérations mêmes.

Dans le camp opposé, les découvertes se succédaient. Nous rappellerons les admirables recherches de Laurent sur les produits de substitution de

(1) Physicien et chimiste anglais (1791-1867). Professeur à Londres.
(2) Chimiste français (1800-1884). Professeur à Paris.
(3) Chimiste français (1807-1853). Professeur à Bordeaux.

la naphtaline, celles de Regnault (1) sur les dérivés chlorés de l'éther chlorhydrique et la liqueur des Hollandais, celles de Malaguti (2) concernant l'action du chlore sur les éthers. Elles ont corroboré la nouvelle théorie. Celle-ci fut d'ailleurs élargie par la conception, d'abord émise par Dumas, que des groupes d'atomes, des radicaux composés comme celui de l'acide nitrique, étaient substituables à des corps simples tels que l'hydrogène.

La controverse dura jusque vers 1839, époque à laquelle la théorie des substitutions trouva une adepte aussi puissant que convaincu dans la personne de Liebig. Melsens (3), au surplus, avait réussi à remonter de l'acide trichloracétique à l'acide acétique par substitution inverse de l'hydrogène au chlore, et il n'était plus possible de considérer ces deux acides comme possédant une constitution différente. La cause était définitivement gagnée.

5. — La loi des substitutions servit de base à une première théorie générale des combinaisons organiques, formulée par Laurent en 1837, la théorie des *noyaux*. La constitution des corps était représentée par un édifice dans l'espace; une combinaison était formée d'un noyau et d'appendices, et elle constituait un tout, comme un cristal. Il ne restait plus rien de l'idée dualistique. Les idées dualistiques et électrochimiques devaient cependant renaître et redevenir fécondes cinquante ans plus tard avec la théorie de l'ionisation.

La théorie des noyaux offrait une notion importante qui apparut pour la première fois : un groupement des corps organiques par séries, d'après la nature des radicaux. Gmelin (4) en fit la base de son classique traité de chimie, mais sans réussir à la répandre. Quelques types de ce système, marquant des fonctions, sont cependant restés. L'essai était ingénieux, mais prématuré.

6. — Les travaux de Laurent formèrent un élève qui devint un grand maître. Le jeune Gerhardt (5), en entrant dans l'arène où se jouait le sort de la Chimie, adopta ses idées, et il lui prêta plus tard les siennes. Leurs noms sont inséparables.

Gerhardt possédait à un haut degré « l'esprit de système et comme une intuition générale des choses. Il dominait son sujet » (Wurtz). S'inspirant de l'hypothèse d'Avogadro, dont il sentait toute la signification profonde et la grande généralité, il commença par unifier toutes les formules chimiques, organiques ou minérales, en les comparant à celles de l'eau, dont la molécule occupe, à l'état de vapeur, le même volume qu'une molécule d'hydrogène, formée de deux atomes, soit deux volumes. Les

(1) Physicien et chimiste français (1810-1878). Professeur à Paris.

(2) Chimiste français. Professeur à Rennes.

(3) Chimiste belge.

(4) Chimiste allemand (1788-1853). Professeur à Heidelberg.

(5) Chimiste français (1816-1856). Professeur à Montpellier et à Strasbourg.

formules de l'alcool, de l'acide acétique et des autres composés organiques, qui correspondaient, dans le système de Berzélius, à quatre volumes, furent ainsi réduites de moitié. L'hypothèse d'Avogadro devenait la pierre angulaire de la doctrine chimique.

La nouvelle manière de formuler ne pouvait se concilier, pour un grand nombre de composés, avec les idées dualistiques. Soit, par exemple, l'acétate d'argent. La formule dédoublée de Gerhardt $C^2H^3AgO^2$, ne contenant que 1 atome de métal, ne permettait plus d'envisager le sel comme renfermant l'oxyde d'argent Ag^2O, à moins de considérer que l'unique atome d'argent de l'acétate pourrait ne prendre qu'un demi-atome d'oxygène, supposition inadmissible. La même remarque s'appliquerait à tous les sels formés par les acides monobasiques, tels que les nitrates et les chlorates.

Généralisant les vues de Dumas et de Laurent sur les combinaisons organiques, et reprenant les idées émises antérieurement par Davy et par Dulong (1) sur la constitution des sels, Gerhardt envisagea non seulement les sels des acides monobasiques, mais tous les sels, tous les acides, et tous les oxydes de la Chimie minérale, comme constituant des molécules uniques, formées d'atomes dont quelques-uns peuvent être échangés par voie de double décomposition. Au dualisme il opposa le point de vue *unitaire*, l'idée de composés formés par *substitution* et non par addition d'éléments. Quand l'acide nitrique NO^3H agit sur l'hydrate de potassium KOH, le potassium permute avec l'hydrogène de l'acide, et il en résulte le sel NO^3K et de l'eau H^2O. Les acides et les sels offrent ainsi la même constitution : les premiers sont des sels d'hydrogène, les seconds des sels de métal. Les uns et les autres sont un tout, un groupement unique d'atomes divers, parmi lesquels un ou plusieurs atomes d'hydrogène ou de métaux interchangeables.

La théorie unitaire était fondée. Grâce à la nouvelle notation, toutes les formules de la Chimie minérale et de la Chimie organique devenaient désormais comparables.

7. — Cependant les découvertes s'accumulaient, surtout en Chimie organique. Les travaux de Dumas avaient précisé la notion essentielle de *fonction chimique*. A côté des acides, ce grand chimiste avait constitué, avec Péligot, dans un célèbre mémoire sur l'alcool méthylique (1835), qui contient pour ainsi dire en germe toute la Chimie organique, la classe des alcools; il avait découvert celle des amides (1830), que devait suivre plus tard (1847) celle des nitriles. On connaissait nombre d'autres corps, plus ou moins isolés et jouissant de propriétés diverses. Il manquait une bonne classification.

Une idée nouvelle, très féconde, celle des *séries homologues*, fut introduite dans la science, vers 1843, par les efforts de Dumas et de Gerhardt.

---

(1) Physicien et chimiste français (1785-1838). Professeur à Paris.

Chaque série comprenait les corps de même fonction chimique, et les formules différaient entre elles par CH^2 ou un multiple de CH^2. Les deux notions de fonction chimique et d'homologie sont devenues les bases les plus solides de la classification des matières organiques.

8. — Berzélius n'était plus. La théorie des substitutions avait prévalu ; mais elle avait une rivale dans celle des radicaux. De nouvelles découvertes amenèrent la conciliation et la fusion des deux théories en une théorie nouvelle, celle des *types*.

L'acide trichloracétique de Dumas jouissait des mêmes propriétés essentielles que l'acide acétique. Les deux acides, malgré leur différence de composition, appartenaient donc au même *type chimique*. L'idée était ingénieuse et vraie.

L'année 1849 vit une grande découverte, celle des ammoniaques composées (amines), par Wurtz (1). Cet illustre chimiste exprima l'opinion qu'on pouvait les considérer comme de l'ammoniaque où l'hydrogène était remplacé par des radicaux alcooliques. Quelques mois plus tard, Hofmann (2), qui venait de découvrir la diéthylamine et la triéthylamine, accentua encore l'idée typique en envisageant toutes ces bases comme de l'ammoniaque dans laquelle 1, 2 ou 3 atomes d'hydrogène sont remplacés par 1, 2 ou 3 radicaux alcooliques (méthyle, éthyle, etc.) Ex. :

$$N\begin{cases}H\\H\\H\end{cases}\qquad N\begin{cases}H\\H\\C^2H^5\end{cases}\qquad N\begin{cases}H\\C^2H^5\\C^2H^5\end{cases}\qquad N\begin{cases}C^2H^5\\C^2H^5\\C^2H^5\end{cases}$$

Le *type ammoniaque* était créé. On remarquera que la théorie des substitutions s'emparait des radicaux, ceux-ci étant pris dans le sens de groupes d'atomes capables de se combiner à d'autres atomes par voie de substitution, de *reste* de molécule passant intact d'un composé dans un autre.

Le mouvement s'accélère en 1851, date à laquelle Williamson (3) découvre les « éthers mixtes » (éthers-oxydes) et introduit dans la Science le *type eau*. Williamson compare à l'eau non seulement l'alcool et ses éthers, mais encore les acides, les oxydes et les sels. Ex. :

$O\begin{cases}H\\H\end{cases}$	$O\begin{cases}K\\H\end{cases}$	$O\begin{cases}C^2H^5\\H\end{cases}$	$O\begin{cases}C^2H^5\\C^2H^5\end{cases}$	$O\begin{cases}C^2H^3O\\H\end{cases}$
Eau	Potasse	Alcool	Ether ordinaire (oxyde d'éthyle)	Acide acétique

Gerhardt, qui professait, avec Laurent, que la molécule d'hydrogène et celle du chlore sont formées de 2 atomes soudés l'un à l'autre, crée le type hydrogène H.H et le type acide chlorhydrique H.Cl. Au premier, il rattacha les aldéhydes, les acétones, et un grand nombre d'hydrocarbures. Le type acide chlorhydrique comprenait les chlorures, bromures,

(1) Chimiste français (1817-1884). Professeur à Paris.
(2) Chimiste allemand (1818-1892). Professeur à Bonn, à Londres et à Berlin
(3) Chimiste anglais (1824-1904). Professeur à Londres.

iodures minéraux et organiques. Gerhardt donne, en outre, une nouvelle extension au type eau par sa belle découverte des anhydrides d'acides organiques, et au type ammoniaque en y rattachant les amides : Ex. :

$$O \left\{ \begin{array}{l} C^2H^3O \\ C^2H^3O \end{array} \right. \qquad N \left\{ \begin{array}{l} C^2H^3O \\ H \\ H \end{array} \right.$$

Anhydride acétique — Acétamide

C'étaient là des idées neuves et hardies. Elles rapprochaient des corps de constitution moléculaire semblable, et qui cependant pouvaient différer notablement par leurs propriétés, suivant la nature des éléments qui occupent dans la molécule une place donnée. On jetait dans le même moule, pour prendre un exemple particulièrement frappant, la potasse $O \left\{ \begin{array}{l} K \\ H \end{array} \right.$ et l'acide hypochloreux $O \left\{ \begin{array}{l} Cl \\ H \end{array} \right.$. Mais comparer n'est pas confondre. Ces deux corps contiennent bien un égal nombre d'atomes groupés de la même manière; mais le fait que l'un renferme du chlore là où l'autre renferme du potassium ne suffit-il pas à expliquer l'opposition des propriétés ?

En rassemblant un nombre immense de composés minéraux et organiques autour d'un petit nombre de corps très simples, en renversant définitivement les barrières que l'usage avait établies entre la Chimie minérale et la Chimie organique, la théorie des types avait réalisé un grand progrès. Mais elle présentait une grave lacune : prenant le radical composé, reste de molécule, elle se bornait à transporter ce bloc d'atomes d'un composé dans un autre, sans se préoccuper de son sort. Or il est des réactions où le radical succombe, au lieu de passer intact. Bref, la théorie des types, en ne cherchant pas à pénétrer la constitution des radicaux, n'allait pas au fond des choses. Elle fut pourtant féconde, parce qu'elle provoqua des découvertes, et parce qu'elle portait en elle le germe de progrès importants. C'est dans la théorie des types que prend ses racines la théorie de l'atomicité ou théorie de la valence, qui règne encore de nos jours.

IV

L'ATOMICITÉ. — THÉORIE DE LA VALENCE. LA STRUCTURE MOLÉCULAIRE. — L'ISOMÉRIE.

1. — Graham (1), par ses classiques recherches sur les acides phosphoriques, avait introduit dans la Science la notion des acides polybasiques, parallèle à celle des bases polyacides de Berzélius. Il y a des acides dont la molécule est ainsi faite qu'il lui suffit, pour être saturée, d'un seul

(1) Chimiste anglais (1805-1869). Professeur à Londres.

équivalent d'une certaine base; d'autres acides en prennent 2, d'autres 3, etc. Les molécules de ces acides n'ont donc pas la même valeur, elles ne sont pas équivalentes; leurs capacités de combinaison sont entre elles comme les nombres 1, 2, 3, etc.

L'acide nitrique est monobasique, l'acide sulfurique bibasique, l'acide phosphorique ordinaire tribasique. 1 molécule d'acide sulfurique, vis-à-vis de la potasse, en vaut 2 d'acide nitrique, et l'acide phosphorique en vaut 3.

Dans le même ordre d'idées, un fait capital fut mis en lumière par Berthelot (1) en 1854. Il démontra, dans un mémoire célèbre, que la glycérine, dont le caractère alcoolique découlait des anciens et admirables travaux de Chevreul (2) sur la saponification des corps gras, était capable de s'unir soit à 1, soit à 2, soit à 3 molécules d'un acide monobasique, pour former des éthers, avec élimination de 1, ou de 2, ou de 3 molécules d'eau. L'éther tristéarique était identique à la stéarine naturelle. Les alcools polyatomiques étaient découverts.

Une bonne interprétation de la nouvelle notion est donnée par Wurtz. Il envisage la glycérine $C^3H^8O^3$ comme un alcool renfermant 3 atomes d'hydrogène remplaçables par 3 radicaux (stéaryle, etc...); et, reprenant une idée de Williamson, qui représentait l'acide sulfurique comme dérivant, dans la théorie des types, de 2 molécules d'eau, par substitution du radical bibasique sulfuryle à 2 atomes d'hydrogène, il fait dériver la glycérine de 3 molécules d'eau par la substitution du radical *glycéryle* C^3H^5 tribasique (sic) à 3 atomes d'hydrogène :

$$O^3\left\{\begin{matrix}H\\H\\H\\H^3\end{matrix}\right. \qquad O^3\left\{\begin{matrix}H\\H\\H\\C^3H^5\end{matrix}\right.$$

3 mol. d'eau — Glycérine

Le radical glycéryle C^3H^5 renfermait 2 atomes de moins que le radical *propyle* C^3H^7; et comme celui-ci pouvait se substituer à 1 atome d'hydrogène, le glycéryle devait pouvoir en remplacer 3 : la capacité de substitution du glycéryle était triple de celle du propyle. Ainsi naquit la notion d'*atomicité*, qui représentait le degré de saturation des radicaux.

Ces idées ne tardèrent pas à recevoir une confirmation péremptoire. Pour former un éther saturé, l'alcool C^2H^6O ne prend qu'une molécule d'acide monobasique, tandis que la glycérine en prend 3; il doit donc exister, entre l'alcool et la glycérine, un corps intermédiaire, capable d'éthérifier 2 molécules d'acide. Tel est le raisonnement qui conduisit Wurtz à la découverte, en 1856, des alcools diatomiques. Il obtint le

(1) Chimiste français (1827-1907). Professeur à Paris.

(2) Chimiste français (1786-1889). Professeur à Paris.

premier terme à partir de l'éthylène C^2H^4, qui renferme 1 atome d'hydrogène de moins que le radical monovalent éthyle C^2H^5. En traitant le bibromure $C^2H^4Br^2$ par l'acétate d'argent, on forme un composé diacétique, qui, sous l'action de la potasse, fournit l'alcool diatomique prévu $C^2H^6O^2$, que Wurtz appela *glycol*. Ce procédé synthétique offre un caractère général. Divers alcools diatomiques furent ainsi préparés. Ils dérivent tous, dans la théorie des types, de 2 molécules d'eau. Ex. :

$$O^2 \left\{ \begin{array}{l} H \\ H \\ C^2H^4 \end{array} \right. \qquad O^2 \left\{ \begin{array}{l} H \\ H \\ C^3H^6 \end{array} \right.$$

Glycol éthylénique — Glycol propylénique

Mais voici un développement important : aux alcools diatomiques Wurtz rattache non seulement les dérivés où le radical diatomique demeure intact (éthers), mais aussi leurs produits d'oxydation, où le radical a été modifié par substitution de 1 ou 2 atomes d'oxygène à 2 ou 4 atomes d'hydrogène. Le glycol éthylénique $C^2H^6O^2$ conduit ainsi à l'acide glycolique $C^2H^4O^3$, acide monobasique, et à l'acide oxalique $C^2H^2O^4$, acide bibasique, la basicité augmentant avec le nombre d'atomes d'oxygène du radical modifié; le glycol propylénique $C^3H^8O^2$ conduit à l'acide lactique $C^3H^6O^3$, acide monobasique. L'acide glycolique et l'acide lactique possèdent, en même temps qu'une fonction acide, une fonction alcool : ce sont des corps à *fonction mixte*.

Ces faits offrent une grande importance au point de vue de la classification des composés organiques. L'atomicité des alcools, à chacun desquels se rattache tout un cortège de composés (carbures, aldéhydes, acides, etc.), en est devenue en quelque sorte la base; et cette base fut singulièrement élargie par les belles recherches de Berthelot sur la mannite et la dulcite, qu'il caractérisa comme alcools hexatomiques, et sur diverses matières sucrées, dont il reconnut également la nature d'alcool polyatomique. On range les matières par séries homologues, dont les termes successifs ont même fonction chimique, et par familles, qui comprend tous les corps pourvus ou dérivés du même radical.

La notion d'atomicité ou capacité de combinaison ne concernait jusqu'ici que les radicaux. Il n'y avait qu'un pas à faire pour l'appliquer aux éléments eux-mêmes. Comme les radicaux composés, en effet, les atomes des corps simples diffèrent aussi par leur capacité de combinaison. Tel atome de métal ne peut s'unir qu'à 1 atome de chlore, celui-ci en prend 2, celui-là 3, tel autre 4, pour former un chlorure *saturé*. De pareilles inégalités sont inhérentes à la nature même des atomes. Cette notion essentielle domine encore toute la Science.

Odling (1), envisageant l'hydrate de bismuth, avait été conduit à juger

(1) Chimiste anglais. Professeur à Oxford.

l'atome de ce métal comme équivalent à 3 atomes d'hydrogène. Il était dans la bonne voie. Mais le progrès décisif restait à faire.

2. — En 1858, Kékulé (1) énonce l'idée que l'atome de carbone est tétratomique, ou, comme on dit aujourd'hui, *tétravalent*. Il y est amené par cette remarque que, dans les composés organiques les plus simples, 1 atome de carbone est toujours uni à une somme d'atomes équivalente à 4 atomes d'hydrogène. Il en est ainsi dans le gaz des marais CH^4, le perchlorure de carbone CCl^4, et dans les composés intermédiaires renfermant à la fois du chlore et de l'hydrogène. Ces deux éléments se valent, puisqu'ils se remplacent atome par atome; et, dans les composés dont il s'agit, leur somme est toujours égale à 4; si l'on prend pour unité leur capacité de combinaison, on dira qu'ils sont tous deux *monovalents*. De même dans le gaz carbonique CO^2, les 2 atomes d'oxygène, *bivalents*, sont unis à 1 seul atome tétravalent de carbone.

A cette proposition fondamentale, Kékulé en ajoute une seconde non moins essentielle : les atomes de carbone peuvent *se souder entre eux*, pour former des *chaînes* dont les anneaux sont rivés par une partie de la force de combinaison; l'autre partie reste disponible pour pouvoir attirer et fixer d'autres éléments, qui se groupent autour des atomes de carbone; ceux-ci constituent la charpente solide de la combinaison, et les atomes d'hydrogène, de chlore, d'oxygène, qui s'y attachent, en sont comme les appendices $\left(-\overset{|}{\underset{|}{C}}-\overset{|}{\underset{|}{C}}-\overset{|}{\underset{|}{C}}-\overset{|}{\underset{|}{C}}- \right)$.

Des idées analogues, on ne saurait omettre de le rappeler, furent, à la même époque et en dehors de Kékulé, émises par Couper (2).

C'est là une grande et belle conception. Elle rend compte de la complication des molécules organiques et permet de concevoir leur structure. Si les atomes de carbone peuvent s'accumuler en si grand nombre dans les molécules organiques, c'est parce qu'ils sont doués du pouvoir de se souder indéfiniment les uns aux autres. Cette propriété imprime aux innombrables combinaisons du carbone un cachet particulier et à la Chimie organique sa physionomie, si différente de celle de la Chimie minérale.

Les atomes des autres éléments peuvent aussi, mais à un degré beaucoup moindre, se souder entre eux. Dans la molécule d'hydrogène H — H, les 2 atomes se sont soudés l'un à l'autre, en échangeant leur unique *valence*, et la même remarque s'applique identiquement à la molécule de chlore Cl — Cl. En ce qui concerne l'oxygène, si l'on doit considérer, à la vérité, que les deux atomes bivalents, dans la molécule O^2, se sont saturés mutuellement par une *double liaison* ($O = O$) et ont échangé leurs deux valences, les faits conduisent à admettre que 2 atomes d'oxygène peuvent

(1) Chimiste allemand (1829-1896). Professeur à Bonn.

(2) Chimiste américain (1831-1892).

aussi ne s'unir que par une liaison simple, n'échanger qu'une seule valence, en gardant l'un et l'autre une valence disponible, qui pourra servir à fixer 1 atome d'hydrogène, par exemple (le corps correspondant HO — OH n'est autre que l'eau oxygénée, découverte par Thénard en 1818), ou d'un autre élément monovalent. On voit ainsi que, seuls, les atomes polyvalents peuvent, après avoir dépensé une partie de leur force de combinaison pour se souder entre eux, en garder une autre partie pour fixer d'autres éléments.

Une autre remarque importante est la possibilité, pour les atomes polyvalents en général, de s'unir par des liaisons multiples soit entre eux, comme on vient de le voir dans la molécule d'oxygène, soit avec d'autres atomes polyvalents, les valences disponibles pouvant fixer d'autres atomes monovalents ou polyvalents :

$$>C=C< \; ; \; -C\equiv C- ; \; O=C< \; ; \; -C\equiv N ; \; O=C=N-$$

Toutes ces considérations trouvent leur application lorsqu'on étudie le groupement des atomes dans les combinaisons complexes, et plus particulièrement dans les composés organiques. Les éléments ordinaires de ces derniers sont le carbone (tétravalent), l'hydrogène (monovalent), l'oxygène (bivalent) et l'azote (trivalent). Le carbone, l'oxygène et l'azote peuvent servir de lien entre un radical, un reste de molécule comme l'éthyle, et des atomes annexés, ou entre deux restes, qu'ils soudent l'un à l'autre. On peut concevoir et on rencontre en fait toutes sortes de combinaisons :

CH^4 Gaz des marais (méthane)	CH^3 | CH^3 Ethane	CH^3 | $C=O$ | CH^3 Acétone	CH^3 | O | CH^3 Oxyde de méthyle
H^3C-OH Alcool méthylique H^3C-NH^2 Méthylamine	CH^3 | CH^2Cl Chlorure d'éthyle	CH^3 | $CH-OH$ | $C{=}O \backslash NH^2$ Amide lactique	CH^3 | $N-H$ | NH^2 Méthyl-Hydrazine

Ainsi peuvent s'accroître les molécules organiques, non seulement par du carbone se soudant à du carbone, mais aussi par de l'oxygène ou autres éléments polyvalents se soudant entre eux ou à du carbone, ces éléments polyvalents entraînant un cortège d'atomes plus ou moins nombreux.

Parmi les chimistes qui ont le plus contribué au développement de ces principes, il convient de nommer Boutlerow (1), Erlenmeyer (2), Wurtz et Friedel (3). L'expression si juste de structure moléculaire est de Boutlerow.

3. — Une autre conception, extrêmement ingénieuse et féconde, fut encore formulée en 1865 par Kékulé. Cet illustre chimiste fit de la benzine le pivot d'une multitude de substances qui composent, en raison des propriétés odorantes de la plupart d'entre elles, la série dite *aromatique*, bien distincte de la série dite *grasse*, qui comprend en particulier les corps gras et qui dérive du gaz des marais. Kékulé représentait la benzine C^6H^6 par une chaîne fermée de 6 atomes de carbone (hexagone), dont chacun échangeaît avec ses deux voisins 1 et 2 valences. Les corps de la série aromatique en dérivent par substitution d'atomes ou radicaux divers aux atomes d'hydrogène. D'autres chaînes fermées analogues, portant ou non des doubles liaisons, et pouvant, en outre, comprendre d'autres atomes polyvalents que le carbone, ont eu un succès mérité, notamment celles qui furent proposées par Erlenmeyer pour la naphtaline (1866), par Kœrner (4) pour la pyridine (1870), par Victor Meyer (5) pour le thiophène (1883) :

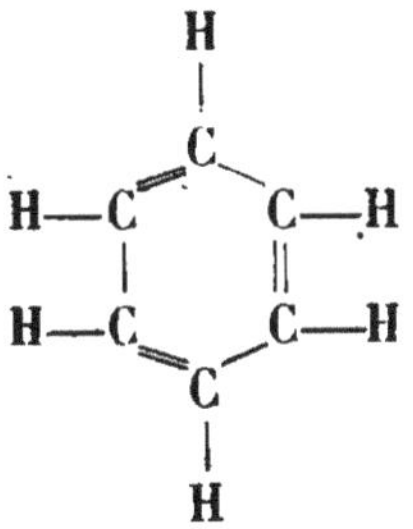

```
        H
        |
        C
      //  \
H—C      C—H
   |      ||
H—C      C—H
      \\  /
        C
        |
        H
```

Benzine

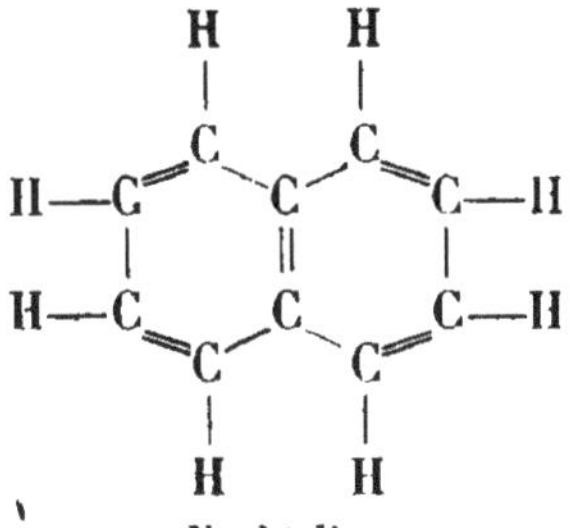

```
        H       H
        |       |
        C       C
      //  \   /   \\
H—C       C       C—H
   |      ||      |
H—C       C       C—H
      \\  /   \   //
        C       C
        |       |
        H       H
```

Naphtaline

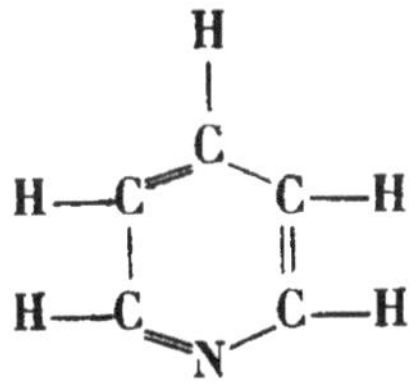

```
        H
        |
        C
      //  \
H—C      C—H
   |      ||
H—C      C—H
      \\  /
        N
```

Pyridine

```
H—C — C—H
  ||    ||
  C     C
   \   /
     S
```

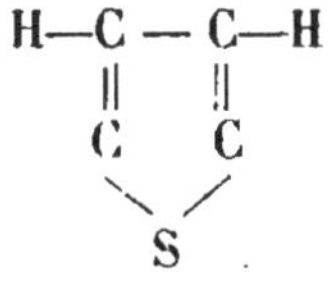

Thiophène

L'ensemble de tous ces composés à chaîne fermée constitue la série dite *cyclique*, par opposition à la série *acyclique* (série grasse), qui comprend les corps à chaîne ouverte.

(1) Chimiste russe (1825-1880). Professeur à Petrograd.
(2) Chimiste allemand.
(3) Chimiste français (1832-1899). Professeur à Paris.
(4) Chimiste italien. Professeur à Milan.
(5) Chimiste allemand. Professeur à Heidelberg.

4. — On observe souvent que deux corps, tout en présentant dans leur molécule les mêmes atomes et le même nombre de chacun d'eux, ne sont cependant pas identiques. C'est le phénomène de *l'isomérie*, dont le premier exemple fut constaté par Liebig en 1823 (acides fulminique et cyanique), et dont l'un des cas les plus curieux fut découvert par Armand Gautier (1) en 1866 (carbylamines et nitriles). La dissemblance ne peut tenir qu'à l'arrangement différent des atomes dans la molécule, et, en général, on en rend aisément compte à l'aide de la théorie de la valence. La même théorie permet d'ailleurs de prévoir d'innombrables cas d'isomérie. Voici quelques exemples simples :

$$\begin{array}{cccc} & & CH^3 & \\ & & | & CH^3 \\ CH^3 & CH^3 & CH^2 & | \\ | & | & | & C\begin{cases} H \\ CH^3 \end{cases} \\ CH^2 & CHCl & CH^2 & \\ | & | & | & | \\ CH^2Cl & CH^3 & CH^3 & CH^3 \end{array}$$

Chlorure de propyle	Chlorure d'isopropyle	Butane	Isobutane

Il arrive aussi que deux corps répondent au même schéma représentatif et sont pourtant différents. C'est alors une isomérie spéciale, plus fine. On réussit généralement à l'expliquer en envisageant la configuration des molécules dans l'espace. Cette partie de la Science, qui a pris dans ces derniers temps une grande extension, constitue la *Stéréochimie*. Elle fut inaugurée par Pasteur (2) en 1856. Pasteur découvrit les relations étroites qui existent entre la dissymétrie moléculaire et le pouvoir qu'ont certaines molécules de faire tourner le plan de polarisation de la lumière. Il montra qu'à tout corps optiquement actif correspond un autre corps tout semblable mais faisant tourner le plan de polarisation, toutes choses égales d'ailleurs, en sens contraire et du même angle. Il fit connaître l'existence des combinaisons ou mélanges dits *racémiques*, optiquement neutres par compensation, et il indiqua des méthodes de séparation des deux inverses optiques qui les constituent.

Les faits essentiels mis au jour par Pasteur trouvèrent leur interprétation plus tard, en 1874, dans l'hypothèse très simple du carbone tétraédrique, et dans l'ingénieuse et féconde théorie du carbone asymétrique, qui fut imaginée simultanément par Le Bel (3) et Van't Hoff (4). Ces conceptions ont reçu dans la suite d'importants développements (Walden (5), Pope (6),

(1) Chimiste français, né en 1837. Professeur à Paris.

(2) Chimiste français (1822-1895). Professeur à Dijon, à Lille, à Strasbourg et à Paris.

(3) Chimiste français.

(4) Chimiste hollandais (1852-1911). Professeur à Utrecht, à Amsterdam et à Berlin.

(5) Chimiste russe. Professeur à Riga.

(6) Chimiste anglais. Professeur à Cambridge.

etc., et elles ont servi de guide à une multitude de recherches du plus haut intérêt pour la connaissance de la constitution des substances organiques et ses rapports avec les phénomènes de la vie.

Il faut ajouter d'ailleurs que d'autres genres d'isomérie dans l'espace ont été observés (Bæyer (1), Wislicenus (2), et que toutes ces idées ont été appliquées avec un plein succès à l'étude des composés minéraux par Werner (3), à qui nous devons, en outre, des progrès notables dans la théorie de la valence.

La doctrine atomique, dont cette théorie constitue, avec ses prolongements stéréochimiques, une expression saisissante, permet ainsi, en donnant une image objective des phénomènes chimiques, de les interpréter et de les prévoir. Aussi peut-on affirmer hardiment qu'elle constitue pour le chimiste un tel instrument de travail, que jamais la spéculation théorique n'en produisit d'aussi universellement puissant et fécond dans les Sciences de la Nature. C'est qu'apparemment l'hypothèse de Dalton, qui est à sa base, devait renfermer beaucoup de vérité. En fait, la *réalité moléculaire* est d'ores et déjà chose acquise (Rutherford, Perrin). On voit aujourd'hui les molécules et les atomes, on les compte, on les pèse, ou en mesure les dimensions et on en suit tous les mouvements : confirmation éclatante des vues précoces des chimistes par les physiciens.

V

LA SYNTHÈSE CHIMIQUE.

1. — Vers l'époque où la doctrine atomique entrait dans la phase décisive et féconde de son évolution, il régnait encore dans les esprits une idée préconçue, entièrement fausse, dont la persistance eût été de nature à paralyser, dans une large mesure, l'essor de la Chimie organique. On était généralement convaincu que les substances spéciales qu'on rencontre dans les organes des animaux et des végétaux y prennent naissance sous l'action d'une force particulière, la *force vitale*, et que jamais l'homme ne parviendrait à les reproduire de toutes pièces en partant des corps simples qui les constituent. Il y avait ainsi, entre la Chimie minérale et la Chimie organique, une barrière jugée infranchissable. Un premier assaut victorieux avait cependant été livré, en 1828, par Wœhler, qui, en chauffant le cyanate d'ammoniaque, convertit ce sel en urée, cette matière azotée que Rouelle le Jeune avait découverte dans l'urine cinquante ans auparavant. Et plus tard, en 1845, Kolbe (4) prépara aussi d'une manière entièrement artificielle l'acide acétique. Mais ces deux cas, restés isolés,

(1) Chimiste allemand. Professeur à Munich.

(2) Chimiste allemand (1835-1902). Professeur à Leipsick.

(3) Chimiste suisse. Professeur à Zurich.

(4) Chimiste allemand (1818-1884). Professeur à Leipsick.

étaient considérés comme fortuits, et, en dehors de quelques hardis opposants, on continuait à admettre que la cellule vivante pouvait seule élaborer les corps organiques.

Il était réservé à Berthelot de porter les coups décisifs par d'admirables synthèses (1854-1867). Il réussit d'abord à préparer des produits en tout semblables aux corps gras naturels au moyen d'acides gras et de glycérine. Toutefois, comme ces matières provenaient d'organes végétaux ou animaux, les synthèses n'étaient, à la vérité, que partielles, comme tant d'autres ultérieures, notamment celles de la cocaïne (Merck (1), 1888), de la quinine (Grimaux (2), 1894), du camphre (Berthelot; Haller (3), 1896).

Mais voici la série décisive. A la volonté de Berthelot, les forces physiques : lumière, chaleur, électricité, déterminèrent les éléments à s'assembler en composés organiques : hydrocarbures, alcools, acides, etc., comme on savait déjà les assembler en composés minéraux. Rappelons, pour marquer quelques étapes particulièrement glorieuses, la synthèse de l'alcool (1854), de l'essence de moutarde (1855), de l'acide formique (1856), de l'alcool méthylique (1857), de l'acétylène (1862), de la benzine (1866), de l'acide oxalique (1867).

L'idée de force vitale avait fait son temps. Désormais on pourrait préparer artificiellement toutes les substances propres aux végétaux et aux animaux. Les principes les plus divers virent tour à tour réaliser leur synthèse dans cette triomphale épopée : l'acide tartrique (Perkin (4), 1861), Jungfleisch (5), 1873) ; l'alizarine, matière colorante de la garance (Grœbe (6), et Liebermann (7), 1869) ; l'indigo, autre matière colorante naturelle (Bæyer, 1869) ; la vanilline, parfum de la vanille (Tiemann (8) et de Laire (9), 1875) ; la conicine, alcaloïde de la ciguë (Ladenburg (10), 1886) ; le glucose ou sucre de raisin, et le lévulose ou sucre de fruits (Fischer (11), 1890) ; la caféine et la théobromine, alcaloïdes du thé, du café et du cacao (Fischer, 1895-1897) ; l'atropine, alcaloïde de la belladone (Willstœtter (12), 1902) ; la nicotine, alcaloïde du tabac (Pictet (13), 1904). Il n'est pas jusqu'aux matières albuminoïdes, dont on connaît la grande complexité moléculaire, et sur la nature desquelles les travaux classiques de

---

(1) Chimiste allemand.
(2) Chimiste français. Professeur à Paris.
(3) Chimiste français. Professeur à Paris.
(4) Chimiste anglais (1838-1907).
(5) Chimiste français (1839-1916). Professeur à Paris.
(6) Chimiste allemand. Professeur à Genève.
(7) Chimiste allemand. Professeur à Berlin.
(8) Chimiste allemand. Professeur à Berlin.
(9) Chimiste français. Industriel.
(10) Chimiste allemand. Professeur à Breslau.
(11) Chimiste allemand. Professeur à Berlin.
(12) Chimiste allemand. Professeur à Berlin.
(13) Chimiste suisse. Professeur à Genève.

Schutzenberger (1) donnèrent de si précieuses indications, que la synthèse n'ait réussi à imiter, sinon à reproduire en toute identité (Fischer, 1901-1914).

Les résultats pratiques ont suivi de près ces magnifiques travaux. C'est sous leur impulsion qu'a été créée l'industrie si puissante des composés organiques. Où en serait aujourd'hui la fabrication des médicaments chimiques, des parfums synthétiques et des matières colorantes artificielles, si quelques hardis pionniers, ayant eu foi dans l'unité des forces de la Nature, n'avaient tenté de rivaliser avec elle jusque dans les productions de la cellule vivante ?

2. — Le développement de la Chimie organique, au cours du demi-siècle écoulé, a été vraiment prodigieux. Les bases de la Science : la doctrine atomique et la Synthèse, étaient solides ; on pouvait bâtir dessus ; et, pour exploiter le terrain sans bornes conquis par le génie des novateurs, toutes les audaces étaient permises. Après avoir longtemps semé, on récoltait enfin.

Durant la moisson, de puissants instruments de travail virent le jour, qui facilitèrent dans une large mesure la tâche des travailleurs. Dans cet ordre d'idées, on aperçoit encore avec tout leur relief trois découvertes célèbres : la méthode au chlorure d'aluminium de Friedel et Crafts (2) (1877), les procédés catalytiques de Sabatier (3) et Senderens (1897) et de Sabatier et Mailhe, et les méthodes de synthèse basées sur l'emploi des composés organo-halogéno-magnésiens de Grignard (4) (1901). Il convient de signaler encore, comme agents de réaction mis en œuvre d'une manière régulière, l'énergie électrique (électrochimie), la lumière solaire (Ciamician, Paterno), la lumière ultra-violette (Daniel Berthelot), les diastases (Bourquelot, Bertrand).

Les progrès de la Chimie minérale ont été, dans l'ordre de la Synthèse, beaucoup moins rapides. C'est que la Chimie organique est la Chimie du carbone, et qu'aucun corps simple ne semble doué d'une souplesse comparable à celle de cet élément, qui apparaît comme une sorte de protée chimique. On a découvert cependant de réelles aptitudes à la condensation moléculaire chez quelques autres éléments (silicium, cobalt, platine). Il est vraisemblable que d'autres encore les possèdent aussi, et que les conditions favorables restent seulement à trouver. En Chimie minérale, comme en Chimie organique, le domaine de la Synthèse et des métamorphoses de la matière doit être illimité.

(1) Chimiste français. Professeur à Paris.
(2) Chimiste américain.
(3) Chimiste français. Professeur à Toulouse.
(4) Chimiste français. Professeur à Nancy.

VI

LA CHALEUR ET L'AFFINITÉ. — LA MÉCANIQUE CHIMIQUE.

1. — La Synthèse, qu'on peut définir, dans la plus large acception chimique du terme, la formation de molécules nouvelles avec des molécules plus simples, est un des objets les plus séduisants de la Chimie par le sentiment qu'il donne du pouvoir créateur de l'homme. Les phénomènes de décomposition, d'analyse, n'en offrent pas moins un haut intérêt, et leur observation a conduit à d'importantes découvertes. A cet égard, l'étude de l'action décomposante de la chaleur s'est montrée particulièrement féconde.

D'une manière générale, l'élévation de la température tend à briser les forces d'affinité. Tous les corps organiques sont destructibles par la chaleur. On a pu décomposer également la plupart des composés minéraux, et il est probable que les plus réfractaires ne résisteraient pas à une température suffisamment élevée. Il est même vraisemblable que les molécules de corps simples comme l'hydrogène, l'oxygène et l'azote, formées de 2 atomes, sont susceptibles de se résoudre en atomes libres ; un semblable dédoublement a été observé dans le cas du chlore, du brome et de l'iode.

Pour beaucoup de substances, la température d'ébullition ne peut être atteinte sans qu'elles se décomposent. Oubliant ce fait, on nia l'exactitude de l'hypothèse d'Avogadro, à laquelle on croyait trouver des exceptions, et qui subit ainsi la plus redoutable épreuve; elle en sortit victorieuse à la suite d'une discussion mémorable, qui se déroula il y a quelque soixante ans entre les plus grands noms de la Science. Elle est aujourd'hui la *loi d'Avogadro*, un des fondements de la Chimie.

2. — En étudiant la marche de ces réactions de décomposition par l'élévation de la température, on a constaté que les unes sont irréversibles (reconstitution impossible du composé par variation inverse des conditions physiques) et les autres réversibles (reconstitution du composé par retour progressif aux conditions de température et de pression initiales). Dans ce dernier cas, la tendance du composé à se dédoubler sous l'action de la chaleur est contrariée par la tendance inverse des produits libérés à s'unir de nouveau. Il en résulte une sorte *d'équilibre mobile* entre les molécules intactes et celles qui résultent de leur décomposition. C'est le phénomène capital de la *dissociation*, découvert par Sainte-Claire Deville (1) en 1857. Une science nouvelle, la *mécanique chimique*, était créée.

Des expériences méthodiques furent entreprises : celles de Berthelot et

(1) Chimiste français (1818-1881). Professeur à Paris.

Péan de Saint-Gilles sur l'éthérification, et celles de Lemoine (1) (1871) sur la dissociation de l'acide iodhydrique, comptent parmi les plus importantes. Elles ont conduit à trois grandes lois : la « loi d'action de masse » (Guldberg (2) et Waage, 1864) ; la «loi des phases», énoncée par Gibbs (3) en 1878 ; la «loi du déplacement de l'équilibre», formulée dans toute sa généralité par Le Chatelier (4) en 1884. D'autres savants (Berthelot, Van't Hoff, Bakkhuis-Roozeboom (5), Duhem (6), Nernst (7), etc.) ont également exécuté dans ce domaine des travaux remarquables.

C'est l'affinité qui est en jeu dans tous ces phénomènes, et, si l'on ignore sa nature intime, on connaît du moins ses relations avec l'énergie (l'affinité est mesurée par l'énergie utilisable du système réagissant). Nos connaissances principales en *Thermochimie* sont l'œuvre de Thomsen (8) et de Berthelot, et l'on doit beaucoup aussi dans le même domaine à Duhem et et à Nernst. Rappelons, en outre, que la théorie des explosifs est due à Berthelot et Vieille (9).

VII

LES SOLUTIONS. — LES IONS.

1. — C'est en étudiant les gaz qu'on a découvert les principales lois de la Chimie. L'état gazeux, en effet, est le plus simple, et la matière s'y montre, pour ainsi dire, dans toute sa nudité.

Gay-Lussac fit remarquer le premier que l'état dissous n'est pas sans analogie avec l'état gazeux. Le corps dissous et le corps gazeux sont en effet l'un et l'autre de la matière à l'état dilué. En fait, l'étude des solutions a conduit, dans ces derniers temps, à des résultats qui justifient le rapprochement de Gay-Lussac. Cette étude est du plus haut intérêt pour le développement général de nos connaissances sur les phénomènes physico-chimiques.

Par la mesure de la température de congélation d'un grand nombre de solutions (cryoscopie), laquelle est toujours plus basse que celle du solvant, Raoult (10) établit, en 1882, que toutes les molécules, quels que soient leur nature et leur poids, produisent le même abaissement du point de congélation (abaissement moléculaire), et que le nombre seul des

(1) Chimiste français. Professeur à Paris.
(2) Chimiste norvégien (1836-1902). Professeur à Christiania.
(3) Physicien américain (1839-1903). Professeur à Yale.
(4) Chimiste français. Né en 1850. Professeur à Paris.
(5) Chimiste hollandais.
(6) Physicien français. Professeur à Bordeaux.
(7) Physicien allemand. Professeur à Berlin.
(8) Chimiste danois (1826-1908). Professeur à Copenhague.
(9) Ingénieur français.
(10) Chimiste français (1832-1901). Professeur à Grenoble.

molécules intervient dans le phénomène. On peut remarquer que cette loi d'équivalence frigorifique des différentes molécules en solution rappelle, d'un certain point de vue, une autre loi d'équivalence, celle, qu'on pourrait appeler thermique, des différents atomes possédant la même capacité pour la chaleur (Dulong et Petit).

En rapprochant des résultats de Raoult les travaux de Pfeffer (1) (1887) sur la *pression osmotique* des corps en solution, laquelle est comparable à la force élastique des gaz, Van't'Hoff, en 1886, put donner une interprétation générale des phénomènes en prouvant qu'ils sont régis par la loi d'Avogadro. L'analogie se resserrait ainsi entre les gaz et les solutions. Van't'Hoff donna en outre une formule thermodynamique permettant de calculer les abaissements moléculaires en fonction de la température absolue de fusion du solvant et de sa chaleur latente de fusion.

Raoult formula aussi, pour l'abaissement des tensions de vapeur des solutions (*tonométrie*), une loi d'équivalence des différentes molécules analogue à celle qui concerne les abaissements cryoscopiques. L'étude thermodynamique du phénomène fut également faite par Van't'Hoff.

L'application de ces deux lois a conduit à deux nouvelles méthodes de détermination des poids moléculaires. Elles sont précieuses dans les cas, très fréquents pour les composés organiques naturels, des grosses molécules, qui généralement ne peuvent pas être volatilisées sans décomposition, et auxquelles, de ce fait, la méthode des densités de vapeur est inapplicable. Elles permettent, en particulier, d'étudier le degré de condensation des molécules qui ont pris naissance par addition les unes aux autres de molécules identiques plus simples (*Polymérie;* Berzélius, 1831).

2. — Raoult rencontra, dans ses études cryoscopiques et tonométriques, des anomalies remarquables. Les électrolytes (acides, bases, sels) donnent, quand on les observe en solution dans l'eau, des chiffres inférieurs, et souvent très inférieurs, à la valeur réelle du poids moléculaire. En 1887, Arrhénius (2) fit rentrer ces exceptions dans la règle en supposant que l'eau dissocie plus ou moins complètement l'électrolyte en *ions* (atomes ou groupes d'atomes chargés d'électricité) positifs et négatifs, et que chaque ion libre se comporte, au point de vue cryoscopique et tonométrique, comme une molécule complète.

Cette théorie, très hardie, a reçu de nombreuses vérifications expérimentales. Elle a été d'une grande fécondité en suscitant une multitude considérable de travaux. Ostwald (3) a pu, non sans succès, appliquer aux ions les lois de la mécanique chimique.

---

(1) Botaniste allemand. Professeur à Leipsick.

(2) Physicien suédois. Professeur à Stockholm.

(3) Chimiste allemand. Professeur à Leipsick.

VIII

LA LOI PÉRIODIQUE. — LES ÉLÉMENTS INERTES. LA RADIOACTIVITÉ.

1. — Depuis que Lavoisier fonda la Chimie sur la notion nouvelle de corps simples, un labeur immense a été accompli. Nos connaissances actuelles dans le domaine de la constitution et des métamorphoses de la matière sont aussi profondes qu'elles sont étendues et variées. Et le besoin s'impose, pour le philosophe, d'embrasser, dans une vue large des choses, les doctrines et les faits.

Il apparaît qu'une aussi vaste synthèse devrait être basée sur la considération des propriétés essentielles des divers corps simples, auxquels il faut toujours, en dernière analyse, rapporter celles des corps composés : et une bonne classification des éléments réaliserait sans doute cette synthèse. Je ne saurais mieux faire, pour terminer cette longue étude, que de vous présenter un système qui, sans contredit, résume, mieux que tout autre, l'état de la Science.

La notion de valence en est le trait dominant. Il est intéressant, à la lumière des notions que nous avons acquises, de montrer, par quelques exemples, comment a été fixée peu à peu la valence des éléments.

Le premier essai utile de classification des corps simples est de Dumas. Il groupa les métalloïdes par familles, en tenant compte des affinités naturelles révélées par les formules atomiques des composés. Il réunit en une famille le chlore, le brome et l'iode, qui s'unissent avec l'hydrogène atome à atome; l'oxygène, le soufre, le sélénium, le tellure, dont chaque atome prend 2 atomes d'hydrogène, forment une autre famille; l'azote, le phosphore, l'arsenic, l'antimoine, qui en prennent 3, constituent de même une troisième famille. On voit que Dumas appliquait ainsi le principe même de la valence.

En ce qui concerne les métaux, on fut longtemps dans l'erreur. Gerhardt admettait que tous les métaux pouvaient se substituer à l'hydrogène atome pour atome; nous dirions aujourd'hui qu'ils sont tous monovalents. Une telle supposition, si peu plausible qu'elle eût dû paraître, eut cependant cours jusqu'en 1858, date à laquelle Cannizzaro (1) émit l'idée des métaux diatomiques (divalents). Il la fonda sur cette remarque que la loi de Dulong et Petit, d'après laquelle les atomes des divers éléments possèdent la même capacité calorifique (loi dont on peut rapprocher celle de l'isomorphisme de Mitscherlich (2), 1819), ne se vérifiait pour certains métaux qu'à la condition qu'on doublât leur poids atomique. Cannizzaro n'hésita pas à le faire. Il appuya d'ailleurs les nombres nouveaux par la

(1) Chimiste italien (1826-1910). Professeur à Gênes, à Palerme et à Rome.

(2) Chimiste allemand (1794-1863). Professeur à Berlin.

comparaison de ces métaux avec les radicaux diatomiques. Ainsi fut créée la famille des métaux divalents (calcium, magnésium, zinc, cadmium, mercure, etc.), qui venait s'ajouter à celle des métaux monovalents (potassium, sodium, argent, etc.), Il existe aussi des métaux trivalents (aluminium, or....), tétravalents, etc.

2. — En comparant les poids atomiques des divers éléments, Dumas avait remarqué des différences d'une régularité saisissante : ses observations renfermaient en germe la loi périodique. En 1869, après diverses autres remarques intéressantes de Newlands et de Chancourtois, Mendéléeff (1) formula la loi générale que les propriétés chimiques et un grand nombre de propriétés physiques des corps simples sont des *fonctions périodiques* de leurs poids atomiques. Les caractères varient graduellement d'un terme au suivant, pour se retrouver analogues après un certain nombre de termes. On constitue ainsi une table à double entrée : les lignes horizontales comprennent les périodes successives, et les colonnes verticales les corps de propriétés semblables. En particulier, le caractère périodique de la capacité de combinaison apparaît ici nettement, et les colonnes verticales groupent des corps de même valence.

Lothar Meyer (2) a beaucoup étudié cette classification, et il a fait des observations d'un grand intérêt.

Elle a été féconde en faisant prévoir l'existence de certains éléments qui manquaient dans les cases de la table et en provoquant ainsi des recherches. Mentionnons, à ce sujet, la célèbre découverte du gallium par Lecoq de Boisbaudran (3) (1875).

3. — En août 1894, une grosse nouvelle nous arriva de Londres. Rayleigh (4) et Ramsay (5) venaient de découvrir dans l'air atmosphérique un corps simple gazeux, inapte à toute combinaison chimique; et l'étude de ce gaz inerte montra bientôt que ses molécules étaient formées d'un seul atome. Dans les années suivantes, Ramsay découvrit quatre autres gaz également *inertes* (hélium, néon, crypton, xénon) et à molécules formées aussi d'un seul atome. Ils se trouvaient de même dans l'atmosphère, et Moureu et Lepape ont pu établir la présence générale des cinq nouveaux éléments dans tous les gaz souterrains.

L'illustre chimiste anglais n'hésita pas à ajouter à la table de Mendéléeff une colonne spéciale pour ces corps si singuliers, dont la valence était *zéro*. Il sut même, après la découverte de l'argon et de l'hélium, annoncer les trois autres avant de les trouver à leur tour.

Il importe de rappeler ici que, dans toutes les recherches d'éléments

(1) Chimiste russe (1834-1907). Professeur à Pétrograd.

(2) Chimiste allemand (1830-1895). Professeur à Tübingen.

(3) Chimiste français (1838-1912).

(4) Physicien anglais. Professeur à Cambridge.

(5) Chimiste anglais (1852-1916). Professeur à Bristol et à Londres.

nouveaux, les plus grands services ont été rendus par l'analyse spectrale, dont la Science est surtout redevable à Bunsen (1) et Kirchoff (2), 1859). Une autre méthode, basée sur l'emploi des rayons de Rœntgen, a aussi été mise en œuvre dans ces dernières années, et elle a confirmé la classification périodique (Moseley (3) 1913). Et nous mentionnerons enfin, comme ayant marqué une période particulièrement brillante de la Chimie minérale (1894-1906), l'utilisation du four électrique par Moissan (4) pour la préparation d'une série de corps simples.

4. — Mais voici les extraordinaires phénomènes de *radioactivité*. Jusque vers la fin du siècle dernier, on considérait les dernières particules constitutives des corps, les atomes, comme étant indivisibles, insécables (α, priv.; τεμνω, je coupe). C'était là une sorte de vérité intangible, demeurée au-dessus de toute discussion. Mais la Science ignore les dogmes. En quelques années les découvertes de Becquerel (5), de Pierre Curie (6) et Mme Curie, de Debierne, de Rutherford (7), de Ramsay et Soddy, etc., ruinèrent le préjugé de l'immuabilité des atomes.

Nous voyons, depuis ces mémorables travaux, l'atome de radium et des corps similaires se fragmenter graduellement, en dégageant, sous forme de chaleur, de lumière, d'électricité et de rayons analogues aux plus pénétrants rayons de Rœntgen, de grandes quantités d'énergie. De nouveaux atomes naissent ainsi perpétuellement sous nos yeux. C'est une transmutation naturelle d'éléments. Et il arrive parfois que la généalogie ne manque ni d'étendue ni de variété. Entre l'uranium et son dernier rejeton, le plomb, on ne connaît pas moins de 14 atomes intermédiaires.

Les différences de masses sont dues, en définitive, à l'expulsion de particules de gaz hélium, déchet inerte qui est comme une sorte de lest dont s'allègent les atomes en commençant une nouvelle existence. Je ne crois pas qu'on puisse penser à ces choses sans être émerveillé, et l'on citerait difficilement, dans l'Histoire des Sciences, la mise au jour de faits plus extraordinaires.

Des phénomènes analogues ont déjà été constatés pour une trentaine d'éléments, dont quelques-uns sont très éphémères. Et l'on est conduit à supposer que la radioactivité est une propriété générale de la matière; dans quelques substances seulement, à évolution rapide, elle se présenterait avec une intensité perceptible à nos moyens actuels d'investigation.

Quoi qu'il en soit, l'atome a démenti son étymologie et renié son nom.

(1) Chimiste allemand (1811-1899). Professeur à Heidelberg.
(2) Physicien allemand (1824-1887). Professeur à Heidelberg.
(3) Physicien anglais. Tué aux Dardanelles en 1815.
(4) Chimiste français (1852-1907). Professeur à Paris.
(5) Physicien français (1852-1908). Professeur à Paris.
(6) Physicien français (1859-1906). Professeur à Paris.
(7) Physicien anglais. Professeur à Manchester et à Cambridge.

Il ne peut plus être tenu pour un individu d'essence homogène. Il n'y a plus de corps *réellement simples*. D'après les études de Crookes (1), Lorentz (2), J.-J. Thomson (3), Zeeman (4), Rutherford, Weiss (5) et autres pionniers de la Physique moderne, l'atome constitue un organisme très compliqué, formé de corpuscules électrisés négativement (électrons), en mouvement incessant autour d'un centre chargé positivement, le tout en équilibre électromagnétique. Les corps radioactifs ont un édifice atomique instable; et il y a, à tout instant, chez ces substances, des atomes qui se désagrègent brusquement, par une véritable explosion.

Si la radioactivité fait de plus en plus notre admiration, si déjà l'homme se prend à espérer en elle pour éloigner la mort, nous devons reconnaître qu'elle nous a toujours trouvés jusqu'ici, devant les processus qui la caractérisent, dans une complète impuissance. Nous ne savons ni accélérer, ni ralentir l'évolution radioactive, qui est toute spontanée.

Ce rôle de témoins passifs, sans plus, quel est le savant qui déclarerait s'en contenter? Cette dislocation des atomes avec formation d'autres atomes, dont la nature nous offre le spectacle si troublant dans sa simplicité, qui oserait soutenir qu'elle est l'apanage de quelque action mystérieuse hors de notre portée ?

D'un autre point de vue, un fait frappant est que les éléments radioactifs actuellement connus sont aussi ceux qui ont les plus hauts poids atomiques. Or, dans les théories modernes de l'évolution de la matière et des mondes, on admet assez généralement que les atomes s'agrègent progressivement en atomes de plus en plus lourds à mesure que la pression s'élève. Aux très hautes pressions on devrait donc, si l'hypothèse est fondée, pouvoir créer ainsi, par synthèse, des corps radioactifs. Observons d'ailleurs que des synthèses d'atomes quelconques, radioactifs ou non, peuvent être envisagées; elles réaliseraient, dans toute sa plénitude, le rêve des alchimistes.

On ne se résout pas à croire que tous ces grands problèmes, dont il serait aisé de montrer que la solution aurait des conséquences incalculables pour l'avenir de l'Humanité, sont hors de notre pouvoir. L'idée de force vitale, pour nous en tenir à ce seul enseignement de la vérité historique, n'était-elle pas une erreur absolue?

MESSIEURS,

J'ai fini. Je n'ai pu, dans cette causerie, qu'esquisser de loin les grandes lignes de notre sujet. Nous avons vu la Chimie, qui n'était, avant Lavoisier, qu'un recueil de recettes obscures, devenir, en moins d'un siècle, dans la

(1) Chimiste anglais.
(2) Physicien hollandais. Professeur à Haarlem.
(3) Physicien anglais. Professeur à Cambridge.
(4) Physicien hollandais.
(5) Physicien français. Professeur à Zurich et à Strasbourg.

Société moderne, la véritable reine des sciences par sa puissance, par la grandeur et l'infinie variété de ses conquêtes. Peut-être les générations actuelles, en appliquant ses principes et ses procédés, oublient-elles trop souvent les grands hommes qui en furent les initiateurs. Le présent est, dans une très large mesure, tributaire du passé, et il y a quelque chose, beaucoup même, des découvertes antérieures dans les découvertes modernes. Chacun de nous, en toute justice, n'est qu'un collaborateur posthume de ces esprits créateurs qui ont proclamé les lois et constitué la doctrine. Non seulement le nom de Lavoisier, mais encore ceux de Dalton, de Dumas, de Berthelot, pour nous limiter à quelques-uns des plus grands, devraient figurer en tête de toutes nos publications chimiques. S'ils voyaient aujourd'hui les fruits de leurs travaux, grandes seraient leur satisfaction et leur fierté. Il est triste, toutefois, de devoir ajouter que ces sentiments ne seraient pas sans mélange. Dans l'instrument de progrès forgé par leur génie, le tranchant est double. Et si sa part contributive dans l'amélioration de la condition des hommes est considérable, il a aussi, hélas !, par la plus folle et la plus criminelle des aberrations, été détourné de son objet humanitaire pour des œuvres de barbarie et de cruauté. Tant il est vrai que le progrès matériel n'est qu'un des éléments de la civilisation, et que la moralité doit en être le facteur dominant. Puisse la Science avoir retrouvé sans esprit de retour sa véritable mission ! Puisse la toute puissante Chimie ne travailler désormais qu'à notre bonheur ! Puisse-t-elle, s'inspirant d'un Pasteur, marcher à de nouvelles victoires sur la maladie, la souffrance et la mort !

CONFÉRENCE FAITE A CHARTRES

SAMEDI 24 JANVIER 1920

La réunion a eu lieu, sous la présidence de M. le Dr Gabriel Maunoury, Député d'Eure-et-Loir, dans la Salle des Conférences de l'Hôtel de Ville. L'auditoire, très nombreux, comprenait non seulement l'élite de la société de la ville, mais encore un grand nombre de cultivateurs. Parmi les personnes présentes se trouvaient MM. Albert Royneau, Sénateur, Président du Comice agricole; Hubert, Maire de Chartres; Duperrier, Ingénieur en Chef des Ponts et Chaussées et Garola, Directeur de la Station agronomique.

ALLOCUTION DU Dr GABRIEL MAUNOURY

Au lendemain de nos désastres de 1870, un certain nombre de savants patriotes, estimant qu'une plus vigoureuse impulsion donnée à la culture scientifique serait le meilleur moyen de permettre à notre pays de reprendre son rang dans le monde, fondèrent l'*Association française pour l'Avancement des Sciences* dont la devise : « Pour la patrie, par la science », indiquait clairement le principe et le but.

Pendant quarante ans cette Société a poursuivi sa croisade, organisant chaque année un Congrès dans une grande ville de France.

La grande guerre à laquelle nous venons d'assister nous a donné la victoire, mais elle a laissé la France profondément affaiblie. Pour la relever c'est encore à la Science qu'il faut s'adresser, c'est elle qui, mieux appliquée à nos moyens de production, rétablira notre fortune.

Sans attendre la fin des hostilités, l'Association française, ne pouvant plus faire de Congrès, a institué des conférences pour vulgariser les notions scientifiques susceptibles d'imprimer une activité plus grande à nos industries.

C'est dans cette pensée que dernièrement M. le Professeur Desgrez, Secrétaire général de cette Association me proposa d'organiser à Chartres une conférence sur la culture mécanique. J'acceptai avec d'autant plus d'empressement que le conférencier était M. Ringelman, le savant professeur de l'Institut agronomique.

La question n'est pas nouvelle pour les agriculteurs d'Eure-et-Loir.

Notre Conseil général a toujours eu la préoccupation de prendre l'initiative quand il s'est agi de vulgariser un progrès agricole.

Il fut l'un des premiers à créer un enseignement départemental de chimie agricole et vous savez tous quels services a rendus la Station agronomique que depuis une quarantaine d'années dirige avec tant de compétence et d'éclat M. Garola.

Il y a trois ans, le Conseil général chargea M. Duperrier, Ingénieur en Chef des Ponts et Chaussées du département, d'instituer des expériences de motoculture. Elles ont été suivies avec beaucoup d'intérêt par les cultivateurs.

Nous croyons savoir que, dans son concours du mois de mai, le Comice agricole de l'arrondissement de Chartres a l'intention d'organiser de nouvelles démonstrations pratiques sur une assez vaste échelle.

J'ajoute que, dans sa session d'août, le Conseil général a décidé de mettre à l'étude l'application de l'électricité à la culture mécanique, ce que l'installation prochaine d'un réseau d'énergie électrique permet d'envisager pour un avenir qui ne semble pas trop lointain.

Vous voyez combien la conférence que nous allons avoir la bonne fortune d'entendre vient à son heure et je ne saurais trop remercier MM. Desgrez et Ringelmann d'avoir eu la pensée de nous en entretenir de cette nouvelle et intéressante application de la science à notre grande industrie nationale. Je puis leur affirmer qu'ils vont trouver dans cet auditoire un terrain fort bien préparé pour recevoir les idées qu'ils vont semer et que leur parole sera écoutée, avec grande attention, par des hommes qui ont le plus vif désir d'en profiter, pour le progrès de l'agriculture et le bien de la Patrie.

M. Max RINGELMANN

Membre de l'Académie d'Agriculture
Professeur de Génie Rural à l'Institut National Agronomique
Directeur de la Station d'Essais de Machines.

LA CULTURE MÉCANIQUE

Mesdames, Messieurs,

L'Association Française pour l'Avancement des Sciences m'a fait le grand honneur de me demander de venir vous parler de la Culture mécanique. Pour m'excuser de l'aridité du sujet, je ne puis invoquer que l'importance capitale présentée par la question au moment où nous devons, par tous les moyens, augmenter le plus possible la production malgré les désastres occasionnés par la Guerre, se traduisant surtout par une perte importante de travailleurs ruraux et par une réduction considérable du nombre des animaux de trait de nos exploitations.

I

Considérations générales sur la Culture mécanique.

Les divers travaux de culture de nos exploitations agricoles sont effectués à l'aide de machines tirées par des attelages auxquels on restitue, sous forme de matières alimentaires, l'énergie mécanique qu'ils dépensent.

On a proposé à maintes reprises, depuis plus de cinquante ans, de substituer la machine à vapeur aux attelages de nos exploitations ; plus récemment, on a remplacé le moteur à vapeur par une réceptrice utilisant l'énergie électrique produite à une certaine distance de son lieu d'utilisation, puis par le moteur à explosions employant les combustibles liquides (essence minérale, pétrole, benzol, alcool, etc.). D'une façon générale, si l'on peut dire que l'adaptation des moteurs inanimés quelconques aux divers travaux de culture est un problème déjà résolu, au point de vue des mécanismes, son application est liée à une question de *prix de revient* en dehors des autres avantages que les divers systèmes peuvent présenter, et notamment celui d'une exécution opportune plus rapide des travaux, avec des attelages et un personnel moins nombreux.

*
* *

Il est impossible de donner, sous forme de moyenne générale, la quantité d'énergie mécanique nécessaire pour cultiver une certaine étendue, les variations étant d'un ordre trop élevé suivant la nature des travaux à effectuer et des terres auxquelles ils s'appliquent.

Nous avons eu l'occasion de montrer, pour une exploitation des environs de Paris, dont la terre est en très bon état de culture (limon des plateaux reposant sur l'argile tertiaire), qu'il fallait dépenser 7 millions de kilogrammètres afin de préparer un hectare de terre pour un blé d'hiver après une récolte de betteraves, alors qu'il fallait près de 55 millions de kilogrammètres pour préparer, après une céréale, un hectare de la même terre devant recevoir des betteraves à sucre. Et encore ces chiffres, qui seraient plus élevés pour des terres très fortes, sont limités aux seuls travaux de préparation du sol (labours, hersages, roulages), en laissant de côté les dépenses d'énergie nécessitées par les ensemencements, les façons d'entretien, les travaux de récolte, les transports de fumier, d'engrais chimiques et de récoltes.

Dans les conditions économiques d'avant la Guerre, notre agriculture ne pouvait se maintenir que par la diminution du prix de revient des travaux, poursuivie en même temps que l'augmentation des rendements. Il était donc à prévoir que le travail mécanique du sol, à l'aide de machines actionnées par des moteurs inanimés, ne pouvait que s'imposer dans l'avenir pour les domaines ayant une certaine étendue, qu'ils appartiennent à un même exploitant ou qu'ils résultent de l'association de plusieurs fermes voisines, la culture à bras ou au moyen d'attelages paraissant être réservée aux petites exploitations isolées.

Au point de vue social, la Culture mécanique du sol peut permettre, pour l'Homme, une meilleure utilisation des produits de la ferme. Au lieu de transformer en travail mécanique une certaine quantité d'aliments, le bétail peut la transformer en viande, en lait, ou en laine et, souvent, les aliments transformés en kilogrammètres par le cheval ou par le bœuf peuvent être économiquement remplacés par une certaine quantité d'un combustible quelconque, s'il s'agit d'un moteur thermique, ou par un volume d'eau tombant d'une certaine hauteur, s'il s'agit d'un moteur hydraulique.

*
* *

Dans l'étude portant sur trois années (1911, 1912 et 1913), d'une autre exploitation intensive (1), également située aux environs de Paris, nous avons montré que, sur 10.710 journées utilisables annuellement (2), les attelages n'ont été employés que pendant 7.782 journées ; le coefficient moyen annuel d'utilisation est de 72 0/0, variant de 49 0/0, en juin, à 91 0/0, en avril. L'effectif des chevaux était utilisé au complet seulement pendant quelques jours des mois de mars, d'avril, d'octobre, de novembre et de décembre ; le minimum se présentait en janvier. Tout l'effectif des

(1) *Académie d'Agriculture*, séance du 1er octobre 1919.— L'exploitation considérée comptait 17 chevaux de culture et 18 forts bœufs.

(2) Selon les relevés météorologiques on pourrait avoir en moyenne, sous le climat de Paris, 228 journées possibles de travail des attelages dans les champs, avec un maximum de 21 journées en août et un minimum de 15 en novembre et en décembre.

Selon les annuaires astronomiques (temps des levers et des couchers du soleil), on pourrait obtenir, dans la région de Paris, 2.099 heures de travail possible dans les champs, avec un maximum de 260 heures pendant les mois de juin et de juillet et un minimum de 75 heures pendant le mois de décembre.

bœufs de travail n'était utilisé que pendant certaines journées du mois de mars et d'avril ; le minimum se constatait en juin. Ajoutons qu'une journée de cheval non employée constitue une perte pour le cultivateur, alors que le bœuf qui reste à l'étable tire toujours profit de la nourriture qu'on lui distribue. Dans cette exploitation, les travaux de culture (labours, hersages, roulages, scarifiages) absorbent, en moyenne, 66 0/0 des journées d'attelages utilisées en avril (moyenne de trois années) et 45 0/0 en octobre, les autres journées étant surtout consacrées aux charrois.

*
* *

Les premières tentatives de Culture mécanique ont été faites par les mécaniciens anglais vers 1835, au début de l'élévation du taux des salaires des ouvriers ruraux. Dès 1862, six systèmes à vapeur étaient expérimentés. La Société royale d'Agriculture d'Angleterre organisa de nombreux essais de culture à vapeur, surtout à ses concours de Chester (1858), de Worcester (1863), de Newcastle (1865), de Leicester (1868). Au grand concours de Wolverhampton, en 1871, douze systèmes étaient présentés par cinq concurrents.

On se préoccupa du labourage à vapeur en France dès 1850 ; la question fut reprise surtout en 1863, en 1878, en 1881 et en 1901.

Il ne s'agissait alors que de *labourage à vapeur*, et l'on ne considérait souvent qu'un des côtés de la question. En effet, beaucoup de passionnés se sont félicités, par avance, de ce que la culture à vapeur pouvait permettre la suppression de tout le bétail de la ferme, oubliant que la viande joue le même rôle que le pain dans l'alimentation des peuples civilisés. On conçoit que le labourage à vapeur, présenté de cette façon, ait pu être combattu, avec beaucoup de chances de succès, par les Zootechniciens.

Les systèmes qui sont les plus répandus en Angleterre et dans l'Europe centrale, sont ceux qui comportent deux fortes locomotives-treuils, dont le prix d'achat est très élevé. Les appareils de culture à vapeur, qui devaient utiliser la locomobile de la ferme, ont joui chez nous d'une certaine considération momentanée, par suite des avantages apparents qu'ils présentaient : le moteur préexistait dans l'exploitation et le matériel supplémentaire à acheter n'occasionnait pas une trop forte dépense. La pratique a abandonné ces appareils pour les travaux de la *culture courante* ne les réservant qu'aux travaux *d'améliorations foncières* (défrichements et défoncements) ; la locomobile, trop faible, laissait disponible à la charrue trop peu de puissance pour exécuter rapidement l'ouvrage ; puis le temps employé aux manœuvres nécessaires augmentait le prix du travail et ne permettait pas de réaliser une économie sur la culture effectuée à l'aide des attelages.

Le prix plus élevé du labourage à vapeur en France, comparativement avec celui obtenu par l'emploi des mêmes machines en Angleterre et dans l'Europe centrale, tient surtout à la dépense de combustible. Au prix d'achat du charbon à la mine (représentant, avant la Guerre, une vingtaine de francs la tonne), il fallait ajouter les frais de transports par chemins de fer ou par canaux, les manutentions à la gare et à la ferme, les transports relativement coûteux de la gare à la ferme et de la ferme dans les champs; enfin, il convenait surtout de tenir compte des inévitables déchets en cours de route, de sorte que le combustible acheté 20 francs, revenait souvent, rendu à pied-d'œuvre dans le champ, de 35 à 40 francs la tonne. Des attelages sont indispensables pour transporter dans les terres l'énergie sous forme de charbon, et pour amener l'eau aux machines. On voit que la première économie à réaliser devait consister à supprimer ces derniers transports, à employer un moteur fixe envoyant sa puissance dans les champs sous forme d'*énergie électrique* ; mais alors on peut employer un moteur à vapeur surchauffée, ou un moteur à gaz pauvre ; inutile de dire que le moteur hydraulique, lorsque son établissement est possible, est tout indiqué pour de semblables installations.

L'*usine centrale d'énergie*, dont nous venons de parler, peut être la propriété d'un grand domaine, d'une société industrielle, ou, dans l'avenir, d'une association d'Agriculteurs au même titre que certaines sucreries et distilleries. Enfin, les diverses fabriques et usines déjà établies dans les campagnes, comme les sucreries, les distilleries, les minoteries, les filatures, les manufactures diverses, etc., pourraient, dans beaucoup de circonstances, utiliser l'excédent de leur force motrice pour fournir à bas prix l'énergie électrique aux exploitations agricoles environnantes, réalisant ainsi le rapprochement intime de l'*Industrie* et de l'*Agriculture* concourant, chacune dans sa sphère d'action, au bien-être de la Société.

***

Les perfectionnements apportés aux moteurs d'automobiles, moteurs que leur grande vitesse angulaire permet de rendre légers, ont appelé que l'attention des ingénieurs que la Culture mécanique du sol intéresse. Non seulement le matériel peut être léger et peu encombrant, mais l'alimentation du moteur ne nécessite que de faibles transports de combustible liquide dans les champs, et d'une petite quantité d'eau pour remplacer celle perdue par le radiateur.

Des *treuils*, mus par des moteurs à essence minérale ou à pétrole, on est passé aux appareils *automobiles*, comme les deux faucheuses qui figuraient à l'Exposition universelle de 1900 (1) ; puis, en Angleterre, où pourtant les systèmes à vapeur sont placés dans des conditions économiques favo-

(1) Nous laissons de côté, ici, les intéressantes machines de récolte, tirées par un animal, mais dont les organes sont actionnés par un moteur inanimé chargé de fournir la plus grande partie de l'énergie nécessitée par l'ouvrage à exécuter.

rables, on imagina des *tracteurs* qui furent introduits chez nous en 1904. Enfin, dans l'ordre chronologique, citons le *tracteur-treuil* qu'un de nos grands constructeurs a fait travailler pratiquement, et dans des conditions économiques, en septembre 1910.

Pour les moteurs à explosions, des treuils comme des tracteurs, on emploie ordinairement l'essence minérale, qu'on peut remplacer par des combustibles moins coûteux, tels que le pétrole lampant et le benzol; mentionnons, dans cet ordre d'idées, les moteurs à naphtaline, et ceux dits à gaz pauvre, qui ont beaucoup de chances d'être utilisés dans l'avenir, car on a déjà de semblables machines agricoles montées en locomobiles dont le gazogène est alimenté avec du charbon de bois.

* * *

Enfin, de nombreuses tentatives ont été faites, depuis une soixantaine d'années, en vue de modifier la forme et le mouvement des pièces destinées à travailler le sol à la place des coutres, socs et versoirs ordinaires de nos charrues.

* * *

Au point de vue mathématique, la *Culture mécanique*, quel que soit le système employé, conduit à une dépense supplémentaire d'énergie. Il faut toujours se rappeler qu'un ensemble de mécanismes, transformant ou transmettant de l'énergie, commence par se payer lui-même, pour ainsi dire, en absorbant une certaine quantité d'énergie pour son propre fonctionnement, et ne *rend* qu'une partie de ce qu'on lui a donné.

Admettons, seulement pour fixer les idées, qu'un attelage tirant directement une charrue doive fournir un travail mécanique de 100 kilogrammètres pour effectuer un certain ouvrage. Lorsque, pour obtenir le même ouvrage, nous remplaçons l'attelage par un moteur inanimé, avec plusieurs organes intermédiaires (transmissions, treuil, câble, poulies, roues, etc.), il faudra peut-être dépenser 200 kilogrammètres. Toute la question est de savoir si les 200 kilogrammètres précités seront fournis par le moteur à un plus bas prix que les 100 kilogrammètres demandés à l'attelage.

Les systèmes de Culture mécanique trouvent un emploi manifestement économique pour l'exécution des travaux *d'amélioration foncière*, tels que les défrichements, les fouillages et les défoncements; ces travaux ne s'effectuent sur le même champ qu'à de longs intervalles et, pour eux, on n'est généralement pas tenu de les exécuter dans un temps limité, comme pour ceux de la culture courante.

*
* *

Il y a lieu d'observer que la Culture mécanique ne pourra jamais s'appliquer à toutes les exploitations, comme à toute l'étendue d'une exploitation déterminée. De même que, dans un domaine, il y a place pour la bicyclette, le cheval et l'automobile, qui répondent chacun économiquement à des besoins différents, il y a toujours place pour divers moteurs : homme, animal, moteur inanimé. Pour une foule de travaux, il faudra toujours entretenir à la ferme un certain nombre d'attelages de chevaux ou de bœufs; entre temps, ces attelages peuvent cultiver économiquement une certaine surface; c'est donc seulement au delà de ce minimum qu'on peut appliquer avantageusement la Culture mécanique, à la condition que cette dernière opère sur une étendue suffisante pour abaisser les frais généraux par unité de surface.

La Culture mécanique doit donc être considérée comme pouvant permettre l'exploitation avec une réduction du nombre des animaux-moteurs, mais non de supprimer complètement ces derniers. Elle ne peut opérer économiquement que sur une partie des terres du domaine et, considérée à ce point de vue, elle ne pourrait s'appliquer qu'aux grandes exploitations. Cependant, il ne nous semble pas téméraire de prévoir l'extension prochaine de la Culture mécanique lorsque, en vue de diminuer le prix de revient des travaux, plusieurs exploitations se grouperont afin de présenter une étendue suffisante pour le fonctionnement économique du matériel.

*
* *

Par suite du grand nombre de sursis accordés pour le travail des usines de guerre, les soldats combattants comprenaient près de 90 0/0 d'agriculteurs, et l'on retrouve cette proportion dans les nombres des tués et des mutilés; cela montre que la population rurale, qui a pour ainsi dire seule tenu tête à l'ennemi, n'a remporté la Victoire qu'au prix des plus grands sacrifices. La culture a perdu un nombre important de travailleurs et il est à craindre, qu'avec la loi de huit heures, beaucoup d'usines constituent deux équipes d'ouvriers dont l'une sera prélevée sur les ruraux déjà insuffisants avant la Guerre; d'autre part, il ne faut plus compter, au moins pendant plusieurs années, sur l'appoint de la main-d'œuvre saisonnière (belges, bretons, italiens, etc.). Avec ces conditions désastreuses, l'on se demande comment l'on pourra effectuer les travaux de culture, alors qu'il y a presque tout à remettre en état, et qu'on doit augmenter la production afin d'abréger la période de la *vie chère*.

La tristesse du tableau s'accentue lorsqu'on évalue les brèches importantes faites dans le troupeau national, se traduisant par une forte réduction de nos bêtes de trait (1) qui reviennent, aujourd'hui, à un prix tellement élevé, qu'on cherche, avec raison, à les remplacer par des moteurs inanimés pour tous les travaux permettant la substitution. La solution du problème est actuellement indispensable en France et dans nos Colonies.

Dans les conditions actuelles, le problème revient à utiliser les appareils de Culture mécanique qu'on peut se procurer, et à en tirer le meilleur parti possible : il n'y a pas à hésiter, il faut labourer avec les machines le plus d'étendue possible pour faire du blé, autrement on laisserait en friche des milliers d'hectares au détriment de l'alimentation publique.

La Viticulture se trouve depuis plusieurs années dans une situation extrêmement difficile, surtout pour les vignobles de plaines chargés d'assurer le gros de la production. Les viticulteurs demandent des tracteurs pour effectuer leurs divers travaux à la place des attelages devenus bien trop coûteux : labours, sarclages, traitements contre les nombreuses maladies cryptogamiques de la vigne et, si possible, transports de la vendange. Le problème est difficile à résoudre par suite du faible écartement des vignes, et du peu d'espace laissé libre à l'extrémité des lignes pour exécuter les virages.

Par ce très rapide exposé, on voit quel est l'énorme effort à faire pour la construction du matériel agricole, et quel est le mouvement commercial qui doit en résulter. Cela n'exclut pas les nombreuses études à entreprendre en vue des modifications à apporter aux modèles existants, et de la création de nouveaux types répondant aux nouvelles conditions dans lesquelles se trouve placée l'Agriculture française, dont l'ardeur au travail, malgré ses désastres, ne s'est pas ralentie comme dans d'autres branches de l'activité nationale.

II

Principes généraux des appareils de Culture mécanique.

Dans tous les appareils de Culture mécanique, on trouve un moteur avec différents organes permettant d'utiliser sa puissance disponible pour actionner les machines, ou les pièces travaillantes, destinées à cultiver le sol.

* * *

Les **moteurs** constituent ainsi une première base de classification des appareils, alors qu'autrefois il ne s'agissait que de *labourage à vapeur*. Les systèmes actuels utilisent des moteurs à vapeur, des moteurs à explosions,

(1) La perte représente, en moyenne générale, environ 6 chevaux de travail et 3,5 bœufs de travail par 100 hectares de terres à labourer chaque année.

(à essence minérale, benzol, pétrole lampant, mazout, alcool dénaturé pur ou carburé, gaz pauvre, etc.), des réceptrices dont l'alimentation provient d'une usine génératrice installée sur le domaine, ou d'une distribution générale d'électricité desservant la localité.

Le choix des moteurs est une question de commodité ou de facilité d'emploi en même temps qu'une question économique ; les plus utilisés actuellement sont ceux à vapeur, à vapeur surchauffée, à essence minérale et à pétrole lampant ; les autres, très intéressants, sont encore dans la période d'essais. Il n'y a pas lieu d'étudier, pour l'instant, ces divers moteurs au point de vue économique, car les prix unitaires des combustibles subissent des hausses très variables sur ceux d'avant-guerre, et il est à craindre que la perturbation ne se prolonge encore quelque temps.

Presque tous les appareils de Culture mécanique sont établis pour qu'on puisse les utiliser comme moteurs locomobiles permettant d'actionner diverses machines au moyen d'une courroie ; on augmente ainsi le nombre de journées de travail par an, en réduisant les frais généraux de chaque opération par unité de surface cultivée.

***

Une seconde classification peut être établie suivant les **cultures** auxquelles doivent s'appliquer les appareils.

Sur les 53 millions d'hectares (en chiffres ronds) enfermés dans les anciennes frontières de la France européenne avant la Guerre, non compris l'Alsace-Lorraine, le territoire agricole occupe 50 millions d'hectares, sur lesquels il y a une superficie cultivée de 46 millions d'hectares, comprenant, d'après la statistique de 1911, près de 24 millions d'hectares de terres labourables.

Les charrues tirées par les attelages opèrent chaque année sur les étendues ci-après :

Céréales et grains divers	13,4	millions d'hectares.
Tubercules	1,6	—
Betteraves à sucre et de distillerie .	0,3	—
Cultures fourragères annuelles . .	1,7	—
Prairies artificielles et temporaires ; sur les 3,2 millions d'hectares, on peut admettre qu'il y ait à labourer chaque année	0,7	—
TOTAL.	17,7	millions d'hectares.

En supposant que la dixième partie seulement de l'étendue précédente, soit 1.700.000 hectares, puisse convenir économiquement au travail d'appareils légers dont chacun serait susceptible d'être employé pour exécuter les labours sur une centaine d'hectares (ce qui est réalisable, étant données les facilités accordées aux groupements d'au moins sept personnes par l'arrêté pris le 7 septembre 1915, modifié par celui du 26 décembre 1919, en vue de favoriser l'achat en commun d'appareils de Culture mécanique), le calcul montre que 17.000 appareils pourraient être utilisés dans la France européenne.

Sur les 5.500.000 exploitations agricoles du pays, on peut estimer à 85.000 le nombre de celles qui peuvent s'intéresser aux appareils de Culture mécanique, lesquels permettent de supporter des réductions de 20 à 30 0/0 dans le personnel et, pour les animaux-moteurs, de 15 à 30 0/0 dans les exploitations employant des bœufs, et de 40 à 50 0/0 dans celles qui n'utilisent que des chevaux de travail. Ces chiffres sont intéressants à méditer : les hommes, fortement réduits comme nombre par la Guerre, seront surtout demandés par l'Industrie et le Commerce renaissants, capables d'offrir de hauts salaires justifiés par l'énorme activité qu'il y a lieu de prévoir à la reprise des affaires ; enfin, il y aura, pendant plusieurs années, pénurie d'animaux de trait.

On est toujours tenté de demander aux appareils de Culture mécanique d'effectuer des labours très profonds. Les forts labours (liés à l'apport de matières fertilisantes) ne peuvent pas s'appliquer partout ; il y a des régions où le sous-sol et le roc sont si près de la surface du sol qu'on ne peut labourer au delà de 0m,10 à 0m,12 de profondeur. Bien que la division administrative du pays, par départements, ne corresponde pas à des régions naturelles soumises aux mêmes cultures, nous pouvons dire, après enquête, que les labours dont la profondeur ne dépasse pas 0m,15 sont pratiqués presque exclusivement dans une quarantaine de nos départements ; les plus forts labours n'intéressent qu'une vingtaine d'autres départements dont plusieurs appartiennent aux Régions libérées, les plus riches du territoire. Pour le reste du pays, on n'effectue généralement que des labours très légers.

A côté des appareils destinés aux travaux de la *culture courante* (labours, scarifiages, moissons, déchaumages, etc.), il y a place pour ce que nous pourrions appeler les *appareils spéciaux*, dont les principaux, applicables aux cultures arbustives, sont réclamés par les Viticulteurs, lesquels exploitent un peu plus d'un million et demi d'hectares.

Les appareils destinés aux *Colonies* nous semblent devoir constituer une catégorie à part, non pour ce qui concerne leurs principes généraux, mais à cause de certains détails ou dispositifs imposés par les conditions particulières du milieu dans lequel ils doivent opérer.

Enfin il convient de réserver une section aux appareils affectés aux *travaux d'améliorations foncières* (1), défoncements, défrichements, etc.

(1) Ces appareils ont été étudiés dans : *Travaux et Machines pour la mise en culture des terres.*

Suivant l'usage auquel les appareils de Culture mécanique sont destinés, on peut donc les classer en :

Appareils pour les cultures courantes,
— — la culture des vignes,
— — les colonies,
— — les améliorations foncières,

qui doivent répondre chacun à des conditions différentes de fonctionnement.

Pour les premiers, il faut pouvoir aller rapidement et économiquement, afin de prendre la *terre en temps voulu*, d'épargner le travail des attelages et de s'assurer de belles récoltes de céréales, de plantes fourragères, de racines et de tubercules.

Un des principaux avantages de la Culture mécanique réside dans l'exécution rapide des labours, ce qui permet de les faire avant l'hiver en profitant des journées favorables. Il n'y a donc pas lieu de se baser uniquement sur les frais de l'hectare labouré, qui sont certainement plus élevés avec les appareils qu'avec les animaux ; il convient surtout d'envisager la possibilité d'effectuer les travaux avec moins d'attelages et de tenir compte du supplément de récolte qu'on doit réaliser sur des terres travaillées en temps utile.

L'appareil capable de faire les labours d'automne d'une exploitation, exécutera facilement les labours plus légers de printemps, les travaux de récolte, les déchaumages, ainsi que certains transports.

Enfin, les bœufs réservés aux travaux légers se maintiennent en bon état et deviennent alors d'un engraissement facile et économique.

Pour la culture des vignes, les appareils devront se plier à certaines conditions, et la solution du problème ne nous paraît pas des plus aisées ; c'est pour ce motif que nous croyons bon d'en faire une catégorie spéciale. Il est plus que probable qu'en présence des difficultés croissantes, les viticulteurs seront contraints, ou d'abandonner la culture de la vigne, ou d'augmenter la largeur des fourrières pour faciliter les manœuvres des appareils ; le problème se posera alors de la façon suivante : ne plus cultiver, ou diminuer un peu le nombre de ceps par hectare.

Pour les appareils destinés aux Colonies, les difficultés sont d'un autre ordre, et nous semblent surtout dues à l'emploi obligatoire de certains combustibles, agissant sur le choix du moteur, plutôt que sur la nature des pièces travaillantes.

Les appareils destinés aux améliorations foncières sont établis sur des principes différents de ceux de la première catégorie, car il n'y a pas un besoin impérieux d'exécuter ces travaux dans un laps de temps déterminé, et surtout limité. Il est à prévoir que le prochain développement des appareils de la culture courante augmentera les besoins des améliorations foncières, qu'on hésite à exécuter actuellement avec des attelages ; on cherchera à leur appliquer les moteurs inanimés avec lesquels on se sera familiarisé; il est donc à supposer que des confédérations, ou des réunions de Syndicats de Culture mécanique se constitueront dans l'avenir en vue des défoncements, des fouillages, des sous-solages etc., afin d'augmenter les récoltes du pays.

Parmi les quatre catégories principales d'appareils de Culture mécanique dont il vient d'être parlé, la première, comprenant ceux destinés aux travaux courants de la culture, est la plus importante par l'étendue du territoire sur laquelle ils sont appelés à opérer et par le nombre d'exploitations qu'ils intéressent (1); leurs principes de fonctionnement, ou tout au moins certains d'entre eux, peuvent servir de point de départ aux appareils des trois autres catégories; c'est pour ce motif que nous les examinerons surtout dans ce qui va suivre.

*
* *

Une troisième classification peut être basée sur **le principe de la construction de l'appareil** et du mode d'utilisation du moteur.

Deux grands groupes, suivant les pièces travaillantes, se distinguent de suite : dans l'un, que nous désignerons par **A,** on a recours à des pièces employées dans la culture courante, qui, au lieu d'être tirées par des attelages, sont alors déplacées par un moteur inanimé; dans l'autre, **B**, la culture est effectuée par des pièces de diverses formes, animées de divers mouvements communiqués par le moteur inanimé, pièces qu'on n'emploie pas dans la culture courante.

La nature du travail obtenu est différente avec les deux groupes d'appareils; pour le premier, elle est connue des praticiens : c'est le travail de la charrue, du cultivateur, etc.; avec les appareils du second groupe on cherche généralement à réaliser immédiatement un ameublissement bien plus complet du sol, une granulation plus ou moins intense, afin, dit-on, de se rapprocher de l'ouvrage exécuté par le Jardinier.

Les différents appareils, désignés par des noms très divers, peuvent se classer de la façon suivante, en laissant de côté l'ordre chronologique, et sans insister sur les préférences ou les tendances manifestées en faveur de quelques uns, dont certaines personnes souhaitent les perfectionnements et les applications ; cette question ne peut être résolue que par l'expérimentation.

Pour mettre un peu de clarté dans ce qui va suivre, nous pouvons donner de suite la liste générale de notre classification des différents types d'appareils de Culture mécanique.

---

(1) Le *remembrement* des domaines sera une des conséquences du développement obligatoire de la Culture mécanique.

A. — Appareils devant déplacer des pièces travaillantes employées dans la culture courante

Systèmes funiculaires :

a) Treuils,
Deux treuils automobiles,
Automobiles à double treuil,
Double treuil fixe *(roundabout)*.

b) Tracteurs-treuils.

c) Remorqueurs à deux treuils et charrues-treuils.

d) Tracteurs-toueurs.

e) Charrues-toueuses.

Tracteurs proprement dits :

f) Tracteurs lourds.

g) Tracteurs légers.

Charrues automobiles :

h) Charrues automobiles proprement dites.

i) Avant-trains tracteurs.

j) Charrues-brouettes automobiles.

B. — Appareils dont les pièces travaillantes sont animées de divers mouvements.

Bien que le groupe **B** comprenne de nombreux dispositifs, nous ne cherchons pas, au moins pour l'instant, à y établir des subdivisions, lesquelles allongeraient cette étude générale.

Nous ajouterons à la partie mécanique de notre exposé quelques renseignements culturaux résultant des constatations faites à Grignon, en 1913 et en 1914, par M. L. Brétignière (1); ces renseignements permettent de se faire une opinion sur quelques genres d'appareils, car, à côté des principes relatifs à une machine bien comprise, il faut exiger que cette dernière travaille convenablement la terre, en répondant aux conditions imposées par la culture.

(1) *Annales de l'École nationale d'Agriculture de Grignon*, t. 5 : *Expériences contrôlées de Culture mécanique.*

A. — Appareils devant déplacer des pièces travaillantes employées dans la culture courante.

Le nombre et le montage des pièces travaillantes (coutre, soc, versoir, dents, etc.), sur un bâti approprié, peut varier suivant les systèmes, mais ces pièces sont identiques à celles tirées par les attelages, et le résultat de leur travail est connu des Agriculteurs.

* * *

Systèmes funiculaires. — Dans ceux-ci, la machine de culture, charrue, cultivateur, etc., est tirée par l'intermédiaire d'un câble. Ces appareils peuvent fonctionner dans des terres difficiles et présentant une grande déclivité.

a) *Treuils.* — Ce sont les plus anciens appareils, encore très employés; le câble, qui déplace la machine de culture, s'enroule sur un treuil actionné par le moteur. Le treuil reste fixe pendant qu'il appelle la charrue; il se déplace sur la fourrière entre deux manœuvres semblables, ou il peut rester au même point pendant tout le labour d'un champ.

On peut avoir *deux treuils automobiles*, un sur chaque fourrière et tirant alternativement la charrue. Pendant qu'un treuil fonctionne, l'autre, convenablement freiné, laisse dérouler son câble et, pendant quelques instants, se déplace sur la fourrière d'une longueur égale à deux fois la largeur du train de la charrue.

C'est à ce système qu'appartiennent les appareils de labourage à vapeur avec deux locomotives-treuils, convenant aux entreprises de labourage qui se répandirent un peu avant la Guerre dans certaines régions de plaines, au nord et à l'est de Paris. Les grands modèles actuels, capables de développer une puissance de 200 chevaux-vapeur, avec emploi de la surchauffe, peuvent enrouler sur leur treuil 450 mètres de câble en fils d'acier.

De plus petits modèles, avec moteurs à explosions, à essence ou à gaz pauvre, sont proposés depuis quelques années, mais les conditions de fonctionnement ne leur sont pas favorables. Comme les locomotives-treuils, ils nécessitent deux mécaniciens, un laboureur et un aide, et n'économisent que le personnel et les attelages chargés d'apporter dans le champ le combustible et l'eau.

Avec les appareils à vapeur, chaque moteur travaille pendant presque la moitié du temps total, alors que la chaudière fonctionne tout le temps; sa pression, très élevée au début, diminue progressivement jusqu'à la fin du rayage de la charrue déplacée par le moteur, pour remonter ensuite pendant la période de repos du moteur correspondant au travail de l'autre treuil; la chaudière, constituant un volant de chaleur, est plus petite que celle qui serait nécessaire pour assurer la marche continue du moteur.

Avec le moteur à essence, à pétrole ou à gaz pauvre, on n'arrêtera pas le moteur dont le treuil sera débrayé, car il faudrait faire à chaque instant une mise en route (à moins d'employer, comme dans les automobiles, une mise en route électrique compliquant le mécanisme). Le moteur, mis au ralenti, consommera inutilement du combustible pendant que celui de l'autre treuil travaillera à charge normale. Dans les conditions les plus favorables, la consommation horaire des deux treuils serait égale à la consommation horaire d'un moteur tournant à vide, plus la consommation horaire d'un moteur fonctionnant en charge.

L'inconvénient dont nous venons de parler ne se rencontre pas avec les appareils électriques; par suite de sa facilité de mise en route, la réceptrice de chaque treuil peut ne tourner et, par suite, ne consommer de l'énergie que pendant la période d'action de son treuil.

Au lieu d'avoir deux treuils automobiles restant alternativement fixes lors de leur action sur la charrue, on peut employer une *automobile à double treuil* placée sur une des fourrières : le câble, qui s'enroule sur un des treuils, tire directement la charrue, alors que le câble de l'autre treuil passe, avant de s'attacher à la charrue, sur des poulies de renvoi diversement disposées, et enfin sur une poulie supportée par un chariot-ancre pouvant cheminer sur la fourrière opposée à l'automobile. Au lieu d'avoir deux moteurs qui travaillent alternativement, on n'a qu'un seul moteur qui fonctionne presque tout le temps, actionnant tantôt un des treuils, tantôt l'autre; il y a une économie dans l'achat du matériel et économie d'un mécanicien.

Avec les appareils à vapeur, la chaudière doit être assez forte pour débiter presque continuellement sur le moteur travaillant à charge normale. Les inconvénients signalés précédemment pour la consommation des deux treuils automobiles avec moteurs à explosions ne se rencontrent pas ici.

Enfin, on peut avoir un *double treuil fixe*, avec des poulies de renvoi et deux chariots-ancres se déplaçant sur les fourrières. Avec ce système désigné en Angleterre sous le nom *roundabout*, on peut utiliser un moteur locomobile quelconque : à vapeur, à pétrole, à gaz pauvre ou une réceptrice.

Le plus pratique, réduisant les manœuvres de mise en place et de travail, est le type à deux treuils automobiles; puis vient celui avec une automobile à deux treuils, enfin, le système à double treuil fixe dont la mise en chantier demande le plus de temps.

L'avantage du treuil est que, pendant le travail de la charrue, toute la puissance du moteur peut être réservée au câble, et comme le rendement mécanique de la transmission est assez élevé, la dépense de combustible pour l'exécution du labour est faible, ce qui est intéressant pour le côté économique de la culture.

Ajoutons que la largeur des fourrières est assez réduite avec ces systèmes à treuils.

Certains appareils à un seul treuil, donnant une faible vitesse au câble, sont employés dans les travaux de défoncement en ne labourant que dans un seul sens, le retour à vide de la charrue sur le guéret et le déroulement du câble étant assurés par un attelage.

Les systèmes funiculaires proposés à diverses reprises pour la culture des vignes, de la canne à sucre, etc., ont été abandonnés parce qu'ils présentent de nombreuses difficultés d'application.

*
* *

b) *Tracteurs-treuils.* — On peut utiliser un seul treuil automobile fonctionnant par bonds successifs : le tracteur-treuil se déplace d'abord seul, comme une automobile, laissant dérouler sur le guéret 150 à 200 mètres de câble ; puis, il s'arrête, s'ancre dans le sol, et le moteur est embrayé sur le treuil dont le câble appelle la charrue à lui. On exécute ainsi le rayage en un ou plusieurs bonds successifs, et l'on vire ensuite sur la fourrière.

Les tracteurs-treuils diffèrent surtout par leur mode d'ancrage: une cale-bêche derrière chaque roue motrice ; un large patin, ou une bêche entre les deux essieux avant et arrière ; des palettes articulées aux bandages des roues motrices, etc.

Le tracteur-treuil est à recommander dès que la machine de culture remorquée présente une traction moyenne dépassant 600 kilogrammes.

Quand les travaux à effectuer ne demandent qu'un effort de traction relativement faible, comme par exemple certains scarifiages et hersages, la moisson, etc.,) l'automobile agit comme un simple tracteur proprement dit, attelé directement à la machine à déplacer.

Dans les essais culturaux de Grignon, sur l'avoine blanche de Ligowo, succédant à la luzerne labourée à l'automne 1913 avec un tracteur-treuil, dont les pressions par centimètre de largeur de bandage des roues étaient de :

32 kilogrammes sur les roues directrices,
33 — — motrices,

on a eu les résultats suivants comparativement à ceux d'une parcelle du même champ labourée avec un brabant-double tiré par des bœufs :

DÉSIGNATION	PARCELLE LABOURÉE AVEC	
	la charrue tirée par les bœufs	le tracteur-treuil
Rendement à l'hectare (en kilogr.) :		
Grain	3.650	3.675
Paille	4.050	4.000
Balles et déchets	650	650
POIDS TOTAL	8.350	8.325
0/0 du poids total :		
Grain	43,7	44,1
Paille	48,5	48
Balles et déchets	7,8	7,9
Rapports :		
Paille	111	109
Grain	100	100

D'après ces résultats, M. Brétignière a pu conclure que la parcelle labourée avec le tracteur-treuil a donné un rendement comparable à celui de la parcelle labourée avec la charrue tirée par des bœufs, tant au point de vue de la quantité des produits obtenus que de leur constitution.

*
* *

c) *Remorqueurs à deux treuils et charrues-treuils.* — Le bâti central de la charrue, jouant le rôle d'un remorqueur, supporte le moteur et deux tambours sur chacun desquels peut s'enrouler un câble dont l'extrémité est ancrée sur la fourrière ; la charrue laboure à plat, et, à chaque rayage, on déplace les ancres ; le mécanicien est assis sur le bâti central du remorqueur, d'où il dirige la charrue, le cultivateur, etc. Les câbles sont simplement posés à terre et, ne frottant pas sur le sol, doivent avoir une faible usure.

Il serait utile que le remorqueur puisse fonctionner comme automobile pour assurer les déplacements du matériel d'un champ à un autre, sans nécessiter des attelages pour cette opération.

*
* *

d) *Tracteurs-toueurs.* — Le véhicule, portant le moteur, se déplace sur le guéret dans un sens ou dans l'autre en se halant sur un câble, à la façon de certains remorqueurs qui se halent sur une chaîne reposant dans le chenal d'un cours d'eau. Chaque extrémité du câble est ancrée sur la fourrière ; l'ancre, qu'on déplace à chaque double rayage d'une quantité égale à deux fois la largeur travaillée, porte un treuil permettant de modifier, suivant la largeur du champ, la longueur du câble de halage posé sur le guéret.

Le moteur actionne des poulies à gorge qui roulent, en glissant, sur le câble faisant plusieurs demi-tours sur ces poulies, dont l'axe, solidaire du véhicule, fait avancer ce dernier. Le tracteur tire la charrue sur le côté, par une longue chaîne oblique donnant naissance à un couple tendant à faire dévier le toueur. La charrue est établie pour les labours à plat. Le câble est simplement posé sur le sol.

Le système est économique comme dépense de combustible. Cependant le câble peut s'embarrasser d'herbes, de fumier ou de terre, et glisser sur les poulies, comme il peut sortir des gorges, ce qui conduit à des manœuvres ennuyeuses.

Le déplacement du matériel d'un champ à un autre exige des attelages et du personnel, à moins de pouvoir faire actionner, par le moteur, des roues motrices comme dans le cas des tracteurs proprement dits, dispositif qui permet l'utilisation de la machine en tracteur direct pour l'exécution des travaux légers.

*
* *

e) *Charrues-toueuses.* — Au lieu que le système précédent déplace un véhicule, lequel, à son tour, tire latéralement la charrue, on dispose le moteur et les poulies du toueur sur le bâti même de la charrue-balance effectuant le labour à plat. Les inconvénients dont il vient d'être parlé subsistent avec ce système.

Dans un modèle paru chez nous en 1896, la charrue se remorquait sur une chaîne calibrée et le moteur était une réceptrice ; la réceptrice prenait son courant sur une ligne à deux conducteurs, qui se déportait automatiquement sur le guéret. Il y eut, en 1903, un projet d'application d'un embrayage magnétique, qu'on expérimentait alors sur un toueur de la Seine, puis une étude pour remplacer la chaîne de touage par un câble faisant plusieurs demi-tours sur deux poulies à gorge, comme dans le tracteur-toueur dont il vient d'être question.

*
* *

Tracteurs proprement dits. — Les tracteurs sont des véhicules automobiles à trois ou quatre roues, devant remplacer les attelages pour tirer directement une ou plusieurs machines employées dans la culture : charrues, cultivateurs, moissonneuses-lieuses, etc. ; on leur demande aussi d'effectuer des transports en tirant des remorques dans les champs et sur les routes.

Avec ces appareils, une partie de la puissance du moteur est employée pour leur déplacement sur la mauvaise voie constituée par le champ, dont le coefficient de roulement est toujours élevé ; ce n'est donc que ce qui reste de la puissance du moteur qui est disponible pour la traction utilisée par la machine de culture à laquelle l'appareil est attelé.

Les tracteurs ont généralement deux roues motrices, mais il existe des modèles à une seule, à trois ou à quatres roues motrices ; il y a une ou deux roues directrices disposées à l'avant ou à l'arrière du tracteur. Ces machines doivent avoir un certain poids pour obtenir la traction voulue sans que les roues patinent trop. Devant circuler dans les champs, les roues ont une grande largeur pour atténuer la compression du sol. Pour éviter les glissements, surtout dans certaines terres humides, on munit de palettes ou de crampons les bandages des roues motrices.

On propose divers dispositifs permettant d'assurer l'adhérence sans trop augmenter le poids du tracteur : larges palettes fixées à des roues de grand diamètre ; palettes articulées ne faisant saillie qu'à la partie inférieure de la roue, pour pénétrer dans le sol, et rentrant ensuite s'effacer dans la jante afin d'obtenir le nettoyage ; chaînes sans fin latérales dont les maillons portent des palettes qui pénètrent en terre ; voie de roulement, sans fin (*caterpillar*), formée d'éléments articulés entre eux et garnis chacun d'un patin plus ou moins étendu, en bois ou en acier : le véhicule se déplace continuellement sur la portion immobile de cette voie en contact du sol, puis les maillons de la voie remontent et se déportent vers l'avant, avec une vitesse deux fois plus grande que celle de l'avancement du tracteur et, convenablement guidés, viennent se reposer sur le sol ; emploi de trois ou quatre roues motrices, etc.

Cette énumération explique le grand nombre de modèles et de types de tracteurs actionnés par des moteurs divers, proposés à la culture.

L'attelage du tracteur doit être établi de telle façon que le bord externe de la roue motrice, du côté du labour, passe toujours, sur le guéret, à une distance suffisante de l'arête supérieure de la muraille, afin qu'on ne risque pas un éboulement des terres. En prenant la profondeur du labour comme unité, l'expérience montre que cette distance doit être au moins de :

2 fois la profondeur dans les argiles très humides,
1 — — — les terres franches,
0,7 — — — les sables et graviers secs.

Notons que ces indications s'appliquent aussi aux tracteurs-treuils et aux tracteurs-toueurs.

Dans le labour d'un champ, il faut que le dernier train (si on laboure en *refendant*), ou les deux derniers trains de chaque rive (dans le cas du labour en *adossant*) aient une largeur suffisante pour permettre le passage du tracteur, sans que les roues de ce dernier roulent sur une bande déjà labourée; cette condition conduit à ce que l'écartement entre les bords extérieurs des bandages des roues motrices soit plus petit que la largeur du train mené par la charrue; si cette condition n'est pas remplie, on est conduit à laisser des bandes à labourer avec des attelages.

Avec une seule roue motrice, ou avec deux roues motrices assez rapprochées, l'inconvénient précité disparaît, et il n'y aurait que les roues de direction, lesquelles peuvent être moins chargées, qui risquent de rouler sur la bande labourée sans occasionner trop de dégâts.

On a combiné diverses méthodes pour l'exécution des labours en larges planches, afin de réduire les pertes de temps sur les fourrières.

Les tracteurs peuvent effectuer les labours en planches, en tirant des charrues ne versant la terre que d'un même côté, ou des labours à plat en tirant, par une longue chaîne, des charrues-balances; dans ce dernier cas, si l'on ne veut pas augmenter outre mesure la largeur des fourrières, il faut exécuter des manœuvres d'accrochage et de décrochage à la fin de chaque raie, le tracteur étant seul à virer; les fourrières sont alors fortement comprimées par les passages répétés d'un tracteur lourd.

*
* *

f) *Tracteurs lourds*. — Les essais culturaux de Grignon ont montré que, si des pressions de 65 kilogrammes par centimètre de largeur de bandage des roues n'ont pas été par trop nuisibles dans les sols ressuyés, plus calcaires qu'argileux et assez pierreux, elles ont eu un résultat désastreux dans les terrains argilo-calcaires mouillés par les pluies, alors que, dans ces derniers, la pression de 35 kilogrammes n'a pas été défavorable.

Si la compression du sol, lors des labours d'automne, est nuisible, elle l'est bien plus avec les labours de printemps. Dans une terre argilo-calcaire, assez profonde et fertile, dosant 20 0/0 d'eau au moment d'un labour de printemps effectué avec un tracteur dont les pressions par centimètre de bandage étaient de 58 kilogrammes pour les roues avant, et 65 kilogrammes pour les roues arrière, le guéret est fortement comprimé, et sa surface est abaissée en moyenne de $0^{m},07$. M. Brétignière a observé que ce tassement se faisait sentir jusqu'à une profondeur correspondant à l'épaisseur de terre remuée à l'automne précédent. Dans le même champ, mais dans une partie encore plus humide et plus argileuse, où le tassement était plus important, un tracteur moins lourd (32 et 33 kilogrammes par centimètre de bandage des roues) n'a produit, après son passage, qu'une augmentation cinq à six fois plus faible dans le poids d'un décimètre cube de terre en place (6 0/0 au lieu de 29 et 35 0/0).

Le poids élevé de certains tracteurs, au delà de 3 tonnes, n'empêche pas leurs roues de patiner sur un sol humide ; ce sont les palettes ou les saillies qui retiennent seules les roues motrices. Le problème revient donc à étudier les formes et les dimensions les plus convenables à donner aux palettes d'ancrage, et non à augmenter la pression des roues motrices sur le sol.

Dans les essais culturaux de Grignon, effectués sur deux champs différents : avoine grise de Houdan succédant à une culture dérobée de moutarde blanche, faite après blé, et avoine blanche de Ligowo, succédant à de la luzerne labourée à l'automne 1913 avec un tracteur dont les pressions par centimètre de largeur de bandage des roues étaient de :

58 kilogrammes sur les roues directrices,
65 — — motrices,

on a eu les résultats suivants, comparativement à des parcelles des mêmes champs labourés avec un brabant-double tiré par des bœufs.

	AVOINE GRISE — Parcelle labourée avec		AVOINE BLANCHE — Parcelle labourée avec			
				Le tracteur		
Désignation	La charrue tirée par les bœufs	Le tracteur A	La charrue tirée par les bœufs	Parcelle B	Parcelle C	Moyennes des parcelles B et C
Rendement à l'hectare (en kilogrammes) :						
Grain	2.433	2.183	3.650	3.325	3.750	3.537
Paille	3.083	3.767	4.050	3.625	3.950	3.788
Balles et déchets	550	900	650	625	775	700
Totaux	6.066	6.850	8.350	7.575	8.475	8.025
0/0 du poids total :						
Grain	40,1	31,8	43,7	43,9	44,3	44,1
Paille	50,8	54,9	48,5	47,8	46,6	47,2
Balles et déchets	9,1	13.3	7,8	8,3	9,1	8,7
Rapport :						
Paille	127	173	111	109	105	107
Grain	100	100	100	100	100	100

Voici les indications données par M. Brétignière :

Pour l'avoine grise, la moutarde était assez bien enfouie parce que les roues du tracteur écrasaient et couchaient les plantes, lors de leurs passages successifs, alors qu'avec la charrue tirée par les bœufs, la moutarde était mal enfouie et qu'il y eut, peu de temps après le labour, une reprise considérable. La diminution du grain et le grand excédent de paille seraient dus au tassement exagéré du sol et du sous-sol ; pendant l'hiver, la terre n'aurait pu emmagasiner beaucoup d'eau dont l'évaporation plus intense au printemps aurait occasionné une maturité précoce.

Pour l'avoine blanche, la luzerne était bien coupée, mais son enfouissage laissait à désirer ; les mottes étaient très volumineuses et les bandes de terre, comprimées par le passage du tracteur, laissaient entre elles des vides considérables.

Pour l'avoine grise, il y eut un excédent de produit, et le contraire pour l'avoine blanche ; dans les deux cas, les récoltes étaient moins bien constituées, et on a obtenu moins de grain à l'hectare que dans les parcelles comparatives labourées avec la charrue tirée par les bœufs.

Aux essais des labours de printemps, effectués par M. Brétignière, avec le même tracteur lourd, le tassement dû aux roues motrices se faisait sentir jusqu'à une profondeur de $0^m,20$ à $0^m,22$, correspondant à l'épaisseur de terre remuée lors du labour de l'automne précédent.

L'augmentation de poids d'un volume déterminé de terre a été de :

29,3 0/0 après le premier passage,
35 0/0 après deux passages du tracteur sur le même frayis.

Le dernier chiffre est à considérer en pratique parce que, par suite de la largeur de la charrue, les roues du tracteur passaient deux fois au même endroit.

Dans un autre essai, au début de mai 1914, après la levée de l'orge de printemps, l'aspect du champ était des plus curieux, offrant une suite régulière de bandes à végétation à peu près normale, là où les roues du tracteur n'avaient pas passé, et de bandes à végétation en retard avec réduction du nombre des plants marquant de cette façon le frayis des roues. L'état du champ se maintint ainsi longtemps ; en juin les différences étaient encore très nettes et l'on avait l'illusion de la végétation d'une céréale sur un terrain disposé en petits billons.

A cause de la Guerre, M. Brétignière, mobilisé, n'a pu suivre les travaux de battage ; mais on a relevé un rendement moyen à l'hectare de 632 kilogrammes de grain et 1.163 kilogrammes de paille, c'est-à-dire extrêmement faible, attribué à la trop forte compression du sol par les roues du tracteur lourd.

Dans un autre essai de culture de betteraves sur labour de printemps, alors que la végétation était régulière dans la parcelle labourée avec la charrue tirée par les bœufs, dans la partie travaillée par le tracteur lourd on voyait nettement la trace des roues motrices où la terre restait très motteuse et les plantes plus faibles ; par suite du manque de main-d'œuvre à la fin de 1914, on n'a pu récolter et peser séparément les racines des différentes parcelles.

Cependant, il n'y a pas de solution unique, et tel appareil trop lourd, qui donnerait de mauvais résultats culturaux dans les terres argileuses, argilo-calcaires et même dans les sols de calcaires fins, pourrait être employé dans les terres légères et dans les sables calcaires ou siliceux.

Il est possible, également, que ces tracteurs lourds, qui présentent l'avantage apparent de labourer sur une grande largeur sans augmenter les dépenses afférentes au personnel employé, puissent convenir dans les pays secs, et, à ce titre, méritent d'être examinés pour certaines de nos Colonies.

* * *

g) *Tracteurs légers.* — Au lieu de chercher à labourer sur une grande largeur, mais à faible vitesse, il est de beaucoup préférable que la charrue travaille sur une largeur moindre en étant déplacée à une allure plus rapide. Le premier cas est réalisé avec les anciens modèles de tracteurs américains que nous désignons sous la dénomination générale de *tracteurs lourds*, le second cas se trouvant appliqué dans ce que nous pouvons appeler les *tracteurs légers* dont la construction a été entreprise empiriquement, pour répondre à un autre but que celui pouvant résulter d'une étude rationnelle de ces machines au point de vue mécanique.

Nos conclusions, relatives aux tracteurs légers dont le poids ne dépasse pas 2.800 à 3.000 kilogrammes, qui résultent de nos essais effectués sur 70 appareils de Culture mécanique, sont celles à laquelle les États-Unis sont arrivés d'une façon empirique, en réduisant leurs premiers modèles, très puissants, qui pesaient plus de 12 tonnes. Cela résulte de nombreuses enquêtes faites récemment aux États-Unis, desquelles il ressort qu'on utilise actuellement environ 4 à 5 tracteurs lourds de 30 à 60 chevaux, contre 50 ayant un moteur de 20 à 25 chevaux, appartenant aux types légers, et 45 tracteurs très légers actionnés par un moteur d'une puissance variant de 10 à 18 chevaux.

La quantité d'ouvrage pratiquement effectuée par journée dépend de la largeur travaillée et de la vitesse de la charrue ; on peut donc obtenir le même résultat pratique avec une charrue labourant par exemple sur $1^{m},20$ de largeur à la vitesse de 1.800 mètres par heure, ou avec une charrue labourant sur $0^{m}.60$ de largeur à une vitesse de 3.600 mètres à l'heure.

Dans le premier cas, la traction moyenne sera deux fois plus élevée que dans le second ; la pression des roues motrices sera également deux fois plus élevée, conduisant à avoir un tracteur lourd, nécessitant pour son seul déplacement une plus grande puissance, c'est-à-dire une augmentation inutile de dépense de combustible.

D'autre part, un appareil devant développer une traction élevée exige une plus grande largeur de bandage des roues motrices, afin de ne pas dépasser 35 kilogrammes environ par centimètre, chiffre provisoirement fixé à la suite de nos essais du Ministère de l'Agriculture.

Il existe des tracteurs n'ayant qu'une seule roue motrice ; l'idée est très séduisante par la suppression du différentiel (que nous croyons d'ailleurs peu utile), la simplification de construction et, par suite, l'abaissement du prix de vente.

Dans ces Principes généraux, il n'y a rien de particulier à dire quand le tracteur est combiné pour que l'unique roue motrice roule sur le guéret ; il n'y a qu'à lui donner une largeur suffisante de bandage pour éviter la compression nuisible du sol.

Lorsque l'unique roue motrice roule dans la raie, la disposition semble préférable à première vue, car le fond de la raie constitue une voie généralement plus résistante que le guéret ; les aspérités, dont est garnie la roue, semblent ameublir partiellement le fond de la raie en travaillant à la façon de l'ancienne défonceuse de Guibal. Cependant, on est limité dans l'application de la façon suivante : il ne convient pas que le bandage de la roue motrice ait plus de $0^m,20$ de largeur, sinon la roue roule en partie sur le labour et abîme une portion de la terre qu'on vient de retourner ; cette largeur de $0^m,20$ est déjà exagérée pour passer dans une raie de $0^m,25$ d'ouverture. La largeur précitée de $0^m,20$ limite ainsi la pression de la roue motrice et, par suite, la traction moyenne que le tracteur peut fournir. Enfin, dans la plupart des cas, le roulement d'une roue motrice dans le fond de la raie est nuisible à la culture.

D'après nos essais récents, il convient de limiter à 600 ou à 700 kilogrammes la traction moyenne demandée au tracteur, et à 500 kilogrammes pour les petits modèles se déplaçant à une vitesse de plus d'un mètre par seconde.

Au point de vue des manœuvres, la roue ou les roues directrices doivent exercer une certaine pression sur le sol, sinon la direction n'obéit pas au conducteur et ripe sur le terrain, même en garnissant les bandages d'une saillie annulaire. Au delà d'une certaine pression nécessaire, on dépense inutilement du combustible. Des indications relevées en cours de travail montrent que, même pour les terres humides sur lesquelles le travail est d'une exécution difficile, il suffirait que les roues directrices exercent sur le sol une pression de 800 à 900 kilogrammes par 1.000 kilogrammes de traction moyenne, et qu'il y a intérêt à ce que cette pression ne dépasse pas beaucoup une trentaine de kilogrammes par centimètre de largeur de bandage ; ce chiffre pourrait certainement être augmenté s'il s'agit de labourer des sols légers et secs, d'une quantité que nous ne pouvons fixer actuellement.

Comme les tracteurs proprement dits sont les appareils de Culture mécanique présentant aujourd'hui le plus grand intérêt, nous renvoyons, en *Annexe*, à la fin de cette étude, les conclusions générales qui découlent de nos essais sur ces machines.

* * *

Charrues automobiles. — h) *Charrues automobiles proprement dites.* — Dans ces machines, le bâti de la charrue est solidaire du véhicule automobile. Généralement, il y a deux, plus rarement une ou quatre roues motrices et directrices; d'autres fois, l'organe moteur est constitué par une chaîne sans fin (*caterpillar*). La ou les roues motrices sont en avant ou en arrière des corps de charrue. Dans le premier cas elles agissent à la façon de celles d'un tracteur proprement dit, alors que dans le second elles poussent le bâti et les pièces travaillantes en donnant naissance à un couple qui tend à faire dévier constamment la charrue vers le labour.

Des appareils de relevage permettent de régler la profondeur de la culture et de déterrer les corps de charrue, manœuvres que le mécanicien doit pouvoir exécuter de son siège.

Les pièces travaillantes étant reliées d'une façon rigide avec la partie motrice, la direction présente plus de difficultés et est bien plus pénible qu'avec les tracteurs proprement dits attelés à la charrue par une barre ou une chaîne plus ou moins longue.

En retirant les corps de charrue, la machine peut jouer le rôle d'un tracteur proprement dit pour exécuter, plus ou moins bien, certains travaux: tirer des cultivateurs, des herses, des moissonneuses-lieuses, des véhicules, etc.

Les charrues automobiles semblent surtout convenir pour les labours superficiels.

Dans les essais culturaux de Grignon, effectués sur deux champs différents : avoine grise de Houdan succédant à une culture dérobée de moutarde blanche faite après blé, et avoine blanche de Ligowo succédant à de la luzerne, labourés à l'automne 1913 avec une forte charrue automobile dont la pression par centimètre de largeur de bandage des roues était de :

113 kilogrammes sur les roues motrices;
19 kilogrammes sur la roue directrice,

on a eu les résultats indiqués dans le tableau de la page suivante, comparativement à des parcelles des mêmes champs labourées avec un brabant-double tiré par des bœufs.

Selon M. Brétignière, la moutarde était mieux enfouie par la charrue automobile que par la charrue tirée par les bœufs et il y eut excédent de récolte, mais avec une proportion de paille plus élevée par rapport au grain dans la parcelle labourée à grande vitesse.

Pour l'avoine blanche, les parcelles C et D ont été labourées avec deux genres différents de corps de charrue, mais dans les deux cas la luzerne était arrachée et non coupée ; beaucoup d'herbes restaient visibles à la surface du labour; les palettes fixées aux grandes roues motrices, dont l'une passait dans la raie, malaxaient la terre, laissant des mottes très volumineuses en donnant un labour non satisfaisant. Les deux parcelles accusent des rendements plus faibles de récoltes moins bien constituées.

DÉSIGNATION	AVOINE GRISE — PARCELLE LABOURÉE AVEC				AVOINE BLANCHE — PARCELLE LABOURÉE AVEC			
	La charrue tirée par les bœufs	la charrue automobile à la vitesse de 2 km, 5 à 3 km à l'heure A.	la charrue automobile à la vitesse de 5 km, 5 à 6 km à l'heure B	Moyennes des parcelles A et B	La charrue tirée par les bœufs	la charrue automobile Parcelle C	la charrue automobile Parcelle D	Moyennes des parcelles C et D
Rendement à l'hectare (en kilogrammes) :								
Grain	2.433	2.700	2.700	2.700	3.650	3.175	2.725	2.950
Paille	3.083	3.933	3.600	3.767	4.050	3.375	3.325	3.350
Balles et déchets . .	550	783	700	741	650	750	675	712
TOTAUX. . .	6.066	7.416	7.000	7.208	8.350	7.300	6.725	7.012
0/0 du poid total :								
Grain	40,1	36,5	38,6	37,6	43,7	43,5	40,5	42
Paille	50,8	53	51,4	52,2	48,5	46,2	49,4	47,8
Balles et déchets . .	9,1	10,5	10	10,2	7,8	10,3	10,1	10,2
Rapports :								
Paille	127	145	133	139	111	106	122	114
Grain	100	100	100	100	100	100	100	100

*
* *

i) *Avant-trains-tracteurs.* — Machines qui présentent une grande analogie avec certains systèmes de camions automobiles. L'avant-train, à une ou deux roues motrices, ou à chaîne sans fin (caterpillar), porte le moteur, avec ses accessoires, et les organes de transmission; il peut s'articuler avec un arrière-train muni d'un siège pour le conducteur, du volant de direction, des leviers de manœuvre et des pièces travaillantes. En ayant différents arrière-trains appropriés, on peut effectuer successivement divers travaux avec le même avant-train-tracteur; ces arrière-trains peuvent être une charrue, un cultivateur, un pulvériseur, une herse, un semoir, une faucheuse, une lieuse, etc., dont le montage constitue ainsi une charrue automobile, un cultivateur automobile, etc.

*
* *

j) *Charrues-brouettes automobiles.* — Depuis quelques années on cherche à construire de petites charrues automobiles, à une ou à deux roues motricès ; le moteur est généralement à l'avant, en porte-à-faux, à l'opposé du bâti recevant un ou deux corps de charrue, ou des dents de cultivateur, et terminé par deux mancherons à l'aide desquels l'homme, à pied, dirige le système et quelquefois en assure la stabilité dans le plan vertical. La conduite de ces machines et le réglage du moteur sont assez pénibles et difficiles à l'homme, lequel, pour bien faire, devrait avoir plusieurs mains.

De semblables modèles, établis pour les labours en planches ou à plat, sont certainement très séduisants à première vue, surtout pour la culture des vignes, car la largeur des fourrières peut être réduite à 3 mètres, mais la quantité d'ouvrage effectuée par journée est imposée par la vitesse de l'homme ; l'ouvrier adoptera la vitesse d'un attelage ; le prix d'achat est forcément plus élevé que celui d'un attelage, lequel, entre temps, pourrait effectuer divers travaux, alors que la petite charrue-brouette restera inactive sous le hangar dès que les labours seront terminés.

Dans le même ordre d'idées, nous pouvons citer d'autres machines que les charrues : des bineuses, des faucheuses, etc., construites sur le principe de ces charrues-brouettes automobiles, qui ont été proposées pour la petite culture, sans succès, car l'on ne tenait pas compte des limites économiques réglant les conditions d'emploi de mécanismes toujours coûteux et assez délicats, nécessitant des conducteurs obligatoirement pourvus de certaines connaissances professionnelles.

***

De tous les appareils précédents, constituant ce que nous avons appelé le groupe **A**, en laissant de côté les grands appareils destinés aux entrepreneurs (deux locomotives-treuils et les appareils électriques), et en ne considérant que les modèles automobiles, les essais montrent qu'il y a surtout lieu de s'intéresser aux *tracteurs légers*, se déplaçant avec une vitesse relativement grande, en travaillant sur un train de faible largeur.

Pour les forts labours, les fouillages, etc., il faut avoir recours aux *tracteurs-treuils* fonctionnant par bonds successifs.

La réduction de la largeur des fourrières conduit à l'emploi d'une *automobile à double treuil*, mais en consentant d'avance aux ennuis inhérents aux systèmes funiculaires, avec poulie de renvoi portée sur un chariot-ancre à avancement automatique afin de diminuer le personnel occupé au chantier de labourage.

Il ne convient pas de chercher à labourer toute l'étendue d'un champ avec un appareil de Culture mécanique ; il faut demander à ce dernier d'exécuter la plus grosse part de la besogne et achever le travail, dans des conditions plus économiques, avec les charrues tirées par les attelages qu'il est toujours nécesaire d'entretenir sur le domaine.

B — Appareils dont les pièces travaillantes sont animées de divers mouvements.

On trouve, dans ce second groupe fort important comme nombre d'inventions, une très grande diversité de systèmes. En principe, ces appareils sont des véhicules à deux roues (guidés avec des mancherons), à trois ou à quatre roues (avec siège et volant de direction), pouvant, dans certains cas, servir de tracteurs proprement dits pour tirer diverses machines ou des remorques, mais employant des pièces spéciales pour effectuer un travail d'émiettement du sol tout à fait différent de celui obtenu avec les versoirs de nos charrues, ou avec les dents de nos cultivateurs.

***

Les pièces travaillantes sont souvent animées, dans le plan vertical, de mouvements alternatifs rectilignes ou circulaires ; ce dernier cas se rencontre dans certaines piocheuses à vapeur et, actuellement, dans une bineuse automobile, ainsi que dans plusieurs bêcheuses mécaniques.

On a cherché à communiquer aux pièces des mouvements rectilignes alternatifs dans le plan horizontal.

Dans la plupart des appareils, les pièces travaillantes sont animées, dans le plan vertical, d'un mouvement circulaire continu, plus ou moins rapide, destiné à granuler le sol, et souvent même à le rejeter assez loin en arrière ou sur les côtés ; le moteur entraîne ces pièces au moyen d'axes, de chaînes ou d'engrenages enfermés dans des carters.

L'axe de rotation des pièces travaillantes peut être perpendiculaire à l'essieu de l'automobile, parallèle ou oblique à la surface du sol à travailler.

Qnand l'axe des pièces travaillantes est perpendiculaire à l'essieu et parallèle à la surface du sol, on peut éviter, avec certains dispositifs, la compression nuisible de la terre ; cette condition se rencontre dans un bon modèle que nous avons expérimenté dès 1898 (1).

Lorsque l'axe des pièces travaillantes est parallèle ou oblique à l'essieu, et si la vitesse de rotation dépasse une certaine limite, il y a compression de certaines portions du sol et projection des particules en arrière, ou sur les côtés, en dehors du train. On a cherché à ce que les pièces travaillantes tournent en sens inverse de celui des roues motrices de l'appareil, mais il faut alors élever la terre à un certain niveau pour la laisser retomber en arrière.

(1) Laboureuse rotative de Boghos Pacha Nubar.

Les pièces travaillantes sont des plus variables, car chaque inventeur s'ingénie à faire autrement que les autres, sans se préoccuper de faire mieux ; nous ne pouvons qu'en donner un aperçu ; ce sont des coutres ou des socs ; — des dents droites ou recourbées et rigides, analogues à celles des scarificateurs ; — des dents (à palettes droites ou obliques par rapport à l'axe), ou des crochets flexibles, fixes ou articulés sur un tambour rotatif ; — une ou plusieurs vis à filet continu ou discontinu, travaillant à la façon d'un pulvériseur ; — des disques de pulvériseurs calés sur un axe oblique à l'essieu et entraîné par le moteur ; etc.

Quelquefois, un tambour horizontal, parallèle à l'essieu, porte des pièces différentes dont l'action doit se succéder : par exemple des coutres suivis de petits fers de bêche déplaçant la terre vers l'arrière, et de dents dont la pointe, agissant à la façon d'une pioche, ameublit, en la laissant en place, la zone inférieure de l'épaisseur cultivée.

On a cherché à compliquer encore le système en employant des fers de bêches dont le manche de chacune d'elles, entraîné dans le plan vertical par un tambour rotatif sur lequel il est fixé, reçoit, en une certaine partie de sa course, un mouvement de rotation autour de son axe géométrique.

Il y eut enfin des essais de pièces travaillantes animées d'un mouvement circulaire continu dans le plan horizontal, et fixées chacune à la partie inférieure d'un arbre vertical ; tantôt il y avait un certain nombre de ces pièces agissant devant elles et maintenues par un ou deux bâtis obliques à l'essieu de l'automobile. Tantôt, il n'y avait qu'une seule pièce travaillant latéralement contre la muraille du labour.

Cette trop brève et incomplète énumération justifie ce que nous disions il y a un instant : très nombreux sont les systèmes proposés pour les appareils de Culture mécanique dont les pièces travaillantes sont animées de divers mouvements.

* * *

Les partisans de ces divers appareils invoquent l'utilité, ou la nécessité, d'émietter le sol, et la possibilité d'effectuer en un seul passage de leur machine l'équivalent de plusieurs travaux (labour et hersage) : beaucoup même s'appuient sur les phrases de quelques-uns de mes rapports, sans savoir les interpréter comme il le convient. Cependant, on ne peut recommander l'emploi de nombreuses articulations devant travailler dans la terre, ou dans un milieu rempli de poussières, augmentant très rapidement l'usure des pièces dont la lubrification est impossible. Enfin, il y avait lieu de se rendre compte de l'influence de ce genre de travail sur les récoltes, et du prix de revient de ce travail. L'étude en a été faite à Grignon, par M. Brétignière, dans des essais particuliers en 1912, et dans nos essais du Ministère de l'Agriculture en 1913 ; voici le résumé de ses constatations

Dans des essais culturaux effectués en 1912 à Grignon, avec un appareil à pièces rotatives flexibles, M. Brétignière a obtenu presque la même récolte en blé (grain et paille), après pommes de terre et après carottes, que sur les parcelles labourées avec une charrue tirée par des bœufs, alors que, pour l'avoine grise de Houdan succédant à un blé, il a obtenu 30,2 et 32,4 0/0 de déficit sur les parcelles labourées avec l'appareil comparativement aux récoltes des parcelles labourées avec la charrue tirée par les bœufs.

Dans les essais culturaux de Grignon, sur deux champs différents : avoine grise de Houdan succédant à une culture dérobée de moutarde blanche faite après blé, et avoine blanche de Ligowo succédant à de la luzerne, labourés, à l'automne 1913, avec l'appareil précité à dents flexibles, désigné ici par F, et avec un autre appareil à pièces rotatives rigides, désigné par R, dont les pressions en kilogrammes par centimètre de largeur de bandage des roues étaient de :

	APPAREIL F	APPAREIL R
Sur les roues directrices.	15	66
Sur les roues motrices.	46	72

On a eu les résultats consignés dans le tableau ci-après comparativement à ceux des parcelles des mêmes champs labourées avec un brabant-double tiré par des bœufs :

DÉSIGNATION	AVOINE GRISE — PARCELLES LABOURÉES AVEC la charrue tirée par les bœufs	appareil F	appareil R	AVOINE BLANCHE — PARCELLES LABOURÉES AVEC la charrue tirée par les bœufs	appareil R
Rendement à l'hectare (en kilogrammes) :					
Grain	2.433	1.967	1.933	3.650	3.125
Paille	3.083	2.767	2.850	4.050	3.750
Balles et déchets. .	550	366	550	650	725
Totaux . . .	6.066	5.100	5.333	8.350	7.600
0/0 du poids total :					
Grain	40,1	38,6	36,2	43,7	41,1
Paille	50,8	54,2	53,4	48,5	49,3
Balles et déchets. .	9,1	7,2	10,4	7,8	9,6
Rapport :					
Paille	127	141	147	111	120
Grain	100	100	100	100	100

Voici les indications données par M. Brétignère au sujet de ces essais culturaux :

L'appareil F enfouissait bien mieux la moutarde que l'appareil R, qui arrachait beaucoup de plantes sans les briser, ce qui leur permettait de reprendre par la suite, mais l'enfouissement était meilleur aux frayis des roues de l'appareil R, dont le poids brisait les tiges. Le déficit du grain est énorme pour les deux appareils F et R dans les essais avec l'avoine grise.

Pour l'appareil R, qui malaxe la terre, le déficit avec l'avoine grise et l'avoine blanche a été de 11,1 et 8,9 0/0 comparativement aux parcelles labourées avec la charrue tirée par les bœufs.

Ajoutons que les machines à pièces travaillantes rotatives demandent bien plus de temps et consomment deux à trois fois plus de combustible pour effectuer le même ouvrage que les tracteurs opérant dans les mêmes conditions. On constate les mêmes rapports pour les dépenses totales par hectare.

Inutile d'ajouter que les inventeurs et les constructeurs de ces machines se sont élevés contre ces résultats constatés, et ne se sont pas gênés pour mener une campagne inqualifiable contre les expérimentateurs désintéressés; ils ont annoncé, dès 1914, qu'ils feraient procéder à de nouvelles expériences culturales dans diverses régions de la France; cependant, malgré l'arrêt ou le ralentissement obligatoirement causé par la Guerre, il nous semble qu'ils auraient pu procéder au moins à quelques essais dont nous aurions été heureux de faire connaître les résultats, surtout si ces derniers étaient inverses de ceux de M. Brétignière, que j'avais chargé de l'étude culturale des appareils de culture mécanique, et qui s'est acquitté de sa tâche avec la plus grande compétence et la plus parfaite loyauté.

La dépense plus élevée pour l'exécution de l'ouvrage et la diminution de récolte montrent qu'il convient d'abandonner les appareils de Culture mécanique dans lesquels les pièces travaillantes sont animées de mouvements rotatifs.

Ces appareils pourraient peut-être présenter un certain intérêt dans les pays où l'on ne peut pas compter sur l'action des gelées sur les terres; peut-être y aurait-il avantage à les utiliser en vue des déchaumages, c'est-à-dire bien avant les semis qui ne doivent jamais être effectués en *terre creuse;* mais, réservé à ces travaux, l'appareil aurait relativement peu d'ouvrage à exécuter sur un domaine; ou, alors, il devrait appartenir à un entrepreneur de travaux à façon. Il y a là un certain nombre de questions, dont l'expérimentation seule peut donner la solution. Il faudrait cependant que l'avantage cultural obtenu fût bien élevé pour compenser la complication du mécanisme et le supplément de dépense de combustible et d'entretien de ce genre d'appareils de Culture mécanique.

* * *

Beaucoup d'inventeurs de ces appareils rotatifs, dont quelques-uns étaient, de leur vivant, de nos bons amis, sont partis d'une phrase d'un article de Dehérain, paru dans la *Revue des Deux Mondes,* en 1894.

La phrase en question a été mal comprise; nous pouvons en parler en connaissance de cause, car nous faisions à cette époque des essais avec Dehérain, essais qui furent interrompus en 1897, lors de notre passage de Grignon à l'Institut national agronomique.

Dehérain avait en vue la perte d'azote que supportait une de ses cases de végétation entre l'enlèvement des céréales et les semis d'automne; il proposait l'exécution de façons superficielles, ameublissant et *mélangeant* le sol, afin que la terre pût profiter des moindres pluies estivales; l'ameublissement diffusait le microbe nitrificateur et facilitait la pénétration de l'eau qui lui est indispensable.

Emporté par son idée et par mes premiers essais avec des pulvériseurs, notamment celui de Morgan, Dehérain écrivit que le versoir de nos charrues devait bientôt être relégué au Musée des Antiquités pour être remplacé par de nouvelles pièces travaillant mieux la terre, en produisant une pulvérisation du sol; il aurait été plus exact de dire une *granulation* du sol.

Certes, limitée à ce but : favoriser la nitrification des sols laissés en jachère dans la période comprise entre l'enlèvement des moissons et les labours d'automne, la granulation de la terre pouvait donner un bon résultat au point de vue chimique, en augmentant la dose d'azote de la couche arable.

Mais, quelle que fût la valeur scientifique de l'homme, une phrase lancée par Dehérain, dans une Revue d'ordre général très sérieuse, destinée au grand public, ne constituait pas un motif suffisant pour justifier scientifiquement la mise en mouvement d'une foule d'esprits chercheurs et pour la plupart ignorants des choses de l'Agriculture. Aussi, notre rôle, dans notre collaboration avec Dehérain, fut d'orienter les recherches afin de voir si l'azote résultant d'un travail spécial et énergique du sol à l'aide de machines, lesquelles, à l'époque, étaient tirées par des attelages, ne revenait pas à un prix trop élevé; il s'agissait précisément de savoir s'il n'était pas moins coûteux de continuer encore à faire venir par navires cet azote du Chili, ou de le puiser à d'autres sources provenant de manutentions industrielles auxquelles on pouvait procéder dans le pays.

Un essai fait au printemps, peu avant le semis de betteraves, donna de très mauvais résultats qui furent mis sur le compte de la qualité des graines employées.

On s'est aussi appuyé sur l'ouvrage effectué par la bêche du jardinier comparé à celui de la charrue du laboureur. Mais, s'il y a une grande différence entre les deux travaux comme ameublissement du sol, jamais le jardinier n'effectue une granulation comparable à celle que les inventeurs d'appareils rotatifs cherchent à obtenir. L'étude montre que, si beaucoup d'appareils divisent la terre en petits blocs, chacun d'eux est plus ou moins comprimé sur une de ses faces par suite de l'avancement même des pièces travaillantes, et cette compression peut être nuisible dans les terres contenant une certaine dose d'argile et d'humidité, alors qu'elle ne présenterait aucun inconvénient dans les sols légers et secs.

La rotation des pièces travaillantes projette les particules de terre arrachées du champ en leur faisant parcourir des trajectoires d'autant plus longues que les particules sont plus lourdes; il se produit ainsi une classification des matériaux : les plus ténus ou les plus légers retombent de suite, alors que les blocs les plus lourds et les pierres sont projetés plus loin et viennent ainsi recouvrir la bande cultivée, de sorte que l'appareil fait sortir les pierres de la terre et les étale à la surface du champ.

Ajoutons que la projection du sol dans l'espace, projection souvent très énergique avec certains appareils, agit comme le pelletage des grains et se traduit par une dessication partielle des éléments auxquels on fait faire un certain parcours dans l'air.

Il est probable qu'on obtiendrait un autre résultat en modifiant le rapport entre la vitesse à la circonférence des pièces travaillantes et la vitesse d'avancement de leur axe; ici encore l'expérimentation doit fixer en dernier ressort.

La bêche ne comprime pas (ou presque pas) la terre et donne surtout des mottes plus petites, plus fendillées que la charrue : le râteau égalise le labour tout en ameublissant la surface sur une faible épaisseur, ce qui a pour résultat de réduire l'évaporation et le ruissellement. Mais, empiriquement, le jardinier a soin de ne jamais faire de *labours creux* peu avant le semis; au contraire, lors du semis, il tasse la terre, surtout dans le but de faire remonter, par capillarité, l'eau au contact de la graine; puis il ameublit superficiellement le sol après la levée afin de diminuer l'évaporation et pour laisser ainsi le plus d'eau possible à la disposition des plantes.

III

Notes sur les Tracteurs.

Dans les quelques notes qui vont suivre nous ne résumerons que nos résultats d'essais effectués en 1917 sur cinq tracteurs, désignés ici par des lettres, nous réservant de revenir plus tard sur certains points lorsque ces derniers auront été élucidés et vérifiés par des expériences. Les conclusions formulées à la fin de cette étude résultent de nos essais effectués sur 70 appareils de Culture mécanique.

Dans tous les essais effectués sur des machines très différentes, forcément à plusieurs jours d'intervalle, sur un sol présentant des variations, même sur de petites parcelles alors qu'on doit opérer sur de grandes étendues ayant au même moment des propriétés physiques différentes, il est très difficile de réaliser des conditions identiques d'expériences, même avec de bons mécaniciens consentant à ne pas toucher à chaque instant au moteur.

La multiplicité seule des observations, faites dans les conditions précédentes, permet de tirer des conclusions d'ordre cultural et d'ordre mécanique. Il faut donc que l'observation supplée aux recherches dans lesquelles l'expérimentateur est absolument maître de modifier à son gré les diverses conditions de fonctionnement.

Nous insisterons surtout sur les labours ; ces derniers, variables avec le mode d'exploitation, la nature et l'état du sol et la période de l'assolement, représentent, suivant les cas, de 70 à 85 0/0 de l'énergie totale exigée par les divers travaux de préparation des terres pour recevoir les semis (1). On a donc tout intérêt à réserver aux moteurs animés, qu'il faudra toujours entretenir sur le domaine (2), l'exécution des travaux légers, et demander aux appareils de Culture mécanique d'effectuer les ouvrages les plus pénibles, c'est-à-dire les labours pour l'exécution desquels le temps propice est généralement limité.

* * *

Les dimensions principales des tracteurs examinés sont résumées dans le tableau suivant :

Tracteur	**A**	**B.**	**C.**	**D.**	**E.**
Moteur : (*v*) vertical ; (*h*) horizontal	*h*	*h*	*v*	*h*	*v*
Nombre de cylindres .	1	2	4	1	4
Alésage (millim.). . .	203	165	102	215	98
Course (millim.) . . .	304	203	114	304	127
Tours par minute. . .	400	500	1.000 (3)	400	900
Puissance calculée (chevaux-vapeur). .	19	18	14 à 20	21	13
Roues avant :					
Nombre.	2	2	2	2	2
Diamètre (millim.) . .	915	915	750	915	760
Largeur de bandage (millim.)	150	150	135	150	155
Roues motrices :					
Nombre.	2	2	2	2	2
Diamètre (millim.) . .	1.370	1.370	1.104	1.370	1.220
Largeur de bandage (millim.).	250	250	305	250	250
Empattement (centim.) . .	230	230	163	230	182
Vitesses (kilom. à l'heure) .	3	3-4	2,5-5-14	3-4	3,5-5,5

(1) *Bulletin de la Société d'encouragement pour l'Industrie nationale*, janvier-février 1918, p. 157.

(2) *Culture mécanique*, t. I, p. 6.

(3) Le nombre de tours maximum par minute est de 1.600.

Encombrement :					
Longueur (centim.) . .	340	373	246	350	335
Largeur (centim.) . . .	142	152	172	143	145
Hauteur (centim.) . . .	153	169	145	167	165
Poids (kilogr.) :					
Sur roues avant . . .	820	905	537	865	550
Sur roues arrière . . .	1.920	1.813	696	1.890	1.098
TOTAUX. . .	2.740	2.718	1.233	2.755	1.648
Poids en kilogrammes par centimètre de largeur de bandage des roues :					
Avant.	27,3	30,1	19,8	28,8	17,1
Motrices.	38,4	36,2	11,3	37,8	21.9

Dans ce tableau la puissance a été calculée d'après la formule fiscale (*Culture mécanique*, t. II, p. 61) en arrondissant les chiffres, augmentés de 10 0/0; cette formule pratique, qui nous sert de comparaison, est établie en tenant compte de l'usure de la machine et d'un peu de négligence dans son réglage, comme il faut s'y attendre pour des moteurs confiés à des mécaniciens ruraux.

Les combustibles employés aux essais étaient :

Tracteur **A**. . . . .
— **B** . . . . Pétrole lampant.
— **C** . . . .
— **D**. . . . .
— **E**. . . . . Essence minérale.

Le pétrole avait une densité de 797 à 15° C. ; un kilogramme de pétrole représente 1^{l},25.

L'essence minérale avait une densité de 723 à 15° C. ; un kilogramme d'essence représente 1^{l},38.

La dépense de combustible est toujours indiquée en poids.

* * *

Comme le tracteur peut être appelé à déplacer d'autres machines que les charrues, il convient d'avoir le moyen d'estimer ses conditions de fonctionnement dans l'exécution de divers travaux nécessitant des tractions et des vitesses différentes.

La consommation horaire C de combustible d'un tracteur effectuant un ouvrage déterminé peut se représenter par $C = r + t$, dans laquelle r est la consommation du tracteur se déplaçant à vide, à la vitesse correspondant à celle de l'exécution de l'ouvrage et sur la même voie; t la consommation due à la puissance utilisée au crochet d'attelage, dépendant de l'effort moyen de traction et de la vitesse de déplacement par unité de temps.

Suivant les travaux, le roulement s'effectue sur le guéret (cas des labours), sur une terre labourée (scarifiages, hersages, roulages), sur une route (remorque d'une charge), etc.

La traction moyenne utilisée varie avec la nature et l'état du sol, avec les machines qu'il s'agit de déplacer (charrue, cultivateur, herse, rouleau, faucheuse, moissonneuse-lieuse, etc.) et avec les dimensions du travail exécuté.

Il est difficile de réaliser les essais donnant les valeurs de r dans toutes les mêmes conditions de vitesse et de réglage du moteur et du tracteur fonctionnant en travail pratique occasionnant la consommation C; même avec des moteurs pourvus de bons régulateurs automatiques, le conducteur est toujours tenté de toucher incessamment au réglage du carburateur, tant pour le combustible que pour l'arrivée d'air, de sorte que des corrections sont nécessaires pour rétablir la valeur de r dans les conditions du travail correspondant à la consommation C.

Si l'on arrive à déterminer les quantités r et t pour un tracteur, on peut prévoir sa consommation probable et la surface travaillée par unité de temps lors de l'exécution d'un autre ouvrage, avec une machine de culture ou de récolte nécessitant une traction et une vitesse connues.

* * *

I. **Essais des moteurs tournant à vide.** — Nous avons déjà eu l'occasion de montrer (1) que la consommation horaire d'un moteur bien réglé est égale à sa dépense horaire lorsqu'il tourne à vide, plus sa puissance utilisable multipliée par un coefficient indépendant du moteur et variant avec la nature du combustible employé. D'autre part, la consommation du moteur tournant à vide, à sa vitesse de régime, est influencée par la construction, l'ajustage, le mode d'allumage et de régulation et les pertes de chaleur (2).

---

(1) *C. R. de l'Académie des Sciences*, t. CXXXIV, 22, 2 juin 1902, p. 1.293.

(2) *Culture mécanique*, t. IV, p. 125.

Les résultats constatés sont indiqués dans le tableau suivant :

TRACTEURS	A.		B.	C.		D.	E.
Nombre moyen de tours du moteur par minute .	400	412	532	294	930	420	960
Consommation par heure { Essence (kg.).	1,04	»	»	»	»	»	2,24
Consommation par heure { Pétrole (kg.).	»	1,70	3,78	0,95	2,37	2,23	»
Consommation horaire pour une vitesse angulaire de 100 tours par minute.	0,260	0,412	0,710	0,323	0,254	0,530	0,233
Fonctionnement et réglage du moteur (*b*, bon ; *m*, médiocre ou mauvais.	*b*	*m*	*m*	*m*	*b*	*m*	*b*

La consommation horaire moyenne du moteur d'une puissance d'environ 20 chevaux, bien réglé, tournant à vide, ressort à $0^k,25$ pour une vitesse angulaire de 100 tours par minute.

II. Roulement des tracteurs à vide sur guéret. — Les résultats constatés dans les essais de roulement à vide des tracteurs sur le guéret sont indiqués dans le tableau ci après :

TRACTEUR	A.	B.		C.			D.	E.	
Vitesse moyenne à l'heure (mètres).	3492	3204	4320	2484	6192	14400	3132	4176	6228
Consommation de combustible (kilogrammes) { par heure	3,98	4,82	6,13	3,02	4,36	5,55	2,88	3,42	3,63
Consommation de combustible (kilogrammes) { par kilom.	1,14	1,50	1,42	1,22	0,70	0,38	0,93	0,82	0,58
Consommation de combustible (kilogrammes) { par tonne kilométr.	0,41	0,53	0,50	0,99	0,57	0,30	0,33	0,47	0,33
Glissement des roues motrices 0/0	4,42	3,84	1,80	1,25	1,24	»	1,26	4,08	3,95
État du sol	sec	sec		légèrement humide			très sec	sec	

La consommation par kilomètre du tracteur roulant à vide sur le guéret diminue lorsque la vitesse du tracteur augmente.

On peut décomposer cette consommation en deux parties : *a* et *b* :

a, serait la partie de la consommation totale nécessaire pour faire tourner le moteur à vide, à sa vitesse de régime supposée constante, quelle que soit la vitesse de déplacement du tracteur, bien qu'en pratique cette vitesse affecte toujours celle du moteur ;

b, serait la partie de la consommation nécessaire pour vaincre les résistances passives r' du mécanisme de la transmission, et la résistance r due au roulement, affectée par la déformation de la voie et par la pénétration et les mouvements (1) des pièces d'adhérence dans le sol.

Cette portion r semble passer par un minimum lorsque la vitesse de déplacement du tracteur oscille autour de 0m,80 par seconde (2.880 à 3.000 mètres par heure).

La portion r est plus élevée à faible vitesse (0m,50 à 0m,60 par seconde) à laquelle on constate que les roues motrices s'enfoncent plus dans le sol qu'à la vitesse de 0m,80 par seconde : la déformation de la voie étant plus intense, la consommation r doit être plus élevée.

Lorsque la vitesse dépasse 0m,80 environ par seconde, les roues motrices s'enfoncent moins dans le sol, dans lequel la transmission des pressions ne se fait pas instantanément ; mais les secousses sont plus fortes, et d'autant plus qu'on va plus vite, et la portion r augmente.

Cela se constate aux essais dynamométriques des voitures : en tirant le véhicule avec une vitesse infiniment petite, il faut fournir un effort maximum dont la grandeur est voisine de celui du démarrage ; la traction du même véhicule de même charge sur la même voie passe par un minimum correspondant à une certaine vitesse, au delà de laquelle l'effort augmente par suite des secousses, surtout si le véhicule n'est pas suspendu sur ressorts (ce qui est le cas de beaucoup de tracteurs).

*
* *

La résistance au roulement sur le guéret, se traduisant par la consommation $a + b$, ou par $a + r + r'$, augmente avec la largeur et la garniture des bandages.

Dans une série d'essais avec un tracteur léger du poids total de 1.100 kilogrammes, dont 400 kilogrammes sur les roues avant et 700 kilogrammes sur les roues motrices, exerçant sur le sol les pressions suivantes, en kilogrammes, par centimètre de largeur de bandage : 16,6 pour les roues avant, 26,8 et 14 pour les roues motrices, nous avons eu les résultats suivants pour les consommations par kilomètre sur le guéret et sur la terre labourée :

Voie	Vitesse (mètres par heure).	Consommation en kilogramme par kilomètre pour les roues motrices.		Rapport
		de 0m,130 de bandage sans cornières.	de 0m,250 de bandage avec cornières.	
Guéret.	4.100 et 4.000	0,52	0,68	1,30
Terre labourée. .	3.600 et 3.900	0,65	0,73	1,22

(1) Les trajectoires décrites dans le sol par l'extrémité des pièces sont des cycloïde allongées.

III. **Roulement des tracteurs à vide sur terre labourée.** — Pour certains travaux de culture le tracteur est appelé à se déplacer sur le labour ; il est intéressant de connaître les différentes conditions de fonctionnement lors de l'exécution de ces travaux ; les résultats constatés dans les essais de roulement à vide sur terre labourée sont résumés dans le tableau suivant :

TRACTEUR		A.	B.		C.			D.	E.	
Vitesse moyenne à l'heure (mètres)		3528	3060	4068	1980	2448	5796	3096	4068	6192
Consommation de combustible (kilogrammes)	par heure	4,56	5,40	6,96	3,48	3,76	5,65	3,43	3,36	3,75
	par kilom.	1,29	1,76	1,71	1,75	1,53	0,97	1,14	0,83	0,61
	par tonne kilomètr.	0,47	0,63	0,61	1,42	1,24	0,78	0,40	0,48	0,35
Glissement des roues motrices 0/0		3,27	5,40	2,02	1,35	1,18	1,20	2,65	4,65	4,85
État du sol		sec	sec		sec			très sec	sec	

Comme il fallait s'y attendre, la consommation due au roulement sur la terre labourée est plus élevée que sur le guéret, ainsi que cela se constate dans les essais de véhicules quelconques : les roues s'enfoncent plus. la déformation du sol est plus grande ; cependant, dans le cas des tracteurs, il faut noter que la résistance élémentaire due à la pénétration des pièces d'adhérence et à leurs mouvements dans le sol est moins élevée lorsque la machine passe sur une terre labourée que lorsqu'elle se déplace sur le guéret.

Les rapports des consommations sont indiqués ci-dessous :

Machines.	Vitesses aproximatives (mètres par heure).	Consommation par kilomètre due au roulement à vide sur terre labourée relativement au roulement à vide sur le guéret.
A	3.500	1,12
B	3.100	1,17
	4.200	1,20
C	2.400	1,25
	5.900	1,38
D	3.100	1,23
E	4.100	1,01
	6.200	1,05

Les rapports sont influencés par les formes et les dimensions des pièces d'adhérence : La machine E a ses bandages garnis de faîtages ; les autres sont pourvus de cornières de diverses sections et longueurs différentes. Dans le cas des cornières (machines A, B, C et D), le rapport des consommations varie de 1,12 à 1,38 soit 1,21 en moyenne (en enlevant les extrêmes).

IV. — **Roulement des tracteurs à vide sur route.** — Le tableau ci-dessous résume les principaux résultats constatés lors des essais de roulement à vide sur une route en empierrement ordinaire, sèche, en bon état et en palier.

TRACTEUR.		B.	D.		E.	
Vitesse moyenne à l'heure (mètres).		3.384	3.240	4.428	4.176	6.444
Consommation de combustible (kilogr.).	par heure	3,96	2,52	2,64	2,44	2,78
	par kilomètre . .	1,17	0,79	0,60	0,58	0,43
	par tonne kilomètre.	0,43	0,29	0,22	0,35	0,26
Glissement des roues motrices 0/0 .		7,40	6,84	6,63	2,32	3,34

La machine **C**, dont les cornières d'adhérence étaient rivées sur les bandages des roues motrices, n'a pu être essayée au roulement sur route pour lequel elle n'est pas établie.

Dans le cas d'un transport sur route avec remorque, il faut ajouter aux chiffres ci dessus la consommation due au déplacement de la remorque et dépendant de son coefficient de roulement.

Dans nos essais antérieurs (1), la consommation supplémentaire nécessaire par tonne kilomètre de remorque était, sur une voie horizontale en empierrement :

	Kilogrammes.
Route sèche	0,02
Route glissante. . . . . ,	0,036
Route mauvaise et glissante	0,038

Le poids total de la remorque (chariot de ferme à grandes roues) variait, dans ces essais, de 7.000 à 8.800 kilogrammes.

Pour une remorque de 6.700 kilogrammes (camion à petites roues) la consommation supplémentaire a été, dans d'autres essais (2), de $0^{kg},028$ à $0^{kg},04$ par tonne kilomètre.

V. — **Essais de labours.** — Rappelons que le labour ne peut s'effectuer dans de bonnes conditions que lorsque le sol contient une certaine quantité d'eau. D'après nos recherches antérieures, sur diverses terres argileuses, silico-argileuses et argilo-calcaires, le labour se fait bien dès que la couche arable contient de 9 à 10 0/0 d'eau, et il devient mauvais dès que la teneur en eau dépasse 21 à 22 0/0; les meilleures conditions correspondent à une teneur en eau variant de 13 à 17 0/0.

Ces limites étroites dans l'humidité de la terre pour la bonne exécution des labours, dont la répercussion est si grande sur les récoltes, sont bien

(1) *Culture mécanique*, t. IV, p. 95.
(2) *Culture mécanique*, t. IV, p. 132.

connues des praticiens familiarisés avec les sols qu'ils exploitent, et le principal avantage de la Culture mécanique est de permettre à l'agriculteur de *travailler sa terre à temps.*

En dehors de la question culturale (qualité du labour), la teneur en eau du sol influe sur l'usure des pièces travaillantes, la stabilité de la machine et sur la traction nécessitée par la charrue.

Nous avons eu l'occasion d'essayer la même charrue, à des dates différentes, dans le même champ, au fur et à mesure de sa dessiccation; les principaux résultats obtenus sont indiqués ci-dessous :

Teneur de la terre en eau, 0/0.	15,4	11,1	3,8
Traction par décimètre carré (kilogr.) . .	47,4	46,1	78,2

La configuration des pièces travaillantes de la charrue a une influence considérable sur la traction, et, par suite, sur la consommation du tracteur. Par exemple, dans le même rayage, à une demi-heure d'intervalle, une charrue exige, pour le même labour, de 1,40 à 1,42 fois la traction nécessitée par un autre modèle mieux établi ou plus approprié au sol qu'il s'agit de cultiver (dans certains essais, le rapport a dépassé 1,70).

*
* *

Voici les indications concernant les charrues, les champs (*ca*, chaume d'avoine; *vl*, vieille luzerne; *cm*, chaume de maïs; les champs n'avaient pas été cultivés depuis 1915, alors que les essais eurent lieu au printemps et à l'été 1917), et les terres (densité (1) et état d'humidité); les lettres *p*, *o* et *r* s'appliquent à des charrues américaines (2) de marques différentes.

TRACTEUR		A	B	C	D	E
Nombre de raies ouvertes par rayage; indication de la charrue		3-*p*	3-*p*	2-*o*	3-*p*	2-*r*
État du champ		*ca*	*ca*	*ca*	*vl*	*cm*
Terre	Densité.	1,980	1,980	1,980	2,200	2,030
	Teneur en eau 0/0 .	15,4	15,4	15,4	11,1	6

Les résultats d'essais relatifs aux travaux de labour (et dans certains cas de hersage effectué en même temps que le labour) sont résumés dans le tableau de la page suivante :

(1) Rappelons les densités suivantes :

Humus	1,110 à 1,130
Calcaire	2,400 à 2,500
Argile	2,500 à 2,600
Sable siliceux.	2,700 a 2,600

(2) Les charrues américaines employées aux essais sont établies pour des terres plus faciles que les nôtres et pour d'autres modes de cultiver le sol. Les labours américains ne sont pas si profonds que chez nous, ils varient de 0^m,13 à 0^m,17 au plus, et la traction nécessitée par la charrue est souvent, relativement à celle demandée pour nos terres, dans le rapport de 2 à 3, de sorte que, dans le Far West, le même tracteur peut ouvrir, en un seul passage, un plus grand nombre de raies qu'en France.

TRACTEUR	A		B				C		D			E	
Numéros d'ordre.	**1**	**2**	**3**	**4** (2)	**5**	**6**	**7**	**8**	**22**	**23**	**24** (3)	**37**	**38**
Labour — Profondeur (centim.) .	12,0	16,7	13,8	13,0	17,8	12,8	16,2	13,0	14,9	16,2	19,2	17,4	21,0
Labour — Largeur du train (mètres)	0,91	1,00	0,93	0,90	1,00	0,96	0,78	0,71	0,87	0,92	0,93	0,73	0,76
Vitesse moyenne de la charrue par heure (mètres).	3.060	2.880	2.088	2.916	2.844	3.672	2.042	5.472	4.248	3.060	2.952	3.816	3.744
Temps moyen d'un virage (secondes).	30	30	32	41	32	32	30	20	30	30	43	20	20
Temps pratique pour labourer un hectare (1) (heures, minutes) .	5,1	4,49	5,4	5,23	4,54	4,46	8,21	4,1	3,59	4,58	5,23	5,12	4,47
Surface pratiquement labourée par heure (mètres carrés). . .	1.992	2.076	1.974	1.128	2.040	2.100	1.200	2.490	2.508	2.016	1.860	1.926	2.088
Consommation de combustible (kilogr.) — par heure. . .	4,19	5,72	5,83	10,76	7,37	7,38	5,20	7,86	6,32	5,58	7,46	4,45	4,89
Consommation de combustible (kilogr.) — par hectare . .	21,6	27,5	29,5	59,7	36,1	35,1	43,4	31,5	23,1	27,6	40,1	21,8	22,0

(1) Avec un rayage de 150 mètres et en comptant 50 minutes de travail par heure à cause des divers arrêts de la pratique courante.

(2) (3) En même temps que la charrue, les machines tiraient latéralement une herse de 30 dents, ayant $1^m,55$ de train, travaillant sur les bandes retournées au rayage précédent.

D'après le tableau précédent nous avons constaté pour le tracteur B :

Numéro de l'essai	Profondeur du labour (centim.)	Surface pratiquement labourée par heure (mètres carrés)
6	12,8	2.100
3	13,8	1.974
5	17,8	2.040

donnant une moyenne générale de 2.038 mètres carrés labourés pratiquement par heure, soit 2.000 mètres carrés en chiffres ronds; nous pouvons comparer ces résultats avec ceux d'autre provenance.

Nous avons, en effet, des renseignements d'ordre pratique relevés sur plusieurs tracteurs B en travail courant, d'après le Service de la culture des terres du Gouvernement anglais au début de 1918.

Sept tracteurs B de la batterie de Ross (1), dans le Herefordshire, ont effectué les travaux suivants pendant la dernière semaine de janvier 1918 :

Tracteur	Surface labourée en une semaine (hectares)	Durée du travail (heures)	Surface moyenne labourée par heure (mètres carrés)
1.	12,8	60	2.133
2.	12,8	62	2.064
3.	12,0	61,5	1.956
4.	12,0	68,5	1.752
5.	12,0	53	2.268
6.	11,2	60	1.866
7.	10,4	54	1.924
TOTAUX. . . .	83,2	419	»
MOYENNES . .	11,88	59,8	1.988

Contrairement à ce qu'on veut pratiquer chez nous, il y a toujours, en Angleterre, deux hommes avec le tracteur, ainsi que nous le recommandons depuis longtemps.

Si l'on considère la surface que laboure pratiquement un tracteur par semaine (2), elle varie de 7^{ha},55 à 11^{ha},88 avec une moyenne générale de 8^{ha},32 pour les 25 tracteurs du type B composant la section du Herefordshire (Ross, Leominster et Hereford); l'*Union des laboureurs de Ross*, opérant comme dans les concours de laboureurs de nos Comices agricoles, décerna le premier prix au personnel du tracteur n° 2 du tableau ci-dessus qui laboura 40^{ha},1 pendant le mois de janvier 1918, et le second prix à l'équipe du tracteur n° 1 qui laboura 40 hectares.

(1) *Société d'encouragement pour l'Industrie nationale*, bulletin de mars-avril, 1918, p. 312.

(2) Il y a des arrêts divers, des mauvais temps, et surtout des déplacements d'un champ à un autre.

Le record du travail effectué fut adjugé à un tracteur du type B de la batterie opérant dans le comté de Surrey, à Redhill, au sud de Londres. En une semaine, il laboura $20^{ha},4$, tandis que la moyenne de la batterie ne fut que de $4^{ha},8$ par tracteur. On a constaté qu'un grand nombre de tracteurs, bien conduits, du Gouvernement anglais pouvaient, lors d'un beau temps, labourer de 16 à 20 hectares par semaine.

***

Les résultats des essais dynamométriques sont résumés dans les tableaux ci-après :

TRACTEUR	A		B					
Numéros d'ordre	1	2	3	4 (1)			5	6
Section transversale du labour (déc. carrés)	10,92	16,70	12,83	11,70			17,80	12,28
				charrue	herse	totale		
Traction (kilogr.) moyenne totale	543,8	835,0	599,1	539,3	260,2	799,5	854,4	568,5
Traction (kilogr.) moyenne par déc. carré	49,8	50,0	46,7	46,1	»	»	48,0	46,3
Vitesse moyenne de la charrue (mètres par seconde)	0,85	0,80	0,83	»	»	0,81	0,79	1,02
Puissance moyenne utilisée au crochet d'attelage — Kilogrammètres par seconde	462,23	668,0	497,28	»	»	647,59	674,97	579,87
Puissance moyenne utilisée au crochet d'attelage — Chevaux-vapeur	6,16	8,90	6,63	»	»	8,63	8,99	7,73

(1) En même temps que la charrue, le tracteur tirait une herse dont les indications ont été données précédemment.

TRACTEURS	C		D					E	
Numéros d'ordre	7	8	22	23	24 (1)			37	38
Section transversale du labour (déc. carrés)	12,63	9,23	12,96	14,90	17,85			12,70	15,96
					charrue	herse	totale		
Traction (kilogr.) moyenne totale	618,8	533,4	745,2	715,2	822,8	171,7	994,5	553,7	853,8
Traction (kilogr.) moyenne par déc. carré	49,0	57,8	57,5	48,0	46,1	»	»	43,6	53,5
Vitesse moyenne de la charrue (mètres par seconde)	0,57	1,52	1,18	0,85	»	0,82	»	1,06	1,04
Puissance moyenne utilisée au crochet d'attelage — Kilogrammètres par seconde	352,71	810,76	879,33	607,92	»	815,59	»	586,92	897,95
Puissance moyenne utilisée au crochet d'attelage — Chevaux-vapeur	4,70	9,47	11,72	8,10	»	10,87	»	7,82	11,84

(1) En même temps que la charrue, le tracteur tirait une herse dont les indications ont été données précédemment

Rappelons que les charrues des essais n°s 1, 2, 3, 4, 5, 6, 22, 23 et 24 sont du même type, pour lesquelles la traction par décimètre carré a varié de 46^{kg},1 à 57^{kg},5. La charrue employée aux essais n°s 7 et 8 présentait une résistance de 49^{kg},0 à 57^{kg},8, et pour la charrue des n°s 37 et 38 la traction a oscillé de 43^{kg},6 à 53^{kg},5. Dans chaque série, les minima, influencés par l'humidité du sol, correspondent à la profondeur pour laquelle le versoir était bien établi, et qui est généralement de 15 à 16 centimètres pour les charrues américaines.

*
* *

Dans le tableau suivant nous avons calculé le coefficient m de la relation :

$$t = mp,$$

dans laquelle t est la traction moyenne observée dans les essais, et p la pression de la ou des roues motrices sur le sol.

Pour avoir une commune mesure, nous y avons ajouté le volume de terre remuée par kilogramme de combustible dépensé, ainsi que le poids de combustible employé par 1.000 mètres cubes de terre (correspondant au labour d'un hectare à 0^{m},10 de profondeur); ces quantités, ne constituant pas à elles seules un critérium, sauf dans le cas de machines comparables à d'autres points de vue, sont données à titre d'indication.

Nous avons ajouté les observations relatives au glissement des roues motrices sur le sol; les chiffres sont approchés, car ils sont basés sur le diamètre de la roue le bandage étant propre, alors que, dans le champ, ce diamètre augmente plus ou moins suivant l'état d'humidité de la couche superficielle du sol.

TRACTEUR	A		B				C		D				E	
Numéros d'ordre	1	2	3	4 (1)	5	6	7	8	21 (2)	22	23	24 (1)	37	38
Coefficient *m*	0,28	0,43	0,31	0,42	0,44	0,29	0,89	0,76	0,50	0,39	0,37	0,52	0,50	0,77
Volume de terre remuée par kilogr. de combustible (mètres cubes)	54,3	60,7	46,7	21,8	40,3	36,4	37,2	41,2	58,8	59,3	58,6	47,8	79,8	91,7
Poids de combustible employé par 1000 m. cubes de terre (kilogr.)	18,4	16,5	21,4	45,9	20,3	27,5	26,9	24,3	17,0	16,9	17,1	20,9	12,5	10,9
Glissement des roues motrices 0/0	8,9	10,4	10,0	10,9	9,8	7,4	5,5	5,6	3,8	3,9	5,3	7,6	4,5	6,7
Garniture des roues motrices	Cornières obliques				Cornières obliques				Cornières obliques				Faltages	
État du sol	En très bon état en dessous de la couche superficielle humide								Bon état				Bon état	

(1) Dans les essais n°s 4 et 24, les tracteurs tiraient une herse en même temps que la charrue.

(2) L'essai n° 21 eut lieu dans un sol très sec et très dur ne contenant que 3, 8 0/0 d'eau.

Dans un de nos essais de 1916, avec un tracteur dont le réglage du moteur fut très bon et resta heureusement invariable dans diverses conditions de fonctionnement sur le même champ (roulement à vide sur le guéret et traction en travail courant), nous avons constaté que, pour un effort moyen de 100 kilogrammes exercé sur un parcours de 1.000 mètres, la consommation à ajouter à celle du roulement à vide était de 2kg,205; ce chiffre n'est donné qu'à titre d'indication, car il demande à être vérifié, quand nous en aurons l'occasion, avec plusieurs autres tracteurs de divers modèles.

Avec une charrue nécessitant une traction moyenne de 694 kilogrammes, la consommation par hectare était de 30 kilogrammes, dont 12 kilogrammes pour le roulement à vide et 18 kilogrammes pour la traction (ou 17 et 25 litres); c'est sur les 18 kilogrammes (ou les 25 litres) employés par hectare pour la traction utile que l'emploi d'un amortisseur (dont nous parlons au chapitre IX concernant les *Conclusions*) permet de réaliser une économie de consommation pouvant varier de 10 à 30 0/0.

VI. **Traction maximum et traction moyenne pratiquement utilisable.**

— Nos recherches de 1910 (1) ont montré qu'on peut estimer la traction moyenne t pratiquement utilisable par une machine de culture en fonction de la traction maximum T que l'appareil peut fournir au crochet d'attelage :

$$t = 0{,}57\ T.$$

La traction maximum T correspond soit au calage du moteur, ou, si ce dernier est assez puissant, à l'enterrage de la ou des roues motrices qui tournent alors sur place en s'enterrant, et le tracteur se taupe.

Le tableau suivant résume un certain nombre de constatations; nous y ajoutons les coefficients M et m', des relations :

$$T = Mp \qquad \text{et} \qquad t = m'p,$$

dans lesquelles p est le poids porté par les roues motrices, T la traction maximum et t la traction moyenne pratiquement utilisable sur laquelle on peut tabler afin que le tracteur puisse vaincre les résistances momentanées qui se manifestent en travail pratique.

TRACTEUR	B	C	D		E
Traction maximum T (kg.).	1 350	950	1 200 (2)	1 400 (3)	1 400
Coefficient M.	0,71	1,36	0,63	0,74	1,26
Traction moyenne pratiquement utilisable t (kg.) . .	769	541	684	798	798
Coefficient m'.	0,40	0,77	0,36	0,42	0,71

(1) *Annales de l'Institut national agronomique*, 2e fascicule de 1912; *Culture mécanique*, t. I, p. 82.

(2) Dans cet essai, la terre était très sèche (elle ne contenait que 3,8 0/0 d'eau) et les cornières pénétraient peu dans le guéret.

(3) Dans cet essai, la terre contenant 11 0/0 d'eau, était en bon état pour être labourée.

Les tractions T et *t* sont surtout influencées par les configurations, dispositions, écartements et dimensions des pièces d'adhérence (cornières obliques, faîtages).

Pour les pièces d'adhérence des roues motrices il y a lieu de donner la préférence aux cornières obliques ne débordant pas inutilement le bandage ; viennent ensuite, par ordre décroissant, et produisant même un mauvais résultat cultural par la compression locale du sol, et souvent par le malaxage de la terre : les faîtages, les ogives surhaussées, les cornières parallèles à l'essieu et, enfin, en dernier lieu, les ogives surbaissées comme celles des tracteurs américains destinés aux travaux de voirie.

VII. **Travaux de printemps.** — Les résultats de nos essais de 1916 relatifs aux travaux de printemps, effectués les uns en terre légère, très sableuse, de Gournay-sur-Marne (densité de la terre, 2 140; teneur en eau, 10,4 0/0), les autres en terre forte de Noisy-le-Grand (densité de la terre, 2.050; teneur en eau, 15,1 0/0) peuvent se condenser dans le tableau suivant.

TRAVAUX		Profondeur de la culture.	TERRE LÉGÈRE. Surface pratiquement travaillée par heure.	TERRE LÉGÈRE. Consommation d'essence minérale par hectare.	TERRE FORTE Surface pratiquement travaillée par heure.	TERRE FORTE Consommation d'essence minérale par hectare.
		centim.	mèt. carrés.	kg. (1).	mèt. carrés.	kg. (1).
Labour		15	»	»	2.420	28,5 (2)
		16	2.320	28,6	»	»
		20	»	»	2.360	30,6
		21	2.460	27,2	»	»
Cultivateur à dents flexibles sur labour.	ancien.	6,5	4.760	9,3	»	»
		10	»	»	3.330	19,3
	récent.	11	4.750	10,0	»	»
Cultivateur à dents flexibles suivi d'un rouleau brise-mottes, sur labour ancien		10	»	»	3.220	23,5
Herse, après passage du cultivateur à dents flexibles suivi du rouleau brise-mottes, sur labour ancien		4,5	»	»	6.900	11,9
Pulvériseur simple, sur labour récent		10	4.960	10,5	»	»

(1) L'essence minérale avait une densité de 725 ; 1 kilogramme représente 1[l],38.

(2) La vérification en travail pratiqué aux environs d'Étampes, sur une pièce de près

VIII. Travaux sur terres incultivées. — Comme beaucoup de terres incultes du fait de la Guerre pourraient être utilement préparées à l'aide du cultivateur et du pulvériseur, il était intéressant d'avoir une idée du travail de ces machines lors de leur premier passage sur un ancien guéret, passage qui est toujours le plus pénible ; voici les principaux résultats constatés en 1916.

Profondeur de la culture (centimètres).		4.	7.	10.
		—	—	—
Cultivateur à dents flexibles :				
Surface pratiquement travaillée par heure (mètres carrés) . .	en terre légère . .	»	4.760	»
	en terre forte . .	»	»	3.180
Consommation d'essence minérale par hectare (kilog.) . .	en terre légère . .	»	8,2	»
	en terre forte . .	»	»	19,8
Pulvériseur simple (en terre légère) :				
Surface pratiquement travaillée par heure (mètres carrés)		5.000	»	»
Consommation d'essence minérale par hectare (kg.).		8,1	»	»

Par suite de la longue durée des hostilités, ouvrant d'énormes brèches parmi les travailleurs ruraux et dans le troupeau, la Culture mécanique s'impose d'une manière inéluctable ; on est actuellement contraint de l'appliquer à la plupart des champs disposés favorablement, comme nature de sol, étendue et pente, pour l'exécution économique des principaux travaux de culture.

La situation actuelle est autrement grave que celle qui suivit la Guerre de 1870-1871, laquelle fut courte et infiniment moins meurtrière. Des pays voisins (Italie, Belgique, Irlande) purent alors fournir à la France des bêtes à cornes ; des chevaux nous vinrent de l'Autriche-Hongrie. Après la Guerre de 1914-1918, il ne faut pas compter sur les importations de main-d'œuvre rurale et d'animaux de trait, de sorte que, si l'on n'a pas recours à la Culture mécanique, de grandes étendues risquent de rester en friche pendant plusieurs années.

Nous croyons pouvoir terminer en disant que si, avec difficultés et grands frais résultant de la Guerre, nous pouvons nous procurer des appa-

de 9 hectares (8,90), en terre argilo-calcaire fortement tassée, laissée depuis plusieurs années en pacage à moutons, est la suivante :

Surface pratiquement labourée par heure (mètres carrés)		1 977
Essence minérale employée par hectare	(litres).	39,32
	(kilogrammes) . .	28,50
Lubrifiants employés par hectare	Huile (litres)	2,69
	Valvoline (kilogrammes)	0,90
	Graisse consistante (kilogrammes)	0,22

reils de Culture mécanique et d'autres machines agricoles, nous rencontrons des difficultés encore plus grandes pour nous procurer des *mécaniciens ruraux*, pour lesquels on n'a pour ainsi dire encore rien fait, bien que nous ayons appelé l'attention, à de nombreuses reprises, sur cette question des plus importantes à l'heure actuelle.

IX. **Conclusions générales.** — Comme suite à nos essais spéciaux (1), qui ont porté sur 70 machines, on peut formuler un certain nombre de conclusions dont les principales sont consignées ci-après.

Il convient que le poids des tracteurs directs ne dépasse pas 2.800 à 3.000 kilogrammes : (2) ces machines, très maniables, permettent d'obtenir un effort moyen de traction de 600 à 700 kilogrammes.

Au delà d'une traction moyenne de 600 à 700 kilogrammes, les bâtis se déforment et les assemblages ne peuvent résister longtemps sur le sol inégal des champs ; il se produit des gauchissements dans les axes des diverses parti s du mécanisme, ayant pour conséquence une augmentation de consommation et une usure très rapide.

Dès que le travail à exécuter, d'après sa nature (défrichements, défoncements, etc.) ou d'après ses dimensions (profondeur et largeur de la culture) nécessite une traction dépassant 600 à 700 kilogrammes, il faut abandonner les tracteurs directs et avoir recours aux appareils funiculaires.

Pour assurer la direction, il est bon que le tiers environ du poids total du tracteur soit reporté sur les roues directrices et les deux tiers sur la ou les roues motrices. Une cornière circulaire peut être fixée sur le bandage des roues directrices.

Deux roues directrices agissent plus efficacement qu'une seule.

---

(1) Nous avions eu la charge des essais officiels organisés par le Ministère de l'Agriculture en 1913 1914, 1915, 1916 et en 1917. — Depuis 1917, l'Administration de l'Agriculture n'a plus procédé à des essais, qui ont été laissés à l'initiative privée. Essais de Grignon, Trappes, Neuvillette (1913-1914); Grigny, Chevry-Cossigny, Brie-Comte-Robert, Bertranfosse; (1915). Gournay-sur-Marne, Provins et Noisy-le-Grand, Mettray (1916-1917), Armainvilliers (1918), Gournay, Le Plessis-Pâté (1919).

(2) La *Société d'Agriculture et des Hautes Terres d'Écosse (Highland and Agricultural Society of Scotland)*, à la suite de ses essais de 1917, a formulé des conclusions analogues aux nôtres (Bulletin de mai-juin de la *Société d'encouragement pour l'Industrie nationale*), sauf qu'elle demandait que le poids des tracteurs ne dépasse pas 1500 kilogrammes; que les pièces d'adhérence des roues motrices aient une section rectangulaire ; que la vitesse pour le labour soit de 4 kilomètres à l'heure.

Ladite Société condamne aussi les chemins de roulement (chenilles) ; ses essais, vérifiés sur cinq appareils différents, ont montré une usure très rapide des articulations sans obtenir plus d'adhérence qu'avec les roues motrices ordinaires, comme nous l'avons constaté dans nos essais.

La dite Société déclare que le prix du tracteur seul ne devrait pas dépasser 7.500 francs (300 livres sterling), et qu'il serait désirable qu'on puisse modifier la largeur de raie, c'est-à-dire l'écartement des plans des étançons des différents corps de charrue, et que, pour le labour des terrains en pente, il faudrait pouvoir modifier, par une manœuvre simple, le nombre de corps de charrue en action, afin, par exemple, d'ouvrir deux raies du montant et trois en descendant.

Le poids des tracteurs, rapporté à la longueur de génératrice des roues, ne doit pas dépasser 30 à 35 kilogrammes par centimètre de largeur de bandage (ce chiffre, provenant de nos essais antérieurs de 1913-1914, s'est vérifié en 1915, 1916, et aux derniers essais officiels de 1917 (1).

Il ne convient pas d'exagérer outre mesure la largeur des bandages des roues.

Il n'y a pas intérêt à augmenter outre mesure le diamètre des roues motrices ; il semble que ce diamètre pourrait être compris entre $1^m,10$ et $1^m,40$.

Dans le cas d'une transmission extérieure à la ou aux roues motrices (par engrenages ou chaînes), il convient de réserver entre le plan de roulement et le point le plus bas de l'organe de transmission ou de son carter, un dégagement d'au moins 25 à 30 centimètres (2).

Il est désirable de se passer d'un différentiel et d'employer une seule roue motrice ou deux roues très rapprochées débrayables individuellement lors des virages.

Avec une roue motrice roulant dans la raie et une autre sur le guéret, le différentiel travaille constamment d'un côté et un de ses engrenages s'use bien plus rapidement que l'autre.

L'emploi d'un sillonneur est très recommandable.

Parmi les pièces d'adhérence fixées aux bandages des roues motrices, les cornières et les palettes abîment moins la terre que les ogives et les faîtages, lesquels compriment fortement certaines zones de leur empreinte dans le sol.

Les cornières n'ont pas besoin de dépasser l'aplomb du bandage de la roue motrice à laquelle elles sont fixées.

Les palettes ou les cornières doivent passer sur le sol non labouré; le renversement ultérieur de la bande de terre fendille les zones qui ont été comprimées sur le guéret, ce qui n'a pas lieu quand une des roues motrices s'appuie sur le fond de la raie; dans ce dernier cas, les portions comprimées recouvertes de suite par le labour qui les cache restent telles et, dans certaines terres, ces portions se maintiennent très longtemps à

(1) *Culture mécanique*, t. IV, fig. 1, p. 19.

A l'Académie d'Agriculture (séance du 3 octobre 1917), M. A. Petit a appuyé cette conclusion relative aux inconvénients des fortes pressions locales exercées sur le sol : « Dans les terres où l'on a débardé des betteraves avec des chariots, on constate souvent, même trois ans après, la trace du passage des charrois. Pendant la plus grande partie du temps de ma pratique agricole (à la ferme de Champagne, près Juvisy, Seine-et-Oise) je me suis servi d'un porteur Decauville pour débarder les betteraves et j'ai constaté qu'il y avait, pour le blé qui suivait, une différence de rendement de cinq quintaux à l'hectare suivant qu'une pièce de terre avait été débardée par la petite voie de chemin de fer ou par les chariots. »

(2) Nous avons en collection des portions de couronnes dentées (segments) de tracteurs placées à $0^m,20$ au plus du plan de roulement des bandages, qui ont été mises hors de service après labour de 25 et de 27 hectares.

l'état de blocs très durs (1); cet inconvénient ne se manifeste pas dans les sols sableux.

On peut admettre au besoin une roue directrice roulant dans la raie, mais il est préférable de ne pas adopter cette disposition.

L'espace à réserver entre le bord des roues et le bord de la muraille doit être d'environ 20 centimètres.

Pour les travaux courants, il y a lieu d'employer de préférence des moteurs d'une puissance ne dépassant pas 20 à 25 chevaux-vapeur, à grande vitesse angulaire, à plusieurs cylindres, du type automobile, dont la mise en route est facile.

Le moteur doit être pourvu d'un régulateur automatique de vitesse, indispensable lorsqu'on l'emploie pour actionner diverses machines avec une courroie.

La pompe de circulation, si l'on en adopte une, doit être commandée par engrenages; le ventilateur doit l'être par une courroie.

Le tracteur doit toujours être pourvu d'un frein.

Il faut rejeter l'emploi des chemins de roulement (appelés chenilles) par suite de leur consommation élevée, des difficultés de leur direction et surtout à cause de l'usure très rapide de leurs nombreuses articulations.

Les avant-trains tracteurs se comportent presque comme les charrues automobiles; la direction par les roues motrices est assez pénible au conducteur par suite de la pression que ces roues doivent exercer sur le sol, et surtout si l'une, garnie d'aspérités, roule dans la raie.

La conduite des charrues-brouettes automobiles est très pénible.

Avec une traction moyenne utilisable de 600 à 700 kilogs., on peut augmenter la vitesse jusqu'à une certaine limite voisine de 4.000 mètres à l'heure environ ($1^{m},10$ par seconde), au delà de laquelle la direction devient pénible et la traction de la machine de culture augmente trop; une vitesse voisine de 3.000 mètres à l'heure (environ 80 centimètres par seconde) semble préférable (2).

(1) A l'Académie d'Agriculture (séance du 3 octobre 1917), M. A. Petit a appuyé cette conclusion : « J'insiste sur l'inconvénient qui résulte du passage de la roue motrice dans la raie. Comme l'a expliqué notre confrère, la surface des terres labourées peut être ameublie par les influences atmosphériques, mais les terres *gâchées* au fond de la raie sont altérées pour longtemps et les récoltes ultérieures s'en ressentent. L'observateur superficiel ne se rend pas compte de cet inconvénient parce que la terre retombe aussitôt dans la raie et cache ce qu'on peut appeler le *loup*. J'estime qu'il faut éviter, toutes les fois que c'est possible, de faire descendre le tracteur dans la raie. »

(2) A l'Académie d'Agriculture (séance du 3 octobre 1917), M. A. Petit, n'était pas entièrement de notre avis : « Sans doute, disait-il, un appareil mené à grande vitesse prend plus de force que celui qui est mené avec une vitesse moindre ; mais dans toutes les façons qu'on donne à la terre à grande vitesse, elle se trouve beaucoup plus ameublie, pulvérisée, et le résultat cultural obtenu est bien plus grand que dans le cas d'un travail exécuté à vitesse ralentie. — C'est une constatation que j'ai faite en comparant les labours faits par les bœufs ou par tracteur à l'automne précédent. Je constatais alors que les terres qui ont été labourées à grande vitesse sont beaucoup plus souples et d'une préparation plus facile. — Au printemps, j'ai fait traiter une terre par un extirpateur traîné par un tracteur allant à grande vitesse, en même temps que

Dans les mêmes conditions (d'époque, de jour, de terre, de charrue et de labour) la traction passe de 100 à 118 quand la vitesse communiquée à la charrue passe de 1 à 2.5.

Le tracteur commence à être d'un emploi pratique dès que le rayage a une longueur d'environ 150 mètres.

Les temps moyens employés aux virages sont d'environ une demi-minute; exceptionnellement vingt secondes avec un excellent mécanicien, ou une minute avec un ouvrier peu habile et non exercé.

Il faut deux hommes au chantier : un mécanicien sur le tracteur et un aide-laboureur. Cet aide-laboureur, assis sur un siège porté par la charrue ou par toute autre machine, n'exclut pas le relevage automatique.

Il ne faut guère compter plus de cinquante minutes de travail utile par heure.

Il est bon d'intercaler entre le tracteur et la charrue, ou toute autre machine, un amortisseur de traction. Nos recherches, publiées en 1893 et vérifiées plusieurs fois depuis, montrent que l'emploi d'un amortisseur bien établi réalise une économie de 33 à 54 0/0 sur les efforts de démarrage et de 10 à 30 0/0 sur les efforts moyens de traction. Pour les tracteurs, cette économie n'affecte que la partie de leur consommation horaire correspondant à l'effort moyen de traction, tout en réduisant l'usure du mécanisme.

Pour les labours précédant les semailles d'automne et pour les labours de printemps, il y a tout intérêt à relier une herse à la charrue.

Le grand avantage du tracteur, résultant de l'étendue qu'il peut travailler par heure, est de permettre à l'agriculteur de prendre sa terre en temps voulu.

Il convient de réduire le plus possible les transports sur route, à moins de retirer les pièces d'adhérence des roues motrices, ou d'adopter un mode spécial de déplacement du matériel, ou, mieux, un montage permettant de disposer rapidement le tracteur pour rouler sur route sans s'astreindre à déboulonner les cornières, palettes ou autres pièces d'adhérence des roues motrices.

Le tracteur doit trouver son emploi économique dans une étendue de 1.000 à 1.500 mètres de rayon, sur des champs dont la pente ne dépasse pas 7 à 10 0/0.

---

j'employais des bœufs pour le même travail. Avec l'appareil marchant à grande vitesse, le sol était fouillé à une grande profondeur et pulvérisé; là où il avait été traité par les bœufs, il était fouillé moins profondément et on rencontrait plus de mottes. Il ne faudrait donc pas condamner la vitesse. Votre indication de quatre kilomètres à l'heure me paraît un minimum. »

M. Petit a raison au point de vue du travail exécuté à grande vitesse : l'ouvrage a de l'*œil* et de la qualité; mais à la vitesse de cinq kilomètres à l'heure la direction est plus pénible; à une grande vitesse, l'appareil ne résisterait pas longtemps et la dépense de combustible est plus élevée par suite de l'augmentation de l'effort de traction. Pour les labours d'automne des terres à ensemencer au printemps le labour peut être en grosses mottes que l'hiver se chargera de déliter sans frais; il n'en est pas de même pour les dernières façons culturales d'automne ou de printemps précédant les semis.

IV

La Culture mécanique en Eure-et-Loir.

L'Agriculture et les Sciences qui s'y rattachent ont toujours été tenues en très haute estime dans le département d'Eure-et-Loir. Il me suffit de rappeler les nombreuses et belles recherches de mon camarade Garola, Directeur des Services agricoles et de la Station agronomique du département, que vous connaissez tous, comme vous connaissez la ferme de Cloches, les nombreux Benoist et tant d'autres Agriculteurs qui permirent à Garola d'appliquer, dans les champs, ses essais de laboratoire. Appelé, par l'Association Française pour l'Avancement des Sciences, à exposer à Chartres le résultat de mes études sur la Culture mécanique, il me semble indispensable de terminer cette communication en résumant ce qui a été fait à ce point de vue dans le département d'Eure-et-Loir; il me suffira d'être assez bref, car vous connaissez bien mieux que moi la question dans tous ses détails.

* * *

Un très bel exemple de propagande et d'encouragement à la Culture mécanique a été donné par le *Conseil Général* du département dans sa décision du 27 septembre 1916, et par le préfet, M. Borromée, qui en a réglé l'application par son arrêté du 17 novembre 1916, fixant le règlement du nouveau Service confié aux Ponts et Chaussées et aux Chemins vicinaux, sous la direction de M. Duperrier, Ingénieur en Chef du département.

Deux tracteurs Mogul-16 ont été acquis, l'un fut réservé au secteur Nord, l'autre au secteur Sud du département. Ils furent destinés à des démonstrations pratiques et à la culture des terres abandonnées ou inexploitées par les agriculteurs appelés à la défense du pays, en donnant la préférence, dans chaque canton, aux femmes des mobilisés.

Les services administratifs assurèrent la conduite et la surveillance du chantier de labourage, les attachements des travaux, les fournitures et l'apport à pied-d'œuvre du combustible et des matières lubrifiantes, ainsi que la transmission des machines d'un chantier à un autre; ces dernières étaient conduites chacune par un mécanicien secondé par un aide ou apprenti mécanicien.

Chaque atelier a été pourvu du petit outillage habituel, de socs et des pièces de rechange indispensables.

Les tracteurs fonctionnaient à l'essence minérale pour leur mise en route; après démarrage, ils consommaient du pétrole lampant.

*
* *

Les tracteurs ont été mis en service, l'un le 28 novembre 1916, l'autre le 28 décembre 1916.

La campagne d'hiver 1916-1917 fut entravée par des intempéries exceptionnelles : gels prolongés, dégels, chutes de neige, pluies et giboulées.

Pour les deux chantiers réunis, sur les 183 journées ouvrables, comptées du jour de leur mise en service au 31 mars 1917, il y a eu 89 jours de chômage, pendant lesquels sept essais infructueux ont été tentés; 36 journées ont été employées aux nettoyages, réparations, et aux déplacements d'un chantier au suivant. Par suite de la faible vitesse des tracteurs sur les routes, et surtout de l'obligation de suivre le programme de propagande dressé pour parcourir les vingt-quatre cantons du département ces voyages sur route ont été particulièrement onéreux.

Le temps consacré efficacement au travail a été de 58 journées, comprenant 398 heures, pendant lesquelles on a labouré 66 hectares, répartis de la façon indiquée dans le tableau suivant, lequel donne en même temps la moyenne calculée du travail pratiquement effectué par heure :

Profondeur en centimètres	LABOUR	Nombre de raies de la charrue	SURFACE LABOURÉE totale en hectares	SURFACE LABOURÉE par heure en mètres carrés
15 à 18	Labour moyen . . .	3	43,75	2.000 (1)
20 à 22	Labour profond et défrichement	2	17,53	1.400
24 à 25	Labour pour betteraves . .	2	4,72	1.000

Ces travaux ont été effectués au cours de 30 démonstrations, alors que le service avait reçu, au 31 mars, 72 demandes.

*
* *

Les principales dépenses et les consommations de combustible et de lubrifiant ont été fixées comme suit par hectare :

	Labour moyen	Gros Labour	Labour profond pour betteraves
Essence minérale (litres). . . .	0,5	1,2	2,1
Pétrole lampant (litres)	46,4	73,6	82,4
Huile pour cylindres (kilogr.) .	2,4	3	5,8
Prix par hectare (francs). . . .	39,50	57,50	66,80
Amortissement (évalué) (francs).	6	9	»

(1) Dans nos essais sur un de ces tracteurs, nous avons constaté, pour une profondeur moyenne de $0^{m},167$, une surface labourée de 2.076 mètres carrés par heure et une dépense de $27^{kg},5$ de pétrole par hectare, soit, en litres, 34,37, alors que, plus loin, on trouvera la consommation de $46^{l},4$, indiquée comme moyenne générale, par suite des pertes dans les manutentions, ou parce qu'on a compté les bidons à plein, alors qu'il y a toujours un déchet dans chacun.

Pour le premier service on n'a pas tenu compte des réparations, ni des frais généraux (assurances et administration) ; il s'agissait d'une œuvre de propagande (1) qui a eu pour résultat de décider huit agriculteurs ou Syndicats à acquérir des tracteurs, dont cinq étaient en service au début d'avril 1917.

Au 31 mars 1917, les dépenses faites par le département (sans les amortissements du matériel) se sont élevées à 3.052 francs et les sommes à payer par les agriculteurs à 2.942 francs, malgré le peu de journées d'utilisation des machines, par suite du mauvais temps exceptionnel de l'hiver 1916-1917.

***

Ces essais départementaux, très intéressants, ont montré que le tracteur remplace facilement trois charrues pour les labours moyens et deux charrues pour les gros labours ainsi que pour ceux de défrichement.

Il a été reconnu qu'un de ces tracteurs convient bien aux exploitations d'une étendue variant de 100 à 150 hectares.

Le 31 mars 1917, un labourage de nuit a été effectué aux environs de Chartres; on a constaté que, moyennant une dépense supplémentaire d'environ un franc par heure pour l'éclairage, le tracteur pouvait fournir vingt heures de travail par jour, ainsi que cela a été constaté en Angleterre.

***

Une *école d'apprentissage* pour la conduite des tracteurs fut ouverte le 5 mars 1917, par M. Billet, sous-ingénieur, qui a utilisé un troisième tracteur pris en location.

Trois séries de manœuvres et exercices pratiques ont été commencées successivement le 5 mars, le 19 mars et le 2 avril, réunissant quatorze élèves dont une jeune fille.

Cet enseignement est d'autant plus nécessaire qu'il faut mettre en garde les conducteurs contre les imprudences multiples que la simplicité des manœuvres des tracteurs les entraîne à commettre, surtout en ce qui concerne le graissage et l'entretien de la machine.

L'Administration du département d'Eure-et-Loir a donc été très bien inspirée de créer cet enseignement pratique, car le défaut de méthode et d'instructions spéciales, pouvant occasionner des accidents, aurait pu aller à l'encontre du but que s'était proposé le Conseil Général.

---

(1) Une partie des frais de cette œuvre d'intérêt général incombe au département, à titre de propagande.

*
* *

Nous croyons intéressant de signaler une *Coopérative de Culture mécanique* organisée en Eure-et-Loir par M. Jacques Benoist, ancien élève de l'École nationale d'Agriculture de Grignon, qui a succédé à son père, Oscar Benoist, dans l'exploitation si réputée de Cloches (1). Le point de

(1) Bien que cela soit en dehors du sujet de cette Conférence, nous pouvons cependant dire que M. Jacques Benoist dirige la Coopérative électrique connue sous le nom de *Prouais-Rosay-Electric*, fondée en février 1912 par son père. Cette coopérative, qui assurait en 1918 l'éclairage de six villages et, à bas prix, les travaux et les battages d'exploitation, s'étendant sur 2.000 hectares environ, se proposait d'alimenter, dès que cela sera possible, les appareils de Culture mécanique actionnés par l'électricité.

L'usine génératrice de la Coopérative, prévue pour le maximum de consommation (qu'on appelle *la pointe*), correspondant à l'allumage presque simultané de la plus grande partie des lampes branchées sur le réseau, est certainement trop puissante pour le débit diurne destiné aux moteurs ruraux, ces derniers, dans la ferme, ne fonctionnant qu'un petit nombre de jours par an et, souvent, qu'un petit nombre d'heures par jour. Il est donc naturel qu'on ait cherché l'utilisation diurne du courant pour les travaux de culture et de récolte.

La solution mécanique existe depuis les essais de MM. Chrétien et Félix, en 1878, sur les terres attenantes à leur sucrerie de Sermaize (Marne) ; la solution économique est encore à trouver.

Le dispositif le plus simple consiste dans l'emploi de deux locomotives-treuils, analogues à celles du labourage à vapeur, dans lesquelles la chaudière et le moteur à vapeur sont remplacés par une réceptrice d'une manœuvre très facile. Mais il faut deux machines, deux mécaniciens, et accepter les ennuis du déroulage dans le champ, et de l'enroulage des câbles amenant le courant de sa prise directe sur la ligne, ou d'un transformateur placé sur la fourrière.

Pour le déplacement du matériel sur route, on utilise un moteur à essence actionnant les roues motrices de la locomotive, ou des attelages, ce qui augmente les frais de personnel et les dépenses du chantier de labourage. En résumé, on éprouve tous les inconvénients des systèmes funiculaires; cependant, c'est actuellement le système le plus pratique, convenable aux grandes pièces de terre, à la condition qu'on ne cherche pas à exagérer la puissance des réceptrices.

Le système roundabout, avec une réceptrice rendue fixe pendant le labour d'un champ, ne convient, comme le même système à vapeur, que pour les travaux d'améliorations foncières; de nombreux essais ont été effectués en Italie, en particulier par le Comte de Asarta.

Plus récemment, chez nous, près d'Arcachon, on utilisa une locomotive à double treuil avec une poulie de renvoi portée par un chariot-ancre se déplaçant sur la fourrière opposée.

En novembre 1896, une charrue-balance-toueuse fonctionna sur les terres de M. Landrin, à Berteaucourt-Epourdon (Aisne). Le défaut de l'appareil résidait dans la lourde chaîne calibrée qui servait au touage de la charrue, mais il avait un dispositif très ingénieux de prise de courant, par un trolley, sur deux conducteurs qui se déportaient automatiquement sur le guéret.

Le tracteur électrique, que beaucoup entrevoient, n'aura jamais la liberté d'action, dans le champ ou sur la route, que présente le tracteur à pétrole ; il lui faudra prendre l'énergie par un trolley qui sera dépendant des conducteurs, dont l'installation demandera de la main-d'œuvre.

Inutile de dire qu'il ne faut pas songer à l'emploi économique d'accumulateurs, bien qu'un peu avant la Guerre on parla beaucoup d'un modèle Edison, très léger, qui devait trouver de belles applications dans les automobiles, d'où on aurait pu les étendre aux tracteurs ; il n'est plus question de cette merveille.

On pense encore utiliser la transmission sans fil, analogue à la télégraphie sans fil. Il est vraisemblable que cela soit la solution de l'avenir, mais nous craignons que cet avenir ne soit encore éloigné.

départ a été une réunion provoquée à Dreux, le 29 novembre 1917, par M. Borromée, Préfet d'Eure-et-Loir, assisté de M. Garola, Directeur des Services agricoles du département.

La Société coopérative, à capital et à personnel variables, avait pour capital initial 24.700 francs divisés en parts de 100 francs. Au 25 août 1918, elle comptait plus de 300 adhérents et le capital souscrit et versé dépassait 80.000 francs.

Au cours de l'hiver 1917-1918, la Coopérative prit à sa charge sept fermes abandonnées dans les arrondissements de Dreux, de Chartres et de Châteaudun ; l'étendue de chaque ferme oscillait de 45 à 109 hectares ; l'ensemble, représentant 533 hectares, fut cultivé et ensemencé, surtout en céréales, au printemps 1918.

La Coopérative acheta cinq tracteurs et eut aussi recours aux machines du Service de la Culture des terres, dont quatre batteries fonctionnaient alors dans le département.

La moisson et les déchaumages ont été opérés avec les tracteurs qui préparèrent ensuite les terres pour les semis d'automne et de printemps.

La Coopérative de Culture mécanique développa son œuvre et comptait opérer l'hiver 1918-1919 sur plus d'un millier d'hectares.

La Coopérative installa à Chartres et à Dreux des ateliers et des magasins pourvus du matériel nécessaire pour la réparation des appareils des adhérents, leur fournir les pièces de rechange ainsi que les combustibles et lubrifiants nécessaires.

* * *

Une association constituée en 1918, en vue de grouper ceux qui s'occupaient de Culture mécanique, prit le titre d'*Union syndicale de la Culture mécanique d'Eure-et-Loir*, sous la présidence d'un agriculteur très justement apprécié, M. Albert Royneau. L'Union tendait à grouper les Syndicats et les Coopératives de Culture mécanique, ainsi que les propriétaires de tracteurs agricoles habitant le département ; elle avait pour objet de servir de centre permanent de relations et de renseignements pour les Syndicats existants, d'encourager la création de nouveaux Syndicats et d'en faciliter les débuts. Cette organisation reçut un accueil empressé de la part des intéressés. Au 15 octobre, l'Union comptait comme adhérents : la Coopérative de Culture mécanique dont nous venons de montrer l'activité et qui possédait alors 6 tracteurs, 41 Syndicats de Culture mécanique possédant 74 tracteurs et 17 propriétaires possédant 18 tracteurs. L'Union avait fourni à ses adhérents, à la fin d'octobre 1918, 72.000 litres d'essence minérale, 80.000 litres de pétrole et 30 fûts d'huile.

Au 31 mai 1919, l'Union comptait 45 syndicats avec 99 tracteurs, une Société coopérative avec 9 appareils et 21 propriétaires possédant 22 tracteurs. De plus, 4 syndicats, qui devaient avoir 37 tracteurs, étaient en formation à la même date. Ces chiffres montrent l'important développement qu'a pris la Culture mécanique dans le département.

Dans l'Assemblée générale de l'Union (1919), son président, M. Royneau, a fait ressortir les avantages que ses adhérents trouveraient à s'affilier à la Coopérative de Culture mécanique d'Eure-et-Loir, qui met ses ateliers à leur disposition.

⁂

J'espère que vous voudrez bien excuser la témérité d'un Parisien qui vient vous parler de choses qui se passent dans votre département ; je n'ai pu le faire qu'en compulsant les quelques notes que j'ai réunies sur l'état de la Culture mécanique dans les diverses régions de la France, et dont j'ai extrait celles qui concernent l'Eure-et-Loir, notes certainement fort incomplètes et que d'autres d'entre vous, bien plus documentés que moi, pourraient vous résumer pour montrer l'effort considérable développé par les Agriculteurs de la Beauce afin de maintenir la production, malgré les nombreuses difficultés que nous traversons.

CONFÉRENCE FAITE AU MANS

LE 25 JANVIER 1920.

La séance a eu lieu le dimanche 25 janvier 1920, dans la Salle des Concerts, sous la présidence de M. le docteur Paul Delaunay, ancien Interne des Hôpitaux de Paris, Vice-Président de la Société d'Agriculture, Sciences et Arts de la Sarthe. La réunion avait été organisée par M. Renard, Président du Comité local de l'Union des Grandes Associations françaises. Les Conférences furent suivies d'un concert qui produisit un contraste des plus heureux avec les démonstrations toujours un peu sévères de la Science.

ALLOCUTION DE M. RENARD

MESDAMES, MESSIEURS,

Vous me voyez un peu confus d'occuper cette place. En l'absence de notre cher président, M. Ambroise Gentil, le doyen des naturalistes sarthois, elle revenait à M. Renard, président du Comité départemental de l'Union des Grandes Associations françaises ; et vous savez tout ce qu'a fait et tout ce que veut faire ce Comité pour collaborer à la renaissance intellectuelle et matérielle de notre pays : patronage de toutes les nobles initiatives de patriotisme et de solidarité, progrés scientifique, lutte contre la tuberculose, contre l'alcool, contre le taudis, etc. M. Renard, avait encore un autre titre : c'est un poète délicat, et comme tel, un fervent de l'Idéal, ce qui devient rare au temps actuel ; et il était tout qualifié pour vous inviter à élever vos regards, avec M. Belot, vers les splendeurs de la voûte céleste.

Il a préféré laisser à la doyenne des Compagnies savantes de la Sarthe, la Société d'Agriculture, Sciences et Arts, héritière et continuatrice du vieux Bureau d'Agriculture fondé en 1761, il a préféré laisser à la Société d'Agriculture l'honneur de vous présenter le porte-parole d'une de nos plus brillantes Sociétés scientifiques françaises : l'Association française pour l'Avancement des Sciences ; M. le professeur Desgrez, Membre de l'Académie de Médecine et vice-président du Conseil d'Hygiène de la Seine. Je suis heureux de lui souhaiter la bienvenue, au nom de notre Société et au vôtre.

A côté de M. le Dr Desgrez, vous allez entendre — j'allais dire retrouver — M. l'Ingénieur en chef Belot. M. Belot est un Manceau déraciné. Il a commencé sa carrière dans notre ville. Voilà bien quelque trente ans que notre Société d'Agriculture, Sciences et Arts avait le plaisir de l'inscrire parmi ses membres et l'honneur de le posséder comme secrétaire; et nos Bulletin sont conservé quelques-uns de ses travaux. Il nous revient aujourd'hui, vos applaudissements l'en récompenseront. Vous pourrez le suivre sans crainte dans les sentiers ardus de l'astronomie: avec un pareil guide vous n'aurez point à redouter d'accidents; et il n'y a plus guère que les fabulistes pour prétendre qu'à contempler l'empyrée, on risque parfois de se laisser choir au fond d'un puits.

M. Émile BELOT

Ingénieur en chef des Manufactures de l'État,
Membre du Conseil de la Société Astronomique de France.

L'ORIGINE DES MONDES D'APRÈS LES DÉCOUVERTES DE LA SCIENCE MODERNE

Si au moyen âge le tabac avait été connu en Europe, un astrologue n'eût pas été embarrassé de démontrer qu'un ingénieur des tabacs est parfaitement qualifié pour vous parler de l'origine des mondes, et qu'il y a une affinité réelle entre la nicotine et la science des astres. Je vous en donnerai deux preuves seulement : le célèbre Leverrier avant d'être Directeur de l'Observatoire de Paris et le génial inventeur de la planète Neptune a été ingénieur des tabacs, et d'autre part la fumée de tabac est un matériel de choix pour reproduire les magnifiques tourbillons dont la mécanique est la même que celle des tourbillons cosmiques qui, à l'origine, ont été projetés dans la nébuleuse du système solaire.

Pour expliquer l'origine des mondes, il faut d'abord les connaître et parcourir ainsi les étapes des découvertes de l'astronomie moderne. Vous êtes d'ailleurs très excusables de les ignorer puisqu'il n'existe pas une école en France où l'on parle des merveilles du ciel : on a jugé que la science utilitaire était seule digne d'être enseignée et tous les jours l'éminent fondateur de la Société Astronomique de France, le célèbre astronome Camille Flammarion déplore cet ostracisme injustifié. J'espère vous convaincre facilement que la science des astres est éminemment éducative, soit qu'elle nous donne une échelle impressionnante de l'espace et du temps, soit qu'on lui demande seulement de nous apprendre la place minime que la terre occupe dans les univers ou le rôle infime de l'homme parmi toutes les humanités sidérales.

I. — Les mondes du type solaire.

En général on connaît un peu le système solaire dont la Terre est une planète, c'est-à-dire un corps obscur éclairé seulement par les rayons de l'astre central : on sait aussi reconnaître dans le ciel les planètes voisines Mars et Vénus et les planètes géantes de notre système : Jupiter et Saturne. Mais ce qu'on ignore généralement, ce sont les distances au Soleil et les dimensions relatives de tous les astres de notre système : le modèle que vous voyez *(pl. 1)* en fait saisir de suite toutes les proportions. Il est construit à l'échelle de 10 centimètres pour 150 millions de kilomètres ce qui représente la distance moyenne du Soleil à la Terre, tandis que l'échelle des diamètres est de 1 centimètre pour 12.700 kilomètres, valeur du diamètre de la Terre. Il en résulte que, à cette échelle, le volume du Soleil enfermerait toutes les planètes jusques et y compris Jupiter. Chaque planète a un axe de rotation dont le pôle nord est dans la direction de chaque flèche. Le Soleil a son axe peu différent de celui de l'écliptique SZ mais qui est loin de coincider avec la direction de translation SS' de tout le système dans l'espace. Tous lex axes planétaires ont un mouvement conique comme celui d'une toupie autour de l'axe de l'écliptique : et j'ai trouvé cette loi simple qu'*à l'origine tous ces axes et l'axe de translation du système entier (vers Véga) étaient dans un même plan et s'y rencontraient en un même point*. C'est dans cette position initiale qu'ils sont figurés sur la planche 1 *(fig. 1)*.

C'est ainsi que j'ai été amené à comprendre le rôle capital de la translation de notre système, dans sa formation initiale, comme nous le verrons plus loin.

A la connaissance géométrique sommaire de notre système, il faut ajouter quelques notions géographiques sur les terres de notre ciel (1). Maintenant une première question se pose : tous les mondes du ciel sont-ils du type solaire, c'est-à-dire constitués par un soleil entouré de planètes? D'abord il sera peut-être à tout jamais impossible de voir les planètes des autres soleils : ce que l'on sait, c'est que notre Soleil constitue plutôt une exception parce qu'il est seul au centre de notre système. Généralement les soleils sont groupés par deux, trois et même plus. Figurez-vous ce que peut être une terre du ciel éclairée par deux soleils dont l'un rouge et l'autre bleuâtre : le jour y est perpétuel et les ombres même sont colorées. Il y a là des visions à désespérer les peintres les mieux doués.

Mais ce n'est pas tout : les soleils sont quelquefois groupés non par 2 ou 3, mais par 20.000, 30.000 ou 100.000 pour former des *amas globu-*

(1) Ici on projette des clichés de la Lune, de Mars, de Jupiter, de Saturne, des taches du Soleil, etc., obligeamment prêtés par la Société Astronomique de France.

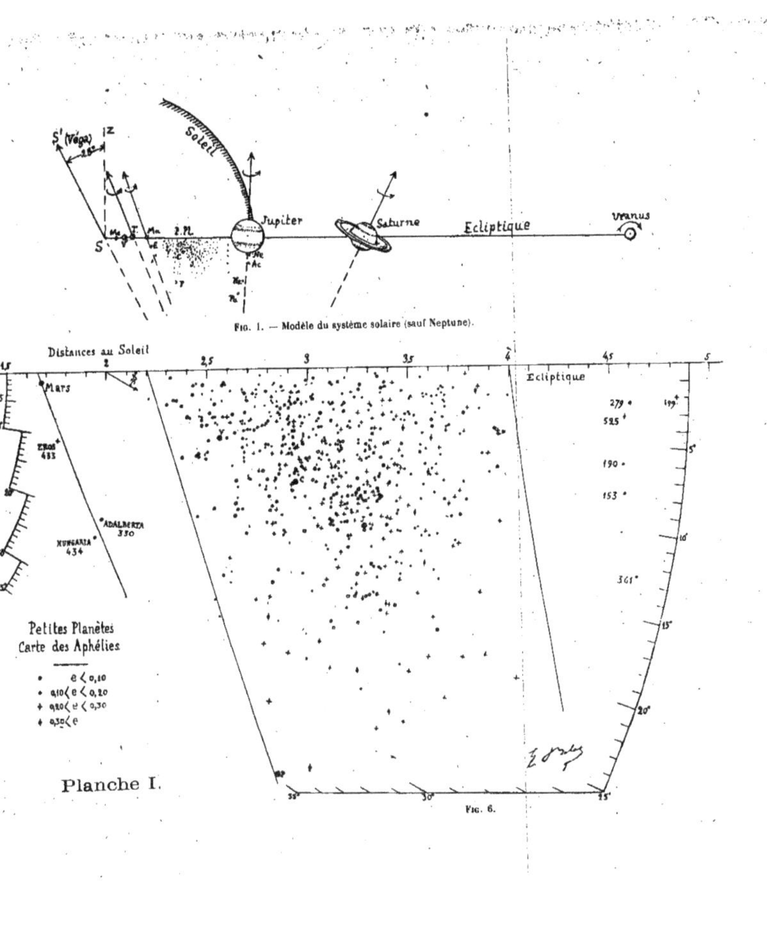

Fig. 1. — Modèle du système solaire (sauf Neptune).

Planche I.

Fig. 6.

laires, qui manifestent ainsi nettement leur attraction mutuelle. Ces amas sont groupés dans une seule région du ciel dont le pôle est dans la voie lactée dans la constellation du Scorpion : et ce fait indique bien que les amas font partie de notre Univers stellaire. Enfin groupés par millions les soleils forment cette ceinture d'argent qui se dédouble dans certaines régions du ciel et qu'on nomme la *Voie lactée.*

Quel est le nombre des étoiles? A 500 millions près en plus ou en moins on l'estime à 1.5 milliard d'après Chapman et Melotte. On n'atteint la moitié des étoiles que vers la vingt-troisième grandeur : il y a donc un nombre immense d'étoiles plus faibles que le Soleil et même descendant comme luminosité à un millième de celle du Soleil : toutes ces étoiles paraissent appartenir à deux grands courants diamétralement opposés découverts par Kapteyn et aboutissant à la *Voie lactée.*

Il serait fou de supposer que ces soleils n'ont pas comme le nôtre un cortège de planètes. Que peuvent être ces planètes? Toutes les découvertes modernes convergent vers cette idée simple qu'il y a *unité de plan* dans l'Univers de même que nous savons par le spectroscope qu'il y a *unité de composition chimique*, par la mécanique céleste que l'attraction est universelle, et par l'astronomie physique que les radiations sont les mêmes dans tout l'Univers. Dès lors deux conclusions s'imposent avec une certitude quasi scientifique : 1° il y a certainement parmi les milliards de planètes qui gravitent autour des millions de soleils des astres en grand nombre qui sont dans les mêmes conditions physiques que la Terre; 2° puisque les forces physiques connues sur la Terre (attraction, lumière, radiation) sont celles qui existent sur les planètes des systèmes les plus lointains et qu'elles y agissent sur des matériaux chimiques identiques, elles y permettent aussi la vie d'humanités comme la nôtre. Ainsi l'idée de la pluralité des mondes habités qui du temps de Fontenelle pouvait servir de thème à un exercice de rhétorique reçoit de la science moderne une confirmation éclatante.

Il paraît certain que des millions d'humanités existent et évoluent à travers les espaces célestes. Nous n'avons peut-être pas lieu de nous enorgueillir de la nôtre : il y en a sans doute de plus parfaites dans les univers. A voir la place minuscule occupée par notre planète dans le monde solaire, à penser que des millions d'hommes et des centaines de milliards sont sacrifiés dans une lutte fratricide qui a pour enjeu quelques parcelles de cette misérable surface terrestre, au lieu d'être consacrés au progrès de la Science, on se prend à déplorer l'immense bêtise humaine. Et l'on comprend aussi combien il est absurde de négliger pour l'éducation même morale de notre espèce, une science aussi noble, aussi suggestive que l'Astronomie qui par ailleurs offre à l'esprit un merveilleux champ d'application des autres sciences comme la géométrie, la mécanique et la physique.

Voilà ce que nous avions à dire des soleils qui peuplent notre Univers, mais le règne cosmique à l'encontre des autres règnes (animal, végétal, minéral) serait bien pauvre en espèces s'il ne nous présentait que le type solaire. Il nous faut connaître maintenant les autres types cosmiques.

II. — Les Mondes du Type nébuleux.
Les dimensions de notre Univers.

Avant l'application de la photographie et surtout du spectroscope à l'étude du Ciel, les *nébuleuses* étaient pour les astronomes de véritables énigmes cosmiques. L'œil humain qui n'accumule pas les impressions lumineuses ne voit pas et ne verra jamais ce que la plaque photographique a pu voir grâce aux perfectionnements instrumentaux qui permettent maintenant de poser plusieurs nuits de suite sur le même objet céleste. De plus la plaque garde une image fidèle qui peut être agrandie et mesurée, tandis que les dessins faits au télescope par les observateurs les plus consciencieux gardent toujours l'empreinte de leur imagination. Le spectroscope a appris aux astronomes qu'il y avait deux genres de nébuleuses, les nébuleuses gazeuses à spectre discontinu contenant très souvent de l'hydrogène et de l'hélium, et les nébuleuses à poussières incandescentes dont le spectre continu ressemble à celui du Soleil. Les *nébuleuses amorphes* sont du premier type : les gaz très dilués qui les forment sont remarquables par leurs formes disloquées, par les phénomènes d'étirage ou de disruption dont elles semblent avoir été le siège (nébuleuses d'Orion, du Cygne, etc.) et qui nous montrent avec certitude le *rôle capital de la translation dans l'Univers*, tandis que la forme sphérique des soleils nous montrait surtout le rôle de l'attraction.

En opposition avec les nébuleuses amorphes se révèlent des astres aux formes étranges, les *nébuleuses spirales* ayant généralement deux branches diamétralement opposées et dont le spectre continu nous apprend que leur poussière incandescente est sans doute formée de soleils très éloignés. (Nébuleuse des Chiens de Chasse, d'Andromède, etc.). Curtis a évalué le nombre des nébuleuses spirales à 730.000 au moins, mais leur nombre est sans doute beaucoup plus grand ; car des astres classés jusqu'ici parmi les nébuleuses planétaires ont été reconnus souvent être des nébuleuses spirales. Jusqu'en 1916, les astronomes croyaient généralement que les branches des nébuleuses spirales tournaient comme dans le tourniquet hydraulique, c'est-à-dire *en arrière du mouvement de rotation* du noyau. J'avais en 1909 au Congrès de Lille, publié une théorie des nébuleuses spirales où je démontrais que le mouvement des branches avait lieu en sens inverse, c'est-à-dire *en avant du mouvement* de rotation du noyau. Or, en 1916, l'astronome américain Van Maanen comparant des clichés obtenus à quelques années de distance de la nébuleuse 101, Messier

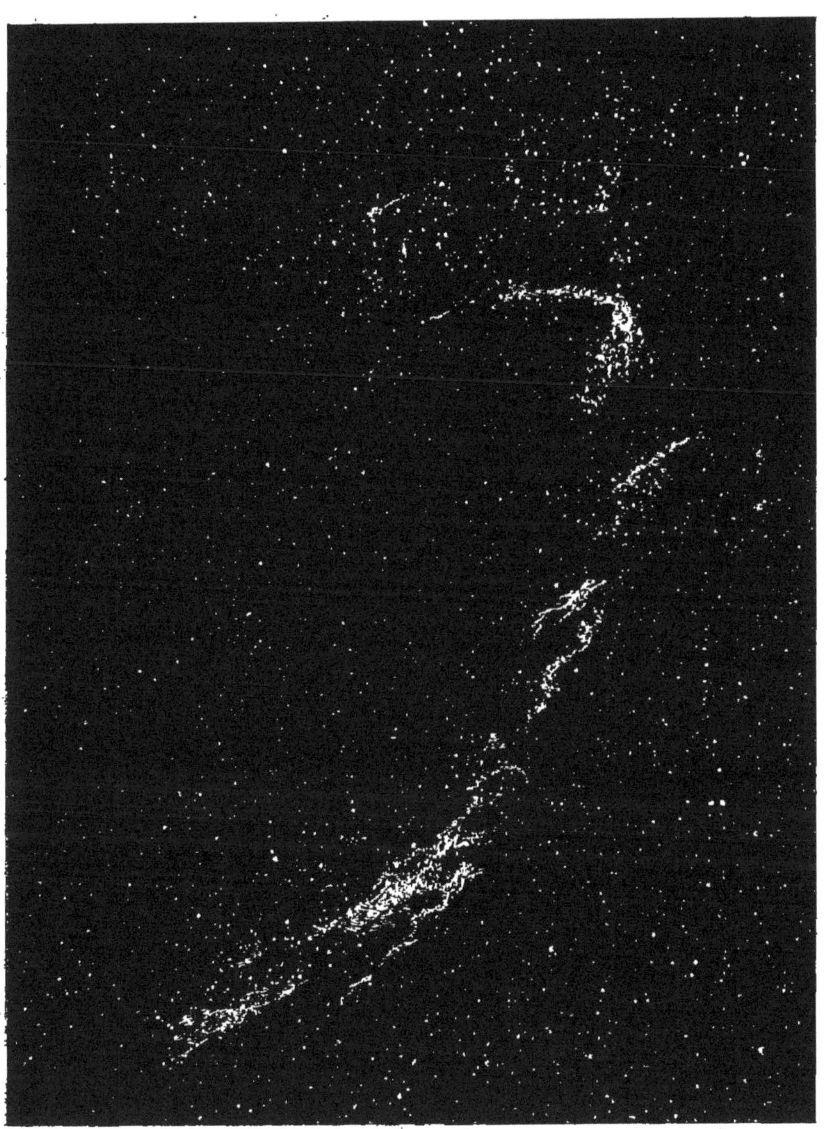

Nébuleuse du Cygne.

découvrit le véritable sens de rotation de cette nébuleuse. C'est bien celui que j'avais prévu sept ans d'avance dans ma *Cosmogonie tourbillonnaire* (1).

Pour en finir avec les astres du type nébuleux, il existe encore des *nébuleuses planétaires* et des *étoiles nébuleuses* qu'on admet être des soleils en voie de condensation et qui paraissent avoir, en effet, un spectre mixte. Il se pourrait d'ailleurs qu'un grand nombre d'astres classés comme étoiles de 10e grandeur et au-dessous soient des nébuleuses planétaires de petit diamètre.

Il ne nous reste plus, pour avoir une idée d'ensemble de notre Univers, je dois même dire des Univers, qu'à situer maintenant dans l'espace tous les astres dont nous connaissons les formes isolées, mais dont il nous faut connaître les dimensions et distances ou mouvements relatifs.

Élançons-nous donc dans l'espace sidéral et partons à la découverte des mondes; pour aller vite, chevauchons un rayon de lumière qui, à la vitesse de 300.000 kilomètres par seconde, met 8,3 minutes à nous venir du Soleil. Partant de la Terre à l'opposé du Soleil, nous atteindrons en un peu plus d'une seconde la Lune (distance 360.000 kilomètres), en $4^{m}5^{sec}$ Mars : nous mettrons un quart d'heure à traverser la zone des 800 petites planètes avant d'atteindre en 35^{m} Jupiter, en 70^{m} Saturne, en 2^{h}, 5 Uranus et en 4 heures Neptune, la plus éloignée des planètes connues. Il est probable que nous rencontrerons vers la distance de 48 fois le rayon de l'orbite terrestre la première des planètes ultra-neptuniennes, puis de nombreuses comètes, près de leur aphélie, ayant l'aspect de petites nébulosités rondes (les comètes n'ont de queues que près du Soleil) à peine visibles. Nous ne verrons plus alors le Soleil que comme une grosse étoile, mais pour sortir de sa sphère d'attraction, il nous faudra voyager encore pendant deux ans à cette vitesse formidable de 300.000 kilomètres par seconde : car nous n'atteindrons l'étoile brillante la plus voisine α du Centaure (étoile double) qu'après quatre ans de voyage et un parcours de 40.000 milliards de kilomètres (2). Aux années de voyage succéderont les siècles, qui nous permettront de contempler successivement les milliards d'humanités que nous ne connaîtrons jamais, pas plus que les planètes qui les portent, les immenses nébuleuses amorphes, qui sont assez proches de nous (distance de l'ordre de 100 années de lumière), les nuages stellaires de la Voie lactée. Si nous voyageons dans la direction de ses pôles, il nous faudra sans doute 50 siècles pour les atteindre. Si, au contraire, nous allons vers la ceinture de la Voie lactée, il nous faudra 170 siècles. Nous serons alors aux extrémités de notre Univers et, sauf du côté d'où nous

(1) *Essai de Cosmogonie tourbillonnaire*, Gauthier-Villars, 1911

(2) Innes a découvert une étoile un peu plus rapprochée appelée Proxima, mais qui n'est que de 13,5 grandeur : elle semble liée au mouvement d'α du Centaure, elle-même étoile double.

sommes venus, le Ciel nous apparaîtra entièrement dépourvu d'étoiles : que verrons-nous alors dans les profondeurs sidérales ? D'abord *les amas globulaires* qui, d'après Shapley, s'échelonnent sur une distance de 20.000 à 200.000 années de lumière dans un plan voisin de la Voie lactée et dans la direction où elle est largement dédoublée (Scorpion). Bien au delà, nous verrons *les autres Univers*, c'est-à-dire les nébuleuses spirales semblables à notre nébuleuse spirale qui est la Voie lactée. Ces autres univers, il faudrait au moins 300.000 ans de voyage pour les atteindre et au milieu de ces Univers le nôtre se déplace à la vitesse formidable de 600 kilomètres par seconde ! Voilà le tableau d'ensemble des mondes que la photographie nous a fait connaître : et le problème de leur origine nous apparaît maintenant dans son effrayante complexité que ne pouvait, il y a un siècle, soupçonner Laplace, à peine informé par la science de son temps, des particularités du système solaire.

III. — Le problème de l'origine des Mondes : la méthode en Cosmogonie et les Novæ.

Faut-il donc, en raison de la difficulté apparente du problème, renoncer à toute recherche scientifique concernant l'énigme des mondes et adopter la mentalité défaitiste de quelques astronomes qui tranquillisent leur conscience en réservant à nos arrière-neveux la solution cherchée, sous prétexte qu'on ne connaît pas encore assez bien le monde des nébuleuses ? Faut-il, comme tant d'astronomes modernes l'ont essayé, se contenter de recherches partielles ayant bien plus en vue de définir une nébuleuse par sa facilité de mise en équation que par ses propriétés réelles, et se laisser séduire comme Roche, par l'élégance d'un calcul de mécanique newtonienne au point de ne pas voir l'invraisemblance des hypothèses faites ? Il faut observer tout d'abord qu'en raison de l'unité de plan constatée dans l'Univers, une solution du problème cosmogonique ne peut être partielle, elle doit s'appliquer en même temps aux astres des formes les plus diverses, c'est-à-dire expliquer aussi bien les nébuleuses spirales que les systèmes planétaires. En outre, la Cosmogonie étant une science d'observation, doit partir de réalités traitées par la méthode inductive comme dans les sciences physiques, et non d'hypothèses théoriques mises en œuvre par la méthode déductive du calcul mathématique.

Ainsi, pour démêler le réseau confus, en apparence, des questions que pose l'origine des mondes, il faut choisir une méthode appropriée et l'appliquer à des faits également choisis. Pour faire ce choix, nous emprunterons à la biologie quelques idées générales.

Les êtres vivants, animaux ou végétaux, ont une durée d'existence très longue en comparaison de celle de quelques jours ou de quelques mois où

Amas globulaire M^{3} (Chiens de chasse).

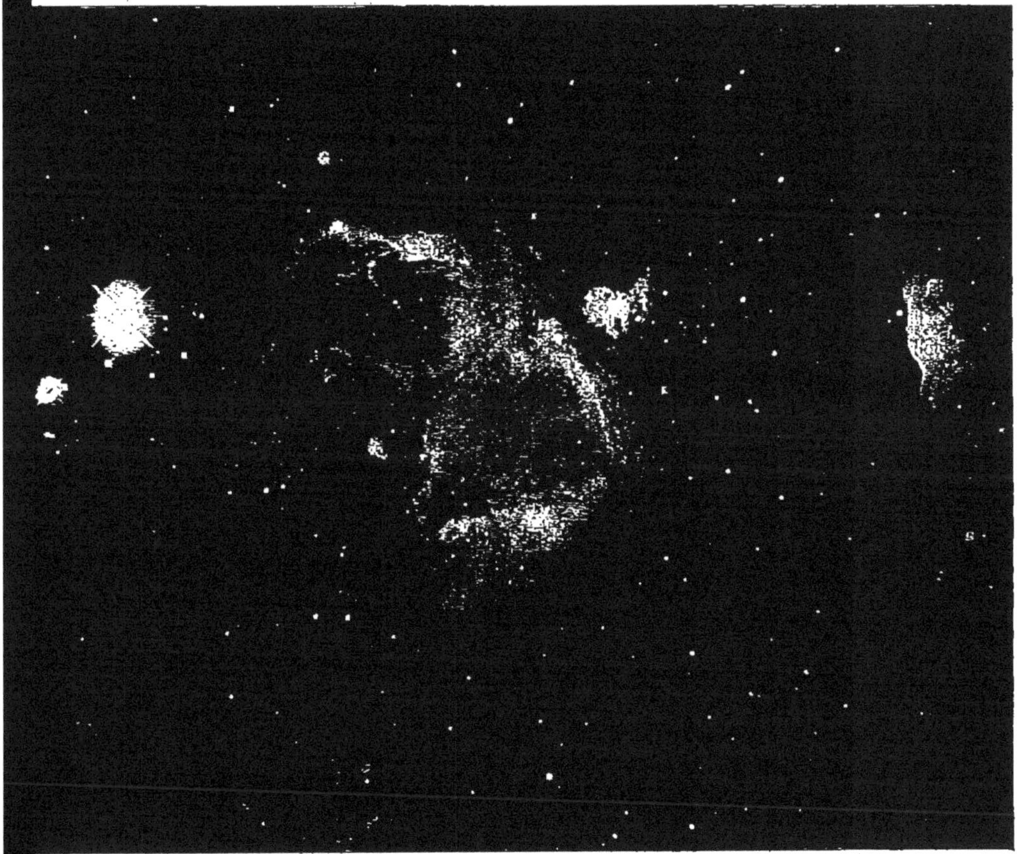

Grande nébuleuse d'Oiron.

se sont fixés les caractères distinctifs et la géométrie de leur espèce. Connaître ces êtres à l'état adulte ne sert de rien pour préciser les conditions de leur naissance. De même, nous connaissons maintenant tous les types cosmiques adultes et stables : pour en fixer l'origine, il faudrait connaître les astres à évolution rapide, qui soient comme les embryons des soleils. Or, ces astres existent; ce sont les étoiles nouvelles ou *Novæ* dont il nous reste à parler.

Mais le point de vue biologique nous apprend encore que les espèces comportent des variétés d'une richesse inouïe, dont l'hérédité mendélienne rend un compte précis par les combinaisons multiples des caractères dominant dans les parents. En un mot, la variété des espèces tient au *dualisme* qui préside à la naissance des êtres. Or, nous avons constaté qu'il existe aussi une grande variété de formes dans les astres. Ne serait-ce pas parce que *leur origine est dualiste* et qu'il faut deux types cosmiques déjà différentiés pour engendrer chaque astre de l'Univers? Mais pour que les parents cosmiques fondent une famille nouvelle, il faut évidemment qu'ils se rencontrent : connaissons-nous de ces rencontres dans l'Univers? Oui, et ce sont précisément les Novæ, ces astres étranges à évolution rapide.

Puisqu'il s'agit de rencontres dans le ciel, où auront-elles le plus de chance de se produire? Evidemment dans la Voie lactée où la matière stellaire est particulièrement abondante : or précisément toutes les étoiles nouvelles connues ont apparu dans la Voie lactée, et la seule partie de la Voie lactée où l'on n'en ait jamais observé s'étend de la constellation du Centaure aux Gémeaux, là où la Voie lactée, ne parait avoir qu'une branche très mince, la moins fournie en étoiles et sans doute très éloignée.

Ainsi les étoiles nouvelles ou Novæ sont ces astres de choix, encore mal étudiés il y a une trentaine d'années, qui vont nous conduire jusqu'à l'origine des mondes : et parceque ces étoiles résultent d'une rencontre de deux entités cosmiques, la nouvelle cosmogonie devra tenir compte des translations, des chocs entre nébuleuses, des vibrations produites par ces chocs. Voilà les mécanismes que nous aurons à mettre en œuvre dans la nouvelle cosmogonie en opposition avec les autres hypothèses cosmogoniques qui excluent la translation avec Laplace et même tous les chocs directs avec Sée et Chamberlain-Moulton (hypothèse planétésimale).

Qu'est-ce donc qu'une étoile nouvelle ou Nova ? D'abord ce n'est pas une étoile, c'est un choc lumineux entre deux masses nébuleuses, l'une ressemblant à une nébuleuse planétaire à peu près sphérique douée d'une rotation intense, l'autre pareille aux nébuleuses amorphes bien connues et douées seulement de translation comme un cirrus dans l'atmosphère. Mais parce que la nébuleuse planétaire est déjà condensée autour d'un centre, elle a déjà une faible luminosité propre ce qui explique qu'on ait souvent trouvé sur des clichés anciens à l'emplacement des Novæ des points lumineux qu'on a pris pour des étoiles de 10e à 11e grandeur : ce sont seulement de petites nébuleuses planétaires d'un rayon n'excédant pas 100 fois le rayon du Soleil (le noyau nébuleux générateur de notre système n'avait que 62 rayons solaires) tandis que les nébuleuses planétaires cataloguées comme telles ont un rayon 4.000 à 10.000 fois plus grand d'après les mesures récentes de Van Maanen.

Quant aux nébuleuses amorphes rencontrées par ces nébuleuses planétaires, elles sont obscures et ne deviennent parfois lumineuses qu'après le le choc de la Nova.

On connaît en tout 28 Novæ ayant été visibles à l'œil nu : les plus brillantes des temps modernes sont celles du 21 février 1901 dans Persée et celle du 8 juin 1918 dans l'Aigle qui du jour au lendemain ont apparu aussi brillantes que Sirius pour décroître ensuite rapidement par oscillations périodiques qui pour la Nova de Persée ont varié de 3 à 5 jours. Ainsi en quelques heures la lumière de ces noyaux nébuleux est devenue par le choc 150.000 fois plus intense et en quelques mois elle est retombée à ce qu'elle était avant (11e grandeur). C'est ce qui a fait croire à quelques astronomes qu'il s'agissait là de l'explosion de Soleils éteints : mais les indications du spectroscope sont contraires à cet hypothèse ; car une fois la croûte d'un Soleil obscur brisée, il continuerait à briller en donnant un spectre continu comme celui des protubérances et de la chromosphère du Soleil. Et précisément dans les Novæ le spectre continu toujours faible disparaît rapidement et fait place aux raies des nébuleuses gazeuses pour être remplacé quelques années après par les raies caractéristiques des étoiles Wolf-Rayet à hélium considérées comme les étoiles les plus chaudes et les plus jeunes.

Mais le spectroscope ne fait pas seulement connaître la composition chimique des corps qui émettent ou absorbent la lumière, mais leur vitesse dans le sens du rayon visuel. Là encore les Novæ nous réservaient bien des surprises : l'hydrogène qui se révèle le plus abondant dans les radiations des Novæ (comme d'ailleurs à la surface du Soleil) y apparaît à la fois par ses raies brillantes (en général déplacées vers le rouge) et par ses raies d'absorption fortement dédoublées et déplacées vers le violet. Ce qui veut dire en langage ordinaire que le noyau lumineux s'éloigne de nous tandis que les nappes détachées du noyau par le choc s'approchent de la Terre projetées avec des vitesses qui ont atteint parfois 2.300 kilomètres par seconde.

Enfin, dernière métamorphose étonnante dans la vie nébuleuse d'une Nova ! On a pu photographier autour de quelques-unes, et notamment de la Nova de Persée de 1901, des masses nébuleuses dont le cercle ou la spirale s'épanouissait en quelques mois autour de leur centre. Était-ce donc les anneaux planétaires du système en formation ? Et d'autre part, au lieu des millions d'années imaginées par Laplace pour l'évolution planétaire, suffisait-il de deux ans au plus pour que l'embryon solaire d'une Nova en se segmentant donnât naissance à tout son cortège de planètes ?

Ces faits prodigieux ont suggéré plusieurs explications : l'une, la théorie explosive, parle d'astres sinistrés, de cataclysmes, de creusets cosmiques éventrés, de fin d'un monde volatilisé par le feu : *solvet sæclum in favilla.* Notre cosmogonie optimiste y voit au contraire le commencement d'un monde, elle trouve dans les conditions d'évolution rapide d'une Nova celles qui ont dû exister à l'origine du système solaire : elle interprète la lumière subite due au choc d'une Nova comme le *fiat lux* précédant de bien des jours la lumière due à un soleil condensé et annonçant à l'Univers par ce brillant message la naissance d'un soleil au berceau.

IV. — La nouvelle cosmogonie dualiste et tourbillonnaire : ses preuves.

Mais la Science ne se contente pas de poésie astronomique : elle veut des preuves appuyées sur des calculs. Les voici dégagées des équations qui seront seulement indiquées en note.

Les Novæ permettaient de poser le problème de l'origine des mondes sous la forme suivante :

Quels sont les phénomènes de balistique pouvant résulter du choc d'une sphère gazeuse (nébuleuse planétaire, noyau du futur soleil) *sur la nébuleuse originelle?* La solution de ce problème dépasse de beaucoup les ressources actuelles de l'analyse mathématique. Il s'agit en effet de choc vibratoire entre un projectile gazeux et une masse gazeuse et nous devons retrouver les tourbillons que la géniale intuition de Descartes avait mis à l'origine des mondes.

Heureusement une grande simplification est à prévoir dans le traitement mathématique de ce problème. Les deux astres qui se rencontrent sont en effet doués d'attraction et s'il fallait appliquer à leurs masses les lois de Newton, les équations seraient inextricables. Mais l'attraction newtonienne est inopérante et comme *latente* dans ce choc de masses cosmiques gazeuses, ce qui a toujours étonné Henri Poincaré qui admettait difficilement qu'un problème de mécanique céleste manifestât cette indépendance vis-à-vis de la gravitation.

Voici comment ce paradoxe se réalise dans les Novæ :

D'une part la vitesse relative du choc, de l'ordre de 10.000 kilomètres par seconde, dépasse de beaucoup la vitesse que la gravitation seule pourrait leur imprimer, en sorte que celle-ci n'est guère qu'une force perturbatrice des mouvements d'origine purement mécanique résultant du choc.

D'autre part, j'ai montré récemment (1) que dans un milieu nébuleux il peut y avoir une infinité de trajectoires spirales où en chaque point la gravitation est équilibrée par la force centrifuge. Dès lors seules les forces répulsives autres que la force centrifuge auront une action effective dans le déplacement des masses et figureront dans les calculs.

Une autre conséquence favorable résulte de l'élimination de la gravitation : c'est qu'on peut essayer d'attaquer le problème expérimentalement dans un laboratoire où les phénomènes de gravitation seraient impossibles à reproduire. Dans nos expériences les projectiles gazeux remplaçant les émissions de la nébuleuse planétaire (noyau du Soleil) ont été des anneaux de fumée, et le milieu résistant équivalant à la nébuleuse originelle, l'air où ils sont projetés. On peut donc étudier pratiquement et théoriquement les lois de propagation des anneaux de fumée dans l'air : on constate qu'ils augmentent de plus en plus de diamètre en ralentissant leur vitese de propagation. La dilatation de l'anneau DD' est d'autant plus grande qu'il approche plus d'un obstacle EE' parallèle à son plan (*fig.* 2).

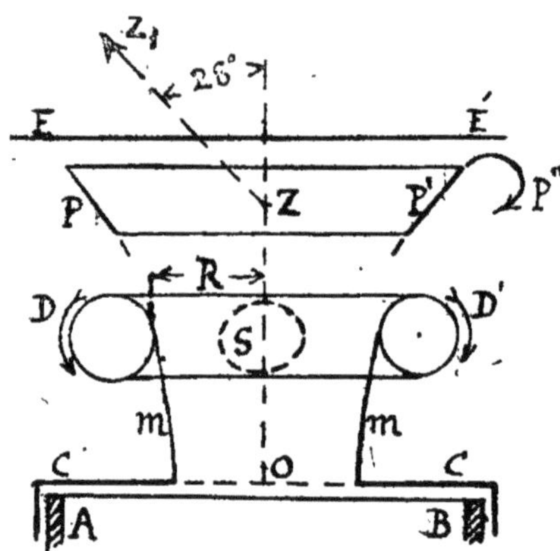

FIG. 2. — Trajectoire d'un anneau de fumée DD' sortant de la boite AB.

La théorie montre (2) que la méridienne de la trajectoire MM' est une courbe logarithmique : c'est précisément la même courbe qui est la méridienne de la trajectoire des nappes planétaires PP'.

Pour faire de grands anneaux de fumée, il suffit de prendre une boite AB dans laquelle on produit de la fumée de tabac et de la fermer par un couvercle mobile CC percé d'un trou O de 10 centimètres : par

(1) *Comptes Rendus Ac. des Sciences*, 12 mai 1919.

(2) Comptes rendus (*Ac. des Sciences*), 13 octobre 1919. — L'équation de MM' est $Z = KL \frac{R^2}{R_0^2}$ (1) (R_0 pour $Z = O$) ; $\frac{1}{K}$ densité du milieu résistant.

L'équation de la méridienne d'une nappe planétaire PP' est aussi une courbe logarithmique $Z = KL \frac{R-a}{\varepsilon}$ (2) (le rayon du noyau solaire $R = a+\varepsilon$ pour $Z = O$), que l'on trouve en exprimant que la dilatation dR du rayon est proportionnelle à la masse contenue dans le filet radial de longueur $R-a$.

l'abaissement brusque du couvercle l'anneau est lancé suivant OZ. On voit que si on lance à intervalles égaux des anneaux, leurs rayons à un moment donné seront faciles à calculer puisqu'on connaît la trajectoire *MM*. Si la boîte pouvait avancer dans la direction OZ avec la même vitesse que les anneaux, sans influer sur leur dilatation, tous les anneaux émis à intervalles réguliers seraient dans le même plan comme le sont toutes les orbites planétaires dans l'écliptique.

Mais les anneaux de fumée nous donnent encore une autre suggestion cosmique : dans la tranche d'un anneau les molécules tournent autour d'un axe qui est dans le plan de l'anneau. Or la planète Uranus a la particularité de tourner autour d'un axe presque couché dans le plan de son orbite qui est l'écliptique Serait-ce parce que la nappe planétaire d'Uranus était un anneau nébuleux? Alors cette anomalie, incompatible avec la cosmogonie de Laplace, s'explique très simplement : le calcul m'a montré en effet que dans la translation de la nappe PP′ d'Uranus un élément P′ s'est trouvé perpendiculaire à la direction ZZ′ de translation du système solaire et par suite a été rebroussé et formé en anneau P″.

En quoi toutes ces expériences diffèrent-elles essentiellement de la réalité cosmique à l'origine d'une Nova ou du système solaire? C'est qu'il existe ici un noyau solaire S et qu'il faut d'abord savoir comment il a émis une succession de nappes planétaires PP′ correspondant à nos anneaux.

L'expérience suivante va nous apprendre ce que produit un choc gazeux sur une sphère gazeuse qui sera représentée par une grosse bulle de savon B faite avec le liquide de Plateau. Ici l'attraction est remplacée par la tension superficielle du liquide; dans les deux cas la sphère est élastique et vibre par un choc. En effet (*fig. 3*), soufflons brusquement en S sous la bulle B : elle s'aplatira en un ellipsoïde qui sera renflé alternativement aux pôles B′, B‴ et à l'équateur B, B″, en sorte que dans son trajet dans l'air (représentant la nébuleuse) l'enveloppe de toutes ses positions formera comme un tube T à renflements périodiques. Dans ces bulles de savon, la tension superficielle est trop forte pour que la matière du renflement équatorial en E, E″, etc, soit projetée au dehors : mais dans la réalité cosmique il y aura émission équatoriale de matière, car à l'impulsion radiale qui résulte de l'augmentation du rayon (de B′ en B″, etc.) équatorial s'ajoute encore l'accroissement de force centrifuge

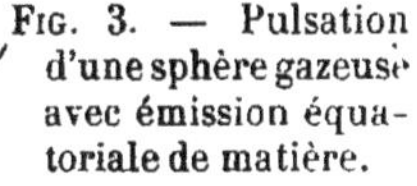

Fig. 3. — Pulsation d'une sphère gazeuse avec émission équatoriale de matière.

du noyau en rotation, pourvu toutefois que *le choc cosmique se soit produit dans la région polaire du noyau solaire en rotation*. Alors les nappes émises auront aussi un mouvement de rotation qui sera capable d'équilibrer l'attraction centrale du noyau.

Voilà comment périodiquement des nappes planétaires à section circulaire E, E″ peuvent quitter le noyau solaire O et être projetées dans la nébuleuse avec la même vitesse de translation que lui. D'après ce que nous avons vu, ces nappes, comme les anneaux tout à l'heure, augmenseront de diamètre et divergeront de l'axe OZ en suivant des méridiennes logarithmiques N, N″...

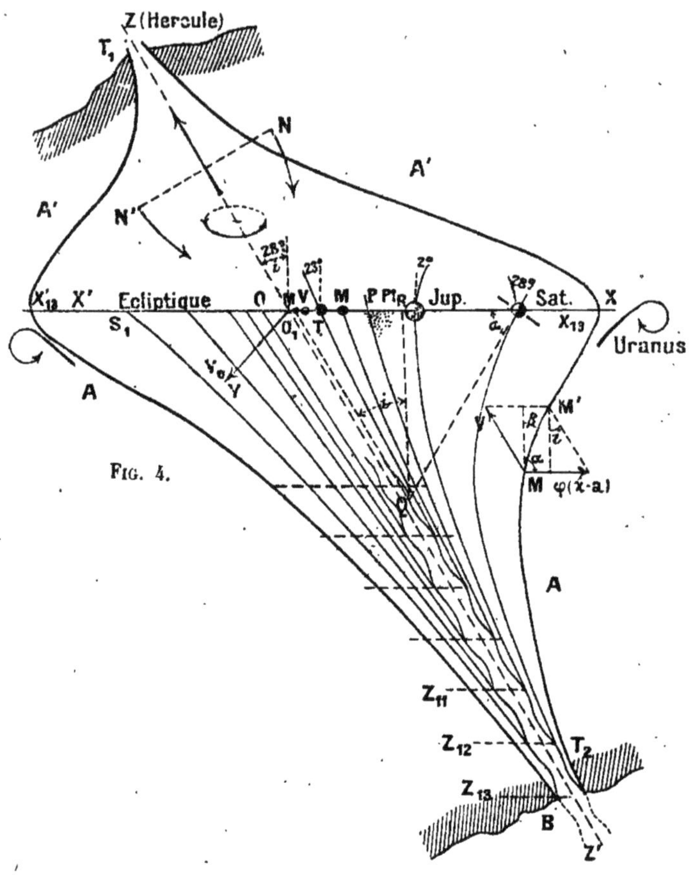

Fig. 4.

Puisque toutes ces nappes planétaires émises périodiquement par l'équateur du noyau solaire voyagent de conserve avec celui-ci, c'est-à-dire au même niveau dans la nébuleuse, elles arriveront en même temps dans le plan de l'écliptique primitive où elles se condensent en planètes. Les distances des planètes au centre du système seront donc les rayons des nappes planétaires qui sont toutes représentées par leurs profils sur la figure 4. Le calcul de ces distances est très simple puisqu'il suffit d'exprimer que les nappes partent de positions qui dans la nébuleuse sont équidistantes (1).

On trouve ainsi la loi exponentielle des distances des planètes qui doit remplacer la recette arithmétique de Bode, et est d'ailleurs beaucoup plus exacte : elle peut en langage courant s'énoncer ainsi.

Loi des distances des planètes et satellites. — *Le rapport des distances de deux planètes consécutives au noyau solaire primitif* (dont le rayon valait 62 rayons solaires actuels) *est constant.*

La même loi s'applique à tous les systèmes de satellites, ce qui confirme bien qu'il s'agit d'une loi naturelle : la comparaison entre les distances réelles et calculées ne laisse d'ailleurs aucun doute sur ce point (voir le tableau ci-joint).

Mais ce n'est pas tout : en calculant les angles β formés par les tangentes aux méridiennes *du côté* O X avec l'axe de l'écliptique, et donnant à K la valeur 9,84 (rayons de l'orbite terrestre), on obtenait les angles d'inclinaison des axes planétaires; et une construction simple tirée de l'équation (2) différentiée montrait une loi nouvelle du système planétaire qui peut s'énoncer ainsi :

Loi d'inclinaison des axes planétaires. — *A l'origine tous les axes planétaires sont dans un même plan contenant la direction de translation O Z du système solaire* (vers Véga) *et ils y convergent en un point Q* ($O_1 Q = 9{,}84$ *u. a.*) La vérification numérique de cette loi est aussi complète que celle de la loi des distances et peut se faire par une formule simple déduite des relations précédentes (2).

Cause de l'excentricité des orbites. La carte des aphélies des petites planètes. Mais la moisson des résultats et vérifications de la Cosmogonie dualiste ne devait pas s'arrêter là. Jusqu'ici on n'avait jamais expliqué la cause des excentricités des orbites. Or intuitivement on voit sur la figure 4 que les nappes planétaires, à cause de la translation oblique (sous l'angle de 28°) suivant O Z doivent être déportées par le frottement de la nébuleuse vers O X, de telle sorte que leur centre soit à droite du centre O du noyau solaire. On réalise facilement un effet semblable au moyen d'un

(1) C'est-à-dire que la longueur Z_n parcourue par la nième nappe au-dessous de l'écliptique est un multiple n de la distance B B″ $= Z_1$; soit $Z_n = n Z_1$.

Équation qu'il suffit de combiner avec l'équation (2) de la note précédente pour obtenir la loi des distances des planètes.

$$R_n - a = (R_1 - a)^n = C^n \qquad (3)$$

(2) $tg\beta = \dfrac{R - 4{,}9}{4{,}9 - a} tg\, 28°$ (β inclinaison d'axe de la planète située à la distance R) $a = 0{,}29$ *u. a.*

TABLEAU. — **Loi exponentielle des distances** $x_n = a + C^n$

[a = rayon du tourbillon générateur; $C = \rho M^{\frac{1}{3}}$ (M, masse centrale; ρ, voisin de 1)].

Planètes.	Distances calculées.	Distances observées.	Masses $\times 10^6$.	n.	Satellites.	Distances calculées.	Distances observées.	Masse $\times 10^6$.
Système solaire : $x_n = 0,29 + \frac{1,886^n}{214,95}$.					*Système de Saturne* : $x_n = 0,1 + 1,311^n$.			
Anneaux zodiacaux.	0,2988	»	»	1	Anneaux . . C.	1,411	1,2 — 1,5	»
	0,3065	»	»	2	B.	1,819	1,5 — 1,96	»
	0,3212	»	»	3	A.	2,353	1,96 — 2,3	»
	0,3488	»	»	4	Mimas......	3,054	3,07	0,0
Mercure	0,399	0,3870	0,183	5	Encelade ...	3,974	3,94	0,
	0,495	»	»	6	Téthys	5,177	4,87	1,1
Vénus	0,678	0,7233	2,360	7	Dioné.......	6,756	6,25	1,8
Terre	1,022	1	2,998	8	*Rhéa*	8,826	8,73	4,0
Mars	1,671	1,5236	0,315	9		11,540	»	»
Cérès, etc...	2,939	2,76 ± 0,7	»	10		15,098	»	»
Jupiter......	5,2025	5,2025	929,4	11	*Titan*.......	19,762	20,22	212,8
Saturne.....	9,555	9,5547	275,7	12	Hypérion, X.	25,877	24,5 — 24,2	100 (?
Uranus	17,76	19,218 (rétro)	40,5	13		33,89	»	»
Neptune	33,25	30,109 (rétro)	49,4	14		44,40	»	»
	62,44	»	»	15	Japet.......	58,18	58,91	< 1
	117,51	»	»	16		76,24	»	»
				20	Phœbé (IX)..	225,03	214 (rétro)	»
Système de la Terre : $x_n = 0,35 + 2,8972^n$.					*Système de Mars* : $x_n = 0,165 + 2,605^n$.			
	3,247	»	» Angle i	1	Phobos	2,77	2,77	
	8,744	»	»	2	Deimos	6,95	6,95	
	24,670	»	»	3		17,84	»	
Lune	70,811	60,27	18° ±	4		58,14	»	
Système de Jupiter : $x_n = 0,814 + 1,716^n$.					*Système d'Uranus* : $x_n 5,41 + 1,516^n$.			
V..........	2,530	2,53		1		6,926	»	
	3,759	»		2	Ariel.......	7,707	7,71	
I...........	5,867	5,91		3		8,895	»	
II..........	9,485	9,40		4	Umbriel	10,689	10,75	
III.........	15,694	14,99		5		13,360	»	
IV..........	26,348	26,36		6	Titania	17,54	17,63	
	44,63	»		7	Obéron	23,78	23,57	
	76,00	»		8		33,31	»	
	130,11	»		9		47,71	»	
VI - VII.....	222,21	160,4 — 164,4	29°-27°	10				
VIII........	380,75	329,3 (rétro)	148°	11				
IX	652,81	440 (? (rétro)	158°	12				

D'après l'*Annuaire des Longitudes* de 1915
i = angle d'inclinaison de l'orbite s l'équateur.

cerceau C à rayons élastiques R et nageant sur un fluide E (*fig. 5*). Quand on tire obliquement sur la ficelle O F elle vient en O'F' et le cerceau est excentré par rapport à O'.

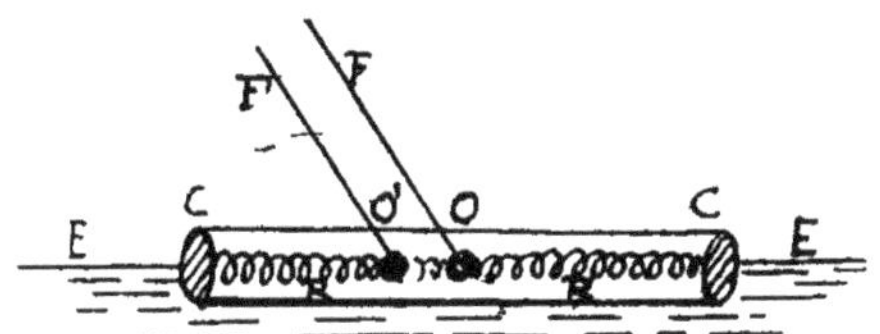

Fig. 5. — Schéma de l'origine des excentricités.
La traction oblique O F exercée dans un milieu résistant E E sur un anneau C C l'excentre de O en O'.

Dans la nature, c'est l'attraction vers le centre qui joue le rôle des rayons élastiques de l'expérience. Ainsi donc en raison de l'excentricité de leur orbite les planètes ont tendance à avoir leurs aphélies du côté O X de la figure 4, et cette tendance sera d'autant plus marquée que les planètes seront plus petites, c'est-à-dire plus sensibles au frottement de la nébuleuse.

J'ai donc eu l'idée de dresser une carte des petites planètes dans leur position d'aphélie sur le plan Z O X. Cette carte démontre mieux que tous les calculs la réalité de l'inclinaison des nappes planétaires sur l'écliptique, le fait que les petites planètes sont entrées par l'aphélie dans leurs orbites autour du Soleil, et tous les phénomènes de balistique cosmique dans la nébuleuse auxquels ont donné lieu les huit cents petites planètes. J'ai découvert ce fait (déjà connu pour Jupiter qui a sa famille de quatre petites planètes) que l'axe de Mars est jalonné par trois petites planètes Eros, Adalberta et Himgaria. La grande masse relative de Cérès, en traversant la nébuleuse y a fait une traînée vide de matière semblable à celles que l'on voit dans la Voie lactée dans le sillage de grandes masses nébuleuses. Il en est de même en arrière de Vesta et de Junon. La densité numérique des petites planètes double subitement quand on franchit vers l'écliptique la ligne des aphélies de Junon, Cerès, Vesta. De ces trois astres le plus rapproché de l'écliptique à l'aphélie est le plus voisin du Soleil parce que la densité de la matière planétaire croît de Jupiter à Mars et que dans un milieu résistant les projectiles les plus denses vont le plus loin. Ainsi la carte des aphélies des petites planètes illustre tout ce que la Cosmogonie dualiste nous avait appris de la balistique cosmique dans la nébuleuse originelle (*Pl. 1, fig. 6*).

Puisque l'excentricité d'une orbite est en rapport avec l'obliquité de son mouvement de translation, on peut établir des formules liant ces deux éléments : dans les cas simples comme celui de l'orbite lunaire, j'ai pu démontrer que son excentricité dépendant uniquement de son inclinaison sur l'écliptique (5°) et de l'inclinaison de l'équateur terrestre sur le même plan (23′ 27′) a dû dès l'origine être voisine de sa valeur actuelle de 0,0549 (1).

Pourquoi maintenant est-ce seulement du côté O X que les inclinaisons planétaires coïncident avec la réalité et non du côté O X¹ où les angles sont bien différents ? C'est tout simplement que la nébuleuse amorphe avait un mouvement de translation d'arrière en avant de la figure 4, ce qui produisait seulement du côté O X une collision avec les nappes planétaires qui tournaient dans le sens direct. C'est cette collision dans chaque nappe qui en a ramassé rapidement la matière en un seul point : on résoud ainsi facilement la difficulté qui a toujours arrêté Laplace, celle de savoir comment un anneau, même de la dimension de celui d'Uranus, a pu se condenser en une seule planète.

Origine des comètes et des mouvements rétrogrades. — La Cosmogonie de Laplace et même les Cosmogonies récentes n'ont jamais pu expliquer l'origine des comètes dont l'excentricité d'orbite est voisine de l'unité, ni la cause des mouvements rétrogrades (sens des aiguilles d'une montre). La Cosmogonie dualiste et tourbillonnaire résoud intuitivement ces difficultés en considérant le mécanisme qu'on appelle un ***différentiel*** et qui se compose essentiellement d'un pignon denté P tournant autour du centre S et engrenant avec deux secteurs dentés N_1 N_2 (*fig.* 7). Dans la réalité cosmique S est le Soleil, N_1 une nappe planétaire ayant sa vitesse V de sens direct, N_2 la nébuleuse amorphe ayant sa vitesse V_0 de sens rétrograde par rapport à S. C'est le conflit de V_0 et V qui crée le tourbillon local planétaire P assurant à la future planète une rotation sur son axe. Examinons ce qui va se passer dans la région rétrograde du système solaire, c'est-à-dire au delà d'Uranus. On a d'abord $V > V_0$: la planète P engrenant avec V et V_0 aura ***sa rotation rétrograde*** et sera entraînée dans le sens de la flèche D (***révolution de sens direct***) : c'est le cas d'Uranus et de Neptune. Mais éloignons-nous du Soleil : la vitesse d'orbite V diminue d'après la troisième loi de Képler, V_0 restant constant. On aura donc à un moment donné : $V < V_0$. Alors la planète P continuera à avoir sa ***rotation rétrograde,*** mais sera entraînée dans le sens R (révolution rétrograde). On ne connait aucune planète à révolution rétrograde, mais les satellites IX

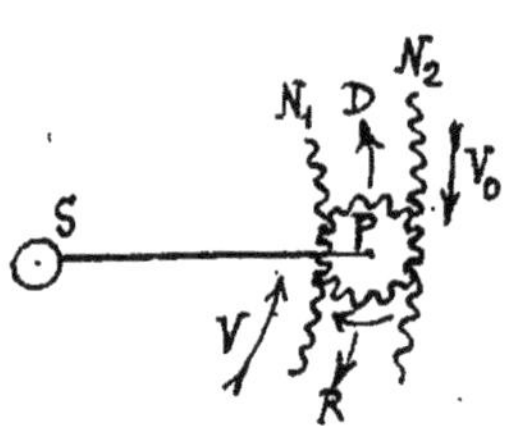

Fig. 7. — Mécanisme différentiel produisant les rotations et révolutions rétrogrades.

(1) $1 + e = \dfrac{1}{\cos(23°,27^1 - 5°)}$

de Saturne, VIII et IX de Jupiter sont dans ce cas : et pour ces deux derniers j'avais prévu avant leur découverte que leur révolution serait rétrograde comme le seront celles de tous les satellites extérieurs, et des planètes que l'on pourra découvrir au delà de la distance 100 *u. a*...

Mais qu'arrive-t-il si $V = V_0$ ce qui a lieu vers cette distance ? Il y a bien alors collision entre les masses V et V_0, mais aucune tendance à la rotation de P, c'est-à-dire aucune agglomération tourbillonnaire. Dès qu'une masse V rencontre une masse V_0 leur vitesse orbitale s'annule, mais comme le Soleil continue à les attirer et que l'attraction n'est pas équilibrée par la force centrifuge, elles se précipitent en droite ligne vers le Soleil : ce sont *les comètes,* masses nébuleuses sans agglomération avec orbites à grande excentricité qui peuvent d'ailleurs en passant près de Jupiter et Saturne voir leur excentricité se réduire beaucoup par cette *capture.* Il peut aussi y avoir des comètes produites par les parties extrêmes des traînées en lesquelles la masse solaire étire la nébuleuse primitive suivant la belle théorie de Schiaparelli.

On le voit : la Cosmogonie dualiste et tourbillonnaire qui explique la formation d'un système planétaire par le choc de deux corps nébuleux comme dans une Nova rend compte qualitativement et quantitativement de toutes les particularités, même les moins expliquées jusqu'ici, du système solaire (1) : mais la même hypothèse cosmogonique convient-elle aussi bien pour expliquer la formation des autres systèmes sidéraux ?

V. — Les nébuleuses spirales. — La structure de notre Univers. — L'unité de plan cosmique.

Les plus importants de beaucoup sont les nébuleuses spirales dont on a déjà dénombré près d'un million sur les plaques des grands observatoires américains. Quel lien mystérieux existe entre les mouvements presque circulaires de nos planètes sur leurs orbites et les mouvements divergents de la matière stellaire sur les branches des nébuleuses spirales ? Nous avons vu plus haut que pour expliquer les nappes planétaires il faut admettre non seulement leur emission radiale, mais leur rotation autour de l'axe du noyau solaire, ce qui exige que le choc de celui-ci sur la nébuleuse se soit produit *par sa région polaire.*

Qu'arriverait-il si le choc du noyau en rotation se produisait sur sa *région équatoriale ?* Voilà le second cas de ce même problème d'un choc cosmique qui va nous livrer le secret des nébuleuses spirales.

---

(1) C'est par la découverte empirique de la loi des rotations planétaires que je suis arrivé à l'hypothèse d'un choc et d'un dualisme originel. Mais cette loi qui permet d'ailleurs de calculer la durée de rotation du Soleil à partir de deux durées de rotation planétaires exige, pour être comprise, un développement mathématique qui ne saurait trouver place ici. (Voir à ce sujet mon *Essai de Cosmogonie*).

Imaginons donc une sphère gazeuse S en rotation dont les pôles sont en PP' et dont l'équateur EE' est le plan de la figure (*fig. 8*) elle rencontre par sa région équatoriale une nébuleuse N dont la vitesse relative V est aussi dans le plan EE'. Du côté E la matière nébuleuse se comprime tout en accélérant la vitesse de rotation équatoriale qui est de même sens. En E où la vitesse V de la nébuleuse est parallèle à la vitesse tangentielle du noyau, la matière adjointe à celui-ci se partagera en deux : celle S_1 qui échappe tangentiellement sous forme d'une spire qui s'incurve vers S en raison de son attraction, et celle M qui avec une vitesse accélérée continue à suivre l'équateur du noyau.

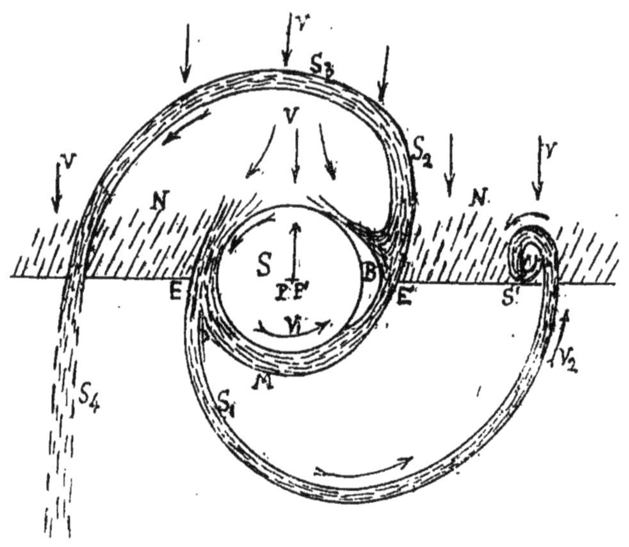

Fig. 8. — Schéma de la formation d'une nébuleuse spirale
N N nébuleuse rencontrée par l'Équateur d'un noyau S en rotation.

Du côté opposé E' quels phénomènes vont se produire ? La matière nébuleuse N glisse sur le noyau : mais sa vitesse V est ici en sens inverse de la vitesse de rotation : la collision est donc maxima de ce côté. Elle se traduit par une dilatation de l'équateur et un bourrelet B qui écarte sa matière du centre d'attraction P. La force centrifuge dépassant alors l'attraction centrale fera échapper en E' une seconde spire S_2 également incurvée vers le noyau par son attraction, mais qui tendra à s'aplatir en S_3 par la vitesse V de la nébuleuse et être chassée par elle en S_4 loin du noyau.

— Supposons maintenant qu'à une certaine distance du noyau S la spire S_1 ait sa vitesse V_2 assez diminuée pour ne pouvoir dominer la vitesse

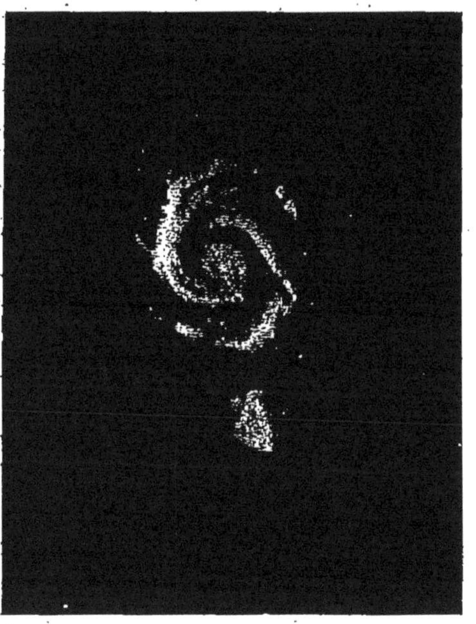

Nébuleuse spirale des Chiens de chasse.

Nébuleuse spirale vue par la tranche
H. V. 24 (Chevelure de Bérénice.)

Nébuleuse spirale M 81 (Grande ourse).

antagoniste V de la nébuleuse N : la spire S_1 sera refoulée sur elle-même en S' qui formera une nouvelle agglomération nébuleuse favorisée encore par l'attraction du noyau S. Or c'est précisément ce que l'on constate dans la nébuleuse des Chiens de chasse sur *l'une des spires seulement,* l'autre correspondant à S_2 étant au contraire étirée et comme diluée dans l'espace en S_4 par la vitesse V de la nébuleuse N. Il existe d'ailleurs plusieurs nébuleuses spirales présentant ces mêmes particularités qui exigent pour se produire deux conditions : 1° la vitesse V doit être à peu près dans le plan équatorial du noyau S, et par suite dans le plan des spires S, S_2 ; 2° la nébuleuse N doit avoir assez d'épaisseur dans le sens perpendiculaire à E E' pour que la spire S_1, n'en sorte pas avant qu'elle ait atteint le point S où elle pourrait être refoulée sur elle-même.

Ajoutons que, contrairement aux théories modernes de beaucoup d'astronomes, notre théorie prévoit que la matière des spires s'éloigne du noyau en tournant autour de lui *dans le sens même de sa rotation*, et que c'est bien le sens de marche qui a été constaté en 1916 par Van Maunen, en comparant les clichés des mêmes nébuleuses spirales, pris à quelques années de distance.

Ainsi toutes les particularités des nébuleuses spirales se trouvent expliquées par le choc *équatorial* d'une nébuleuse sphéroïdale sur une nébuleuse amorphe.

Structure de la Voie lactée. — Appliquons maintenant ces notions nouvelles à la nébuleuse spirale de notre Univers qui est la Voie lactée. Nous la voyons du système solaire qui occupe une position un peu excentrée dans son plan. Aussi, nous apparaît-elle comme dans le lointain peu large et peu brillante du côté des Gémeaux alors qu'à l'opposé du côté du Scorpion ses spires se montrent largement dédoublées et brillantes. Notre Soleil se dirige à la vitesse de 20 kilomètres par seconde vers Véga qui est peu distante de la Voie lactée, et de même les deux courants d'étoiles de Kapteyn se dirigent vers des points diamétralement opposés de la Voie lactée, ce qui confirme que les mouvements de toutes les étoiles sont en moyenne parallèles à son plan.

Le dédoublement et l'élargissement de la Voie lactée dans certaines régions du Ciel s'expliquent de suite par le fait que les nébuleuses spirales ont en général deux spires faisant souvent plus d'un tour autour du noyau en sorte que vues du centre elles se projettent plus ou moins complètement l'une sur l'autre, ainsi qu'on le voit d'ailleurs sur les nébuleuses vues par la tranche.

Comment les amas globulaires sont-ils seulement sur un côté de la voûte céleste qui a son centre sur la Voie lactée et quel lien de formation ou de distance les unit à elle ?

Si nous étions près du centre de la nébuleuse des Chiens de chasse, nous verrions dans une seule direction de sa ceinture stellaire la brillante condensation qui résulte du refoulement de sa spire S_1 tandis que dans la direction diamétralement opposée, la ceinture galactique apparaîtrait beaucoup moins brillante puisque la spire S_2 est diluée et comme éteinte en S_4. De plus la condensation stellaire de la spire S_1 qui est au bout d'une spire serait trouvée beaucoup plus éloignée que le rayon moyen de la Voie lactée.

Or, ce sont précisément toutes ces conditions que remplissent les amas globulaires qui sont le résultat du refoulement avec mouvement tourbillonnaire de l'une des spires de notre nébuleuse spirale. La meilleure preuve de l'unité de formation mécanique des amas est qu'ils ont tous à peu près la même dimension, et que pour beaucoup d'entre eux la période de variation lumineuse, c'est-à-dire de la pulsation de leurs soleils géants et variables est voisine de 13 heures.

D'ailleurs, ils doivent tourner autour de leur centre commun : car sans ce mouvement orbital ils tomberaient vers leur centre de gravité se confondant en une seule masse.

Enfin, dernière vérification : les amas globulaires font bien partie de la Voie lactée, mais ils sont loin au delà de son rayon moyen, s'échelonnant sur une distance qui, selon Shapley, varie de 20.000 à 200.000 années de lumière.

L'unité de plan cosmique. — Ici, nous touchons à l'un des points de notre synthèse cosmogonique qui peut rendre le plus saisissante l'unité de plan de la formation universelle de tous les astres.

J'ai pu calculer la trajectoire dans l'espace d'une molécule d'une nappe planétaire (1). Projetée sur l'ecliptique, c'est une sorte de spirale logarithmique.

Quand cette spire lancée par l'équateur du noyau solaire vient à traverser le plan perpendiculaire à la vitesse V de la nébuleuse, elle est refoulée sur elle-même avec un tourbillonnement qui produira la condensation d'une planète en rotation sur son axe : c'est exactement le mouvement de la spire S_1 de la figure 8, qui se rapportait à une nébuleuse spirale.

Ainsi, les mêmes équations et la même théorie d'un choc dualiste expliquent la formation d'astres aussi dissemblables en apparence qu'un système planétaire et une nébuleuse spirale.

---

(1) Il suffit d'adjoindre à l'équation (2) d'une note précédente la condition hélicoïdale ou tourbillonnaire $Z = BK\omega$ (ω azimut) : l'élimination de Z donne $R - a = \varepsilon e^{B\omega}$ (conchoïde de spirale logarithmique).

Dans l'un, ce sont des molécules d'une nappe planétaire qui sont refoulées et se mettent à tourner autour de l'axe de la future planète.

Dans la nébuleuse spirale, les molécules sont des soleils qui s'agglomèrent en amas globulaires tournant les uns autour des autres sans doute dans le même sens où tourne le noyau.

Mais cette unité du plan cosmique, conséquence naturelle de l'identité du mode de formation dualiste des astres, est évidente aussi dans le groupement des astres que nous connaissons le mieux, les satellites, les planètes, les soleils.

Les satellites, éclaboussures des noyaux planétaires dans leur choc sur les couches denses de la nébuleuse, sont *dans le plan équatorial de leurs planètes.*

Les planètes, masses projetées par l'équateur du noyau solaire dans son choc sur la nébuleuse, sont *dans le plan de l'écliptique* différant peu de l'équateur du Soleil.

Les étoiles ou soleils doivent donc aussi être *groupés dans un plan* : c'est le plan de la *Voie lactée.*

Et, alors, dans cette vaste synthèse dualiste qui remonte du petit à l'immense, l'esprit est obligé de conclure à l'existence originelle d'une sphère ou tourbillon nébuleux, dont le choc sur la nébuleuse amorphe primitive aurait détaché et projeté autour de son équateur ces étincelles énormes qui forment les Soleils de notre Univers.

Le tourbillon initial de notre Univers, d'après les dimensions des noyaux des nébuleuses spirales ou celles du système planétaire comparées avec le rayon du noyau solaire (43 millions de kilomètres) aurait dû avoir pour rayon au moins 10 fois la distance de l'étoile la plus proche α du Centaure, soit 40 années de lumière.

Il faut aller encore plus loin dans notre vertigineux voyage à travers les déserts du Ciel à la vitesse de la lumière (300.000 kilomètres par seconde); nous atteindrons au bout de plus de 300.000 ans, d'après Curtis, l'Univers qui est le plus proche du nôtre : et la voûte céleste a révélé déjà l'existence d'un million d'Univers semblables à la Voie lactée de notre Univers.

Comment sont-ils groupés? Ont-ils la même origine dualiste que tous les astres? Par quelles ressources nouvelles de la physique l'homme pourra-t-il les atteindre? Voilà les problèmes formidables que pourra peut-être résoudre la Science des siècles à venir.

Mais descendant de ces hauteurs cosmiques où l'esprit se plaît à contempler un horizon encore fermé pour lui il y a peu d'années, il est pris maintenant d'inquiétude et de désillusion.

Le problème de l'origine des mondes ne devait-il pas nous mener jusqu'au chaos primordial, au *tohu va bohu* sortant des mains du Créateur? Ne devait-il pas nous expliquer d'où est venue cette différenciation des êtres cosmiques dont la conjonction a produit les soleils, les planètes, les satellites et sans doute aussi les atomes, systèmes solaires en miniature; où les nébuleuses initiales ont-elles puisé leurs vitesses formidables de rotation et de translation? Nous pouvons répondre que la Science remonte seulement où elle peut, c'est-à-dire à l'avant-dernier stade des transformations cosmiques qui précéda l'ère paisible de nos astres actuels : aujourd'hui elle avoue ignorer pourquoi il y a des êtres cosmiques de deux catégories, les uns doués de rotation et de translation, les autres de translation seulement. De même elle ne peut expliquer l'existence de deux sexes dans le règne animal et végétal. Ce qu'elle constate, c'est que le *dualisme* est universel à l'origine de tous les êtres dans le domaine cosmique comme dans les autres règnes. Et c'est là une acquisition nouvelle pour la Philosophie naturelle.

Mais en voici une autre capitale pour les progrès de l'Astronomie : l'attraction découverte par le génie de Newton est une force extrêmement faible dont l'énergie n'est grande qu'à faible distance et dont toute l'importance dans la mécanique céleste vient de ce qu'elle assure stabilité et durée aux formes géométriques des systèmes sidéraux. Mais la mécanique newtonienne n'est que le chapitre *actuel* de la mécanique céleste générale. La mécanique des origines dans les milieux nébuleux immenses, celle qui a fait évoluer rapidement en quelques mois ou en quelques siècles la géométrie des systèmes vers leurs formes stables est bien différente : elle met en œuvre à toute distance et même très loin du centre de gravité des masses cosmiques en mouvement, des forces incomparablement plus grandes que l'attraction.

Les chocs d'ensemble ou les chocs moléculaires qui ont entouré le berceau lumineux de tous les astres ont donné naissance aux tourbillons que prévoyait le génie de Descartes à l'origine des Mondes. Si Descartes a précédé Newton, on peut dire que dans la lutte séculaire des idées cartésiennes et newtoniennes, il a le dernier mot : dans l'Univers à l'origine, comme l'avait prévu son génie prophétique, il n'y a pas de vide : tout est plein de matière nébuleuse en mouvement. Et c'est seulement en faisant table rase de l'idée newtonienne pour faire revivre l'idée cartésienne que nous avons pu enfin donner une solution générale et synthétique au problème de l'origine des Mondes.

CONFÉRENCE FAITE A PARIS

MERCREDI 17 MARS 1920

M. le Professeur ALBERT TURPAIN

Directeur de l'Institut de Physique de la Faculté des Sciences de Poitiers.

DOUZE MILLE « MILLES » A TRAVERS LES ÉTATS-UNIS
OBSERVATIONS ET COMPARAISONS POUR L'ACTION ACTUELLE

L'Association Française pour l'Avancement des Sciences a bien voulu s'intéresser au long, coûteux, et parfois assez pénible effort que je viens de faire cet été aux États-Unis. — J'en suis profondément reconnaissant à mon excellent et vieil ami, notre si distingué Secrétaire du Conseil, M. le Professeur Desgrez, de la Faculté de Médecine de Paris, qui organise toutes nos activités avec ce zèle bien connu de nous, qui lui est si naturel qu'à l'Association Française nous y comptons, un peu en égoïstes comme sur une chose familière. — J'en remercie également notre si dévoué et si actif Trésorier M. Perquel, à l'amitié duquel je dois aussi d'avoir attiré l'attention de notre Conseil sur l'utilité que pourrait avoir, pour l'effort de propagande et d'activité intellectuelle de notre Association, une conférence, faite à Paris, sur ce voyage aux États-Unis.

Un voyage aux États-Unis, au lendemain des hostilités. Voyage d'études et d'observations scientifiques : Le titre de mission que m'adressait le ministère, en juillet dernier, portait : « *à l'effet de se documenter auprès des Instituts de Physique américains, principalement à Washington, Chicago et San Francisco* ».

J'aspirais au repos. — Non mobilisable je venais simplement, comme tant d'autres durant cinq années et sans trêve, — de me dépenser utilement en adaptant les laboratoires que je dirige aux besoins du pays (services radiographiques, réception des munitions, radiotélégraphie, etc...). A la veille de la guerre j'avais créé au capital de quelques milliers de francs (5.155 francs), une coopérative d'alimentation qui, groupant 170 personnes à son berceau vient en 1919 de réaliser près d'un million, de défrayer 2.000 familles des plus urgents problèmes que pose la vie chère. Membre, à ce titre de diverses commissions de répartition (charbon, sucre...).

j'étais habitué aux questions d'ordre pratique, de réalisations immédiates. L'effort américain; — j'en avais pu suivre, en détail, quelques résultats (organisation des hôpitaux, des ateliers de fabrication des wagons de la Rochelle, en particulier....). — Dans ces conditions, qui n'eût cédé à l'occasion d'aller observer, chez lui, ce peuple dont l'esprit jeune et réalisateur nous émerveille, qui venait, à nos yeux étonnés, aux regards incrédules, puis effrayés, des Allemands, de déplacer deux millions d'hommes tout équipés et d'assurer leur organisation avec tous ses *impedimenta?*

Enfin, depuis l'armistice, jusqu'en juillet, 300 jeunes Américains avaient fréquenté notre Université de Poitiers. A leur intention j'avais organisé des visites de nos collections de physique qui comptent parmi les plus riches que l'Enseignement Supérieur possède en France, comme laboratoires de recherches (1).

Or ces jeunes gens venaient de rejoindre l'Amérique; un grand nombre écrivaient encore aux miens et à moi-même. J'allais donc pouvoir les retrouver chez eux : observer leur milieu, leur famille, leurs manières de vivre, après les avoir connus et pratiqués étudiants, hier encore soldats en France.

Excusez ces préliminaires et ces détails : ils sont, me semble-t-il, nécessaires pour situer les conditions particulièrement favorables à l'utilité comme à la facilité des observations et de la documentation vivante qu'en trois mois de randonnée à travers l'Union j'ai pu faire.

De ces observations, — cédant au désir, qui me flatte, de notre toujours si vivante Association Française pour l'Avancement des Sciences, — je vais vous offrir, ce soir, une brassée, choisie, sinon dans un ordre et avec une méthode impeccables, du moins parmi les plus vivants et les plus intéressants. — J'essaierai de pallier la monotonie que garde l'énoncé de souvenirs de voyage, en projetant les plus curieux des vues ou documents que j'ai rapportés.

Le papier officiel qui m'accréditait auprès des Instituts Scientifiques américains indiquait, à défaut de subsides, la visite de Carnegie Institution à Washington, de Berkeley à San Francisco, des Universités de Los Angelès, de Chicago et d'Harvard à Boston-Cambridge. — C'était une randonnée dans toute l'Union. — En fait, j'y ai parcouru plus de 20.000 kilomètres.

Le but principal de ce voyage fut de contribuer à souder, — plus

(1) A. Turpain. Towards the American Exchange. Vers l'échange américain — For the civilisation, by the School. Pour la civilisation, par l'École. — L'Institut de Physique de l'Université de Poitiers. Ses laboratoires et ses moyens d'études. Brochure en deux langues, français et anglais de 50 pages, deux planches hors texte et cinq figures. — Imprimerie « l'Union », 2, rue Thibaudeau, Poitiers, 1919. Prix de l'envoi sous pli recommandé : 1 franc.

intimement encore que par l'écrit, — par la parole et par l'entretien, les relations qui viennent de s'établir si sympathiquement entre notre pays et la République Américaine, de dériver ainsi vers nos Universités Françaises, le flot de jeunes hommes des États-Unis qui, avant la guerre, allaient terminer leur éducation par un séjour en Allemagne.

Une indication rapide du parcours : — (Voir *fig. 1*, carte du parcours.)

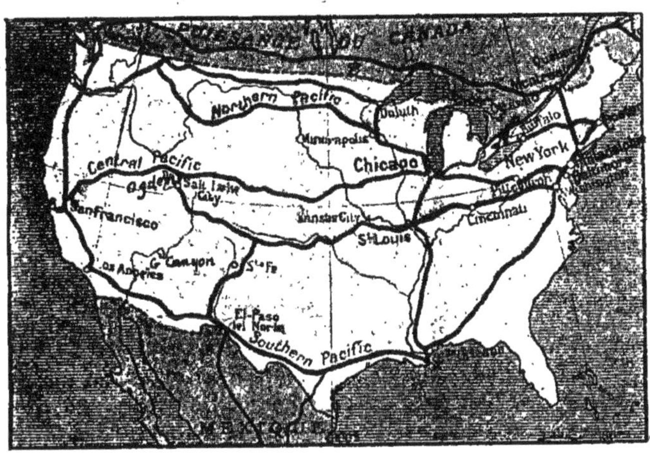

Fig. 1. — Carte du parcours : New York, Philadelphie, Baltimore, Washington, Chicago, San Francisco, Los Angeles, Pasadena, Grand Canon de l'Arizone, Salt-Lac-Cité, Ogden, Grand Canon de l'Arkansas, Denver, Omaha, Chicago, Buffalo, Niagara, Boston, Cambridge (Harvard), New-Haven (Yale), New-York, Princeton, Montréal.

De New-York, où je visitais Columbia University, la plus fréquentée des Universités américaines, je me suis rendu à Philadelphie (University of Pensylvania, et son grand Institut Technique), puis à Baltimore (John Hopkins University), à Washington, ville admirable et charmante (trois Universités, deux collèges, « *Smithsonian* » et « *Carnegie Institution* » m'y arrêtèrent). De là, je me rends à Chicago (« *University of Chicago* », puis, tout près, Evanston, sur les bords du Michigan, la " *North Western University* ", si riante en son cadre de verdure). De Chicago à San Francisco (trois journées et trois nuits de pulmann-car) : Berkeley, faubourg vis-à-vis San Francisco sur le bord de cette spendeur : San Frencisco Bay, appuie son Université au flanc même de la montagne agréablement boisée. Cest le plus superbe joyau de verdure et de grâce qu'il m'ait été donné d'admirer dans cette attrayante Californie. Berkeley est aussi le plus captivant des paradis du savoir de toute l'Union, dont les États fourmillent cependant en palais élevés à la Science et à l'Enseignement. — De San Francisco, longeant la côte unique du Pacifique, j'ai gagné Los Angeles.

La nature y offre de magnifiques et luxuriants décors, d'une et d'une variété indicibles. Tout à côté, le Nice californien. Pasadena, où m'attirait le laboratoire de spectroscopie et de physique associé à l'Observatoire du mont Wilson. Ce mont domine l'adorable bouquet que forme Pasadena dont les fleurs, les fruits et les parterres s'étagent si gracieusement parmi les palmiers géants aux troncs couverts d'églantines, de géraniums, de jacinthes et de capucines. — Je quittai Pasadena pour l'Arizone. A la luxuriance californienne succède l'aridité désertique. — Mais le spectacle est vraiment grandiose, que donne ce " *Grand Canyon de l'Arizone* ", brèche brusque, aux parois parées des couleurs les plus variées que granits, quartz, marbres et porphyres, puissent offrir. — Imaginez, en plein soleil, une gigantesque faille ainsi tapissée, qui serpente irrégulièrement pendant 800 kilomètres, dont les parois en amphithéâtre éloignent les bords jusqu'à 15 kilomètres, puis les resserrent, parfois jusqu'à 30 mètres. Le Colorado coule au fond, à 1.800 et 2.000 mètres de distance verticale. Songez aux saisissants et fantastiques jeux de lumière qui s'y produisent. Vous aurez une faible idée de l'étrangeté et de la grandeur du spectacle.

Traversant l'Arizone et l'Utah je revins alors au bord du lac Salé. Un journaliste de *Salt Lake City Tribune*, qui venait d'être, tout un trimestre mon hôte à Poitiers, me pressait de le rejoindre à Ogden et à Salt Lake City au bord du lac Salé, dans la capitale même du pays des Mormons (1) de cet Utah qui, désertique il y a 80 ans à peine, est aujourd'hui et, depuis plus de 30 ans, l'un des plus féconds et des plus actifs des pays de l'Union. — De l'Utah, à travers le Colorado, le Nebraska et l'Iowa, par Denver, Omaha et Burlington, et en admirant au passage, à Royal Gorge le " *Grand Canyon de l'Arkansas* ", autre splendeur géologique que la voie ferrée suit dans sa plus grande longueur, je regagnais Chicago. Puis Buffalo, à travers l'Indiana et l'Ohio, en cotoyant le lac Erié par Tolède et Clevéland. De Buffalo, un car électrique même, à " *Niagara Falls* ". Ces chutes célèbres, les rapides surtout qui les accompagnent et les précèdent sont bien les plus admirables des beautés naturelles du nouveau monde Je ne leur connais de comparable en beauté que le parc national des montagnes Rocheuses " *Yellowstone Park* ", ses prairies, ses gorges, les bisons nombreux qui s'y sont réfugiés, ses milliers de geysers dont certains, comme " *la Géante* ", atteignent 45 mètres, ses lacs et les pics neigeux de 3.000 mètres qui les dominent.

Le Gouvernement, aux États-Unis, préserve ces beautés de toute spéculation et de toute destruction. — Le grand canyon du Colorado, les chutes

(1) A lui seul, ce pays des Mormons justifierait qu'une conférence expose le travail immense, sans second exemple, fait par tout un peuple qui transforma l'Utah, une plaine désertique, en l'une des régions les plus actives et les plus productives des États-Unis. — Combien mes constatations, appuyées d'observations et de chiffres, montrent comme les idées courantes sur ce pays sont confuses et inexactes.

du Niagara, Yellowstone Park, sont autant de parcs nationaux, très largement ouverts à tous, mais admirablement surveillés. Les moindres dégradations : la traversée des lacets du canyon qui bientôt détruirait, par éboulement, l'accessibilité des chemins, d'ailleurs constamment entretenus ; — l'inscription de noms ou de dates sur les rochers ou les parois calcaires, sont punis, sans recours et sans distinction, de très fortes amendes (100 et 200 francs), parfois même de prison. — Les listes d'amendes récentes, d'ailleurs courtes, affichées avec leurs dates, pénètrent l'esprit du visiteur, qu'il ne s'agit pas là d'une menace sans effet. Aussi ces sites gardent-ils, sans pollution, toute leur grandeur et toute leur grâce.

De Niagara, je me rendis à Boston. — Cambridge avoisine immédiatement la capitale du Massachussetts, et si Boston possède le plus important Institut Technique de l'Union, Cambridge s'enorgueillit d'Harvard, la fameuse Université américaine qui n'a d'émule que Yale, à New Haven, dans le Connecticut.

Durant mon séjour à New-York, j'ai eu l'occasion de visiter l'Université toute proche de Princeton dans le New-Jersey. — Là encore, réception affable de mes collègues les professeurs Braunn, Root, Cons, qui m'y retinrent au Nassau Club, du "*Dean of the Graduate School*", M. Andrew F. West, qui tint à me manifester d'un façon touchante sa sympathie pour la France. Le Doyen West a réalisé, à Princeton, une œuvre importante. — Grâce à sa ténacité, un splendide et artistique building y abrite les "*Graduates Students*". Voici quelques vues (*fig. 2 et 3*) de cet impor-

IG. 2. — Université de Princeton (New Jersey). — La tour Claveland et l'entrée du nord-ouest du "Building of graduate" de l'Université.

FIG. 3. — Université de Princeton (New Jersey). — Intérieur et détails du "*Procter-Hall*". — Ce hall, muni d'orgues, sert de "*dining-room*" aux "*graduate*".

tant bâtiment qui n'est qu'une des multiples et grandioses constructions que, là, comme en de nombreuses autres cités, les États-Unis consacrent à l'éducation, à l'instruction. L'Américain ne sépare pas les deux ordres de devoirs de la Société envers les enfants et les jeunes gens. — Princeton est une petite ville de moins de 6.000 habitants : son Université compte plus de 1.500 étudiants. — Le " *dining room* " du " *Graduate-School* " est une merveille artistique et de confort. — Deux orgues le meublent. — Sous l'une des voûtes gothiques du chevet de la salle, vraie chapelle, l'un d'eux accompagne harmonieusement l'orgue central. Mêlant leurs ondes, ils produisent des sonorités d'un imposant effet. — Ce souci d'entourer de beautés naturelles, artistiques, émotives, l'éducation et le développement de la jeunesse est général aux États-Unis. Un effort immense y accompagne le développement de ceux qui seront les citoyens de demain.

Voici encore à Baltimore " *John Hopkins University* ", avec son " *Technical School of Engineering* " (projections de l'atelier, vue d'un des laboratoires, — d'une salle de dessin aux sièges et à tables individuelles et séparés, à l'éclairage confortable et bien diffusé) (2). — Une dernière vue sur John Hopkins, celle du Laboratoire de l'Institut mécanique et électrique (2) (façade et plan du rez-de-chaussée).

Jetez encore un coup d'œil sur ce plan. C'est celui de l'Université de Pennsylvanie (1) (*fig. 4*). — L'échelle vous indique que de l'est à l'ouest

Fig. 4. — Plan général de l'Université de Pennsylvanie à Philadelphie. Les 46 bâtiments indiqués ici s'étendent sur environ 1 kilomètre de l'est à l'ouest et 700 mètres du nord au sud. La surface totale occupée est de 117 ares, soit environ un demi kilomètre carré.

---

(1) 1 Collège Hall;—2 Logon Hall;—3 Chemical laboratory;—4 Bibliothèque;—5 Club des étudiants;—6 Serres;—7 University Hospital;—8 Gibson Hospital;—9 Nurs's home; —10 Maternité;—11 Chapelle;—12 Blanchisserie;—13 Agnew pavillon;—14 Paper clinical laboratory;—15 Chirurgie;—16 Botanique;—17 Biologie;—18 Medical laboratories;-19 Vivarium;-20 Zoologie;-21 Veterinary;-22 Museum Extension;-23 Museum;

ses nombreux bâtiments s'étendent de Cleveland Avenue, à Walnut Street sur 3.300 feets (pieds), soit plus d'un demi-mille, près d'un kilomètre. Du nord au sud ils occupent 700 mètres. Leur surface : 117 acres, près d'un demi-kilomètre carré. — Le College Hall (en 1, *fig. 4*) a 300 pieds de long. Engineering building en 28 (*fig. 4*), également; la bibliothèque occupe 300 pieds sur 300 pieds. — Deux bâtiments encore, hors de cet ensemble, le " *Veterinary Hall and Hospital* en 21, — l' " *Evans-Museum and Dental School* " en 41 (*fig. 4*).

Voici un album de vues (2) de cette importante Université, dont le nombre, plus de 60, n'a d'égal que le luxe de l'édition. L'importance, comme le confort des bâtiments s'y dénote. Certaines de ces vues, *College Hall, Logan Hall*, avec leurs tapisseries de verdure, *Dormitories-Botanical Hall*, etc... *Medical Laboratory Building*, permettent de soupçonner dans quel splendide cadre se trouvent ces monuments dont l'ampleur n'exclut point la beauté.

Une vue du " *Massachussetts Institut of Techolnogy* " de Boston (*fig. 5*).

FIG. 5. — L'Institut technologique du Massachussetts de Boston : vue d'ensemble.

Toute la partie principale est bâtie. Le département de Physique y est dirigé par le professeur Wilson, un ancien élève de notre École Normale Supérieure de Paris. Les laboratoires sont énormes et splendidement agencés. Un détail donnera une idée des ressources de cette institution. — La vie chère sévit aux États-Unis aussi. Le président de l'Institut M. Richard C. Maclaurin effectua un " *drive* " pour recueillir de quoi augmenter les appointements de son personnel. — En un mois, en septembre dernier, il trouvait et rapportait les 18 millions de dollars qui lui étaient nécessaires. — Harvard avoisine Boston; une coopération s'est établie entre les deux institutions, principalement pour les étudiants ingénieurs des spécialités : génies civil, mécanique, mines, métallurgie,

—24 Harisson laboratory of Chimistry;—25 Dental Hall;—26 Hygiène;—27 Physique; —28 Engineering building;—29 Franklin Field;—30 Grand Stand;—31 Gymnasium;— 32 Training house;—33 Droit;—34 Dormitories;—35-36 Graduate school;—37 Anatomie; —40 Architecture;—42-43-44-45-46 Dormitories.

(2) Projections faites par le conférencier.

génie électrique et hygiène. — Aux États-Unis le mot Université répond bien en effet à l'idée d'universalité des connaissances; aucune connaissance pratique n'est négligée : dentistes, opticiens qui plus tard vendront des bésicles, hygiénistes qui auront à combiner maisons et usines trouvent à l'Université des laboratoires très largement dotés où ils peuvent apprendre les connaissances nécessaires à leur art. Je citerai en particulier ceux de Columbia Uy, John Hopkins et Pennsylvania Uy, etc.... Résultats : aux États-Unis les soins de la bouche et des yeux ne restent pas l'apanage de la seule classe instruite et aisée. — Ajouterai-je qu'une bonne dentition procure un bon estomac, partant un heureux caractère? Y aurait-il, par hasard, corrélation entre le bon entretien certain de la dentition des Américains et leur facilité à accepter et à suivre une discipline librement consentie?

Harvard aussi possède de grandes ressources. Son aimable président, malgré les devoirs de sa charge — (je lui fus présenté à la veille de la réception des souverains belges, alors que Harvard allait décerner le doctorat au cardinal Mercier) — me reçut avec une courtoisie et une affabilité dont j'ai gardé le plus vif souvenir. Le président Lowell, dont l'œuvre éducatrice aux États-Unis est considérable, entreprit lui aussi le “ *drive* ” de vie chère. C'est 20 millions de dollars qu'il collecta, en quelques semaines, pour Harvard.

A Harvard, je signalerai le Laboratoire de chimie physique (1) dirigé par le professeur Richards : un aspirateur disposé au sous-sol y filtre l'air du laboratoire. — L'atmosphère des salles de recherches, à double portes et double fenêtres est dès lors purifié. — Aucune poussière ne pollue les appareils. Le téléphone relie chaque salle à l'étage inférieur où sont les réserves de produits et verreries. En quelques secondes un ascenceur apporte au travailleur tout ce qu'il vient de demander.

A Boston, j'ai été reçu avec une cordialité extrême par un gradué d'Harvard, M. Donovan, Master of School d'une des principales écoles publiques de Boston (Adam's School). — J'avais eu la bonne fortune de lier connaissance, sur le paquebot, avec M. Donovan, un ami de la France qui en apprécie les idées et la vie au point de revenir, chaque année, séjourner à Paris. — Dès mon arrivée à N.-Y., avec une bonne grâce charmante et bien qu'il fût attendu par les siens, M. Donovan avait tenu à m'installer dans la métropole où je n'ai séjourné que 5 jours à mon arrivée. Je devais d'ailleurs, plus tard, visiter très complètement New-York. A mon retour j'y fus en effet retenu par la grève des dockers et obligé de remonter jusqu'à Montréal pour, de Montréal, regagner le Havre par le Canada.

Voici le nouvel Institut Électrotechnique de Yale University (1): sa salle d'essai des machines avec pont roulant. A Yale encore un superbe Institut de Physique, admirablement agencé, que dirige le professeur Bumstead :

(1) Projections faites par le conférencier.

l'entrée de l'Institut est décoré d'un magnifique médaillon du savant Gibbs, l'auteur de la loi des phases, qui y professa. La vue du « *Yale Bewl* » (1) montre comment nos amis d'outre atlantique comprennent les sports, s'y entraînent, quel intérêt ils y prennent. — A Yale toujours, un « *dining-room* », où les étudiants trouvent les repas à bon marché, et que l'Université entretient : c'est le plus vaste de ceux que j'ai visités. Tous les ans, un bal célèbre y est offert. On y vient de Chicago (3 millions d'habitants). Or Yale est à New Haven (135.000 âmes) dans le Connecticut à plus de 1.500 kilomètres de la capitale de l'Illinois.

Puisque je parle de Chicago, un mot de l'énorme « *University of Chicago* » — appelé encore l'Université Rockfeller. Voici une vue générale de « *The Quadrangles* » l'immense quadrilatère de 1.200 mètres de côté (*fig. 6*),

Fig. 6. — Ensemble de l'Université de Chicago, due à la libéralité de Rockfeller, dite : " *The Quadrangles* ". Immense quadrilatère de 1.200 mètres de côté, au milieu des verdures duquel s'élèvent les divers Instituts. Derrière, Chicago. A l'horizon, le lac Michigan.

entouré de parcs (Washington Park, Midway Plaisance) ou, à l'aise et toujours au milieu de verdure, de bosquets, de bouquets d'arbres ombreux, s'élèvent les laboratoires, les Instituts, palais comparables plutôt, — avec leurs tours sculptées, — à des cathédrales. — Le premier président de cette Université, Harper (1856-1906), ami de Rockfeller, reçut du milliardaire 32 millions de dollars pour bâtir l'Université. Derrière l'Université,

(1) Projections faites par le Conférencier.

l'horizon, le lac Michigan. — Dans le hall d'entrée de l'Institut de Géologie, quantités de splendides cartes en relief, de 2 m. 50 à 3 m. sur 2 m., c'est Chicago, ses 3 millions d'êtres, toute son activité formidable : tout à exposées sur des chevalets. — A l'Institut de physique, dirigé par le physicien professeur Michelson, j'ai vu fonctionner une machine à tracer les réseaux. Ces grilles, — imaginées par Fraunhofer, portant très régulièrement jusqu'à 800 traits par millimètre sur la surface d'une glace, cela sur une longueur de un décimètre et plus, — produisent des spectres splendides et très largement étalés (plusieurs mètres) des sources de lumière qu'elles analysent. — C'est Rowland qui perfectionna grandement les réseaux. A Baltimore, où Rowland enseigna, on montre encore la machine avec laquelle il traça des réseaux sur miroirs sphériques, comportant 500 à 700 traits au millimètre. — Ses élèves, ses successeurs, Michelson, Hall, King, devaient accroître encore ces résultats. En Californie, à Pasadena, je devais visiter un laboratoire où les réseaux de 800 traits par millimètre sont courants et nombreux.

Washington est une ville admirable dont la beauté dans la tranquillité repose des grandes métropoles épuisantes par leur formidable activité. — *The Catholic University of America* offre des parloirs, des pas perdus, des salles d'une richesse imposante. Tout à côté, *Trinity College*, établissement d'enseignement supérieur pour les jeunes filles dont les professeurs, des religieuses catholiques. ont organisé des laboratoires de physique, de zoologie, etc... dont bien de nos Universités françaises pourraient être fières. — *Georgetown University*, à Washington également, domine la Potomac. De ses terrasses, une vue superbe et infinie. A droite, les méandres boisées du fleuve, aux reflets étonnemment moirés par le mirage des rives accidentées. En face, les prairies et les bois qui entourent les hauteurs d'Arlington et son cimetière national. A gauche, toutes les beautés de la capitale : le monument de Lincoln, au milieu de prairies ombrées, en pente jusqu'au fleuve; — les parcs de *White-House* (La Maison Blanche) et d'*Executive Grounds*; — la pyramide élevée en l'honneur de Washington jalonnant « *The Mail* », luxueuse et large avenue qui, du Capitole, conduit au milieu de parcs, de parterres boisés, artistiquement dessinés et bordés de palais (*National Museum, Smithsonian Institution, Agricultural Departement, Medical Museum,* etc...) jusqu'aux rives verdoyantes du fleuve.

Ce monument de Washington est un obélisque en marbre blanc de 555 pieds (170 mètres environ). Un ascenseur intérieur mène au sommet. De là, une vue unique de la cité puisqu'on en domine les deux plus splendides et vraiment gracieuses artères, ainsi que le fleuve et toute cette admirable contrée de Virginie qui encadre la capitale de l'Union.

Georgetown U^y doit, à la générosité d'un donateur, une station sismographique des plus complètes qui réunit quatre types d'appareils de la plus haute précision.

« *The Capitol* », où siège le Congrès, — Chambre et Sénat, est le plus imposant des monuments de Washington, au sommet de la colline boisée, toute couverte de palais, qu'il domine. De ses terrasses, en marbre, superposées, « *The Mail* », avenue splendide, déroule à vos pieds ses beautés. Sans en tenter la description je me contenterai des vues d'ensemble du front ouest (1). — Je projetterai également la vue de quelques-unes des nombreuses fresques qui le décorent (1) (l'apothéose de Washington, le Commerce, etc...), la vue de la porte de bronze de la rotonde, « *Rogers Bronze Door* », relatant la vie de Christophe Colomb (*fig.* 7) (le Conseil de

Fig. 7. — " *The Rogers Bronze Door* ", porte de bronze de la rotonde du Capitole à Washington. Les divers motifs représentent des scènes de la vie de Christophe Colomb.

Salamarque, l'audience de Ferdinand, etc..., Colomb dans les chaînes et sa mort).

« *Library of Congress* », la Bibliothèque nationale des États-Unis qui se

classe la troisième du monde après le British Museum et notre Nationale est d'une richesse, d'une beauté, d'une grandeur imposante. Voici le Hall central d'entrée (1) tout en marbre, sol, escaliers, rampes aux larges plafonds cintrés, réhaussés d'or et de fresques. — La salle de lecture est une rotonde à alvéoles octogonales, dont chacune réunit de larges spécialités accessibles à tous. Les livres sont amenés et remis en place mécaniquement. Elle est ouverte, sans interruption aucune, de 9 heures du matin à 10 heures du soir, et, dimanches et fêtes, de 2 heures à 10 heures du soir. — Richesse de décorations, confort, tout s'y trouve : au centre une coupole ornée de fresques circulaires; 12 larges écussons portent les noms de grands pays, surmontés de peintures allégoriques : la France, gracieuse jeune femme assise, méditant, drapée à nos 3 couleurs. — Dans les angles, des vasques de marbre. La poussée d'un bouton y produit un petit jet d'eau vertical, dirigé de bas en haut : on s'y abreuve sans pollution possible. Les cités américaines ont, à profusion, ces fontaines propres et pratiques.

Chicago aussi possède une splendide bibliothèque publique. C'est un palais tout de marbre, à plusieurs étages, aux vastes salles munies d'ascenseurs nombreux. La rampe de l'escalier principal est en marbre incrusté de mosaïques encerclées d'or. Elle est d'une richesse incomparable. — La grande salle de lecture domine le Michigan. De ses immenses baies vitrées une vue splendide repose le lecteur. Au tympan d'une des portes, cette pensée d'Emerson : « *Les livres sont les choses dont on peut user et abuser.* » Aux étages, dans les couloirs menant aux ascenseurs, de grands cadres bien éclairés : mille conseils d'hygiène, de soins à donner aux enfants, à la préparation des aliments. Toujours l'utile, le pratique et en bonne place.

La bibliothèque Centrale de N. Y., énorme également, est à la fameuse 5e Avenue, 42e Rue, au centre des beaux quartiers de N. Y. C y, 45 succursales, réparties dans N. Y., y sont reliés. Sa collection (1.180.000 vol.) est ainsi, par automobiles et journellement, mise à la disposition des lecteurs des succursales. — Une salle du rez-de-chaussée est un vrai musée de l'art de l'imprimerie, de la gravure sur bois, sur pierre, sur zinc. Ses vitrines claires, bien agencées sont ordonnées avec un soin méticuleux, un talent d'exposition complet. — Au rez-de-chaussée encore, une immense salle présentant, sur de grands panneaux verticaux en bois, toutes les collections de toutes les affiches de la grande guerre, françaises, anglaises, russes, allemandes, chinoises, japonaises, tout y est. — J'y ai retrouvé toutes nos affiches d'emprunt, tous les efforts de propagande si nombreux, si divers, que mille sociétés, firent en France pendant la guerre. — En voici deux notées : une, allemande; une carte d'Allemagne où, en traits rouges, très clairement, sont indiquées les avances des armées de Condé,

(1) Projections faites par le conférencier.

1674, de Turenne, 1674, de Pichegru 1794, de Jourdan 1793, de Moreau 1796, de Napoléon 1805, 1806, 1809, de Bernadotte, de Murat et de Soult en 1806. — Une encore, française, très vibrante; c'est intitulé : Les voix des grands tribuns du peuple; *Blanqui* : « Toute opposition, toute contra« diction doit disparaître devant le salut commun. Il n'existe plus qu'un « ennemi, le Prussien. » — *Jaurès* : « L'ultimatum à la Serbie constitue le plus « monstrueux des crimes. Si nous étions indifférents à l'honneur, à la sécu« rité, à la prospérité de la France, ce n'est pas seulement un crime contre « la Patrie que nous commettrions, mais un crime contre l'Humanité, car la France, une France libre, grande et forte est nécessaire à l'humanité. » — *Vaillant* : « La Paix que nous voulons, ce n'est pas la paix précaire immé« diate, cherchée par l'Allemagne pour se garer de la défaite. — La Paix « que nous voulons, c'est la Paix française, la paix des Alliés qui, conquise « par notre victoire, assurera sur les ruines de l'impéralisme allemand la « liberté des peuples et l'autonomie des nations. »

Le talent, le soin et le sens pratique de l'agencement des musées américains sont inimaginables. Nos musées, en France, hélas! ne peuvent nous en donner aucune idée. — Les nombreuses salles égyptiennes du Museum of Arts de N. Y. présentent tous les détails intérieurs et extérieurs des pyramides. L'une d'elle est une reproduction à échelle assez grande pour que les visiteurs y puissent pénétrer. — La reproduction, en modèles de 3 et 4 mètres de haut, du Panthéon, du Parthénon, de Notre-Dame-de-Paris, avec ses détails, de la Cathédrale de Sienne. A côté, des albums complets de photographies. Au point de vue de la culture artistique, le procédé est sans doute un peu factice. — Rien n'équivaut la contemplation directe des chefs-d'œuvre. — Mais au point de vue éducatif et instructif, je dois avouer la profonde impression que me firent la visite des collections du Museum d'histoire naturelle de N. Y. — Une douzaine de grandes photographies du cœur, avec le schéma de la circulation, par exemple. Une petite boule, rouge ou bleue, armée de flèches indique le trajet du sang veineux et du sang artériel. C'est admirable de détails, de précision, de clarté. Un homme du peuple contemplait ces superbes photographies sur verre, bien exposées à la lumière du jour. Il ne put retenir son plaisir et l'exprima. En moins de temps que je ne viens d'employer à décrire imparfaitement cette exposition, il avait compris. — Et il y a mille et mille autres expositions d'un enseignement profond et parlant. Un village de flamants roses, sous une immense vitrine d'environ $5^{m} \times 10^{m}$, avec une toile de fond, aux détails soignés, donnant l'impression du recul, représente toute une troupe de ces échassiers. Au premier plan sur une profondeur de trois mètres, ces oiseaux empaillés dans vingt positions marchant, courant, couvant, donnant la becquée, éduquant leurs petits. Combien d'autres exemples : la pullullation des mouches, le travail des abeilles, etc. etc.

Au même musée encore, « *Tide Pool* », une mare d'eau de mer, impressionne par sa vérité. Quelle puissance de vie, de précision, d'enseignement surtout, ont toutes ces choses ! — A noter encore, les musées vivants, tel le *Zoological Park*, le splendide aquarium de *Battery Place* (N. Y.) : toute une galerie des poissons de l'Atlantique et du Pacifique ; *cate-fish*, *lady-fish*, et tant d'autres, aux moires et aux couleurs indescriptibles, offerts aux yeux curieux qui contemplent leurs évolutions.

Quelques mots encore concernant les Universités. C'est Berkeley, la grande Université du Far-West dont je voudrais vous donner une idée. Elle domine cette baie de San-Francisco, offrant au regard l'un des plus beaux spectacles du monde. Dès l'arrivée à Benicia, lorqu'en moins de cinq minutes le train est transporté, tout entier, en deux rames amenées sur un bac en attente, — de l'autre côté de la baie de San-Pablo, le voyageur reste émerveillé de la manœuvre rapide et du cadre splendide. Mais lorsque arrivé à Oakland, descendu définitivement du pulmann-car, il est transporté par un ferry-boat spacieux à San-Francisco même, ses yeux ne suffisent plus à l'admiration de la féerie de beautés naturelles qui l'entourent et que présente la traversée de la baie de San Francisco. — Vingt fois, j'ai traversé la baie de nuit, de jour, toujours impressionné par la beauté, la poésie intense du spectacle dont la grandeur en impose au moins cultivé. Voici une vue bien imparfaite de cette baie. En face, s'appuyant à la montagne, à Berkeley *(fig. 8)*, l'University of California. La projection

Fig. 8. — Vue générale de San Francisco et de Berkeley. — L'Université de Californie est à Berkeley en face San Francisco, appuyée à la montagne, dominant la baie Pacifique.

de quelques vues des principaux bâtiments (1) vous indiquera mieux qu'une description imparfaite, quel cadre de verdure, de fraîcheur et de beauté naturelles enserre ces temples de l'étude et de la recherche scientifique (*fig. 9*). Je visitai le bel institut de Physique que dirige le professeur

Fig. 9. — L'Institut de Mécanique et d'Électrotechnique de l'Université de Californie à Berkeley (San Francisco) parmi la végétation tropicale de ces régions.

Lewiss et j'admirai un superbe réseau lorsque midi sonna. — De la tour de l'Université « *The Sather Tower* » (307 pieds, 100 mètres), un chant argentin s'élève. C'est le carillonneur qui actionne les cloches. Tous les jours il en varie le chant. Il a d'ailleurs appris son art à Bruges. — Douze cloches de diamètres différents (la plus lourde pèse 8.400 pounds — 3.800 kg.), aident aux variations de ses inspirations. — Le son des cloches m'attira aux fenêtres. Sous les peupliers de Californie, au milieu de mille fleurs et de parterres ombreux, un grand nombre de jeunes gens se reposaient un instant. L'Université est mixte; au 15 septembre dernier les inscriptions des étudiants (filles et garçons) s'élevaient à 8.608 dont 825 gradués. Le Collège des Lettres et Sciences en comptant 1962; — les cours de physique, 1660; — les candidats pour le Ph. D. 83. — Il avait été conféré en juin 1919, 983 grades. Ces détails appellent un exposé de la manière dont se font les études aux États-Unis.

(1) Projections faites par le conférencier

Le jeune américain, de 6 à 14 ans suit la « *Public School* » ; — il n'y a pas, comme chez nous, deux jeunesses, deux éducations, deux cultures. D'où des mœurs réellement démocratiques, un homme vaut un homme là-bas ; — chacun y a sa chance et s'y distingue par sa propre valeur et son travail, également aidé par les ressources intellectuelles que j'ai montrées.

De 14 à 16 ans ou à 18 ans, la « *High School* », souvent gratuite.

Puis vient l'Université : B. A., bacheliers (1), M. A. master of arts, — 2 ans ; — Ph. D., docteur en philosophie, 2 autres années, — en tout 4 ou 6 ans. A 22 ans, l'instruction est terminée. — Les grades de bachelier et de docteur sont assez fréquents. — On décerne les Ph. D. pour beaucoup de branches du savoir, sciences, lettres, ingénieurs de diverses techniques, etc... Le grade de M. A., n'est guère recherché que des futurs candidats à l'enseignement. — Le baccalauréat américain est nettement plus élevé que le nôtre, et les connaissances qu'il réclame, pratiques, acquises à l'Université, en fréquentant ses laboratoires, sont autrement sérieuses. — Par contre le grade de M. A. qui équivaut à nos licences, leur est inférieure, du moins dans ma spécialité ,la physique.

Berkeley compte environ 850 maîtres, du Professeur au lecteur (2), pour près de 9.000 étudiants.

Sur les 8.608 étudiants des deux sexes, inscrits à Berkeley au 15 septembre dernier, plus de 1.000 suivent les cours de français. Avant la guerre, à peine une centaine apprenaient le français. Je tiens ces renseignements du professeur Richard Th. Holbrook qui dirige l'enseignement de notre langue à Berkeley.

Voici le « *College of City of N° Y.* » (3) entièrement gratuit (4). C'est un splendide bâtiment à l'allure de cathédrale qui domine tout un quartier de N. Y., vers 125e Rue W., où près de 800 élèves étudient gratuitement.

On le voit, l'influence des Universités et de toutes les institutions d'en-

(1) Dans les Universités qui prennent les jeunes gens à 14 ans, le débutant ou *undergraduate* est successivement désigné par les termes : *freshman* (nouveau) ; *sophomore* (savant-sot) ; *junior* ; puis *senior*. Au bout des 4 ans, à 18 ans en général, il est B. A. ; on le nomme alors *graduate*.

(2) Ces 850 maîtres se répartissent en 100 professeurs, 100 associates professors, 100 assistants professors, 250 instructeurs et 300 moniteurs ou lecteurs.

(3) Le président de l'Alliance française à N. Y., M. J. Leroy White en est le directeur. M. Weill, professeur de français et secrétaire de l'Alliance eut l'initiative, lors de ma visite, de me faire raconter mon voyage à ses jeunes élèves qui m'en ont envoyé une rédaction, rédigée par eux, en français. J'ai trouvé, dans ces rédactions, des qualités d'initiative et d'humour remarquables. — A propos de l'Alliance française, je signalerai le rôle important de cette organisation. Il est regrettable que ses moyens financiers ne secondent pas mieux par l'activité si grande de MM. J. Leroy White, F. Weill ainsi que celle du vice-président de cette association, M. Alexandre T. Masson qui est bien l'un des américains parlant le plus correctement le français avec lequel il m'a été donné de converser.

(4) Projections faites par le conférencier.

seignement et d'éducation est énorme là-bas. Les présidents d'Universités sont des personnages et des valeurs. Leur pouvoir, — qui s'appuie sur les Comités de trustees, diversement composés suivant que l'Université est subventionnée ou non par l'État ou le Gouvernement, — leur pouvoir est très grand. Ils nomment et révoquent, en fait, les professeurs. Aussi l'indépendance du professeur est-elle bien moins assurée que chez nous. Par contre l'enseignement est bien plus régulier, plus discipliné, plus suivi. La besogne du professeur, même du professeur d'Université, est énorme là-bas. — L'élève de la *High school*, comme l'étudiant sont suivis pas à pas et bien plus complètement. — En France, nous constatons le travail, nous encourageons l'intelligence, en un mot, nous formons des élites. — Aux États-Unis, *je ne crains pas de l'affirmer*, le grade n'est pas la consécration du savoir unique, ou du succès à l'examen. C'est le couronnement d'une certaine valeur moyenne, valeur intellectuelle et valeur morale. — Un étudiant dont la conduite prête à critique réussira difficilement à obtenir un diplôme. — Voilà le résultat de l'immense effort de protection et d'éducation créé là-bas autour de la jeunesse; les *dormitories* et les *dining-room*, malgré la complète liberté qu'ils laissent au jeune homme, n'en créent pas moins l'atmosphère moyenne en dehors de laquelle la vie universitaire comporte peu d'excursions. — Aux États-Unis on forme des moyennes, de belles et solides moyennes, des jeunes gens, bien musclés, bien normaux, bien instruits, qui font ensuite la nation. Nation où les efforts continus, — qui, pour certaines Universités, datent parfois d'un siècle et plus, — disciplinés d'ailleurs, avec la liberté, produisent ces résultats qui nous étonnent.

L'Américain n'est certainement pas plus travailleur que le Français. J'inclinerai pour l'inverse. Je ne crois pas me laisser abuser par le chauvinisme en déclarant qu'il n'y a pas de peuple plus travailleur, plus enthousiaste de son travail que le Français. Songez à nos paysans, à nos paysannes durant la guerre, à tout l'effort formidable de notre peuple pendant les cinq dernières années et en particulier au cours de 1914, de 1915, quand le pays tout entier, seul, sut se raidir assez puissamment contre la ruée allemande. Un peuple capable d'un tel effort, est un peuple chez qui le travail est une longue et ancienne tradition. — Mais, aux États-Unis, le travail social, accepté avec une discipline librement consentie, guidé par des dirigeants qui sont tous bien à leur place, rend. Il rend beaucoup. — C'est caractéristique, là-bas : je n'ai pas vu d'exemples notoires d'incompétence; on n'a pas pu m'en trouver ou m'en citer aucun. « *The right man in the right place* » est réalisé. En somme, vous ne trouvez point dans les laboratoires de physique des Universités américaines, les seuls qui, avec les bibliothèques retinrent plus particulièrement mon attention, soit dans les nombreuses universités que j'ai visitées, soit à Smithsonian Institut, à Carnegie Institution ou au Bureau of Standars de Washington, d'appareils, de machines, de moyens nouveaux, qui nous soient inconnus. Nullement. Mais nos moyens, nos ressources, nos outils sont multipliés par mille et plus, là-bas. Je n'exagère point. Aussi, la pénétration de la vie scientifique dans la vie américaine est extrême. L'application scientifique est de tous les instants. Elle s'aperçoit, pour ainsi dire, à tous les coins de rues. L'Américain est tellement bien outillé en tous les domaines, que tous ses gestes sont féconds. C'est en grand et dans la pratique l'application du principe de la moindre action, de la moindre action et du meilleur rendement. Que nous avons à apprendre d'eux à ce point de vue! Notez d'ailleurs que la réciproque est vraie. Ils ont beaucoup à connaître de nous. Un des buts principaux de ma mission était de dériver vers les Universités françaises le flot d'étudiants américains qui, avant 1914, allaient parfaire leur éducation en Allemagne.

« *Au contact de vos maîtres et de vos étudiants* », disais-je à Berkeley, en Californie, au cours d'une conférence à l'Institut de physique, « *les nôtres* » *acquerront l'esprit pratique, la décision rapide, la réalisation immédiate* » *qui distinguent si fortement votre race. En contact avec nos jeunes gens et* » *avec nos méthodes d'exposition, vos jeunes hommes apprécieront l'esprit de* » *clarté qui distingue et souligne la science française, comme aussi l'utilité* » *des larges synthèses dont les aperçus élevés, en envisageant d'un seul coup* » *tous les aspects de la connaissance, aboutit à la découverte de ces vastes* » *champs d'utilisation qui alimentent ensuite des domaines d'application si* » *variés.* — « *Un exemple entre mille* », ajoutai-je. « *Si notre génial* » *Ampère, en créant l'électrodynamique, permit l'invention de l'électro-* » *aimant, cette merveille de féconde et si multiple utilisation, c'est votre Morse,* » *votre Henry, vos Hughes et vos Edison, vos Graham Bell qui surent en tirer* » *tous les admirables outils qui ornent si agréablement la vie pratique* » *actuelle, par les télégraphes, les téléphones et tant d'autres merveilles* » *qu'anime l'électro-aimant.* »

Il faut que nos jeunes hommes aillent parfaire leur instruction par un séjour de quelques mois aux États-Unis.

Je signalais l'influence des Universités. — Demandez à un Américain où il est né. Est-il venu jeune d'Europe. « *Je suis né à Paris*, ou *à Vienne*, ou *à Madrid*, répond-il, — mais », s'empresse-t-il d'ajouter, — « *je suis* » *Américain* ». Il prononce ce dernier mot, fièrement, en relevant la tête. L'énergie nationale implante fortement, chez l'immigrant même, le patriotisme américain. Et sans attendre, il ajoute souvent : « *Et j'ai fait* » *mes études à l'Université de X...* ». L'Américain n'oublie jamais l'Université, le Collège d'où il tient, non seulement l'instruction, mais aussi l'éducation. — Réussit-il dans la vie, il sera un donateur pour l'établissement auquel il rapporte en grande partie sa valeur. — Voilà tout le secret des ressources immenses que trouvent les Universités dans ce pays, de l'effort énorme d'enseignement que ses ressources permettent.

Il y a environ dix millions d'Allemands aux États-Unis, et non des moindres; eux aussi, ils sont Américains, mais sympathiques à l'Allemagne qu'ils ont, pour la plupart, quitté jeunes. Cette circonstance pesa fortement sur la lenteur de la décision américaine dans la guerre. — Beaucoup de présidents d'Universités étaient favorables à l'Allemagne, avant la guerre. J'en sais deux qui marquaient, en public, d'une manière qui fut parfois lourde, cette sympathie. L'un, en une conférence, relatait un voyage en Europe. Il appuya sur son passage *sans arrêt* à Paris. « *Je » suis passé à Paris* », dit-il, « *je ne m'y suis point arrêté. Je vais vous parler » de Berlin* ». — L'autre alla plus loin. « *Le Français* », énonça-t-il, « *est » petit, malingre, souffreteux, cela est dû à la consommation formidable » d'hommes que fit Napoléon. L'Allemand, par contre, est grand, fort, vigou» reux. — Voyez* », ajoutait-il, « *le fonctionnaire français arrivé récemment » ici, c'est un homme petit* ». Il appuya si fortement sur la prétendue dégénérescence française qu'il s'attira de la part d'un Américain francophile un démenti formel. — Lorsque la déclaration de guerre devint imminente entre les États-Unis et l'Allemagne, ces deux hommes, qui ne sont pas des moindres, firent nettement une violente campagne pacifiste. A tel point que, les hostilités déclarées, ils durent donner leur démission. — J'ai eu l'occasion d'être reçu par le successeur de l'un d'eux, qui a tenu à me marquer, d'une manière toute particulière, sa grande sympathie pour la France.

La guerre a très nettement orienté les sympathies des universitaires américains vers notre pays, — c'est une des constatations les plus nettes que j'ai faites. — Mais les Allemands tentent encore un énorme et nouvel effort. Ils savent que, par les Universitaires, ils auraient une puissante action sur l'opinion américaine. Sachons profiter de cette sympathie certaine que tant d'Américains ont pour notre pays. J'ai eu de nombreuses occasions à Washington, à San Francisco, à Boston notamment de m'en convaincre : la sympathie des jeunes Américains, de tous les Américains qui ont pu apprécier la France, pour notre pays, est extrême. — On a parlé des méfaits, à leur égard, de nos mercantis. Ils oublieront vite ces méfaits. Ils ont d'ailleurs eux aussi leurs mercantis : quelques pieuvres d'hôtel et de taxi dont il faut se garer. Mais l'impression que notre pays a produite sur nombre d'Américains, — sur ceux-là mêmes qui ont là-bas, un des plus féconds rayonnements intellectuels, — est immense. J'en ai été frappé, et je dirai bientôt ailleurs, à cet égard, les faits nombreux et les observations relevés.

Parmi les grandes institutions scientifiques, un mot concernant le *Bureau of Standard*, établi aux environs immédiats de Washington. C'est sans contredit, le plus spacieux et le plus complet des bureaux d'essais du monde entier : Chimie, Métallurgie, Physique, Électrotechnie, Chaleur, Arts divers de l'ingénieur, Constructions, toutes les questions de recherches et de mesures utiles y trouvent soit des réponses, soit de vastes laboratoires munis de moyens de recherches adaptés et capables d'en poursuivre la solution, souvent de l'atteindre. Voici un plan général (1) des bâtiments qui le composait en 1915. Depuis, deux autres buildings, dont un très important comportant trois ailes, y ont été annexés. Cet établissement est l'œuvre du docteur Stratton qui, depuis plus de 18 ans, y consacre un dévouement sans égal, une science consommée et une activité comme un sens pratique extrêmes. La vue de cette machine d'essai (1) pour larges colonnes métalliques donnera une idée des moyens que cet établissement possède. On juge par-là du sens pratique des ingénieurs américains. Au lieu de calculer, sans pouvoir souvent évaluer tous les aléas, ils réalisent un type déterminé, susceptible d'être produit en série, et ils l'essaient directement tel que l'usine le fournit réellement. Au moment où je visitais le Bureau, en septembre dernier, des essais des plus intéressants sur les roues de wagons en fonte, non cerclées, s'y poursuivaient.

Quelques mots aussi de la *Carnegie Institution of Washington*, qui comprend les départements de *Experimental Evolution*, à Cold Spring Harbor, Long Island, N. Y.; de *Botanical Research*, à Tucson, dans l'Arizone; d'*Embryologie*, à John Hopkins, Medical School of Baltimore; de *Nutrition Laboratory*, à Boston; de *Marine Biology*, à Princeton; de *Terrestrial Magnétism*, aux environs de Washington; de *Geophysical Laboratory*, également à Washington, Upton Street; de *Meridian Astrometry*, à Albany (N. Y.): du *Mount Wilson Solar Observatory*, à Pasadena (Cal.), et d'*Historical Research*, à Washington. — Les résultats des travaux de ces divers laboratoires, qui, — on le voit, sont répartis de tous côtés, aux endroits convenables, dans l'Union, — sont réunis dans un superbe palais, vrai musée, dont l'aimable secrétaire, M. Walter M. Gilbert, me montra les richesses. — Ici encore le luxe et le soin d'exposition signalés plus haut, distinguant tous les musées américains qui sont, non pas des nécropoles, mais des expositions soignées, des leçons de choses vivantes, d'une grande puissance d'éducation dans le sens total du mot. — J'ai visité le laboratoire du Département de Magnétisme terrestre, établi, loin de toute action troublante, à *Broad Branch Road*, au milieu des bois. Les savants qui, sous la direction de M. L. A. Bauer, travaillent à ce laboratoire de recherches, ont solidarisés leurs efforts et leur ingéniosité. Ils sont arrivés à combiner tout un matériel des plus précis pour la mesure des constantes magnétiques. J'ai admiré un nécessaire, particulièrement pratique, construit au laboratoire, à quelques exemplaires, et dont les instruments contrôlés, ont donné toute satisfaction aux expérimentateurs, au point de vue de l'usage, dans diverses régions, aussi bien dans les déserts où souffle le sable que dans les régions polaires où sévit l'humidité. Le petit galvanomètre

(1). Projections faites par le Conférencier.

Thomson que comporte ce nécessaire, vraie merveille d'ingéniosité, de soins et de précision, a 25 centimètres de hauteur totale et 7 centimètres de diamètre. L'ensemble de la boussole, 20×25 centimètres. Un cadre tournant dans le champ terrestre, bijou de précision, a 12 centimètres de diamètre. L'encombrement total, 20 centimètres de hauteur. La suspension du cadre tournant est en agathe. Le galvanomètre, à suspension de fil de quartz de 1/300 millimètres de diamètre. Ces appareils ont en particulier servis au cours des croisières du bateau non magnétique *Le Carnegie* qui a établi un réseau des plus serrés de mesures magnétiques en tous les points des océans. Ce navire, dans la construction duquel il n'est pas entré un milligramme de fer, a couté 115.000 dollars, 1 million et demi au cours actuel, 575.000 francs au cours normal.

Quelques chiffres donneront une idée des ressources consacrées aux œuvres d'enseignement et d'éducation.

Le budget de New-York, en 1909, était, pour l'enseignement, de 30 millions de dollars. Il a été, l'année dernière, en 1919, de 87 millions de dollars. Il a triplé en 10 ans. Je tiens ce détail du professeur Weill de *College of City of N. Y.* On peut d'ailleurs le contrôler dans « *Almanach and Encyclopedia* » de *The World*. Voici un tableau, extrait de la brochure « *Old Penn and other Universities* », publié par la classe de 89 à l'occasion de son vingtième anniversaire, en 1909. « *Old Penn* », c'est le vieux Pennsylvania, leur alma mater respectée, pour laquelle ces anciens étudiants, devenus des hommes mûrs, font encore de la publicité (*fig.* 10).

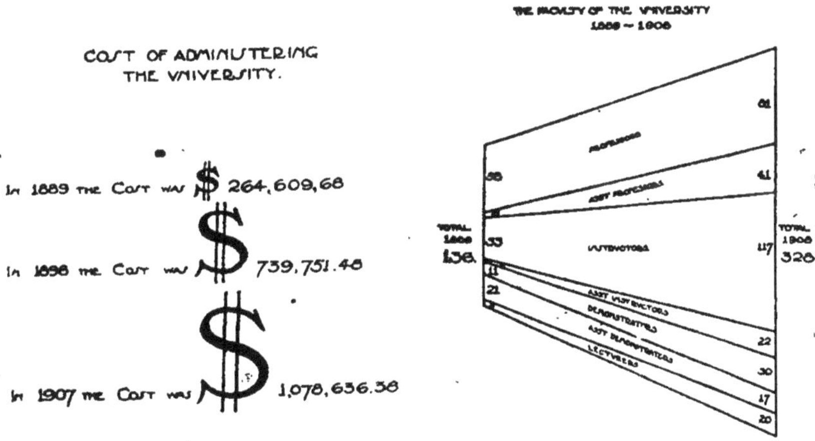

FIG. 10. — Schéma et graphique extrait de " *Old Penn* " brochure éditée en 1909, par les étudiants de la classe 1889 de l'Université de Pennsylvanie (Philadelphie), à l'occasion du vingtième anniversaire de cette classe.

Universités.	Nombre d'étudiants.	Dotation.	Dotation par étudiant.
Columbia	5.675	28.542.000 $.	5.029 $.
Harvard	5.342	21.011.000 —	3.933 —
Yale.	3.466	10.561.000 —	3.040 —
Cornell	4.700	8.800.000 —	1.874 —
Princeton	1.200	4.000.000 —	3.333 —
Pennsylvania	4.536	3.438.000 —	730 —

Avec beaucoup d'à-propos les auteurs font remarquer qu'alors que chaque étudiant immobilise 5.029 dollars du capital à Columbia, à Old Penn il ne stabilise que 730 dollars. — Une noble émulation, qui — nous l'avons vu pour Harvard (Cambridge) et Boston, — n'exclut pas la coopération, anime toutes les Universités. Ici point de cloisons étanches ; on ne s'ignore point d'une porte à l'autre. Bien des fois, au début de mon voyage, — l'Université étant en vacances, ce fût le professeur de Chimie, présent, qui me fit visiter, en détail, les laboratoires de Physique.

Il n'en va pas tout à fait de même chez nous. — N'a-t-on pas récemment parlé de consacrer 175 millions au développement de l'Enseignement supérieur et à la dotation de nos laboratoires qui stagnent partout, dans des conditions misérables de confort et de crédits. — Je sais une Université où l'on se propose d'utiliser pour 5 à 600.000 francs au moins de ces crédits à déplacer une Faculté des Lettres qui en :

	1899-1900	1909-1910	1912-1913
enseignait, au 30 juin :	115	137	232 étudiants,

et en 1919-1920 (10 février), 149 étudiants seulement. La Faculté des Sciences, dont les étudiants ont triplés en nombre dans certaines disciplines depuis 1914, ne reçoit aucune réponse à la demande de ses services. On refuse 40.000 francs pour une extension demandée, mais on va engager pour 5 à 600.000 francs de pures dépenses somptuaires. Autre fait : Intelligemment, un de nos maîtres d'Université qui dirige d'importants services de Chimie, avait eu l'idée d'utiliser, en les agrandissant, ses laboratoires, d'y occuper ses nombreux étudiants à la production industrielle de tous les produits que, dans l'Académie, lycées, collèges, écoles normales, primaires et primaires supérieures y dépensent : savons, encres diverses, cirage, blanchissage industriel (eau de Javel), etc..., installations électriques encore pouvaient être assurées économiquement et avec profit pour l'enseignement industriel. — On lui a opposé les sacro-saintes formules de la comptabilité officielle et l'impossibilité de les modifier.

Que l'on étende donc, sans lésiner, en France, les services universitaires, *tous les services universitaires*, Facultés des Lettres comme Faculté des Sciences, — *tous* ils sont à l'étroit. Mais que surtout on omette point de doter largement, *très largement*, les laboratoires, tous les laboratoires. — Des millions et des millions dépensés là, ce sont des milliards et des milliards qui se récolteraient dans moins d'une génération.

Voyez la richesse non seulement agricole, mais industrielle des États-Unis, leur activité féconde. — Depuis longtemps, — (Harvard fêtera son tricentenaire dans 16 ans, elle date de 1636), — c'est par millions de dollards qu'ils dépensent pour l'Éducation et pour l'Enseignement.

Et puis aussi qu'en France on nous débarrasse donc des rouages inutiles. Qu'on les supprime. Leur suppression serait une économie comme celle de toutes fonctions qui ne font que transmettre sans jamais prendre, *ni pouvoir prendre d'ailleurs*, aucune initiative, aucune responsabilité. Ce sont des boîtes aux lettres qui coûtent très cher, dont la pérennité est inexcusable au siècle des chemins de fer, du téléphone et de la machine à écrire. Combien de fonctions inutiles, dans notre université, d'inspectorats, de professorats même qui font double emploi dans les enseignements répétés de Facultés en Facultés, de Ministères en Ministères. Non pas que je préconise des présidents d'Université plus ou moins omnipotents. Notre génie libre ne s'assortirait point à copier servilement les Universités américaines. Ce fût une grande faute, naguère, de copier trop exactement les Universités allemandes. Je ne me laisse inspirer par d'autres sentiments, ici, que le bien, certain, loyalement recherché, du pays. Ce que je dis pour nos rectorats et inspectorats, je le répète pour nos Conseils d'Université. — Qu'on me montre une seule œuvre vraiment féconde, puissante, qui, en toute justice, puisse être rapportée à un de nos Conseils d'Universités. Ce sont en général trop souvent d'inféconde réunions où de petits intérêts s'affrontent, où des efforts louables mais stériles parce que opposés, s'annulent. Ni cloisons étanches, ni petites chapelles. Renversons ces barrières factices d'enseignement primaire, secondaire, supérieur, technique, agricole, industriel, etc., que prétendent jalousement se disputer deux, trois et quatre directions, dans deux, trois et quatre Ministères, dont les efforts se contrecarrent et s'opposent. Ce système annhile constamment et fatalement l'activité des hommes de valeur, *que je n'attaque nullement ici* et qui sont chargés de ces directions, de ces rectorats, de ces inspections et dont je reconnais tous les intelligents, mais impuissants, efforts.

Suppression donc des rectorats, des inspectorats divers, généraux, d'Académie et autres, de notre enseignement. Une preuve bien frappante de la vétusté du rouage de l'inspectorat d'Académie : Consultez les annuaires téléphoniques de nos chefs-lieux : aucun inspecteur d'Académie ne possède le téléphone, non seulement *au privé*, mais même parfois à son bureau. Tout au plus est-il, en certaines rares préfectures, relié *intérieurement* par téléphone, au bureau du Préfet. Ainsi ces fonctionnaires dirigent, contrôlent, s'informent sur tous les instituteurs d'un département, sans même avoir le téléphone. C'est à pied, par la poste, en prenant de rares chemins de fer, qu'ils surveillent et sont en relation avec les écoles nombreuses du chef-lieu, avec celles du département. Alors la paperasse multiple, poussiéreuse, parfois désordonnée, sévit à outrance. Aux États-Unis, il est rare de ne pas trouver le téléphone, *au privé*, dans les intérieurs les plus modestes. Je sais des américains de New-York qui, *chez eux et non à leurs bureaux*, n'ont point de salon, mais ont le téléphone. On compte sur les doigts, en France, les laboratoires de Facultés qui ont le téléphone ; c'est tout à fait rare d'y rencontrer une machine à écrire.

Suppression aussi de bien des chaires voisines à double emploi et qui souvent s'ignorent bien que placées côte à côte dans les Facultés de Droit et des Lettres, dans les Facultés de Médecine et des Sciences, — chaires qui n'ont souvent été fondées que pour des convenances personnelles. — Suppression encore et surtout de tant de petits collèges anémiés, qui, péniblement, entretiennent un cortège de professeurs et de fonctionnaires, jusqu'à ce jour chichement rétribués, pour arriver malaisément à nous envoyer un, deux ou trois bacheliers par an, candidats futurs eux-mêmes au professorat de collège et qui, ratés, ne pourront faire que des plumitifs aigris. Ces malheureux collèges sont nés, le plus souvent, ou de la surenchère électorale, ou d'un particularisme de clocher qu'il est tout à fait urgent de briser.

Voilà des économies à faire. A faire ? Non. A reporter. En instruction, en enseignement, il ne faut pas faire d'économies. Il faut dépenser, dépenser largement.

Et puis, ces suppressions faites, les organes d'enseignement largement dotés en professeurs bien payés, en laboratoires bien agencés, munis de tous les perfectionnements, de tous les moyens de vie active, réunissez directement, les Doyens, les Directeurs, les Proviseurs, par les moyens analogues à ceux employés dans les grandes cellules commerciales et industrielles, avec les services centraux. Suppression et simplification des paperasseries, des méthodes archaïques datant des diligences.

La surveillance de l'activité du Collège, du Lycée, de la Faculté, au moyen de tableaux simples, clairs, précis, sincères et vivants surtout, *d'ailleurs peu nombreux*. Un établissement semble-t-il décliner ? Que le Ministre désigne un inspecteur *temporaire*, choisi parmi les maîtres qui se sont distingués par leur capacité d'organisation et de méthode, qui ira réformer, réorganiser, pénétrer de vie nouvelle et active la cellule anémiée, ou qui jugera si elle ne doit pas être vivifiée par sa réunion avec une cellule voisine. Mais pour que cet inspecteur ne devienne point un mandarin bientôt inactif, souvent pernicieux (cela avec la meilleure bonne volonté du monde) il est indispensable qu'on ne le fige pas dans des fonctions uniques d'inspection. Il faut *absolument* qu'il participe lui-même à la vie active de l'Enseignement. Comment, sans cela, en contrôlerait-il, *utilement* les rouages ?

Un enseignement large, largement doté, largement actif, qui fasse circuler dans la nation toute entière le sang généreux du savoir, de la science, de la connaissance généralisée, des méthodes vraiment scientifiques et non pédantes, ni des recherches de la 18e décimale. Alors, mais alors seulement, notre corps Universitaire deviendra autre chose qu'un cortège de coûteux mandarins s'épuisant en efforts souvent opposés et avec la meilleure foi et la meilleure volonté à des besognes stériles. Il vaut mieux payer 50.000 francs un savant fécond, un ingénieur utile, un professeur vivant que 2.000 francs un ou même plusieurs plumitifs inutiles et paralysants. Le pays gagnera à la large activité de l'un, et aussi à la suppression de l'inaction nuisible des autres qui pourront d'ailleurs s'employer à mille autres besognes plus utiles, plus lucratives même pour eux.

De grâce, que l'on donne de l'air à la France !

Et vous jeunes hommes, jeunes étudiants, jeunes français, ne vous figez pas plus longtemps dans le culte louable, mais insuffisant, de notre tradition. Ne croyez pas que le monde finisse à votre Place d'armes.

Allez à l'étranger, aux États-Unis, parfaire votre instruction, votre apprentissage, vos connaissances pendant quelques mois, un ou deux ans, si vous le pouvez. Vous retournerez ici, plus valeureux, plus savant, au sens réel de la vie, car vous aurez des éléments de comparaison, partant des éléments d'action.

Et surtout n'arrivez point là-bas avec des idées toutes faites et préconçues sur le pays. — Observez. — Observez avec soin. — Il y a matière. N'imitez pas un jeune français que je rencontrais, quelques jours avant mon départ de New-York et qui, bourré de lectures sur les États-Unis, depuis la veille seulement, et pour la première fois, au nouveau monde, prétendait cependant tout connaître de l'américain et des États-Unis. Je n'assurerai point que le cadre des chapitres qu'il se proposait d'écrire sur son voyage ne fut déjà tracé. — Observez avec patience, malgré la première impression, un peu pénible pour nous, que produit la grande activité, activité soutenue, le sens très démocratique de la vie, l'égalité complète des rapports, toutes choses auxquelles nous sommes peu habituées. — Vous ne tarderez pas à dégager du silence agissant qui vous entoure (l'Américain est peu causeur), du choc constant que produit sur un esprit tant soit peu observateur, tant de choses nouvelles pour nous, mille et mille observations fécondes qui, par la comparaison, développeront fortement votre esprit et muriront profondément votre jugement.

Je vais essayer, sans littérature, par des chiffres résumés, de vous donner une idée des richesses de cette nation. Mieux encore, ces chiffres vous diront le sens pratique du peuple qui a créé ces richesses, qui les a fait surgir par un travail et une application méthodiques du sol même qu'il habite.

Les États-Unis sont les premiers marchés du monde pour :

Les grains, (Chicago) ;
Les farines, (Minneapolis : 300.000 habitants) ;
Le coton, (New-Orléans : 350.000 habitants) ;
L'acier, (50 0/0 de la production mondiale) ;
Le cuivre, (65 0/0 de la production mondiale) ;
Le fer, (42 millions de tonnes, sur 84 millions de production mondiale) ;
La fonte, (40 millions de tonnes) ;
La houille, (45 0/0 de la production mondiale, soit 660 millions de tonnes) ; les lignites du Texas, des Rocheuses, du Missouri, et de la Louisiane sont cependant exploitées.

Les récoltes américaines placent encore les États-Unis comme le premier pays agricole du monde :

Pour l'élevage, Chicago et Kansas City contrôlent le monde : 2 milliards de dollars.

Pour la récolte de céréales, 2 milliards de dollars, soit la production annuelle mondiale de l'or.

Les quantités produites en blé s'élevèrent, pour 1917, à 3 milliards de boisseaux.

Les quantités produites en sucre s'élevèrent, pour 1917, à 2 milliards 1/4 de livres.

La valeur des fermes est évaluée, pour 1917, à 20 milliards de dollars.

La valeur du cheptel est évaluée, pour 1917, à 8 milliards 300 millions de dollars, comprenant : 23 millions de vaches à lait, 43 millions 1/2 d'autres bovidés, 5 millions de mulets, 21 millions 1/2 de chevaux, 49 millions de moutons et 71 millions 1/2 de porcs.

On sait que l'Allemagne contrôlait le monde pour les matières colorantes. Les États-Unis se sont mis à l'œuvre, dans ce domaine d'ordre chimique et industriel. Alors qu'ils achetaient naguère 20 millions de dollars de colorants, les voilà qui viennent de dépenser par an, pour en fabriquer, 50 millions de dollars. — M. Thomas Norton, Directeur Central des Douanes, affirme, si l'on en croit *The World* que, cette année, les États-Unis fabriqueront tous les colorants dont ils ont besoin et que, dans cinq ans, ils commenceront à devenir, grandement, les fournisseurs du monde.

Faut-il rapprocher, de cet effort vigoureux, ce qui se chuchote, en France, concernant l'impossibilité où seraient nos industriels, de libérer résolument notre pays de la tutelle des colorants allemands. Cela bien qu'un capital de plus de 40 millions ait été réuni pour créer une industrie des colorants français indépendante ? — . Or, ne l'oublions point, les matières colorantes, industrie de paix, assurent la défense du pays puisqu'elles sont à la base de la fabrication des explosifs, industrie de guerre.

La marine marchande de long cours des États-Unis était inexistante avant la guerre. — Elle n'intéressait que les grands lacs intérieurs. — Le tableau suivant, où les tonnages sont rangés dans l'ordre de 1919 montre le formidable développement, qui n'a pas son second, des États-Unis durant la guerre.

Ordre d'importance : Actuelle :	en 1914 :		Tonnage en : 1914	1919
1.	1.	Grande-Bretagne.	20.500.000	18.500.000
	2.	Allemagne.	5.000.000	
2.	3.	États-Unis.	2.340.000	10.130.000
3.	6.	Japon.	1.700.000	2.750.000
4.	4.	France.	1.963.000	1.920.000
5.	8.	Italie.	1.450.000	1.860.000
6.	7.	Pays-Bas.	1.540.000	1.710.000
7.	5.	Norvège.	1.960.000	1.644.000
8.	9.	Suède.	1.040.000	920.000
9.	10.	Espagne.	896.000	792.000
10.	11.	Belgique.	355.000	291.000

Il n'est pas tenu compte, en ce tableau, de la répartition des navires allemands qui augmentera et modifiera, mais non profondément, les chiffres des marines alliés.

L'activité de l'américain est extrême. — Aux États-Unis chacun s'occupe de son affaire, de toute son affaire, sans s'occuper curieusement, inutilement souvent, des affaires des autres. — Aussi l'effort dans chaque ordre de chose est poussé jusqu'au bout, jusqu'au bout des capacités de chacun.

Je ne veux pas dire que tout y soit parfait. Loin de là. Chaque peuple a son génie propre. Qui égalera jamais la grâce et le goût français? Mais là-bas on ne se débrouille pas tant qu'on travaille. Un exemple particulier : Les huit heures sont à la mode aujourd'hui. Voici ce que j'ai constaté à leur égard : on fait huit heures, on fait huit heures à peu près partout; mais c'est réellement *huit heures complètes de travail effectif*. Un forgeron français, qualifié, qui travaille maintenant à New-York comparait : « *En France* », me disait-il : « *un quart d'heure au moins* » *de mise en marche, une demi-heure de casse-croûte, un quart d'heure de* » *déplacements inutiles au voisinage de et avant la clôture* ». — Aux États-Unis, le travail est silencieux, fécond par suite. Chacun est à ce qui le regarde, pas ailleurs. La coutume du solide repas du matin, et de celui, copieux aussi, du soir, exclut le midi, pour bien des occupations. Commerce, banques, toute l'activité débute à 8 heures ou 9 heures pour ne se terminer qu'à 4 heures ou 5 heures du soir, sans interruptions. Je rapporte ce que j'ai vu, ce que j'ai constaté et non point d'inutiles racontars.

Voici deux documents qui montrent l'achèvement du travail américain. L'un est un catalogue édité par « *International Students' House* » : Greating International, Friendly Relations : Le Foyer des étudiants étrangers de Philadelphie. C'est l'Association chrétienne de l'Université de Pennsylvanie qui créa et entretint ce foyer où, dès 1914, deux cent soixante-quatre étudiants, représentant quarante nations différentes, étaient réunis. Le catalogue est joliment illustré en anglais, espagnol, italien, français, allemand, chinois et très soigneusement édité. Ce sont encore quelques prospectus concernant les voyages et les excursions à faire en Amérique. On les trouve à profusion, gratuitement, dans tous les hôtels : au Steward, à San Francisco, des panneaux à casiers en offrent plus de deux cents différents, étalés bien en évidence. En voici quelques-uns : Niagara Belt Line, à la couverture de couleur sobre, huit perspectives des chutes ou du trajet et au revers un panorama-perspective de l'excursion ; San Francisco ; Seatle ; Yosemite ; Lake Tahoe, Mount Tamalpais, avec leurs couvertures aux couleurs voyantes, un peu criardes, mais dont les vues des sous-bois, des beautés naturelles, des points de vue de villes ou de palais, éveillent la curiosité et incitent au voyage.

Quelques aperçus du voyage aux États-Unis.

Les Américains sont très fiers de leurs chemins de fer. Ils ont raison. Ainsi, là bas, tout voyageur de nuit occupe une couchette. La longueur des trajets n'est pas la raison de cette différence. Le trajet de New-York à Washington est de l'ordre de durée et de distance de celui de Poitiers à Paris. Le train qui part de New-York à minuit et arrive à 7 heures du matin à Washington, ne comporte que des couchettes. Dès 10 heures du soir on peut s'y installer. Il n'y a d'ailleurs qu'une seule classe. A la vérité, pour les trains de jour, une légère différence existe entre le pulmann à *parlor-car* et *dining-car* et le compartiment ordinaire, mais, pour la nuit, pulmann-car et tourist-car ont la même combinaison. Leurs banquettes sont disposées en travers, de part et d'autre du couloir central, qui longe tout le wagon.

Ces banquettes, à deux places chacunes, se font, par couple, vis-à-vis. Elles sont démontables. Les garnitures des dossiers s'insèrent entre les sièges et transforment l'ensemble des quatre places en un large canapé-lit à deux places. Un tour de clef à la partie supérieure du plafond bombé, en bois verni, et celui-ci s'abaisse : c'est la seconde couchette, « *l'upper-berth* », qui se dispose au-dessus, retenue en place par deux fortes chaînes d'acier et fixée aux solives du canapé inférieur, le « *lower-berth* », par deux cordes de fer solidarisant le tout. D'ailleurs des cloisons de bois vernis, munies de mortaises bien ajustées, s'insèrent entre chaque couple de couchettes et isolent exactement les deux loges superposées des loges voisines. Ces cloisons sont à charnières. Ainsi, peu encombrantes, chacune d'elle prend place comme toute la literie de chaque loge (2 matelas, 2 couvertures, 4 oreillers) dans le creux du plafond mobile qui vient de s'abaisser. Il s'y trouve aussi les rideaux en toile verte épaisse qui ferment, par devant, chaque loge et s'agrafent, et se croisent de façon à fermer très complètement et indépendamment chacune des loges superposées. Deux porte-manteaux, un filet tendu sur les parois, deux lampes électriques logées dans les encognures et qu'on peut à volonté éteindre ou allumer. Voilà chaque chambrette constituée. Un pulmann-car qui contient dix couples de banquettes à deux places, soit 40 places assises, se transformera ainsi en 10 loges à 2 couchettes superposées, soit 20 couchettes. Il n'admettra donc, pour un voyage de nuit, que 20 voyageurs, sauf le cas de ménages car les couchettes sont assez larges pour être occupées à deux. Aux deux extrémités du pulmann, dont l'ensemble des 10 « *upper-berth* » et 10 « *lower-berth* » n'occupe pas toute la longueur, le couloir central tourne et devient latéral. Il ménage ainsi l'armoire de la lingerie (draps, serviettes, taies d'oreillers, etc.) et, en face, la fontaine, où de l'eau toujours fraîche, car à chaque station importante la glace en est renouvelée, est à la disposition du voyageur. Celui-ci puise l'eau dans un petit gobelet de papier sulfurisé, qu'un distributeur automatique lui fournit gratuitement. Le gobelet usagé est jeté dans une corbeille disposée au-dessous de la fontaine. Derrière la lingerie et dans toute la largeur du car (au couloir latéral près) le lavabo et les water. Sur l'Union Pacific, chaque lavabo, associé à un pulmnan-car, comprend : 4 larges cuvettes avec eau chaude, eau froide et distributeur de savon liquide; une petite cuvette spéciale à circulation hélicoïdale de l'eau, analogue à celle des cabinets de dentiste, pour le soin de la bouche; deux longs canapés, plusieurs glaces. — Au dessus des cuvettes, sur des consoles métalliques à claire voie, quantité de petites serviettes propres, pliées en triangle, que le porteur (généralement un nègre) préposé au service du car, remplace sitôt usage. — On jette les serviettes usagées dans des corbeilles métalliques fixées aux parois, à côté des cuvettes. — Le lavabo que je viens de décrire est celui des hommes. Il se trouve à l'une des extrémités du couloir central qu'une inscription bien apparente « *Men* » désigne. — L'autre extrémité du car comporte un lavabo, mêmement agencé, pour les dames « *Women* », identique, à l'autre extrémité du couloir central.

Tous les cars communiquent entre eux par de larges couloirs à soufflet. — L'attelage est d'ailleurs automatique pour toutes les voitures et pour toutes les lignes. Les portières fermées s'assujetissent par la tombée d'une trape de tôle qui obstrue le marchepied; ainsi les extrémités des voitures, munies de larges glaces, sont plus spacieuses. Inutile d'ajouter que toutes les voitures, absolument toutes, sont à bogies.

Sur les grands express de l'*Union Pacific* on trouve parlor-car, saloon-car, observator-car et fumoirs. — Le transpacifique que j'ai pris possédait même un cabinet de coiffure et une salle de bains. — Le saloon-car possède de confortables fauteuils à mouvement, disposés en file, le long de larges baies vitrées, occupant toute la longueur du salon. — Deux bureaux avec papier à lettres, encre, plumes, le tout gratuit. — Une boîte aux lettres, levée à chaque station. — L'observator-car est la partie extrême du saloon-car qui est accrochée en queue. Cet observatoire formant belvédère permet de jouir du panorama, si souvent grandiose, qui s'offre à l'arrière du convoi. — Que de splendides levers et couchers de soleil m'ont profondément ému, en cet observator-car, à la traversée de l'Arizone, de l'Utah, de la Névada, alors que le convoi serpentait à 2.500 mètres d'altitude au milieu de splendeurs indicibles. La ligne du Santa-Fé est moins luxueuse que le Grand Tronc, mais cependant aménagée sur le même plan général.

L'organisation des billets rend impossible l'encombrement des trains. En particulier, on ne pénètre dans le pulmann-car qu'en montrant son ticket d'*upper-berth* (jaune) ou de *lower-berth* (rose). Le jour, les billets sont récoltés par le conducteur du train entre chaque station, pour la station qui vient. Il y a un personnel suffisant et le service s'effectue avec une ponctualité remarquable. — J'ai parcouru 20.000 kilomètres sans jamais me trouver avec des voyageurs en surnombre.

Les Compagnies sont nombreuses aux États-Unis, deux et trois parfois assurent les communications entre les mêmes cités. D'où, par la concurrence, un luxe dans les gares. un confort et une organisation difficiles à imaginer. Dans les pulmann, comme dans les hôtels d'ailleurs, des allumettes, ces petits sachets dont les allumettes sont formées par les dents d'un peigne de carton à l'extrémité chloratée, gratuitement offertes au voyageur. La couverture porte des réclames. — Les voies traversent villages, agglomérations et grandes villes sans aucune clôture. Une cloche surmontant le dôme des locomotives, remplace nos sifflets, si stridents, si énervants; la nuit, on utilise aussi une sirène. Mais au passage des stations les cloches des trains qui se répondent et s'avertissent, jettent une note poétique dans le décor. — Non seulement, ainsi que je l'ai signalé, l'attelage automatique des wagons est généralisé, mais les signaux comme le fonctionnement des barrières, là où il s'en trouve, sont aussi automatiques. — La voie traverse l'une des plus belles rues de Pasadena. — Deux minutes avant le passage du train, un disque rouge, éclairé la nuit, prend un mouvement rapide d'oscillation. Ce disque domine une cloche que le balancement fait tinter bruyamment. En même temps les barrières, formées chacune de deux longs et légers triangles de bois, très acutangles, s'abaissent et se rejoignent automatiquement de part et d'autre de la voie. La cloche continue à tinter en même temps que se balance son large disque rouge qu'automobilistes aperçoivent de loin. Mais le train passe en vitesse et une demi-minute après, les triangles se relèvent, le pendule s'accroche à l'extrémité d'un balancement, la cloche cesse, prête à se déclancher automatiquement à nouveau, au prochain convoi.

Les accidents sont-ils fréquents aux États-Unis? — Quelle densité présentent-ils eu égard au nombre énorme de voyageurs, car l'Américain voyage beaucoup? Durant mon voyage j'ai presque toujours trouvé les compartiments complets. Faute de m'y être pris à temps, j'ai dû souvent me contenter d'un « *upper-berth* ». Je n'ai jamais eu d'accidents ni vu des traces d'accidents récents. Les Américains prétendent que ce ne sont pas tant les voyageurs qui sont tués que les piétons qui viennent inconsidérément se promener sur les voies et s'y font écraser. « *Or* », disent-ils, « *les voies ne sont pas des promenades* ». Que disent les statistiques? Il est vrai qu'une statistique, c'est un bien faible argument, depuis la guerre surtout, depuis la faillite mémorable de celles des économistes qui, chiffres en mains, prétendaient qu'une guerre mondiale de plus de trois ou six mois était absolument impossible.

Le luxe, même des petites gares, est extrême. En pleine Arizone, à Barstow, au beau milieu du désert, le Santa-Fó a construit une gare, de style mauresque, comportant un hôtel avec tout le confort habituel, lavabos complets, salle de bains, etc. Or Barstow n'est que le croisement de deux lignes le « *Santa Fé* », et le « *Denver and Rio Grande Railroad* ». — Remarqué encore, le tracé, sur les quais d'une gare, bien apparent et bien entretenu, à la peinture, de « *Danger Line* », qui délimite la zone dangereuse à l'arrivée ou au passage des trains (1).

L'Américain ne s'embarrasse pas. L'équipement de la voie est sommaire, mais suffisant : juste le nombre d'éclisses et de boulons nécessaires. Une voie, par suite, est vite établie ou changée. — Pas de balustrades aux ponts, simples tabliers de bois, solidement étayés, même sur le Missouri ou le Mississipi. Les ponts métalliques monumentaux sont très rares sur les « *Railroad* ». — Je dois remarquer que les stations sont bien mal et imparfaitement indiquées, de telle sorte que leur nom est très difficile à lire au passage ou même à l'arrêt du car. Le personnel des voies est très averti et très bien outillé. Curieuses, ces petites plates-formes, munies d'une brimbale de pompe, qui leur permet d'actionner les roues et de se transporter, par quatre ou six, sur les voies. Un convoi s'avance-t-il? En trente secondes ils ont tôt fait de mettre leur plate-forme hors la voie. Les locomotives de manœuvre sont munies à l'avant, au-dessus du chasse-pierres, d'une sorte de corbeille où quatre hommes peuvent, sans danger, prendre momentanément place, en se tenant à des poignées *ad hoc* venues de fonte sur le tablier de la machine.

Le personnel : conducteur, brakeman (homme de frein), porteur — (chaque car a le sien qui nettoie, époussette, chasse et tue les mouches avec un petit battoir spécial en toile métallique, descend aux stations les bagages peu nombreux : on n'accepte point qu'ils encombrent), — hommes d'équipes, — tous sont d'une tenue irréprochable, ces derniers, aux mains fortement gantées. — Dans toutes les gares, de larges piscines, des réfectoires confortables, aérés sont à la disposition des mécaniciens, des chauffeurs et du personnel en général. — Il y a contraste, avec nos cheminots, si souvent sales, débraillés, auxquels les Compagnies et l'État même n'offrent souvent, dans nos gares, que des réduits sans air et sans lumière. — Je sais bien, je sais bien, ces loqueteux sont aussi ces "*va nu pieds superbes*" qui gagnèrent la Marne, Ypres, la Somme et Verdun. Je sais aussi combien, par leurs qualités de débrouillage, par leur intelligence, nos Français ont fortement impressionné les Américains. Mais est-ce une raison pour que, vainqueurs de la guerre, ils soient vaincus dans la paix, et que le pays qu'ils ont si bien su défendre tombe maintenant au rang de Nation de second ordre ?

Que de détails intéressants à noter pour le voyageur attentif au progrès : les mains d'émail blanc faciles à nettoyer, toujours propres qui, dans les métros et les trains, permettent aux voyageurs debout de s'accrocher et qui remplacent nos courroies sordides de cuir, propagatrices d'épidémies ; — les ceintures à rendre la monnaie, où le conducteur place, par sortes, les différentes pièces, ce qui lui permet, par un mouvement rapide, machinal, toujours le même de rendre, sur un paiement donné, au lieu d'avoir à brasser chaque fois, au fond d'un sac innomable, une masse de décimes, de 25 centimes et de francs, en restant une minute ou deux à trouver un sou.

Tout n'est pas parfait aux États-Unis, évidemment, et vous n'attendez point, n'est-ce pas ? qu'un latin tel que moi y soit passé sans critiquer. — Tout n'est pas parfait, d'accord, mais que de choses sont bien, sont très bien. — L'Union Américaine est le pays rêvé des gens pratiques, des gens

(1) Observé à la gare de Colorado Springs.

pressés, du confort, de l'activité, de ceux que le progrès émerveille. — Au point de vue intellectuel et moral, nos mentalités affinées y souffrent certainement. — Elles s'y trouvent heurtées violemment, brusquement, comme noyées dans ces foires d'activité matérielle débordante que sont le bas de "*N. Y. City*" ou "*The loop of Chicago*". — Non point que l'Américain manque d'idéal. Ses idéaux sont larges, certains, bien nets et précis. Son action, décidée et complète, dans la guerre d'hier, l'a bien montré — Mais tout cela chez lui est le résultat d'une psychologie simple. C'est un peuple assez jeune. Son art, son goût se cherchent encore. Visitez Museum of Arts. Vous serez heurté par la disproportion entre nos superbes Rembrandt, nos Rosa Bonheur qui s'y trouvent, — (cependant si dissemblables entre eux) — et la peinture américaine même la meilleure, même celle d'un Sargent par exemple. — Ce peuple est jeune évidemment, mais il n'est pas trop jeune. Il vieillira bien assez vite. — En résumé, l'Américain possède peu de vie intérieure. De là en partie, l'explication de son inquiétude et de son activité parfois un peu fiévreuse. "*Pourquoi aller si » vite, rien ne nous presse*", remarquai-je "*Il faut.— C'est nécessaire*" répondait un de mes jeunes amis de New-York. — La jeunesse de ce peuple explique la facilité avec laquelle la mystique y évolue. C'est un étonnement, toujours nouveau pour l'Européen, que l'emprise énorme que tous ces pourchasseurs de dollards offrent à la cupidité de tant et de tant de fondateurs de religion, là-bas. — Cependant cette aptitude à la religiosité a eu son bon coté. — En somme la vieille Europe a déversé là-bas, durant plusieurs siècles, bien de ses déchets : ramassis d'aventuriers, de têtes brulées, de chercheurs d'or. Comment du creuset américain un aussi solide alliage est-il sorti ? — N'oublions point que les métropoles de l'Est, Boston par exemple, que son activité intellectuelle a fait surnommer là bas "*Hule of Universee*" (Axe de l'Univers), furent fondées par ces puritains du *Mayflower* qui, pour échapper aux persécutions des Stuarts, émigrèrent en 1620, au nouveau monde. — Ils y apportaient un rigorisme un peu étroit, mais lié à de grandes qualités. — Ils étaient, sans contredit, des valeurs morales. — Ce sont eux qui pénétrèrent et dirigèrent la nouvelle Angleterre. — Or la guerre de l'Indépendance, qui, d'ailleurs prit naissance à Boston, ne renversa point la classe dirigeante américaine.

Peu de nations présentent à l'aurore de leur vie politique une succession de surhommes comme Washington, Madison, Jefferson, puis plus tard Abraham Lincoln et Cleveland. — Le voyageur reste frappé de l'influence que Washington a gardé sur l'Américain. Toute l'Union est fortement pénétrée de respect pour cette grande figure. Combien de stelles d'Universités, érigées par les classes d'étudiants, rappellent quelqu'une de ses pensées profondes. A Philadelphie, à Chicago, par exemple. Certes ce grand homme mérite ce culte général par sa modestie comme par sa grandeur tout à la fois. — Mais le peuple qui garde aussi pénétrant et aussi vivant le souvenir de ses grands hommes, est un peuple capable. — C'est ce culte, comme aussi leur besoin de célébrer l'activité féconde qui inspire tant de leurs monuments. L'un d'eux émeut profondément. Celui de Colomb, dont la statue, dressée au sommet d'une haute colonne rostrale en impose par son élégance sobre. Une inscription rappelle l'éternelle récompense des pionniers : « *Moqué avant, menacé pendant, enchaîné après* ». — « *Il nous donna un monde et le monde lui donna des fers* ». — "*Scaffed at before, During the voyage, menaced, after it, chained, as generous as oppressed to the world*". — Les États-Unis célèbrent encore, le 12 octobre, comme fête nationale, "*Colombus day*", l'anniversaire de l'arrivée de Colomb à San Salvador, dans la nuit du 11 au 12 octobre 1492.

La femme jouit en Amérique d'une situation tout à fait privilégiée. Sans exagération on peut avancer que là bas l'homme gagne les dollars que la femme utilise ou dépense. — Si la jeune fille est fortunée, son éducation qui développe fortement son activité et ses facultés la fait se dépenser très ouvent à des œuvres utiles. — Les œuvres charitables privées sont très ombreuses aux États-Unis. La femme s'y dépense largement. — La jeune lle sans fortune travaille. Elle gagne presque toujours largement sa vie. — uvent, par le mariage, elle cherche à s'affranchir des soucis économiques.

Mais s'est-elle trompée sur la capacité, la « *valeur* », — (le mot est courant là bas), — de son conjoint ? Pour n'avoir pas à se priver, elle reprend le travail. Elle ne revient plus toutefois au même atelier, au même bureau où, jeune fille, elle travaillait. J'ai eu plusieurs occasions de conster le fait.

Si les immigrants y ont beaucoup d'enfants, — les Américains, nés là as en ont généralement peu. C'est l'Europe qui peuple le nouveau monde.

Et voilà ce pays qui par son activité même va se trouver en face de trois uestions assez redoutables que son développement hâtif et constant va oser, bientôt, d'une manière aigüe. Je les énoncerai seulement :

La question nègre, fort complexe. A la base il se trouve un vieux crime : ce éracinement des noirs africains et leur transport brutal dans les États du ud. Ils ont peuplé depuis. Ils sont bien actuellement 10 millions, fort peu ntéressants, en grande partie, d'ailleurs. L'observation immédiate montre ue, malgré la séparation, plus ou moins effective, des deux races (elle 'est réelle que dans les États du Sud), de nombreux mélanges ont eu lieu. 'ailleurs les statistiques tiennent compte de ce fait indéniable, qui désinent les gens de couleur du terme de "*colored*".

Puis, la question ouvrière qui prend là-bas, comme dans la vieille Europe, ne acuité de jour en jour plus menaçante. En face d'un capitalisme dmirablement actif et organisé, se dressent des Unions puissantes et les uvrages de Thorstein Veblen : *The theory of the Leisure class*, *The instinct work menship* et *The higher Learning in America*, sont très suggestifs à égard de cette question.

Enfin la question héritage. Elle se dessine. Voilà 300 ans que Boston fut créé. Jusqu'à présent les grandes fortunes avaient été gagnées par leurs possesseurs. Mais si quelques milliardaires : Carnegie, Rockfeller, avant de disparaître s'occupent du retour à la collectivité, — par le moyen d'œuvres très louables, — des immenses réservoirs d'argent, et partant de puissance, qu'ils ont constitués, combien de millionnaires et de multimillionnaires, déjà morts, ont laissé leur fortune à nombre d'enfants devenus des hommes, qui n'auront point connu l'effort individuel. Une aristocratie du dollar se crée. Elle se développe. Comment les mœurs démocratiques, les institutions, vont-elles réagir devant ces nouveaux et bientôt imminents problèmes. — L'énergie de la race, le sens des réalités surtout qui distingue si fortement ces hommes leur suggéreront, n'en doutons point, les solutions convenables.

Et maintenant que j'ai fermé le cycle des observations un peu désordonnées que je me proposais de vous exposer ce soir, je voudrais terminer en saluant cette métropole du nouveau monde, New-York, où le destin de ma route me retint plus d'un mois, sans arriver à épuiser ma curiosité. J'avai été prévenu contre la cité monstre. — « *C'est* », m'avait indiqué une jeun Américaine de New-York, mariée en France, que la nostalgie ramenait d Paris à sa ville, « *c'est un énorme paquet de plusieurs agglomérations.* » *pressant sur plus de 50 kilomètres en longueur, 10 à 30 de large, vivant* » *vibrantes, actives, mais peu gracieuses* .» — Et le « *Borough of Manha tann* » avec ses gratte-ciel (skyscrapers) à 30, 40 et 55 étages (*fig.* 11), — c amas de bâtisses en files régulières, q se pressent entre l'Hudson et East Rive pendant plus de 30 kilomètres, — grouillement des vieux quartiers, chino et autres, tapis, comme à l'abri d énormes assises d'un kilomètre de culé de fantastiques ponts, semblables d'énormes bêtes accroupies, — le bru des choses, — le mouvement ince sant, — le silence relatif des foul affairées, tous ces modes nouveaux vivre d'une grande ville, inobserv encore, me heurtèrent d'abord violen ment. — Cependant me voici à « *Batte Park* », premier poumon au sud de cité. — Le soleil éclaire l'entrée l'Hudson. La vie déborde de partou et sur la terre, et sur l'eau, et ent ciel et terre même par les « *elevated* — On dirait la circulation intense d'un sang généreux animant un cor

FIG. 11. — Le " *Woolworth* ", building de 55 étages (750 pieds, soit 225 mètres) à New York.

gigantesque. — Une indicible impression de force et de puissance se dégage de ce spectacle. — « *City Hall Park* », autre poumon au milieu même des hauts « *buildings* ». De là, le fameux « *Woolworth* élève, en tours de cathédrale, ses 55 étages. — Si certaines de ces hautes babels, tel l'Equitable Building, ne sont que d'énormes cubes de maçonnerie, on ne peut cependant méconnaître l'étrange poésie que d'autres dégagent.

Le « *Woolworth* » est une œuvre. — L'art particulier de cette œuvre est indéniable : les dorures, les sculptures, les balcons et les flèches qui y meublent les mille ressources de la vie pratique animant ce grand corps, sont bien l'expression nouvelle d'une pensée profonde.

Cathédrale du Commerce, a-t-on dit? — Non. Le recueillement de la prière n'est plus là. — Ruche organisée qui fait penser aux admirables symétries naturelles, dont s'inspirèrent, dit-on, les gothiques. — Ici, l'expression forte d'une collectivité évoluée s'affirme et revêt, d'une forme artistique, les nécessités sociales auxquelles viennent d'aboutir les conquêtes scientifiques de l'homme sur la nature et l'asservissement obtenu des énergies du monde. Je continuais mes découvertes. Au milieu de hautes maisons pressées, en cubes réguliers qui monotonisent tant ces cités, un très large espace, laissé libre. Au centre, une construction modeste, d'un seul étage. C'est une « *Public School* », aux vastes salles, aux larges cours. — C'est la métropole, au milieu même de sa fièvre d'affaires, songeant à l'enfance. — Un peu plus loin, je ne parvins pas à traverser à pied dans sa longueur, le merveilleux « *Central Park* », long rectangle de près de cinq kilomètres qui, d'un côté, baigne de ses verdures l'élégante 5e avenue et le « *Museum of Arts* », de l'autre, à 1 kilomètre de là, offre les aperçus de ses lacs, de ses rochers, de ses réservoirs, tous amplement boisés, aux hôtels de « *Eight Avenue* ».

Au centre de New-York à la croisée même de « *Fifth Avenue* » et de « *Broadway* » le cœur généreux de l'Amérique se révèle : « *Victory Arch* ». Un arc de triomphe, déjà, est élevé à la gloire de la résistance française et de la victorieuse aide américaine. Toute cette épopée, encore saignante, et tous les grands noms de la gloire du Droit : Verdun, la Marne, la Somme, Saint-Mihiel, Ypres.... Une pensée touchante a fait inscrire, à la partie interne de l'arc, les noms des victoires des États-Unis lors de la conquête de leur indépendance, de 1775 à 1814. Quelle autre preuve aurait pu donner cette cité, si réaliste, si précisément pratique, de son âme délicate tendue vers de généreux idéaux? Évidemment New-York n'est comparable à aucune ville de France. Cependant, le charme qui s'en dégage est grand. — « *Custome House* », plein d'harmonie, au pied du jardin qui l'écussonne, mais surtout « *Trinity Church* » et son cimetière, dont les pierres disent la résistance pour la liberté, et qui, brusquement, jette l'étendue de sa paix au pied même des gratte-ciel et au bord de Broadway.

Je devais revoir la cité monstre. Je devais m'égayer encore, le soir, à la foire de lumière que, de part et d'autre de « *Times Square* », les gigantesques annonces, si animées et si curieuses, jettent sur son Broadway. — Mais l'impression la plus profonde qui me soit restée de ces merveilles, c'est l'éveil de ces lumières dans le jour finissant, vues dans le bruit continué, du milieu du pont de Manhattan, au centre des quatre voies, des quatre lignes de car, des routes et des trottoirs qui y suspendent autour mille circulations. Les dentelles des câbles d'acier de « *Brooklyn Bridge* » s'éclairent en face, tandis qu'à droite, les hauts gratte-ciel s'allument. — Derrière, « *Williamsburg bridge* » trace déjà, dans le soir qui tombe, les lignes mobiles, lumineuses et multipliées, du mouvement de ses voies, de ses quatre lignes de car, de ses deux routes. A vos pieds, chacun des nombreux ferry-boats raient l'eau de deux yeux rouge et vert et des cents lumières de son ponton. Tout celà se réflète, jusqu'à l'horizon, dans l'infini

Fig. 12. — " *Water front* ". — Les grands " *skyscrappers* " (gratte-ciel) vus des bords de l'Hudson.

lointain tandis que, lentement, le ciel répond, en allumant ses astres, aux mille et milles étoiles factices dont la ville merveilleuse éclaire son activité incessante. — Allez encore, le soir prochain, de l'autre côté de l'Hudson, tout au loin, tout au haut de Jersey-City. Regardez, dans la tranquillité du soir, — loin alors du bruit des choses, s'allumer la cité. Tous ses mouvements se parent de feux. Les autos rapides, dessinent le gracieux « *Drive* », au bord de l'Hudson, que Columbia domine en amphithéâtre lumineux. Constellations mouvantes, les ferry-boats, dont les feux, en se répétant, illuminent le fleuve, semblent guidés par des lucioles rouges et vertes. Et tout ce peuple d'étoiles se meut dans un immense écrin de lumière. Ils paraissent monter à l'assaut des fantastiques châteaux-forts lumineux que sont devenus, dans la nuit, avec leurs longues et hautes harpes de soleil, les gratte-ciel *(fig. 12)* vers lesquels tout ce peuple de feux se dirige. Et, dans le soir tranquille, les cloches lointaines des trains dont les ondes atténuées me parviennent, augmentent, d'une poésie nouvelle, la merveille du spectacle.

Mais cette poésie, c'est la vie intense même des choses. Et ces choses sont belles, belles d'une beauté nouvelle à laquelle nos civilisations attardées s'éveillent à peine. Les dentelles de fer, qui suspendent les huit et douze voies d'accès de ces énormes ponts, ont leur grandeur. Elles ont leur art. Bientôt sans doute elles auront aussi leur barde, comme les ont eu, longtemps après qu'elles dressaient dans le ciel leurs masses imposantes ou leurs flèches légères, et nos cathédrales romanes, et nos clochers gothiques. — Si l'on compare les trois ponts successifs que, depuis cinquante ans, l'activité des hommes jette sur la rivière : Brooklyn (commencé en 1870, achevé en 1883, Manhattan (qui date de 1901), Williamsburg (construit de 1896 à 1903), au quatrième pont : le « *Queensboro-bridge* » (*fig. 13*) on doit reconnaître que ces travaux gigantesques se parent, de plus

Fig. 13. — " *Queensborobridge* " à New-York. L'un des quatre grands ponts reliant New-York aux aglomérations voisines. Ces ponts ont quatre voies de chemins de fer, quatre lignes de car, deux de voitures et deux trottoirs avec esplanades pour les piétons.

en plus et de mieux en mieux, de beauté réelle. — La vie qu'ils activent, qui les pénètrent, au milieu de laquelle et pour laquelle ils ont été tendus, les imprègnent, — quoi qu'en disent les cerveaux figés, — d'une intense et violente poésie. — Et cette question de la beauté réelle, de la beauté profonde des œuvres métallurgiques me font penser à notre Tour Eiffel. Allez donc la contempler, sans parti pris, sans le snobisme étroit de l'opinion reçue ! — Pour elle-même, pour la beauté esthétique qu'elle réalise, en dehors de toutes les raisons d'utilité pratique qu'elle représente, elle méritait d'être conservée. Allez vers elle en descendant la terrasse du Trocadéro. Voyez, de là, avec quelle grâce agile elle offre, les lignes audacieuses de ses quatre arcs, hardiment projetés à 300 mètres du sol. Puis, avancez vers la Tour. Et observez, à mesure, quelle grandeur possède toute cette grâce. Quel cintre grandiose de cent mètres de pas et de soixante mètres de haut, offrent ses arcs de base ! Et demandez-vous, si, de même que les flèches élancées des cathédrales gothiques écrivent en lettres de pierre la pensée humaine du moyen âge, les arcs gracieux de la Tour ne soulignent pas, par un chef d'œuvre de calculs audacieux et précis, la pensée artistique de notre moderne âge de l'acier.

Mais me voici revenu à Paris.

Et ce retour, qui m'amena, par le Canada et Montréal au Havre, fut l'occasion, d'une comparaison pénible faite à bord du bateau anglais qui nous ramenait. — Alors qu'à mon arrivée à New-York, l'organisation pratique des choses avait, en quelques minutes, dissipé dans cent directions le millier de voyageurs, — nous dûmes, par contre, au Havre, attendre trois grandes heures, la douane et les sanitaires. J'arrivais à Paris le soir, tard, ayant dans l'esprit les pénibles constatations que deux Belges, compagnons de voyage, et quelques Français avaient dû faire comme moi. Un train du matin me ramenait à Poitiers. En avance de plus d'une heure, je gagnais les Tuileries par le Port Royal, en traversant le Carrousel jusqu'au rond-point du gracieux jardin. J'examinais ces parterres grandioses, tout ce cadre de beauté qui s'éveillait, dont la grâce unique mérite bien qu'il soit la voie des Élysées. Du bord du bassin circulaire qu'entoure les jardins, j'admirais l'imposante masse des palais du Louvre, encore assombrie. Le jour parut, noyant les palais dans un contraste d'ombres que soulignait la barrière effeuillée des arbres du parc. Le Carrousel, indistinct, comme une silhouette gracieuse, précisait légèrement l'avenue. Le monument, léger et vaporeux, avec, au sommet, son motif de bronze, imprécis dans la buée matinale, se détacha enfin. L'horizon s'empourpra. Puis, bientôt, un arc d'or incendiait les pieds du Quadrige. En une ascension majestueuse, lentement l'astre radieux encadra tout le délicat motif du Carrousel de ses feux rouges. Le regard soutenait ses rayons, tamisés encore par l'épaisseur de l'atmosphère. De minute en minute, l'arc de triomphe s'auréolait, tandis que le globe d'or s'élevait, éclairant tous les détails du magnifique jardin, qu'ornait maintenant le peuple de splendides statues, les groupes délicats relevés par le jour. Alors les cloches de l'Auxerrois saluèrent le matin. Là bas, Notre-Dame répondait à l'hymne du jour. Le Louvre, les pavillons de Flore et de Marsan, précisaient leurs sculptures. Les Champs-Élysées, la sublime avenue, et le portique de gloire qui, superbement, au loin, la jalonne, apparaissaient. Spectacle unique, à mes yeux frappés de cette beauté toujours nouvelle. Je retrouvais, l'une des plus belles manifestations de la force, de la grâce et de la puissance de ma patrie. Une hymne d'émotion gagna mes lèvres : Oh ! Paris ! Ville de beauté, de lumière et d'amour, que ta grandeur est belle et bien digne de couronner la France. Et ma pensée revécut un instant les jours sombres durant lesquels toutes ces beautés durent se protéger du barbare et qui semblaient enfouis maintenant dans la nuit disparue.

France éternelle, terre de beauté, terre bénie de ceux qui ne sauraient souffrir l'injustice, tu es par delà le temps car tu es la pensée. Oui ! tu seras toujours le phare puissant qui éclaire les peuples civilisateurs. — Tu ne pouvais être vaincue. — Ton clair génie, qui te préserva, hier, de l'esclavage, saura te faire aussi gagner la paix. Et tu tiendras toujours, au seuil des siècles à venir, le double flambeau, raison même de ta vie, dont tu éclaires le monde : La Liberté dans la Solidarité !

CONFÉRENCE FAITE A LUXEMBOURG

SAMEDI 13 MARS 1920

La Conférence a eu lieu dans la grande Salle des Fêtes de l'Institut Émile Metz, à Dommeldange, aux portes de Luxembourg. Ce magnifique Institut, dirigé par M. P. Arend, industriel doublé d'un savant éminent, constitue bien le cadre idéal où peut se donner et s'écouter avec le plus de profit une conférence qui intéresse à un si haut point la santé publique. Les deux délégués de l'Association française reçurent, à Luxembourg, notamment de la part de la grande Société industrielle « L'Arbed » et de la Presse locale, les témoignages de la plus flatteuse courtoisie. L'assurance leur fut même donnée que notre Association compterait bientôt de nombreux adhérents dans le Grand-Duché, et M. Paul Palgen, ingénieur, voulut bien accepter la mission de diriger cette active propagande.

ALLOCUTION DE M. PESCATORE,

Directeur général du Commerce, de l'Industrie et du Travail.

« MESDAMES, MESSIEURS,

» Permettez que je vous présente M. le Professeur Desgrez, qui va vous donner quelques explications sur le rôle de l'Association française pour l'Avancement des Sciences, et M. le Dr Letulle, qui vous parlera des grandes maladies sociales.

» Je ne veux pas essayer de vous dire quels sont les sujets ni même vous indiquer en quelques mots les différentes choses dont vous parlera M. Letulle. Je crois qu'en le faisant je pourrais déranger peut-être le cours de vos idées et je ne pourrais certainement pas arriver à vous dire quelque chose d'intéressant.

» Vous avez peut-être remarqué sur la carte d'invitation que mon collègue M. de Waha, Directeur général de l'Agriculture et de la Prévoyance sociale, devait présider ici. En effet, c'est seulement et malheureusement l'hommage dû à l'âge qui fait qu'on a mis mon nom avant le sien sur la carte; son nom aurait dû être en tête. M. de Waha aurait pu vous parler mieux que je ne peux le faire; il a été professeur d'économie politique et, ayant, dans ses attributions, le Département de la Prévoyance sociale, il s'occupe plus spécialement que moi de ces choses et il aurait pu vous dire des choses intéressantes. Je crois que vous partagerez avec moi le regret qu'il m'a prié d'exprimer ici de ne pouvoir venir présider la Conférence de MM. Desgrez et Letulle.

M. le Professeur Maurice LETULLE

de la Faculté de Médecine de Paris, Membre de l'Académie de Médecine.

LES GRANDES MALADIES SOCIALES

Monsieur le Ministre,
Mesdames,
Messieurs,

Le sujet de conférence que je me suis imposé, d'accord avec mon cher ami et collègue le professeur Desgrez, est d'une sévère aridité. Il va nous montrer la vie populaire sous l'un de ses aspects les plus douloureux: je devrai tracer devant vous, à grands traits, certains maux qui font chanceler, à chaque pas, l'Humanité dans sa marche vers le Progrès. Mais l'étude des perturbations de « l'Hygiène sociale » éveille dans les cœurs une si grande pitié à l'égard de tous nos compagnons de route, elle comporte pour nous tous, tant que nous sommes, un enseignement si large, enfin elle suggère des applications pratiques d'une générosité si féconde, que j'ai imposé silence à mes dernières hésitations; au surplus, je suis convaincu, d'avance, de votre sympathique attention et mon devoir sera d'éviter les détails trop minutieux. J'enlèverai aux « grandes maladies sociales » ce qu'elles ont de purement médical; j'en dégagerai, surtout, quelques données philanthropiques et divers principes de solidarité, bons guides pour ceux qui considèrent comme d'un intérêt supérieur la protection efficace de la Collectivité au milieu de laquelle le sort leur est échu de naître, de travailler et de souffrir, pour vivre.

Tout d'abord, afin de nous bien entendre, établissons sur une base solide le terme même qui servira de thème à notre entretien. Qu'est donc une maladie *sociale* et que signifie ce qualificatif nouveau ajouté à la « *Maladie* »? Une maladie sociale c'est un mal qui, frappant un grand nombre des membres d'une société, l'ensemble d'un pays, voire l'Humanité tout entière, affecte un caractère d'une gravité exceptionnelle. Retentissant sur toutes les classes de la masse sociale au milieu de laquelle il sévit, ce mal, souvent très meurtrier, met en péril la vie sociale elle-même dont il tend à tarir les sources les plus profondes; en un mot, c'est un Fléau. Et puisqu'il me faut fournir une définition à peu près acceptable (rien n'est plus difficile à trouver qu'une bonne définition), je proposerai trois caractéristiques. Dans la hiérarchie des maux qui sapent à fond l'Humaine nature, une maladie ne peut s'élever à la phase « sociale », qu'à la condition, en premier lieu, d'atteindre simultanément une proportion considérable de personnes, ensuite d'être moins accidentelle que durable, sinon même permanente. Prenons un exemple : la *grippe* ou *influenza*, qui ravage depuis quelques années l'Europe entière, est une grave maladie populaire, vu les énormes hécatombes causées par son microbe (encore inconnu), et cependant elle est encore ou paraît être un mal accidentel, puisque l'on n'entendait plus parler d'elle, pendant plusieurs années, depuis la fin du siècle dernier. Non! la « grande maladie sociale », c'est surtout celle qui s'est installée à demeure, celle dont les coups redoublés continuent, sans aucun répit, et multiplient, journellement, le nombre de ses victimes. C'est par-dessus tout, la *tuberculose*, la *syphilis*, l'*alcoolisme*, triade terrifiante, pire que la peste, mille fois plus funeste que le choléra, que rien n'arrête et dont les méfaits homicides sont de plus en plus connus, à mesure que l'on étudie mieux leurs ruineuses conséquences. Nous nous occuperons surtout d'elle.

Cette courte digression m'amène à compléter ma définition. Pour s'élever donc au grade de grande maladie sociale, le fléau doit non seulement pouvoir atteindre tout le monde, grands et petits, jeunes et vieux, il faut qu'il affecte, en outre, une *prédilection manifeste pour les membres les plus utiles au fonctionnement de la Vie sociale :* les hommes faits, adultes en plein rendement de travail effectif, qu'il s'agisse des manœuvres, dont la puissante musculature assure la marche de l'effort industriel et de la culture agricole, qu'il s'agisse des travailleurs intellectuels, dont la pensée développe, elle aussi, la richesse d'un pays; les jeunes femmes, dont la maternité féconde est destinée à sauvegarder la pérennité de la race; les enfants, enfin, les petits enfants qui sont la graine, l'espoir même du pays : voilà les principales victimes, les prédestinés de la maladie sociale; sur elles, elle multiple ses attaques et c'est par elles qu'elle assure son invincible toute-puissance.

Avant d'aller plus loin, qu'il me soit permis de signaler encore que l'intérêt passionnant offert au philanthrope par les grandes maladies sociales trouve une de ses bases dans ce fait d'observation, qu'elles sévissent, surtout, parmi la masse des travailleurs manuels : les moins favorisés du sort et, par suite, les plus méritants, puisque obligés de gagner leur vie au moyen de leurs bras, les ouvriers se trouvent plus menacés que d'autres du mal, de par leur condition sociale même et à cause de leurs risques professionnels. A coup sûr, un homme du peuple est plus exposé à la contamination tuberculeuse qu'un notaire, un poète ou un avocat, parce que, pendant son travail, il vit en contact avec plus de pauvres gens, mal nourris, mal logés ou mal vêtus (trop souvent peut-être, déjà contagieux), et parce que, rentré chez lui, il ne trouve pas toujours, hélas! les bonnes conditions d'hygiène, de salubrité et d'alimentation qui sont les meilleurs moyens de protection contre les attaques du bacille de la tuberculose. Ainsi, les grandes maladies sociales sont des « maladies populaires ».

La maladie sociale ne se contente pas de menacer la vitalité d'un peuple; elle l'atteint aussi dans sa *richesse*, en réduisant la capacité de travail d'une foule de ses membres : la plupart de ceux qui ont échappé à la mort, restent, maintes fois, des amoindris, des valétudinaires ou des infirmes, dont le rendement insuffisant vient compliquer encore les pertes causées par les hécatombes de ceux qui n'ont pas pu ou qui n'ont pas su résister au fléau destructeur. La maladie sociale fait plus encore, si l'on peut dire; elle menace l'*avenir* d'un peuple : elle en désagrège les familles, elle en atrophie ou même en supprime les rejetons : elle empoisonne la Race. Les médecins vous parleront de l'hérédo-syphilis, de l'hérédo-tuberculose, de l'hérédo-alcoolisme dont les lamentables séquelles ne peuvent guère nous donner qu'avortons dégénérés, pauvres êtres marqués du sceau fatal et qui peupleront, par milliers, les hospices, les maisons d'aliénés, quand ce ne seront pas les prisons et les bagnes !

***

Ces notions préliminaires nous serviront de guide dans l'aperçu rapide que je désire tracer, devant vous, de la « Pathologie sociale ». Deux remarques sont encore, cependant, à faire. Cette dénomination nouvelle imposée aux maux qui affectent l'Humanité a-t-elle quelque réelle utilité? On connait, de toute antiquité, les grandes maladies qui ont décimé le Monde; la peste, les typhus, le choléra ravageaient, il n'y a pas encore si longtemps, la Terre entière; la fièvre jaune continue ses dévastations en Amérique Centrale et l'on sait quels ravages vient d'exercer sur les armées alliées le paludisme, au cours de la dernière guerre. Maladies pestilentielles d'autrefois, grandes maladies épidémiques d'aujourd'hui, à quoi bon donner un nom nouveau aux vieux ennemis de l'*Hygiène publique* et à quoi bon « socialiser », si l'on peut ainsi s'exprimer, en les modernisant des notions anciennes, bien établies, bien définies dans l'esprit populaire? Voici la réponse. Les progrès de la Science ont permis de découvrir la plupart, je ne dis pas la totalité des causes des grandes maladies infectieuses, ou du moins leurs moyens de propagation : les microbes de la peste, du choléra, de la tuberculose, de la syphilis, de la fièvre typhoïde et de la diphtérie, sont aujourd'hui connus : on sait leurs habitats et leurs modes de contamination. La société tout entière a le plus grand intérêt à s'opposer à l'éclosion de maux dont elle tient les causes. Cette lutte, désormais possible, devient donc, aux yeux de tous les humains, *obligatoire*, même au prix des plus lourds sacrifices, et la défense de l'Hygiène sociale est devenue le premier des devoirs d'une Nation civilisée. La meilleure politique est celle qui, avant tout, protège bien la Santé publique : la vie humaine n'est-elle pas l'inépuisable source de toute richesse et de toute prospérité ?

Une seconde remarque s'impose. Les progrès de l'Hygiène publique ont, déjà, obtenu d'incomparables victoires. Les terribles épidémies d'autrefois sont, pour ainsi dire, éteintes, tout au moins en Europe occidentale. La peste, le choléra, le typhus sont, sinon à jamais vaincus, du moins, certainement jugulés. La variole qui, pendant la guerre de 1870, décimait les armées n'a pas pu renaître au cours de la grande guerre de 1914-1918. A l'exception de quelques rares foyers minimes, bien connus, la lèpre, cette longue « Misère » du moyen âge, a disparu d'Europe. Certes, nous nous sommes bien battus et nos victoires contre les fléaux anciens méritent d'être citées : elles doivent servir d'exemples. Mais les procédés de combat se perfectionnent chaque jour davantage, grâce à la Science. Bientôt, le sérum anti-diphtéritique aura vaincu le croup et l'angine couenneuse, ces cruels ennemis de nos enfants ; le paludisme qui dévaste, actuellement encore, l'Afrique, cède peu à peu devant les conquêtes du sol par la culture. Toutefois, si nous réduisons, de la sorte, le nombre des anciens Minotaures, les perfectionnements apportés dans l'étude des maladies humaines nous en font découvrir, hélas! d'autres : la « maladie du sommeil », tue, par millions, certaines peuplades de l'Afrique centrale; la méningite cérébro-spinale, dans nos climats tempérés, passe, parfois, comme une trombe sur les familles les plus saines; l'encéphalite dite « léthargique » commence, depuis quelques mois, à laisser identifier ses caractères et ses lésions. Contre ces maux qu'on ne peut pas dire nouveaux, mais nouvellement spécifiés, il nous faut prendre des mesures de salut public. Ce sont des exemples à citer de la nécessité d'une vigilante surveillance, d'une incessante sollicitude des Pouvoirs publics en faveur de la santé des peuples.

Il demeure bien entendu que chaque pays, chaque race, chaque partie du monde peut avoir à souffrir plus particulièrement de tel ou tel fléau. L'Europe n'a guère connu la fièvre jaune; les pays musulmans ignorent l'alcoolisme et la race anglo-saxonne redoute la scarlatine à l'égal des pires maladies sociales. Parlons donc, plus spécialement, des trois grands maux dont nous souffrons, en Europe occidentale; établissons le formidable budget de la tuberculose, de la syphilis et de l'alcoolisme et tâchons d'en tirer, je ne dirai pas la morale, mais quelques conclusions pratiques, utiles à la protection de nos collectivités sociales.

En médecine générale, quand le pathologiste aborde l'étude d'une maladie, il commence par en rechercher *les causes*. Faisons de même en médecine sociale, et prenons, pour exemple et pour guide, la tuberculose. Les causes de cette terrible maladie infectieuse, observées au point de vue social, ne tiennent pas uniquement compte du *microbe*, du bacille, sans lequel la maladie n'existerait pas ; elles scrutent surtout les conditions de la *contagion*, dont le cycle chronologique, les procédés habituels et les voies de pénétration offrent un intérêt capital pour la préservation des individus sains, pour ce qu'on appelle la Prophylaxie sociale. Il est incontestable, en effet, qu'un pays décidé à se défendre contre « l'ennemi commun », contre le bacille tuberculeux, doit, avant tout, le connaître à fond, savoir sa manière de vivre, être au courant de ses moyens d'attaque et de ses moyens de défense; enfin et surtout, il faut avoir sondé ses réserves et repérer ses places fortes. Pour ne citer que la France, il ne suffit pas de savoir, qu'avant la guerre, nous perdions, par tuberculose, chaque année, 80.000 de nos compatriotes. Ce chiffre, accru peut-être depuis l'armistice, établit le bilan du mal accompli. Il serait bien désirable aussi d'obtenir le nombre des malades atteints de tuberculose et vivants sur notre territoire, afin d'assister ceux qui sont nécessiteux et les aider ainsi à ne plus semer le mal autour d'eux : par ce moyen, nous serions à même de préserver non seulement leur entourage, mais la collectivité sociale tout entière.

Les travaux modernes tendent à démontrer que la cause la plus commune, la grande cause de la propagation inter-humaine de la tuberculose est le « crachat », l'immonde, le répugnant crachat, expectoré sur le sol par les « tousseurs ». La lutte sociale contre cette inqualifiable coutume qu'ont un grand nombre d'hommes (les femmes « cracheuses » sont fort rares) s'impose donc à l'humanité. Certains pays, transatlantiques, poursuivent les cracheurs et les frappent d'amendes très lourdes; le délit va jusqu'à comporter la prison: voilà qui est énergique et exemplaire. Supprimer les « crachats à terre », serait, pour ainsi parler, éteindre la tuberculose et, peut-être même, en plus, bien d'autres maladies infectieuses : citons la pneumonie et la méningite cérébro-spinale. D'un autre côté, des recherches récentes, d'ordre purement médical, donnent à penser que la tuberculose se contracte surtout pendant les premières années de la vie; le bacille se loge de très bonne heure en nous et il y attend son tour : la fatigue, la mauvaise alimentation, le logement insalubre, humide et sombre, le surpeuplement du logis, les excès finissent par « réchauffer », si l'on peut dire, les colonies tuberculeuses enkystées dans un de nos coins cachés, dans un ganglion lymphatique, dans une petite région pulmonaire. Sollicitée par toute faute grave commise contre l'hygiène, une « poussée évolutive » se développe et le mal reprend, sur de nouvelles bases, sa marche extensive, ici ou là, dans le poumon, dans une articulation, dans un os, selon les circonstances. Bref, l'adolescent ou l'adulte, ou l'homme mûr qui croit commencer la maladie, la reprend, après des années de guérison apparente, ou mieux, il est repris par elle et trop souvent ne peut plus l'immobiliser, l'enkyster comme il l'avait fait jadis, inconsciemment, au cours du premier lustre de son existence. Cette façon un peu nouvelle de considérer la contagion de la tuberculose a une valeur primordiale, au point de vue de la lutte sociale contre le bacille. Elle entraîne les Pouvoirs publics à concentrer sur l'enfant leurs efforts de préservation anti-tuberculeuse, elle les oblige à faire en sorte que nos « petits » soient mieux défendus, mieux protégés, à toute heure de leur vie, afin de les rendre réfractaires aux « réveils de la Bacillose ». Tout pour l'enfant! Sauvons la graine et tout le monde y gagnera.

Dans la ville, surtout, — car, aux champs l'hygiène est plus facile, l'air y étant pur et les espaces plus vastes, — dans la ville donc, il faut obliger les habitants à une propreté minutieuse, il faut poursuivre les maisons « maudites » celles dans lesquelles la tuberculose s'est installée et tue tous les locataires, grands et petits, jeunes et vieux. A Paris, que je suis obligé de citer parce que je connais bien cette ville où j'habite depuis plus de 65 ans, chaque maison a son dossier, sa cote d'hygiène. On connaît, rue par rue, maison par maison, étage par étage, les maisons surpeuplées, les « taudis » privés de soleil, qui sont autant de foyers de propagation du mal tuberculeux.

Par malheur pour nous, nos lois ne sont, aujourd'hui encore, ni assez sévères ni assez expéditives pour nous permettre de jeter, vite, à terre ces « repaires du bacille tuberculeux ». Les Gothas et les Berthas auraient bien dû choisir ces immeubles, au lieu de détruire nos hôpitaux et nos églises : là, vraiment, ils nous auraient rendu un réel service. Au surplus toute grande ville, même propre, est un lieu confiné : l'air y circule d'autant moins bien que les immeubles y sont plus rapprochés et plus élevés. J'en puis donner une preuve, pour l'adorable ville qui s'appelait Lutèce, du temps des Romains. Chez nous, de nos jours, la température extérieure, prise en plein boulevard, se montre, à toute heure du jour ou de la nuit, plus élevée d'un, parfois même de deux degrés centigrades, qu'aux environs de Paris, dans les champs. L'air ne circule donc pas bien, dans nos rues : il y stagne. Certes, il y a des arbres plein nos larges et belles voies et, parmi ces grands amis des Parisiens, il en existe de très vieux. C'est égal, les platanes et les tilleuls vivent mieux à la campagne que sur nos avenues. En tout cas, les poumons de nos citadins se dilatent autrement mieux, je l'affirme, quand ils se trouvent transportés à Luxembourg, par exemple. Ainsi, l'air impur des villes favorise l'éclosion de la tuberculose et le devoir social de l'État n'est pas tant d'épurer l'atmosphère des cités que de favoriser, par tous les moyens possibles, la vie aux champs, avec un travail bien rémunéré. Toute grande ville est une tueuse d'hommes : elle diminue la natalité, elle vicie les corps et, trop souvent aussi, hélas ! les mœurs.

Enfin, dans la ville, bien plus qu'aux champs, il est un mal terrible, insidieux, qu'une foule de gens contractent presque à leur insu, un mal qui fait, lui aussi, le lit de la tuberculose et auquel personne ou presque personne ne prend garde: c'est *l'inanitiation progressive*. Des milliers de braves gens, enfants, jeunes ouvriers, jeunes filles s'entraînent, peu à peu, chez nous, à mourir de faim. Je m'entends : combien de personnes, de toute condition sociale, ignorent les règles et les devoirs d'une bonne alimentation? Laissons de côté, et pour cause, les aliments frelatés et les fraudes alimentaires, que les lois et règlements poursuivent, à juste titre, de la façon la plus impitoyable. Je veux parler de la manière absurde, invraisemblable, dont un nombre incalculable de familles règlent leur budget de nourriture et le choix de leurs mets. La plupart, le matin, tout d'abord, mangent à peine ; quelques bouchées de pain, un peu de café, de lait, ou de soupe, avant d'aller au travail, qu'il s'agisse de l'atelier ou du bureau. Et ils restent ainsi, le ventre vide, jusqu'au repas de midi. Et combien d'ouvriers, de travailleurs, manœuvres aussi bien qu'intellectuels, prennent peu d'aliments à midi et le soir, et quels aliments mal choisis ! Avant la guerre, alors que tout le monde pouvait manger à sa faim sans de trop grandes dépenses, j'ai poursuivi maintes enquêtes auprès de bien des gens. J'étais effrayé de la faible proportion d'aliments reconstituants que le plus grand nombre absorbaient, par jour. Je constatais l'ignorance extraordinaire des ménagères, qui se contentaient d'aliments insuffisants, peu nutritifs et, souvent mal préparés... Depuis l'armistice, la situation est devenue mille fois pire encore. La dépréciation de la valeur monétaire de l'argent, les difficultés de production et d'importation des céréales, des animaux de boucherie, des volailles et du poisson ont fait, du problème de l'alimentation, une angoissante question, pour presque toute l'Europe. Aussi, à côté des écervelés et des goinfres qui jettent sans compter tout leur salaire dans la nourriture et dans la boisson, la grande majorité des familles ouvrières, raisonnables et chargées d'enfants, souffre de la restriction inévitable imposée à leur appétit. Avant 1914, j'avais suivi des petits ménages de bons et honnêtes ouvriers qui, lentement, sans bruit, s'étaient habitués à se nourrir d'une manière insuffisante, faute de ressources : ils y avaient mis 10 ans, 20 ans ; ils y arrivaient car, sur eux, la tuberculose avait fini par mordre à fond, en enlevant, tour à tour, la mère, le père et tous ou presque tous les enfants. Que sera-ce maintenant ? et que deviendront les familles nombreuses, en face de l'augmentation formidable du prix de la vie ? Là encore, les devoirs de l'État sont formels et pressants. Pour préserver le peuple contre l'invasion de la tuberculose, il faut, de toute nécessité, lui apprendre à savoir choisir les mets reconstituants ; il faut l'aider à trouver des aliments sains, cela va de soi, mais bon marché, condition non moins indispensable.

Faute de quoi, le bacille aura beau jeu contre ces millions de victimes de la « Misère physiologique ». La Médecine sociale sait que l'alimentation généreuse est, à la fois, le meilleur « remède » et le meilleur « moyen de préservation contre la tuberculose ». Or, il est mille fois moins coûteux, à tous les points de vue, de prévenir un mal que d'essayer d'en guérir. Cette vieille sentence populaire, toujours vraie, constitue, à elle seule, un programme idéal.

***

Les quelques remarques qui précèdent montrent comment la tuberculose, considérée comme maladie sociale, doit être poursuivie dans ses causes et combattue autrement que par des médicaments. En un mot, aux causes « sociales » nous devons opposer une thérapeutique sociale et cette thérapeutique est, avant tout, un effort de « préservation » ; autrement dit de prophylaxie. Toute collectivité sociale a pour premier devoir de défendre, *à tout prix,* l'ensemble de ses membres contre toutes les maladies sociales et la conception moderne de ce rôle primordial conduit les Pouvoirs publics à employer toutes les armes, sans exception, mises à leur disposition par l'arsenal des lois.

Mais, sous le couvert de lois nouvelles qui ont pour but de dépister les tuberculeux pauvres, de les assister et de préserver les individus sains, il est un but suprême auquel doivent tendre, sans relâche, les efforts de la Nation : c'est l'éducation rationnelle du peuple, en matière d'hygiène sociale. Nous, qui dans la Société connaissons de près les maux et les ruines causées par eux, nous devons faire l'impossible pour apprendre au public les principes de l'*Hygiène* et lui montrer les bénéfices extraordinaires que la pratique, en vérité bien facile, de cette « vertu » sociale permet, à chacun, d'en retirer.

La propreté du corps a, dans la vie d'un peuple une importance tout aussi grande que la propreté de l'âme. Un être bien portant, au physique, a, d'ailleurs, une valeur morale de premier ordre, aux yeux de la Nation : en se maintenant en bon état de santé, il rend un immense service, non seulement à lui-même, mais à son pays. On peut avancer, sans aucune exagération, qu'aucun de nous n'a le droit de risquer de se rendre malade, parce que la santé de chacun ressortit à l'intérêt de tous. Quand je coudoie un ivrogne dans la rue, je ne ris pas des insanités qu'il clame à mes oreilles ; je souffre. Il me nuit à moi-même : il est en train d'user stupidement son cerveau, il brûle ses organes ; il a dépensé, à tort et à travers, une parcelle du trésor commun : il m'a volé une partie de mon bien, le malheureux ! Et je me sens, moi, un peu coupable, en vérité, car lui, il ignorait ses devoirs envers la communauté. Au surplus, il compromet notre avenir : il a ouvert la porte à la tuberculose et, s'il devient, un jour, poitrinaire, je devrai payer, pour lui, ma part au dispensaire ou au sanatorium.

Cet exemple, qui vient de se présenter à mon esprit, me ramène, par un chemin détourné, aux conditions hygiéniques obligatoires pour tout pays vraiment civilisé. L'ivresse dans la rue, les poussières (toujours malsaines) qui saupoudrent de microbes les aliments exposés à l'étalage des commerçants au détail, les ordures ménagères qui pourrissent dans le ruisseau constituent autant de « fautes d'hygiène » contre lesquelles doivent sévir les Pouvoirs publics.

Or, quand je parle de la propreté matérielle obligatoire de la rue, je n'oublie pas davantage sa propreté morale. Sur les voies les plus fréquentées, il n'y a pas à craindre, seulement, la contagion de la tuberculose, de la coqueluche ou de la diphtérie. Toutes les contagions y devraient être bannies. Par ses innombrables boutiques, où se débitent d'infâmes breuvages, cabarets enfumés, taudis dorés, music-halls ou cafés, l'alcool appelle, provoque, arrête le passant et l'excite au mal. Par une ironie macabre, quelques fous ont appelé ces damnées maisons « les salons du pauvre » ! Installez, pour les travailleurs des boutiques hospitalières, riantes, claires, chaudes en hiver, fraîches en été, et donnez-leur, là, des boissons légères agréables, à bon marché : bannissez-en, combattez-y l'alcool, mais prodiguez-y les fêtes, les jeux, les chansons, la musique, les fleurs, le théâtre, les danses, et même les cinémas. Vous verrez si le peuple n'y viendra pas, tout aussi bien, mieux même que dans les bagnes alcooliques, qui l'abrutissent, le dégradent et le tuent. Seulement, soyez de bons « entrepreneurs de gaîté » ; sachez semer la joie à pleines mains dans vos « cercles populaires », dans vos maisons de repos. Faites les frais nécessaires pour instruire le peuple, en l'amusant. Là, il apprendra à bien boire sans atteindre l'ivresse, à connaître, à aimer et à savoir préparer les bons plats, flatteurs pour l'odorat, délicieux au palais ; là, il prendra l'habitude de la propreté de la table, du logis, des vêtements et du corps, il acquerra le goût des belles choses. Le peuple a une âme d'artiste : développez ses qualités, au lieu de favoriser ses vices. Quelle « école » que celle où tout plaît, où tout est beau, où tout est bon. Quelles leçons pour l'avenir que celles qui assurent à l'homme une fortune incomparable, intangible et sûre : la joie de vivre et l'art de bien vivre !

***

Et voilà pourquoi nous demandons aux Pouvoirs publics de chasser de la rue toutes les contagions. La rue appartient à tout le monde, personne n'a le droit de la salir, d'aucune manière. L'ignoble débitant d'apéritifs, avec sa devanture brillante, éclairée, avec sa musique encanaillée, avec ses bouteilles colorées, avec ses images obscènes, est un foyer de contagion, tout aussi redoutable pour l'humanité que l'est l'immonde crachat gorgé de milliers de bacilles tuberculeux, sur lequel va marcher la semelle du passant ou qu'entraînera la jupe de la belle et pudique promeneuse. Les affiches affriolantes, les gravures infâmes étalées sur les murs ou derrière les vitrines des marchands, sont autant d'attentats à la pudeur publique : elles attirent, surtout, les yeux des enfants et des adolescents, encore mal armés pour la lutte et suggestibles au plus haut point, par le fait de leur âge.

L'hygiène morale de la rue est donc obligatoire, dans la cité. De même en vérité, n'y a-t-il rien de plus douloureux, de plus avilissant pour la collectivité tout entière, que de voir traîner, sur les trottoirs, les prostituées, pauvres victimes de la vie sociale, forçats de ce qu'on appelle le plaisir des sens ? La rue n'a pas le droit d'afficher l'immoralité sexuelle. S'il est vrai que l'être humain soit condamné au vice, eh bien ! que le vice aille satisfaire ses appétits ailleurs qu'en public. Qu'il se dissimule, qu'il se terre dans ses tanières, sans menacer les passants. La syphilis, dont naguère encore, on n'osait jamais prononcer le nom ni signaler les méfaits, la syphilis qui est une maladie infectieuse, au même titre que la lèpre ou la tuberculose, ne doit pas, elle non plus, avoir le droit de s'étaler dans la rue. Par malheur pour le genre humain, ce mal tout aussi répandu que l'alcoolisme et que la tuberculose est bien autrement contagieux que ses deux grands complices. Par malheur aussi, le sentiment populaire a longtemps fait, de cette maladie sociale, un mal honteux, une sorte de sceau du vice, une dégradation inavouable, qu'il fallait cacher à tout prix, dût-on en mourir.

Cette conception erronée a causé mille maux, en favorisant l'extension indéfinie du mal.

Par bonheur, aujourd'hui, l'opinion publique est revenue à une notion saine et équitable : l' « avarie », comme l'appelle mon cher ami Brieux, l'avarie n'est plus un mal mystérieux et fatal. Les Pouvoirs publics s'arment pour la combattre et ne craignent pas d'ouvrir, dans leurs *dispensaires d'Hygiène sociale*, des consultations gratuites où les victimes de cette redoutable infection trouvent des soins appropriés et la guérison rapide de leurs lésions contagieuses. Restreindre les cas de la contagion n'est-ce point arrêter la syphilis ? Certains traitements arsenicaux sont, précisément, en train de réaliser ce miracle. Gloire donc à la Médecine et à la Thérapeutique contemporaines qui, en « blanchissant » nos vérolés, ne se contentent point de guérir tels et tels individus, mais, du même coup, appliquent un admirable mode de « traitement social », à l'une des plus cruelles maladies sociales. La syphilis, bien mieux encore que l'alcoolisme et que la tuberculose, atteint ses victimes jusque dans leur descendance : avortements, morti-natalité, stérilité, sont les terribles et trop fréquentes conséquences de chacun de ces trois fléaux. Trop souvent aussi, les enfants qui arrivent, quand même, à la vie et qui auront à perpétuer la familles, sont des malingres, des êtres chétifs ou, tout au moins, d'une santé délicate, dont le développement corporel est amoindri, quand il n'est pas mutilé : malheureuses et innocentes victimes tarées, et mal armées pour la lutte ! Ces membres-là, la société se doit à elle-même de les accepter, dans un esprit de solidarité aussi large que généreux ; elle ne peut pourtant pas les exiler ! Mais quelle lourde charge ils constituent pour elle, qui ne devra jamais les compter parmi ses bons collaborateurs : rendement social déficient, moindre résistance aux maladies, tel est l'apport des hérédo-syphilitiques, des hérédo-alcooliques et hérédo-tuberculeux. Bref, c'est la vie sociale elle-même menacée dans sa base. Cette considération, à elle seule, justifierait, s'il était nécessaire, les efforts gigantesques que doit s'imposer toute nation qui veut sauvegarder sa race et perpétuer sa destinée.

*
* *

Je n'ai pu qu'ébaucher à peine le tableau des causes sociales des trois grands maux qui sapent l'humanité et rappeler leurs méfaits homicides. Les quelques détails signalés, en passant, me permettront cependant de terminer cette conférence, déjà trop longue, par un aperçu général sur la *Thérapeutique sociale* des maladies sociales. Cette façon de considérer les désastres qui menacent les collectivités n'est pas sans importance, puisqu'elle a amené les peuples à lutter, non seulement chacun chez soi, mais aussi en groupant leurs efforts et leurs moyens de défense. Pour la triade terrible, « *Tuberculose — alcool — syphilis* », le traitement social est avant tout et par dessus tout, la « préservation », ce qu'en Médecine générale on appelle la *Prophylaxie*. L'État doit, à tout prix, protéger ses membres encore sains ou, du moins, ceux non encore manifestement atteints. L'hygiène prophylactique est son arme. *L'État doit donner l'exemple*, premier point; il doit, pour cela, éduquer le peuple en lui montrant, par l'exemple, tous les bienfaits de l'Hygiène publique et toutes les misères qu'elle évite.

Un second remède est l'*Éducation populaire en matière d'Hygiène*. Rien n'est plus facile à mettre en pratique ; d'ailleurs il faut le reconnaître, rien n'est plus conforme au goût instinctif des masses populaires : les maisons propres, salubres, d'où l'encombrement est banni par la loi elle-même et où le soleil entre largement, tout le monde les aime, ces logis-là, tout le monde les recherche : élevez-nous-en, partout, beaucoup et, pour y arriver, abattez vos maisons « maudites », ouvrez vos voies sombres, donnez-nous l'eau et l'air pur à profusion. Personne, nulle part, ne vous blâmera. Mais faites vite, n'attendez pas des vingtaines d'années, à cause de lois surannées. On meurt chaque mois, chaque jour, dans vos quartiers populeux, dans vos vieilles masures humides et noires ; on y meurt de tuberculose, pendant que, par incurie, vous y cultivez, hélas ! et le microbe et la misère.

Un troisième desideratum à étudier est l'*Alimentation des populations des villes*. Tout le monde aime les aliments sains, tout le monde a horreur des denrées avariées, mais comment se bien nourrir, aux prix formidables actuels de la viande, de la volaille, voire même du pain ? Or, les deux grands moyens de préservation contre la tuberculose sont l'air propre et la bonne nourriture. Édiles, songez-y : en ne combattant pas sévèrement contre le cours trop élevé de nos denrées alimentaires, vous favorisez la tuberculose, vous tuez la poule aux œufs d'or : la famille. Enseignez au peuple la pratique de la bonne école ménagère, apprenez à nos femmes l'art de la bonne cuisine économique, donnez-nous les moyens de manger à notre faim, et vous aurez de belles familles, même dans nos villes, des braves gens bien portants, qui travailleront bien et feront la richesse du pays.

Ce que je viens de dire, en quelques mots, pour le logement et pour la nourriture d'un peuple, je devrais le répéter pour la vie à l'air. L'éducation populaire, en matière d'aération, commence à peine, chez nous du moins, où la terreur instinctive de la fenêtre ouverte faisait, naguère encore, partie des vertus domestiques.

On commence à s'habituer à l'air ; les sports prennent un développement remarquable, favorisés qu'ils sont par l'État. Nous multiplions nos « colonies de vacances » et nos « écoles de plein air » qui fortifient et développent les poumons des enfants de la ville et leur font connaître et aimer la vie aux champs. Il y a de ce côté-là un réel et rassurant progrès.

Mille autres objets s'imposent à ceux qui veulent diriger l'éducation du peuple en hygiène sociale et, par là même, organiser la Préservation sociale. D'une façon générale, nos dirigeants le savent, ils ont, entre les mains, trois moyens d'instruction qui sont merveilleux : *l'Exemple, l'Image et la Loi.*

Le jour où tous les gens de bonne volonté, bien instruits et sûrs d'eux-mêmes, voudront se mettre à donner l'exemple du respect absolu de l'Hygiène sociale, le jour où, sans crainte des railleries de la masse ignorante, ils appliqueront, partout et toujours, les lois de l'hygiène, ce jour-là sera le premier d'une ère nouvelle, d'une Révolution mondiale qui sauvera l'Humanité. Donner l'exemple! pratique fort difficile, dira-t-on, dans l'état actuel de nos mœurs? que non pas! Essayons donc, et nous verrons bien.

L'*Image*, l'affiche suggestive, voilà un moyen bien connu et bien pratiqué par ceux qui en connaissent la puissance invincible. Pourquoi ne pas avoir recours à cet instrument d'instruction, quand il s'agit de propager dans l'esprit public les immortels principes de l'Hygiène sociale? A Paris, dans les voies les plus fréquentées, on afficha, quelques mois avant la guerre, sur des planchettes de bois peintes en bleu, le conseil suivant : « Soyez bons pour les animaux .» Sage mesure, que tout le monde approuva. Pourquoi ne mettrions-nous pas, au-dessous de cette phrase de bonté un conseil comme celui-ci : « *Et ne crachez jamais à terre c'est ignoble et dangereux pour la vie humaine* ». Quel Préfet héroïque osera commettre cet acte courageux? Et quand le pourra-t-il faire?

Les *Lois*, les lois d'Hygiène sociale ne pourront être observées que le jour où l'éducation sociale sera assez avancée pour les rendre acceptables, sinon même populaires. Les mœurs d'une Nation font ses lois. Élevons donc nos mœurs jusqu'au niveau nécessaire et tâchons de rendre *l'Hygiène* agréable, pratique et notoirement utile à tous. Pour moi, vieux routier de l'Hygiène sociale et qui ai tant combattu en sa faveur, je jette un regard en arrière, bien loin, vers ma jeunesse, et mon optimisme irréductible découvre, dans la succession des décades écoulées, tant de raisons d'espérer, tant de progrès déjà accomplis, presque à l'insu du public et par le public lui-même que ma foi dans l'avenir s'en trouve fortifiée. Je demande à vivre encore un peu, pour voir les fils de mes fils devenir de solides gaillards, aux puissantes épaules mises au service de belles et généreuses intelligences. Notre race, si belle au moral, si féconde, quand elle le veut, va se ressaisir au physique : elle vaincra bien les trois Grandes Maladies Sociales, elle qui a su vaincre l'Esprit du mal, l'Allemagne guerrière.

J'ai pleine confiance et j'attends.

Remerciements de M. PESCATORE

« Mesdames, Messieurs,

» Vous voyez combien j'avais raison de ne pas vouloir, par une longue allocution, raccourcir la si intéressante conférence que M. Letulle vient de vous faire. Je tiens à le remercier au nom de l'Institut Émile Metz et du Gouvernement luxembourgeois pour tous les faits importants qu'il nous a présentés ici et qui, je n'en doute pas, porteront leur fruit.

» M. le Professeur Letulle a parlé de la France, de Paris, comme si c'était différent de chez nous. Nous sommes dans les mêmes conditions; c'est tout comme chez nous. Tout comme chez vous, on boit, et, si vous manquez d'air dans les rues de Paris, vous trouverez, chez nous, des gens qui ferment leurs fenêtres pour ne pas laisser pénétrer l'air dans leurs appartements. »

Remerciements de M. le Dr PRAUM,

Directeur du Laboratoire bactériologique à Luxembourg.

« Mesdames, Messieurs,

» Permettez-moi d'exprimer mes remerciements à l'Association pour l'Avancement des Sciences et au Conférencier; je suis certain que la bonne impression de sa conférence sera pour lui la meilleure récompense. Ce que nous lui devons, c'est qu'il a élargi nos vues, notre horizon sur les maladies sociales. Jusqu'ici chez nous on croyait qu'il n'y avait qu'une maladie sociale, la tuberculose. Malheureusement, il y en a d'autres qui jusqu'à ce jour sont réputées secrètes. Tant que la tuberculose a été traitée de maladie secrète, il était difficile de la combattre. Aujourd'hui personne dans le pays ne se gêne plus de l'avouer, le médecin l'avoue franchement et donne les moyens à sa disposition pour la combattre. Du moment que, vis-à-vis des autres maladies, on entreprendra la même lutte que contre la tuberculose, elles cesseront d'être secrètes et elles disparaîtront. Et elles sont plus dangereuses que la tuberculose. Pour elle il faut un concours de circonstances, du surmenage, il faut des conditions hygiéniques défavorables, une tare héréditaire, il faut l'alcoolisme, tandis que pour les maladies secrètes, un moment d'oubli suffit pour les contracter. Malheureusement, ce n'est pas un seul individu qui les contracte, c'est sa famille, les innocents qui vivent à son foyer. Contre ces maladies il faut donc entreprendre la même lutte que contre la tuberculose et si la conférence a eu pour résultat que nous nous décidions à entamer cette lutte, comme en France, la conférence aura porté ses fruits. Et, pour cela, je remercie encore une fois très particulièrement notre honorable conférencier.

TABLE DES MATIÈRES

PARIS — IMPRIMERIE CHAIX (SUCCURSALE B), 11, BOULEVARD SAINT-MICHEL. — 554-19.

www.ingramcontent.com/pod-product-compliance
Ingram Content Group UK Ltd.
Pitfield, Milton Keynes, MK11 3LW, UK
UKHW012010240726
13965UKWH00001B/268

9 782013 410298